应用型高等院校工科基础课程系列教材

# 自动机与自动线

## （第4版）

李绍炎　王文斌　王品　编著

清華大学出版社
北　京

## 内容简介

本书结合制造业急需自动化装备人才以及机械类专业课程体系急需改革创新的现状，从应用的角度系统地介绍了自动机器的模块化结构、部件选型及设计方法、装配调试及维护要领等，主要内容包括：气缸的选型及气动机构设计、自动机器结构组成、铝型材、自动化输送系统、机械手、振盘、自动机器辅助机构（自动上下料、分隔与换向、定位与夹紧、阻挡与暂存）、凸轮分度器、典型直线运动部件（直线导轨、直线轴承、滚珠丝杠）、典型传动系统（同步带、链条）、自动化专机及自动化生产线节拍设计原理与方法、气动设备保养维护及典型故障排除等。

本书在内容编排上遵照循序渐进、模块化的思路，各章既相对独立，又相互衔接，文字介绍上化繁为简，配以大量的企业工程案例图纸、图片、动画、教学视频、例题、主要部件制造商信息等。本书不仅便于组织教学，而且有利于读者缩短课程学习与实际应用的差距，尽快具备从事实际技术工作的能力。

本书是应用型本科院校和高职高专院校机械设计与自动化、机电一体化等机械类相关专业的教材，也可供从事自动机器设计、装配调试、管理维护的技术人员学习参考。



图书在版编目(CIP)数据

自动机与自动线/李绍炎，王文斌，王品编著．—4版．—北京：清华大学出版社，2023.12
应用型高等院校工科基础课程系列教材
ISBN 978-7-302-64969-4

Ⅰ．①自…　Ⅱ．①李…　②王…　③王…　Ⅲ．①自动机理论－高等学校－教材　②自动生产线－高等学校－教材　Ⅳ．①TP301.1　②TP278

中国国家版本馆CIP数据核字(2023)第243278号

责任编辑：许　龙
封面设计：傅瑞学
责任校对：王淑云
责任印制：沈　露

出版发行：清华大学出版社
网　　址：https://www.tup.com.cn，https://www.wqxuetang.com
地　　址：北京清华大学学研大厦A座　　邮　　编：100084
社 总 机：010-83470000　　邮　　购：010-62786544
投稿与读者服务：010-62776969，c-service@tup.tsinghua.edu.cn
质量反馈：010-62772015，zhiliang@tup.tsinghua.edu.cn
印 装 者：三河市龙大印装有限公司
经　　销：全国新华书店
开　　本：185mm×260mm　　印　张：19.75　　字　　数：477千字
版　　次：2007年2月第1版　2023年12月第4版　　印　　次：2023年12月第1次印刷
定　　价：59.80元

产品编号：098239-01

# 第4版前言

本教材自出版以来，国内使用本教材开设“自动机与自动线”创新课程的应用型本科及高职院校逐年增多，得到了广大师生及企业读者的高度评价。国际竞争日趋激烈，国内制造业人工成本已大幅提高，招工普遍困难，很多行业人工成本已经超过了使用机器的成本，国内制造业急需快速实现产业升级，全面实现自动化制造、智能制造，机器换人的时代提早爆发性到来，但该行业人才严重匮乏。本教材虽经过多次再版，为了使读者快速形成实际工作能力，仍需要进一步补充更多重要的、能够快速提升读者职业能力的新内容，满足从技术员到项目工程师，从设计、装配调试到管理维护多层次岗位的核心知识与岗位能力。

本次修订，新设“第2章　设计一款自动门”，重新编写了气缸的选型与安装，通过实际设计案例，详细介绍了气动机构设计的方法与步骤，填补前修课程“气动技术”偏重理论知识、缺乏气动机构设计的空白，也有助于读者理解后续的案例。

自动化装备从输送线、机器机架、机械手到各种执行机构，都是以大量使用各种铝型材为基础的，所以新增“第4章　认识铝型材”。

各种输送系统合并为“第5章　认识自动化输送系统”，缩减了篇幅。

机械手是各种自动机器的核心内容，从设计应用的角度重新编写了“第6章　解析气动机械手”，通过大量典型设计案例，从气动机械手典型结构模式、手指吸盘选型、行程控制、缓冲设计等全方位帮助读者快速掌握自动机器设计能力。

增加自动上下料机构，与分隔换向、定位夹紧、阻挡暂存合并为“第8章　解析自动机器辅助机构”。

“第10章　解析直线导轨”增加了更多指导设计应用的内容。

“第12章　解析滚珠丝杠”增加了指导装配调试过程的内容。

新增“第15章　气动设备保养维护与典型故障排除”，补充了岗位工作必须掌握的典型故障分析排除、压缩空气管路设计与装配、气动设备保养与维护、自动化设备管理工程师岗位职责等核心内容。其他章节也更新了较多工程案例、图片。

删除了上一版“第7章　间歇送料装置”(部分案例调入第8章)、“第15章　手工装配流水线节拍分析与工序设计”。

为配合学校组织教学和企业读者自学，目前已形成了包括教学视频、PPT课件、三维动画、工程案例图片、习题作业、公司样本资料、公司培训视频等近2000个数字资源的立体化教学资源库，在“学银在线”“智慧职教”等平台向全国读者开放。本次第4版提供了二维码，可以扫描获取相应知识点的教学视频等资料。疏漏之处,恳请广大读者指正。

深圳职业技术大学王文斌博士、王品博士协助进行了修订部分的资料整理,在此致谢。

李绍炎

2023年5月于深圳

序言

第1版前言

第2版前言

第3版前言

# 目　录

# 第1章　绪　　论

## 1.1　为什么要自动化制造?

**1. 制造自动化的内容**

制造自动化指在产品的制造过程中,从原材料、零件、部件、整机,尽可能用机器自动化生产代替原始的人工生产。

因为制造的范围非常广,各种产品的制造过程按工艺性质的区别又可以分为机械加工、装配、检测、包装等各种工序,因此制造自动化又包括机械加工自动化、装配自动化、包装自动化等各种门类。

根据制造行业工艺性质的区别,不同的产品制造行业其制造自动化有各自的特点,例如:机械加工、机床、汽车、五金等行业主要为机械加工自动化;电子制造、仪表、电器等行业主要为装配自动化;医药、食品、轻工等行业主要为包装自动化;等等。

实际上许多产品的制造过程同时包括了加工、装配、检测、包装等各种工序,只是在不同的行业中上述工序各有侧重而已,而且实际上上述各种工序是互相联系的。其中装配自动化是整个制造自动化的核心内容,它是其他自动化制造过程的重要基础,具有制造自动化共性的规律,只要了解了装配自动化,再了解其他的自动化制造过程也就比较容易,因此,本教材在内容上主要以装配自动化为基础进行介绍。

**2. 制造自动化的优点**

下面以一个典型的工程实例对比来阐述制造自动化替代人工生产的意义。

在工程上很多产品大量采用了各种热塑性塑料制品,热塑性塑料制品的加工方法为注塑成型,通过注塑机及塑料模具将塑料颗粒原料注塑成所需要的工件。早期的注塑方法是注塑完成、模具分型后,由人工打开注塑机安全门,将成型后的塑料工件从模具中间取出,然后再人工关上机器安全门,机器开始第二次注塑循环,如图 1-1 所示。目前国内大部分企业还在采用这种简单的人工操作生产方式。

图 1-1　塑料注塑机人工取料

另一种更先进的自动化生产方式为：在注塑机上方配套安装专门的自动取料机械手，注塑完成、模具分型后，由机械手自动将塑料件从模具中间取出，然后开始第二次注塑循环，安全门也不需要打开，自动取料机械手的动作与注塑机的注塑循环通过控制系统连接为一个整体，如图1-2所示。目前国内已经有很多企业采用了这种自动化生产方式。

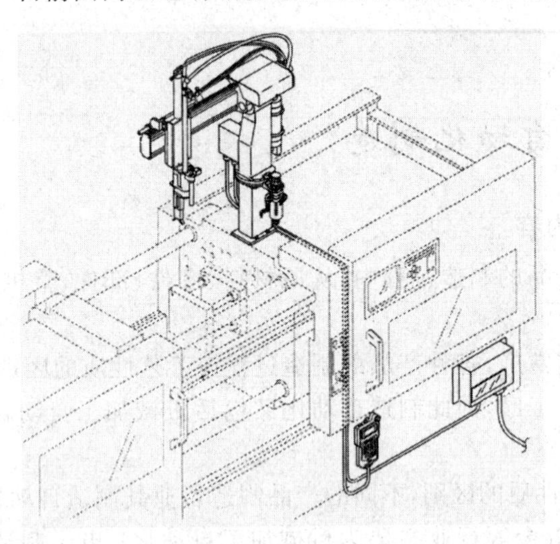

图1-2　塑料注塑机机械手自动取料

实践表明，人工取料方式存在以下缺陷：

- 环境温度高，工人劳动强度大。
- 操作危险。一旦发生意外（例如人手未离开模具即合模），将会发生伤残事故。
- 影响产品质量。由于人工取料不能保证注塑生产的节拍完全一致，而注塑节拍对塑料件的尺寸精度影响较大。
- 限制了生产效率。注塑机为贵重设备，由于人工取料速度慢，降低了设备的利用率。

实践表明，采用自动取料机械手取料具有以下优点：

- 将工人从危险、高强度的劳动中解脱出来，减少工人使用数量。
- 能严格保证产品的质量。由于采用机械手自动取料能严格保证注塑节拍一致，因而能保证产品质量的一致性、稳定性，使生产稳定进行。
- 生产效率高。机械手自动化取料速度快，提高了设备的利用率。

通过对更普遍的生产制造情况进行对比，可以将手工操作生产与自动化制造的特点总结如下：

1) 手工操作生产的缺陷

(1) 产品质量重复性、一致性差

在大批量生产条件下，在产品的装配过程中如果质量的重复性、一致性差，则产品的质量特性分散范围大。由于生产工人的情绪、注意力、环境影响、体力、个人技能与体能的差异等因素，不同的生产者、不同批次生产出的产品质量特性可能会出现较大的差异，难以达到较高的质量标准。

(2) 产品精度较低

机器自动化装配的精度可以达到较高的水平，而手工装配产品的精度由于受人工本身条件的限制，难以达到较高的精度水平，部分精度要求较高的工作依靠人工难以完成。

(3) 劳动生产率低

手工生产产品的生产率由于受人工本身条件的限制，难以达到较高的水平。

2) 机器自动化生产的优点

(1) 大幅提高劳动生产率

机器自动化生产能够大幅提高生产效率及劳动生产率，而且可以将劳动者从常规的手工劳动中解脱出来，转而从事更有创造性的工作。

(2) 产品质量具有高度重复性、一致性

由于机器自动化生产中，装配或加工过程的每一个动作都是机械式的固定动作，各种机构的位置、工作状态等都具有相当的稳定性，不受外部条件的影响，因而能保证装配或加工过程的高度重复性、一致性。同时，机器自动化生产能够大幅降低不合格产品率。

(3) 产品精度高

由于在机器设备上采用了各种高精度的导向、定位、进给、调整、检测、视觉系统或部件，因而可以保证产品装配生产的高精度。

(4) 大幅降低制造成本

机器自动化装配生产的节拍很短，可以达到较高的生产率，同时机器可以连续运行，因而在大批量生产的条件下能大幅降低制造成本。但如果批量不大，使用自动机器的生产成本则较高，因此，自动机器一般都是使用在大批量生产的场合。另一方面，目前国内劳动力成本越来越高，用机器替代人工是企业降低制造成本的有效措施。

(5) 缩短制造周期，减少在制品数量

机器自动化生产使产品的制造周期缩短，能够使企业实现快速交货，提高企业在市场上的竞争力，同时还可以降低原材料及在制品的数量，降低流动资金成本。

(6) 在对人体有害、危险的环境下替代人工操作

在各种工业环境中，有一部分环境是有害的，如粉尘、有害有毒气体、放射性物品等，也有部分环境是人类无法适应的，如严格的温度、湿度、高强度、高温、水下、真空等，上述环境下的工作更适合由机器完成。

(7) 部分情况下只能依靠机器自动化生产

目前产品越来越小型化、微型化，零件的尺寸大幅减小，各种微机电系统(MEMS)迅速发展，这些微型机构、微型传感器、微型执行器等产品的制造与装配只能依靠机器来实现。

正因为机器自动化生产所具有的高质量及高质量一致性、高生产率、低成本、快速制造等各种优越性，制造自动化已经成为目前主流的生产模式，要有效地参与国际竞争，必须具有一流的生产工艺和生产装备。制造自动化已经成为企业提高产品质量、参与国际市场竞争的必要条件，这也是目前国内制造自动化爆发式发展的原因。

3) 人与机器的相互协调

人工生产的不足与机器自动化生产的优势是相对的，不是说人工生产一概不好或机器自动化生产一定最好，机器虽然具有高效率、高精度等一系列优势，但只具备有限的柔性和一定的逻辑推理能力，而人具有很高的柔性和卓越的思维预测能力，因此在追求制造高度自动化的同时，仍然离不开人类的独特作用，机器的使用过程需要与人类的智力相结合，人与机器相辅相成。

工程经验也表明，在很多情况下，人工操作与机器自动化生产并存的混合模式恰恰是一种最经济的生产模式。在部分情况下，例如在自动化装配中，某些零件的形状不适合采用自

动送料,或者说,如果要实现自动送料,机器会非常复杂、成本特别高,在此情况下采用人工送料反而更佳。

## 1.2 国内外制造自动化的水平与现状

**1. 国外制造业自动化水平与现状**

制造自动化首先是在发达国家发展起来的,西方发达国家尤其是欧美早在20世纪70年代就基本实现了制造自动化,并达到非常高的水平,发展了许多典型的自动化制造系统,例如大型轿车壳体冲压自动化系统、大型机器人车体焊装自动化系统、电子电器机器人柔性自动化装配及检测系统、机器人整车及发动机装配自动化系统、AGV物流与仓储自动化系统等,大量采用了柔性制造系统(FMS)、无人化工厂。以机器人为代表的各种自动化专机及自动化生产线广泛应用在汽车、电子、家电、轻工、机械制造、物流与仓储等各行各业,产生了许多世界级的著名企业,例如美国的GE、NDC、瑞典的ABB、德国的SEIMENS、BOSCH、KUKA、REIS、FESTO、法国的阿尔斯通、日本的MITSUBISHI(三菱)、YASKAWA(安川电机)、KAWASAKI(川崎重工)、FANUC、SMC、意大利的COMAU、瑞士的SWISSLOG等。日本作为后起之秀,自动化装备也迅速发展为世界一流水平。

发达国家发展制造自动化的原因并不单纯是人工成本较高,更深层次的意义是制造自动化对于提高产品质量(工作精度、性能一致性、稳定性、可靠性等)、降低制造成本、提高企业的核心技术竞争力方面起到了极其重要的作用,自动化装备的水平和制造能力代表了一个国家工业技术能力的最高水平,是一个国家制造业发达程度和国家综合实力的集中体现。

**2. 我国制造业自动化水平与现状**

20世纪80年代开始,随着美国等西方国家逐渐剥离实体经济转向虚拟经济,大量制造业转移到亚洲,之后又大量转移到中国,我国逐渐发展为世界制造业大国,不仅门类齐全,实现了全产业链,而且自动化水平也逐步提高,实现了绝大多数行业的自动化装备国产化。

早期我国制造业的自动化装备主要依靠从国外引进,涉及的行业很多,其中以家电、轻工、电子信息制造行业最为典型,引进的装备涉及模具、专用设备、生产线,花费了国家大量外汇。仅以家电行业为例,国内先后从国外引进了大量的冰箱、彩电生产线,尤其是类似甚至同一家公司的冰箱生产线国内重复引进达十多条,浪费了大量的资源。

直到2000年前后,国内自动化装备行业才开始快速发展壮大,从基础的原材料铝型材,到自动化部件振盘、同步带、输送线,然后到自动化装配整机,逐渐实现了国产替代。

目前我国虽然是制造业大国,但离制造业强国还有很大差距,少数行业的自动化装备仍然受到国外封锁打压,例如半导体生产设备等。

2003年教材编写之初国内还有不少学者认为我国劳动力资源非常丰富,没有必要推行制造自动化,短短20年间,世界格局已经发生了翻天覆地的变化,目前国内制造业很多行业的人工成本已经超过了机器的成本,而且受西方国家脱钩断链打压的影响,国内制造业产业链还面临外移到越南、泰国等东南亚国家的巨大压力,因此,进一步提高自动化装备水平,降低制造成本,尽快实现产业升级,提高企业的全球市场竞争力显得更为迫切。

虽然近十年国内自动化装备行业如雨后春笋般发展,大多数行业都实现了自动化装备完全国产化并部分出口国外,但目前仍然存在很多短板,很多自动化基础部件依赖国外进口,如气动元件被日本SMC、德国FESTO所垄断,各种精密直线导轨、高精度直线轴、高精度滚珠丝杆也被国外垄断,高精度控制阀门、精密马达、PLC 控制器、传感器、数字视觉系统、触摸屏、机器人等也主要依赖国外进口。

国内自动化装备领域的人才培养也严重落后于产业需要,目前只有少数本科院校和高职院校开设了相关的专业和课程,普遍缺乏具有实践经验的教师队伍,相关的教材仍然严重匮乏。

## 1.3 本课程的主要内容及组织设计

### 1. 本课程的主要内容

编写本教材的目的就是如何使一位对自动机器比较陌生,但具有一定机械制图、机械设计、机械制造工艺、气动技术基础的初学者,能够在较短的时间里了解并熟悉自动机器的结构组成、工作原理、设计步骤与方法、典型机构、元件选型、装配调试等知识,初步具有进行一般自动机器结构设计的能力。因此,编者正是根据自己在自动机器设计学习、设计实践方面的体会与经验,利用自动机器典型的模块化特征,在内容的编排方面,按先介绍自动机器模块化结构组成,然后逐章介绍各个模块,最后又进行各种模块系统集成的思路进行编写。

自动化装配设备大多数属于气动设备,所以气动技术是进行自动化装备学习的主要基础,目前国内本科及高职院校相关气动技术课程局限于理论介绍,对于自动化装备设计、管理所需要的气缸的选型与安装结构设计没有涉及,必须补齐该空白才能开始本课程的学习,否则读者对教材中大量的案例难以理解。因此第 4 版修订特别把该章放在教材前面,并补充一个典型的自动门设计案例,帮助初学者快速入门。

第 3 章介绍自动机器的典型结构组成、工作流程、结构模式,使读者了解自动机器实际上也是模仿人工操作的各个动作设计组合而成的。

以一个通俗易懂的自动化钻孔专机为例,自动化专机的工作过程仍然是上料、装配操作(或加工)、卸料三大环节组成,因而自动化装配设备在结构上主要就由自动上料机构、装配执行机构、自动卸料机构、传感器与控制系统组成,其中自动上料机构与自动卸料机构统称为自动上下料机构。由于在装配过程中需要对工件进行定位、夹紧、姿态调整等辅助动作,所以通常还需要设计定位夹具、夹紧机构、换向与分隔机构。上述各部分内容就构成自动化专机机械结构的核心内容。

无论是输送线、自动化专机各种执行机构,还是自动化专机的基础部分——机架、防护罩,都是由各种铝型材装配而成的,可以说没有铝型材行业的国产化就没有自动化装备行业的国产化,因此,熟悉铝型材的规格标准及铝型材机架的设计装配是进行自动化装备设计、装配调试、管理维护的入门基础,因此在编写中增加“第 4 章 认识铝型材”。

在自动化生产线上,工件需要在不同的专机之间进行自动传输,这些工作就是由各种输送线来完成的,因此在第 5 章对工程上最典型的皮带输送线及链条输送线的原理与设计方法进行介绍(原第 3 章、第 4 章合并而成)。

无论是自动化上下料机构,还是机器的核心部分各种执行机构,主要都是由各种气动机械手实现的,因此第 6 章介绍气动机械手,这既是教材的核心部分,也是学习自动化的重点内容。

除机械手外,还有一种特殊的自动送料装置,这就是振盘,因此第 7 章专门介绍振盘的设计制造原理与管理维护。

为了减少篇幅、突出重点，本次修订将原“第9章　分隔与换向”“第10章　定位与夹紧”两章合并为“第8章　自动机器辅助机构”，全面介绍各种自动上下料机构、分料机构、换向机构、定位机构、夹紧机构、阻挡机构。并删减原“第7章　间歇送料机构”。

自动机器中还有一种与上下料相关的非常有代表性的分度转位机构，这就是凸轮分度器，通过凸轮分度器可以组成另一类典型的回转分度类自动机器，因此在第9章专门对凸轮分度器的原理与选型应用进行介绍。

在完成机器装配、加工等工序操作的各种执行机构中，大多数都采用直线运动的方式来实现，工件也经常需要在不同的位置之间进行移动，这种移动也大多数采用直线运动的方式来实现。为了实现上述各种高精度的直线运动，制造商设计开发了特殊的直线导轨部件、直线轴承部件，可以快速地设计制造出各种直线运动机构，因此在第10章、第11章分别专门介绍直线导轨部件、直线轴承部件的结构原理、选型及装配调试方法。

在自动化装配及加工操作中，经常需要在工件多个不同的部位进行高精度的装配或加工操作，为了简化结构，通常都是采用执行机构操作位置不变、改变工件(工作台)位置的方法来实现，为了高精度地在平面内移动工件及定位，需要采用步进电机或伺服电机与滚珠丝杆机构来实现，滚珠丝杆机构成为实现高精度直线运动、高精度定位必不可少的精密部件，因此在第12章专门介绍滚珠丝杆机构的结构原理、选型及装配调试方法。

在自动机器的运动机构中，都需要相应的动力部件来驱动，也就是说都需要驱动与传动系统。对于一般的两点间直线运动，可以简单地采用气缸或液压缸作为驱动部件，但在很多场合都必须采用电机作为驱动部件，例如：

- 各种输送系统的驱动。
- 大行程、大负载、长期连续运行的场合采用气缸驱动会出现气缸密封圈失效问题，如果采用电机驱动就非常可靠。
- 气缸通常只能在两点间直线运动，运动速度及工作位置是固定的，如果要在多点间实现速度可变的直线运动循环依靠气缸就无法实现，而采用电机驱动则可以非常方便地实现。
- 自动化装配或加工的很多场合需要非常精密的运动定位控制，这种场合采用步进电机或伺服电机驱动就是非常成熟的设计方法。

由此可见，除最基本的气动系统外，在自动机器的很多场合都需要大量采用电机驱动。在采用电机驱动的场合也就需要设计相应的传动机构，还要进行电机的选型，因此在第13章专门介绍自动机器典型传动系统设计。由于通常在机械设计课程中都对齿轮传动进行了详细介绍，所以该章仅对工程上目前大量采用的同步带传动、链传动系统设计及装配调试方法进行介绍。

在介绍完自动机器的上述各种结构模块后，真正开始自动机器设计的第一步就是总体方案设计，第14章对各种典型的自动化专机、自动化生产线的结构原理、工序设计及节拍设计方法进行介绍，从而使读者具有在熟悉各种结构模块的基础上进行整机总体方案设计及系统集成的能力。为节省篇幅，删减原“手工装配流水线节拍分析与工序设计”一章。

鉴于经过本课程的学习，很多读者今后主要从事的岗位是更基层的自动化设备管理维护岗位，因此教材除满足从事设计岗位的学习需要外，专门增加“第15章　了解自动化设备管理维护”，介绍气动设备常见故障及排除方法，以及自动化设备管理员岗位需要完成的工作职责。进一步对接工作岗位能力需求，缩短院校学习与岗位工作的距离。

为了帮助读者克服传统教学模式中重理论、轻实践的弊端，教材各章的内容全部取材于具体的实际工程案例，对理论部分仅作必要的介绍，重点介绍实际的典型工程结构、典型机构模块、设计计算方法、标准部件选型步骤与方法、装配及调试要点等，同时配以大量的图片及设计图纸，为读者提供可以直接进行模仿的具体案例及设计方法，缩短读者与实际工程的距离，尽快具有动手设计的能力。与本教材配套的"学银在线"自动机与自动线网络课程，还提供大量的教学视频、PPT课件、工程案例图纸图片、工程录像、三维动画、公司样本、公司培训资料、设计大作业等，帮助读者自学。

**2. 教学方式**

本课程的教学方式为两方面：

1）课堂教学

课堂教学的目的为讲述基本的结构原理和设计原则，同时结合实际的材料、元件、部件、模块、图例进行介绍。

2）实践教学

一方面通过观察、拆卸、装配、调试实际的自动化专机和自动化生产线，增强学生的感性认识，了解实际的结构。由于不可能将太多的实际设备搬进课堂，所以有必要多组织学生前往企业参观各种实际的自动化设备或生产线。

另一方面可以用实际的设计案例进行教学，引导学生了解和熟悉自动机器设计的具体过程，从中总结出实际的设计方法，逐步培养动手设计的能力。

两方面的教学互为补充，缺一不可，其中实践教学环节非常重要，有必要配套建设相关的实验室及实践教学设备。

**3. 本课程应达到的目标**

通过本课程的理论及实践教学，主要应达到以下目标：

(1) 熟悉自动机器的基本结构构成；

(2) 熟悉自动机器各模块的结构、工作原理、设计方法；

(3) 熟悉各种自动机器专用部件的结构原理及设计选型方法；

(4) 熟悉常用自动机器的装配、调试与使用维护要点并能熟练进行实际操作；

(5) 初步具有自动机器简单结构设计的能力；

(6) 熟悉自动化设备管理员需要完成的岗位工作，为实际工作做好准备；

(7) 了解自动机器在轻工、电子、电器、机械加工等制造行业中的典型应用。

## 1.4 本课程的学习方法

对于初次接触或从事自动机器设计的读者而言，一定首先想了解以下几个问题：

- 为什么现代化生产都采用各种自动化设备？
- 自动机器在工业上主要有哪些典型应用？
- 从事自动机器设计需要哪些知识和技能？
- 自动机器主要由哪些结构组成？
- 如何设计形式多样的各种自动机器？
- 如何进行自动机器的装配调试与管理维护？

本教材的编写正是为了帮助读者了解自动机器的基本结构、工作原理、设计方法、装配调试方法等知识,逐步具有独立进行自动机器设计、装配调试的能力。以下就本课程的学习方法和经验作一些介绍,帮助读者掌握正确的学习方法,用最短的时间取得最好的学习效果。

**1. 掌握模块化的学习方法**

自动化设备实际上是一种模块化的结构,大量的元器件、部件、专用材料都已经标准化,不仅简化了设计,而且大大降低了设计成本和制造成本,设计制造周期也大大缩短。只要熟悉常用的元器件、部件、专用材料,熟悉它们的用途、选型方法、装配调试要点,则无论设计还是装配调试实际上都相对比较简单。教材的内容也是按组成自动化设备的基本模块逐步介绍的,先分别详细介绍各种部件、模块,最后学习将各种功能模块组合为整台自动化设备。

当然,仅仅使设计方案能够实现所需要的运动只是最起码的要求,要使所设计的设备结构最简单、成本最低、可靠性最好,则有赖于更多的工程实践和经验的积累、总结,实践多了,经验自然就多了,设计的方案就会更加合理。

**2. 必须具备的基础知识和基本技能**

制造自动化既是制造业的前沿技术领域,同时也是一门高度综合性的学科,涵盖了机械、物流输送、制造工艺、液压与气动、传感器、机器人、计算机等多种学科,目前已经成为高等院校机电类专业的优先发展方向之一。根据编者十几年的企业研发工作经验,从事自动机器的设计开发需要以下学科的基本知识和技能。

1)机械设计基础

自动机器首先是一种机械设备,因此自动机器的机械结构设计是以一般的机械结构设计为基础的,所不同的是在结构上更多地采用了标准化、模块化,同时更密切地结合了各种行业的制造工艺,只有具备一般机械结构设计的能力,才能熟练地从事自动机器的结构设计。

2)液压与气动技术基础

自动机器的驱动动力主要为电机、气动元件、液压元件,尤其在一般的制造业中,气动元件构成了相关自动机器的主要结构部分,要熟练从事自动机器结构设计,不仅要求能熟练地进行各种气动元件的合理选型,还必须熟悉常用的气动回路设计、熟练编写各气缸的动作步骤流程图,为编写PLC控制程序提供依据。

3)机构学及力学基础

由于自动机器需要通过一系列的动作去实现特定的功能,所以在结构上必不可少地包含了大量的运动部件和运动机构,通过各种各样的运动机构完成所需要的各种装配、加工、调整、检测、标示、灌装、包装等工序操作,需要对运动机构进行自由度分析、运动轨迹分析,约束机构不需要的自由度,避免机构间的运动干涉等。

需要特别强调的是,力学分析与力学设计不仅是各种产品设计开发过程中的核心内容,在自动机器的结构设计中同样是核心内容,以下通过几个最基本的事例即可说明:

自动化生产线上大量使用了各种机械手,机械手移送工件时,由于工件都具有一定的重量,需要考虑如何使机械手结构质量最轻,同时具有最大的负载能力。

在自动化铆接装配机构或自动夹紧机构中,为了在一定的输入动力(例如气缸的工作输出力)下使机构获得最大的输出工作力,国外的自动机器广泛采用了各种力学放大机构,用较小的输入力产生最大的输出力,同时使机构最简单、占用空间最小,这实际上是一个机构力学系统的优化设计。

自动化设备都含有运动部件，电机就是最典型的运动部件之一，电机的转动实际上是一个振动源，将会导致设备其他结构产生振动响应，机构的力学特性如果不合理将会产生不希望的振动，影响设备的工作精度，因此，电机的转速与机构的力学特性必须进行匹配设计。

由此可见，机构学与力学是合理设计自动机器结构的重要基础。

4）制造工艺知识与经验

具有一定工程实践经验的读者都知道，自动机器只是制造各种产品的生产手段而已，产品的制造过程是通过一系列的制造工艺实现的，因此自动化设备始终是为制造工艺服务的，它是根据各种制造工艺的具体要求而专门配套设计的，即先有工艺，后有设备，只有产品的制造工艺经过充分的验证并完全成熟了，然后才能根据成熟的工艺设计制造自动化设备，这是自动化专用设备与通用设备的最大区别。

在自动机器的使用过程中，由于在受力状态下工作及磨损，设备的状态会发生一定的变化，因此一般都要定期（如每天）对设备的状态按工艺的要求进行校准调整，以确保严格符合工艺的要求。

由于自动机器的设计开发是面向各种行业、各种产品的，而不同行业、不同产品的制造工艺千差万别，显然，要熟练进行自动机器的设计开发，必须具有多行业的、丰富的制造工艺知识和经验，不仅要熟悉不同行业的制造工艺，按用户具体的工艺方案设计配套的自动机器，而且还要有能力发现用户工艺方案的不足，为用户提出一流水平的工艺方案，这样才能设计出代表该行业一流水平的设备。因此，在自动机器的设计开发过程中，需要具有多种行业背景、有丰富制造工艺知识和经验的工艺专家。

5）电气控制基础

结构设计只是自动机器设计开发的一部分，自动机器是一个集机械结构与传感控制为一体的系统。虽然目前在自动机器的制造企业一般都由两方面的人员分别进行机械结构设计和电气控制系统的设计，但为了使机械结构与控制系统进行良好的衔接，机械结构设计人员同样需要熟悉控制系统的基本原理及传感器等控制元件的选型应用。

**3. 实践的重要性**

实践是最好的学习方法。

本课程不是一门理论课，无论是液压气动系统设计还是机械结构设计都是实践性极强的环节，虽然需要必要的理论学习，但仅仅通过理论学习难以获得动手设计、装配、调试的能力，就正如要学会游泳必须在水中实践一样，因此，学习自动机器设计最好的方法是实践。

读者可以亲自动手对实际项目或模拟项目进行全过程的设计实践训练，以下为实际工程设计过程中结构设计工程师的主要工作：

（1）根据项目要求进行总体方案设计。

（2）详细结构设计（装配图、零件图设计）。

（3）各种自动化标准部件的选型，如气缸、直线导轨、直线轴承、回转分度器、振盘、电机、传动部件、专用铝型材及连接件等。

（4）进行气动系统设计及气动元件选型，绘制气动原理图、气缸动作步骤图。

（5）提出全部外购件、通用标准件、加工件的清单。

（6）现场装配调试，解决现场装配调试过程中出现的技术问题。

（7）编写设备的技术手册、使用说明书等。

在动手进行实际项目的设计实践之前，对现有的自动化设备进行解剖、维修、装配、调试也是一种很好的实践学习方法，通过对实际设备的解剖，从中分析总结设计、装配调试的相关要领，先模仿现有的产品进行设计，逐步积累经验，然后在此基础上进行创新、提高。

**4. 注意总结和积累**

除亲自动手进行项目设计实践外，观摩其他公司现有的各种自动化设备也是一种学习的好方法，任何一种自动机器都包含了最初设计、实践验证、改进设计等不断完善的过程，都包含了许多技术人员的经验和智慧，很多久经验证的成熟方案或机构可以直接为我所用。正因为技术方案或各种自动机构的可继承性，在实践工程中很多从事自动机器开发制造的企业都非常重视经验的积累和设计标准化工作。

## 思考题

1. 什么叫制造自动化？
2. 手工装配生产存在哪些不足？
3. 机器自动化装配生产有哪些优点？
4. 我国劳动力资源丰富，为什么还要实现制造自动化？
5. 简述目前国内制造自动化的水平与现状。
6. 从事自动机器设计需要哪些基础知识与技能？

# 第2章　设计一款自动门

在自动化机器的设计制造中，绝大多数运动机构都是由廉价的气动机构实现的，例如物料（或机构）的移位、工件的夹紧、挡停、升举、提供各种执行机构（例如铆接、管材的切断、旋压成型、钻孔、攻牙等）需要的驱动力，等等，因此气动机构设计是自动机器设计的核心内容，然而，前修课程“液压与气动技术”偏重于基础理论，没有涉及实际气缸机构的设计应用，这对从事自动机器结构设计、装配调试及管理维护的技术人员而言是远远不够的。对初学者而言，气缸的选型与安装设计往往成为将来实际工作最大的困难，没有气动设计基础的读者理解本教材中的大量案例也会有困难。

本章重点介绍如何选择气缸系列？气缸如何设计安装方式？如何消除径向负载？然后用一个实际的自动门设计实例，说明气动机构设计的全部详细过程。在此基础上，读者就可以举一反三，轻松地进行各种气动机构的设计了。

## 2.1　如何选定气缸的系列？

气缸的选型与安装主要内容为：选择气缸的系列、缸径、行程、安装方式、活塞杆与负载的连接方式。实际工程中，通常是首先选择系列，再确定缸径和行程，再选定安装方法，最后选定安装附件、磁感应开关、缓冲方式等。

气缸系列的选定是很多初学者的难点，在很大程度上依赖于对各种气缸性能、特征的了解和工程经验的积累，还要注意多观察现有设备在各种场合下的使用要求及所选用的气缸系列，不断总结经验，就能够逐渐熟练地选用最适合特定用途、具有最佳性价比的气缸系列。

根据经验，选定气缸系列主要依据是气缸的功能（是否有导向功能）、结构尺寸（安装空间是否受到限制）、气缸的质量、承载能力、结构刚度、安装特点、制造成本与价格。

气缸系列选型的原则：既能满足具体场合的各种使用要求（力、力矩、重量、安装空间），又要气缸的制造成本和价格最低，性价比最高，安装最简单、工作可靠、寿命最长。

由于目前国内自动化行业大量采用FESTO公司和SMC公司的产品，而且这两家公司的产品中对应的类似系列、相同缸径的气缸都具有基本一致的外形尺寸，因而一般情况下两家公司的产品基本可以互换，方便用户的维修更换。

为了方便初学者尽快掌握系列选型的能力，下面以FESTO、SMC两家公司工程上最大量使用的几种系列基本型为例说明气缸的系列选型过程并进行对照，主要为标准气缸、短行程气缸、多面安装气缸、摆动气缸、无杆气缸、导向单元、气动手指，涵盖了90%左右的使用场合。因此掌握这些系列的使用方法就基本能够满足我们工作的需要。至于某些功能更高级、价格更昂贵的新型气缸在此不作介绍，读者可以仔细查阅供应商的样本资料。

**1. 标准气缸**

标准气缸的特点是缸筒采用圆柱形型材制造，在所有的系列中制造成本最低廉，因而价格最便宜，同时缸径一般不大，可以满足许多最简单要求的场合。但它们没有防旋转功能，需要具有防旋转功能的场合就要与直线导轨、直线轴承、导向装置等配合使用。

在很多机器中,气缸需要推动的负载很小,例如仅需要对输送线上运行的工件进行阻挡、推料等,这时主要要求气缸输出力不大、安装结构简单、价格低廉,因此小缸径的标准气缸特别适合。

根据气缸的输出力大小差异,标准气缸也根据缸径的范围不同设计制造成多个系列。FESTO公司的标准气缸主要有DSN(缸径8~25 mm)、DSEU(缸径8~63 mm)、DSW(缸径32~63 mm),也称圆形气缸,三种系列气缸外形及结构特点都非常相似,制造工艺简单,成本低廉,安装方便,只是缸径范围有所区别。图2-1为上述气缸的外形图。图2-2为上述系列气缸的典型工程应用实例。

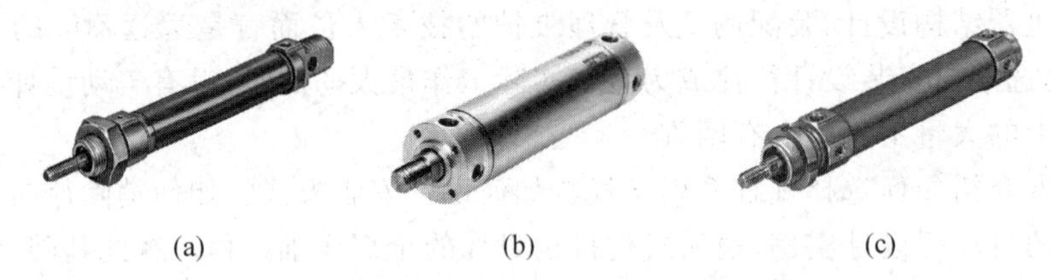

(a)　(b)　(c)

图2-1　FESTO公司DSN、DSEU、DSW系列标准气缸

(a) DSN系列;(b) DSEU系列;(c) DSW系列

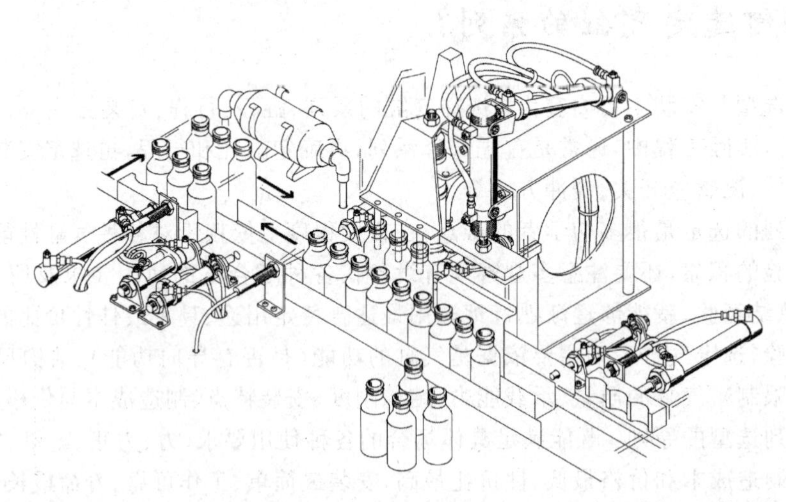

图2-2　FESTO公司DSN、DSEU、DSW系列标准气缸工程应用实例(瓶装系统)

适用场合:上述三种系列气缸都属于中小型气缸,最典型应用于挡停、分隔、提升、门开闭等对气缸输出力要求不大的场合。

与FESTO公司DSN、DSEU、DSW系列相对应,SMC公司的标准圆柱形气缸系列为CJ2(缸径6~16 mm)、CM2(缸径20~40 mm)、CG1(缸径20~100 mm),其中CJ2、CM2两种气缸是一样的外形结构,尺寸也与FESTO公司的同类气缸相近或相同,CG1系列称为轻巧型系列,质量轻,大量使用在对气缸质量敏感的高速机械手中。

在一些对气缸输出力要求较大的场合,上述气缸系列就难以达到要求了,例如:铆接、冲压、工件的夹紧、金属板件字符压印、管材旋压成型等。这些场合负载较大,不仅要求气缸具有较大的输出力,同时也相应要求气缸本身及其安装方式、安装结构、安装附件等都具有良好的刚性,承载能力强,否则机构在工作中就会产生变形、失效。因此,制造商设计制造了一些高承载能力的标准气缸，缸筒与缸盖采用高刚性结构甚至采用四拉杆连接结构，部分大缸径气缸的缸筒采用碳钢材料制造，刚性好，能够满足大承载能力要求。

FESTO 公司典型的高承载能力标准气缸基本系列为 DNC(缸径 32～125 mm)、DNU(缸径 32～100 mm)、DNG(缸径 32～320 mm)，上述系列气缸安装方式灵活多样，设计有脚架安装、法兰安装、中间耳轴安装、双耳环、球铰双耳环等安装结构和附件，安装结构刚性好。图 2-3 为上述系列气缸外形图。图 2-4 为 DNG 系列气缸用于机械手旋转变位机构的使用实例(尾部铰接安装)。

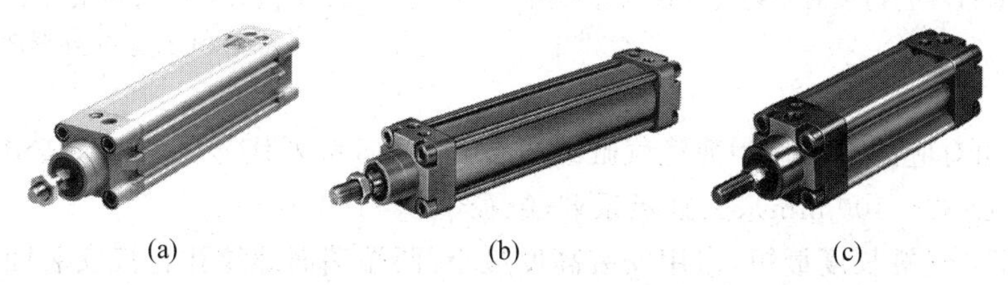

图 2-3 FESTO 公司 DNC、DNG、DNU 系列外形图
(a) DNC 系列；(b) DNG 系列；(c) DNU 系列

与 FESTO 公司 DNC、DNG、DNU 系列相对应，SMC 公司的同类高承载能力标准气缸为 CA1 系列(缸径 40～100 mm)、MB 系列(缸径 32～100 mm)，外形及安装结构与 FESTO 公司的对应规格基本一致。

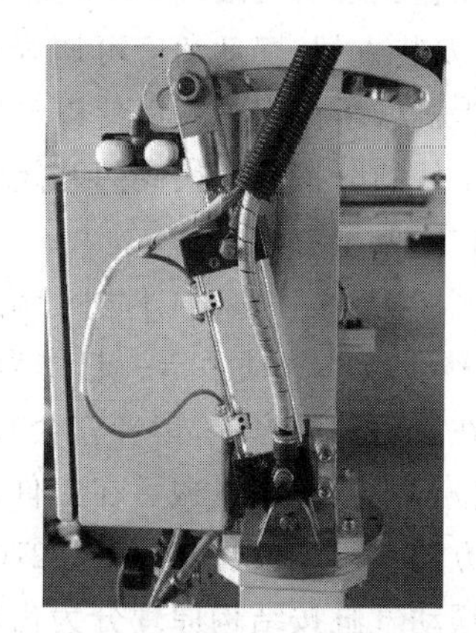

图 2-4 DNG 系列气缸用于机械手旋转变位机构使用实例

**2. 多面安装气缸**

在自动机器的很多设计场合，经常需要将多个气缸互相搭接在一起组成具有多个自由度的机械手，还有一些场合希望气缸安装方便灵活，如果气缸缸体采用长方形的铝型材制造，就可以非常方便地实现多个气缸的互相搭接装配，灵活、方便、占用安装空间小。制造商设计制造了一种扁平形状的矩形结构、在气缸的多个矩形表面有螺纹安装孔的气缸系列，这就是多面安装气缸系列。

FESTO 公司的多面安装气缸基本系列为 DPZ(缸径 10～32 mm)，其中衍生系列 DPZJ(缸径 10～32 mm)气缸两端都安装有活塞杆，功能更强，如图 2-5 所示。

SMC 公司对应的产品称为自由安装气缸系列，系列代号为 CU(缸径 6～32 mm)。

最大特征：除安装简单方便外，因为具有平行的两个活塞杆，所以具备抗扭转、导向功能，可以省略直线导轨、直线轴承、导向装置等导向部件，简化设计制造。

**3. 紧凑型气缸**

在某些场合下，负载的移动距离较小，为了节省气缸的安装空间，希望气缸具有最短尺寸，占用最小安装空间。制造商设计了一种行程小、长度相对最短的气缸，体积小，重量轻，安装方便，可以直接利用气缸两端端面的螺纹孔或通孔进行安装，称为紧凑型气缸。

FESTO 公司的紧凑型气缸基本系列为 ADVU(缸径 12～125 mm)，为了在某些场合下简化机构设计，于是设计制造了一种带导杆(即活塞杆具有防转、导向功能)的气缸系列，这就是 ADVUL 系列(缸径 12～100 mm),L 意义为抗扭转。图 2-6 为其外形图。

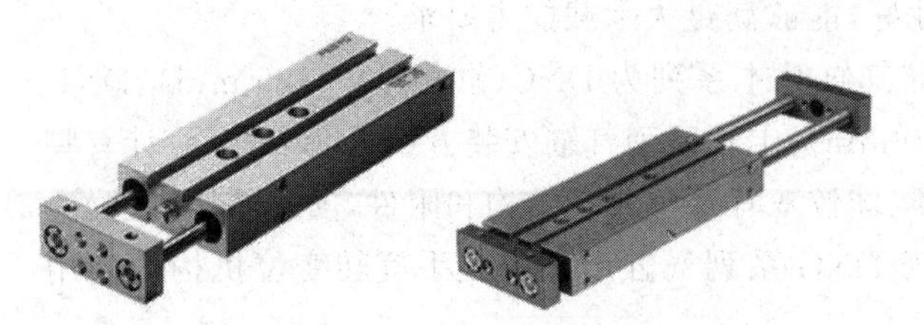

图 2-5 FESTO 公司多面安装气缸系列外形图

图 2-6 FESTO 公司紧凑型气缸 ADVU、ADVUL 系列外形图

SMC 公司对应的产品称为薄型气缸或短行程气缸,系列代号为 CQ2,其中又细分为长行程系列(缸径 32～100 mm)、大缸径系列(缸径 125～160 mm)。

最大特征:气缸长度最短,占用安装高度最小,两端端面螺纹孔直接安装固定。

**4. 摆动气缸**

除直线运动气缸外,某些需要摆动运动的场合使用摆动气缸就非常简单了。它具有体积小、安装方便、摆动角度可调等特点,可以对运动部件或负载直接实现摆动旋转的动作,尤其作为机械手使用时可以使设计制造大幅简化,除可以实现工件的变位和上下料外,还可以实现工件的分拣、夹紧、阀门开闭等。

它的典型应用是:

- 在机械手上对工件进行旋转、翻转变位;
- 直接与气动手指一起作为机械手用于自动上下料。

在后面的学习中,读者就会知道在自动机器设计中经常需要改变工件的方向,实现工件的转位、翻转,通过机械手在工件移送过程中对抓取的工件进行变位就是一种简单而广泛采用的方法,可以实现 90°、180°、270°旋转等。这种机械手也可以直接作为自动上下料装置。

摆动气缸按结构原理分为齿轮齿条式和叶片式两大类型,其最大差别是输出扭矩不同。

齿轮齿条式摆动气缸系列能够提供较大的最大输出扭矩和许用转动惯量,输出扭矩最大可达 150 N·m,一般用于负载重量及惯性矩较大的场合,在选用时需要对负载的惯性矩进行详细计算,摆动的角度范围较宽,可达 0°～360°,体积及重量也较大。

叶片式摆动气缸系列能够提供的输出扭矩和许用转动惯量则较小,一般用于负载重量及惯性矩较小的场合,例如用于机械手的末端与气动手指连接,用于对工件进行旋转变位,也经常与气动手指或真空吸盘连接在一起,大量用作机器的自动上下料机械手,体积及重量也较小,摆动的角度范围也较窄。

FESTO 公司最基本的摆动气缸系列为齿轮齿条式 DRQ、DRQD,其中 DRQ 系列摆动角度可在 0°～360°自由选择,DRQD 系列摆动角度选择范围较小,主要为 90°、180°,部分型号可选择 360°。

叶片式摆动气缸系列为 DSR、DSM。其中 DSR 系列摆动角度可以在 0～184°范围内无级调节,DSM 系列摆动角度选择范围较小,主要为 90°、180°、240°。

图 2-7 为上述系列气缸的外形图。

SMC 公司对应的产品为齿轮齿条式系列 CRA1、CRQ、MSQ,叶片式摆动气缸系列

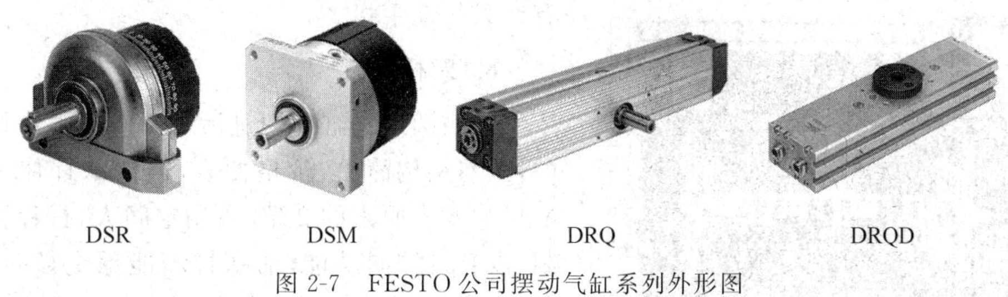


图 2-7　FESTO 公司摆动气缸系列外形图

CRB1、CRB2、MSUB。

**5. 导向装置**

问题的提出：在自动机器结构设计过程中，负载移动时经常需要高精度的直线导向，同时还需要较高的抗扭转刚度，因此在结构设计上既需要设计高精度的直线导向部件（直线导轨部件、直线轴承），同时还需要作为驱动元件的气缸。但直线导轨价格昂贵，直线轴承还需要采用高精度直线轴。有没有更廉价、更简单的解决方案？

解决方法：为了使上述设计及制造过程简化，气动元件制造商将上述功能部件进行集成，设计制造了一系列专门的结构模块，这种模块内部装配有直线轴承，既提供高精度的直线导向，同时其双导杆结构还具有抗扭转功能，并且将气缸安装结构也设计好，我们只要将前面介绍的最廉价的标准气缸用螺钉安装固定到上述模块上就可以直接使用，这就是导向装置系列。这是一种成本最低的设计方案。

最大特征：具有导向、防扭转功能，性价比最高，但行程一般不大。

FESTO 公司最基本的导向装置系列为 FEN/FENG，其中 FEN 系列配用的气缸为小缸径气缸标准圆形气缸 DSN、DSNU，缸径范围为 8、10、12、16、20、25 mm；FENG 系列配用的气缸为更大缸径的气缸，缸径范围为 32、40、50、63、80、100 mm，配用 FESTO 公司 DNC、DNG、DSBC、DSBG 系列气缸。图 2-8 为其外形图。

为了简化用户的设计，FESTO 公司将导向单元与标准气缸、缓冲器、行程调节限位螺钉配套安装好再直接供用户采购使用，这就是 SLE 系列直线单元，如图 2-9 所示。

图 2-8　FEN/FENG 系列导向装置外形图

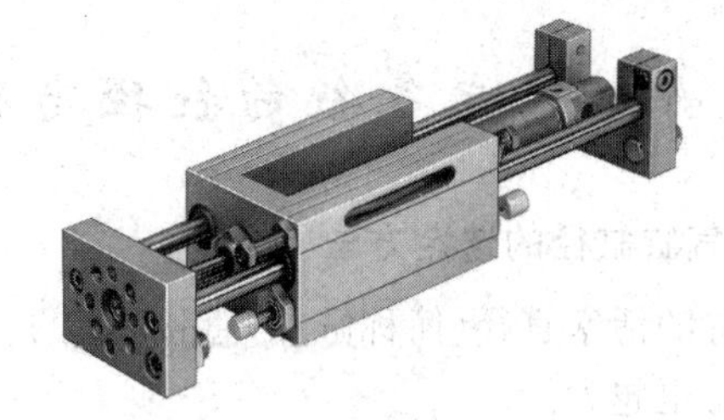

图 2-9　SLE 系列直线单元

SMC 公司对应的产品称为带导杆气缸，基本系列为 MGG、MGC，这些系列直接将配套的气缸都安装好，除安装有直线轴承导向部件外，还配好了油压缓冲器。

导向装置在各种自动机械手、自动化专机的装配执行机构上得到广泛的应用，简化了结构设计，大幅降低了设计制造成本。例如机械手用多个气缸手指一次同时移送多个工件时，这种模块就非常方便。图 2-10 为导向装置在机械手中的应用实例，图中导向装置末端安装

图 2-10 导向装置在机械手中的应用实例

有3只气动手指。

### 6. 无杆气缸

普通圆形气缸是通过活塞杆传递力进行工作的，虽然结构简单，价格便宜，但活塞杆伸出后长度尺寸变为原来的2倍，占用空间大，行程受到限制，没有自导向功能，活塞杆不能承受径向负载，否则活塞杆容易弯曲变形，密封失效，往返速度和驱动力也不一样。有没有一种能够承受较大径向负载又可以实现大行程、抗扭转、自导向功能的气缸呢？

无杆气缸刚好就是为解决上述问题而出现的，它没有活塞杆，在活塞上安装一组高强磁性的永久磁环，磁力线通过薄壁缸筒与套在外面的另一组磁环作用，两组磁环磁性相反，具有很强的吸力；活塞在缸筒内被压缩空气推动时，在磁力作用下，带动缸筒外的磁环套一起运动。

最大特征：比普通气缸节省一半的空间，能承受高径向负载，往返速度和驱动力相等，重量轻，在气缸两端安装固定，负载直接安装固定在滑块上，行程灵活多样，内置可调气缓冲，缓冲性能好，可靠性高，维护简单，寿命长；缺点是容易泄漏。

FESTO公司最典型的无杆气缸为SLM、DGC系列，如图2-11所示。SMC公司最典型的无杆气缸为MY1B、CY1L系列。

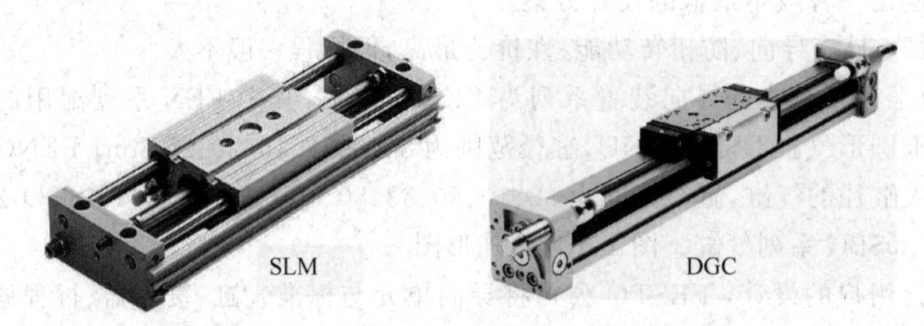


图 2-11 FESTO公司SLM、DGC系列无杆气缸外形图

## 2.2 如何选定气缸的缸径与行程？

### 1. 气缸缸径的选定方法

气缸的活塞直径(简称缸径)直接决定了气缸在工作时的输出力，气缸缸径越大，工作时的输出力也越大。

$$F = PA \tag{2-1}$$

式中，$F$ 为气缸理论工作输出力，N；$P$ 为压缩空气工作压力，Pa；$A$ 为气缸活塞面积，$m^2$。

为了方便设计人员选型计算，制造商将各种缸径的气缸在常用各种工作压力下的输出力计算好并制作成表格，供我们直接查阅。我们可以在表格中快捷、方便地查得某缸径的气缸在某一工作压力下的工作输出力。表2-1为气缸在水平方向伸出工作时的标准工作输出力表。

表 2-1　双作用气缸水平伸出工作时标准工作输出力　kgf[①]

| 缸径/mm | 使用压缩空气压力/MPa | | | | |
|---|---|---|---|---|---|
| | 0.3 | 0.4 | 0.5 | 0.6 | 0.7 |
| 6 | 0.85 | 1.13 | 1.41 | 1.70 | 1.98 |
| 10 | 2.36 | 3.14 | 3.39 | 4.71 | 5.50 |
| 12 | 3.39 | 4.52 | 5.65 | 6.78 | 7.91 |
| 16 | 6.03 | 8.04 | 10.1 | 12.1 | 14.1 |
| 20 | 9.42 | 12.6 | 15.7 | 18.8 | 22.0 |
| 25 | 14.7 | 19.6 | 24.5 | 29.4 | 34.4 |
| 32 | 24.1 | 32.2 | 40.2 | 48.3 | 56.3 |
| 40 | 37.7 | 50.3 | 62.8 | 75.4 | 88.0 |
| 50 | 58.9 | 78.5 | 98.2 | 117 | 137 |
| 63 | 93.5 | 125 | 156 | 187 | 218 |
| 80 | 151 | 201 | 251 | 302 | 352 |
| 100 | 236 | 314 | 393 | 471 | 550 |
| 125 | 368 | 491 | 615 | 736 | 859 |
| 140 | 462 | 616 | 770 | 924 | 1078 |
| 160 | 603 | 804 | 1005 | 1206 | 1407 |
| 180 | 763 | 1018 | 1272 | 1527 | 1781 |
| 200 | 942 | 1257 | 1571 | 1885 | 2199 |
| 250 | 1473 | 1963 | 2454 | 2945 | 3436 |
| 300 | 2121 | 2827 | 3534 | 4241 | 4948 |

① 1 kgf≈9.8 N。

气缸在水平方向工作且活塞杆缩回时的输出力、气缸在竖直方向上工作的理论输出力也可以查阅相关的表格。

表 2-1 为气缸的理论输出力，在实际应用中，还要根据负载的运动状态考虑气缸的负载率。气缸的负载率 $\eta$ 就是指气缸活塞杆实际受到的轴向负载力 $F$ 与气缸理论输出力 $F_0$ 之间的比值，负载率 $\eta$ 为零也就是指气缸为空载状态。

$$\eta=\frac{F}{F_0}\times 100\% \tag{2-2}$$

一般气缸的负载为静态载荷时，例如低速铆接、夹紧等，负载率一般取为 $\eta\leqslant 70\%$。

在动载荷情况下，气缸运动速度为 50～500 mm/s 时，负载率一般取为 $\eta\leqslant 50\%$。气缸运动速度大于 500 mm/s 时，例如高速气缸，负载率一般取为 $\eta\leqslant 30\%$。

由此可见，气缸在工作时的实际输出力取决于负载大小、负载运动状态、气缸的缸径、压缩空气压力、气缸的安装方向及工作方向。

实际工作中选定气缸的缸径的方法和步骤如下：

(1) 对负载阻力进行计算，计算实际负载阻力大小；

(2) 根据气缸的运动速度范围，选取合适的负载率；

(3) 根据实际负载阻力及选取的气缸负载率，计算气缸所需要的理论输出力大小；

(4) 选定实际使用的压缩空气压力大小；

(5) 根据气缸所需要的理论输出力、使用压缩空气压力查阅相关表格(例如表 2-1)，得出所需要的气缸缸径,选取能达到理论输出力的最小缸径。

以上为直线运动气缸缸径的选定方法。在进行摆动气缸的选型时,需要根据负载的转动惯量、角加速度、气缸负载率计算出气缸所需要的最小理论输出扭矩,然后再据此选择摆动气缸的型号。下面分别举例对上述两类气缸缸径的选定方法进行说明。

**例 2-1**　在图 2-12 所示的某自动夹紧场合,气缸在水平方向工作,要求气缸的夹紧力为 300 N,气缸工作时的压缩空气压力为 0.6 MPa,试以 FESTO 公司的气缸为例选定合适的气缸系列及缸径。

**解**:(1) 选定气缸系列。

气缸的用途为夹紧工件,因此要求夹具夹紧可靠,而且要求气缸具有足够的承载能力及结构刚性,所以选择 FESTO 公司结构刚性较好的 DNG 系列。

(2) 确定气缸负载率。

因为气缸在水平方向工作,夹紧工件属于静载荷,因此按负载率 $\eta=70\%$来进行计算。

(3) 计算所需要的气缸理论输出力 $F_0$。

气缸所需要的理论输出力 $F_0$ 为

$$F_0=\frac{F\times 100\%}{\eta}=\frac{300\times 100\%}{70\%}=428.6(\mathrm{N})=43.7(\mathrm{kgf})$$

(4) 查表选定气缸型号。

查阅表 2-1,在 0.6 MPa 工作压力下,缸径为 25 mm 的气缸水平方向工作时,伸出方向理论输出力为 29.4 kgf,缸径为 32 mm 的气缸理论输出力则为 48.3 kgf,因此需要选定缸径为 32 mm 的气缸才可以满足使用要求,再选更大缸径的气缸也无必要。

**例 2-2**　图 2-13 为一简单的摆动气缸使用示意图,负载是直径为 $d=20$ cm、厚度为 $h=15$ cm 的圆盘,摆动角度为 100°,要求摆动时间 $t=1$ s,圆盘材料密度为 $\rho=7850\ \mathrm{kg/m^3}$,使用压缩空气压力为 0.5 MPa,试以 SMC 公司的气缸产品为例选定合适的摆动气缸系列及型号。

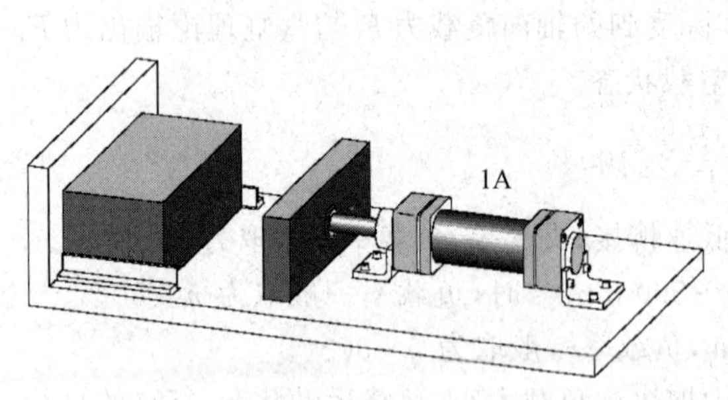


图 2-12　自动夹紧机构示意图

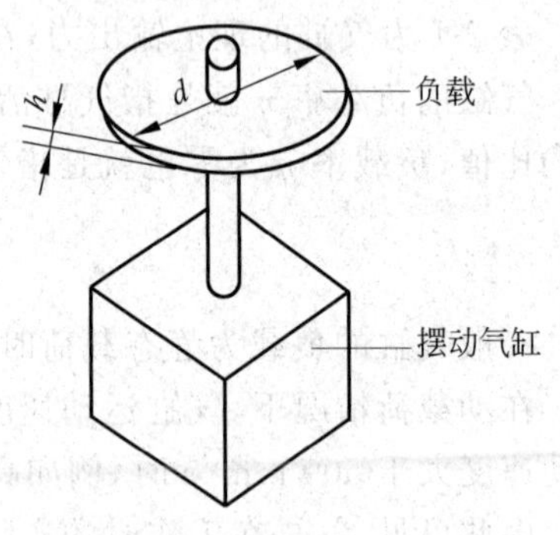


图 2-13　摆动气缸使用示意图

**解**:(1) 负载质量及转动惯量计算。

$$m=\frac{\pi}{4}d^2h\rho=\frac{\pi}{4}\times 0.2^2\times 0.15\times 7850=37(\mathrm{kg})$$

$$J=\frac{1}{8}md^2=\frac{1}{8}\times 37\times 0.2^2=0.185(\mathrm{kg\cdot m^2})$$

(2) 计算负载摆动加速度。

$$a=\frac{\pi\theta}{90t^2}=\frac{100\pi}{90\times1^2}=3.49(\text{rad/s}^2)$$

(3) 确定气缸负载率。

负载为惯性负载，所以选取负载率 $\eta=0.1$。

(4) 计算气缸最小理论输出力矩。

$$M_0=\frac{Ja}{\eta}=\frac{0.185\times3.49}{0.1}=6.46(\text{N}\cdot\text{m})$$

(5) 查表初步选定气缸型号。

查阅 SMC 公司摆动气缸的样本资料，要满足上述最小理论输出扭矩，可以选用的气缸为型号为 CRA150 的齿轮齿条式摆动气缸或型号为 CRB1BW80 的单叶片式摆动气缸。

(6) 缓冲能力(负载的转动动能)校核。

$$E_\text{d}=\frac{1}{2}J(at)^2=\frac{1}{2}\times0.185\times(3.49\times1)^2=1.127(\text{N}\cdot\text{m})$$

查阅 SMC 公司摆动气缸的样本资料，上述两种型号摆动气缸的允许能量都不能满足负载转动动能的要求。

(7) 选定气缸型号。

根据上述缓冲能力校核的结果，从缓冲能力考虑，应选用理论输出扭矩及允许能量更大的型号 CRA163，其允许能量为 1.5 N·m，能够满足转动动能的要求。

**2. 气缸行程的选定方法**

制造商对每种缸径的气缸都按一定的差异设计了一系列的标准工作行程，用户根据使用需要选定标准的工作行程就可以。在使用中用户需要区分气缸的最大工作行程和实际工作行程这两个非常重要的概念。

气缸的最大工作行程是指气缸在设计制造时，气缸活塞杆从缩回状态到伸出状态的最大伸缩距离，这是指气缸可能的最大使用行程，实际上在使用时一般要避免满行程使用，否则活塞与端盖发生撞击会降低气缸的工作寿命。

气缸的实际工作行程是指气缸在实际使用时(例如推动某个负载)负载移动的距离，它是根据具体场合的使用要求而确定的，一般都需要在装配调试时进行精确的调整。理论上气缸的实际工作行程可以是最大工作行程以内的任何值。例如图 2-14 所示的负载移动距离就是气缸的实际工作行程。

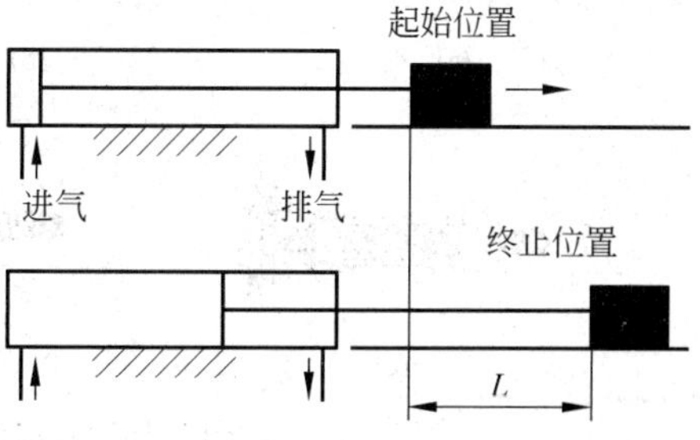

图 2-14　气缸实际工作行程示意图

气缸实际工作行程是依靠气缸外部专门设计的机械挡块来实现的，因为行程需要进行精确的调整，所以这些挡块是可以调节的。

由此可见，选定气缸的行程是指选定气缸的最大标准工作行程。方法为：根据负载需要的实际移动距离，选择比上述实际需要移动距离大、最接近的标准行程。

**例 2-3**　在例 2-1 所示的实例中，考虑到工件的厚度、人工或自动送料机构将工件移送到定位夹具上所需要的空间大小等因素，假设夹紧工件的夹块实际需要移动的距离为 60 mm，请选定气缸的标准工作行程。

**解**：气缸活塞杆需要移动的距离为60 mm，查阅FESTO公司的样本资料，DNG系列的气缸当缸径为32 mm时，气缸的标准行程规格为25、40、50、80、100、125、160、200、250、320、400、500 mm。

显然，选用50 mm的标准行程偏小，而选用80 mm标准行程即可实现60 mm的工作行程，在本例中没有必要再选用更大的行程，否则既增加成本，又占用更大的空间。

## 2.3 如何选定气缸的安装方式?

### 1. 气缸有哪些安装方式?

选定气缸的系列、缸径、行程后，下一步就是选定气缸的安装方式与安装附件。

选定气缸的安装方式实际上就是一个自动机器结构设计的过程，气缸的安装结构直接支承气缸在工作时的负载阻力，活塞杆所承受的负载阻力都通过缸体、安装结构最后传递到安装基础上，因此要求气缸在安装后不仅能够实现要求的运动，还要能够确保气缸在良好的力学工作状态下可靠地工作，确保负载运动效果及气缸的工作寿命。

如果安装方式或安装结构设计不良，不仅气缸可能无法实现要求的运动，还可能气缸工作时机构发生变形、移位等现象，还可能使气缸在不正确的力学工作条件下工作，大幅缩短气缸的工作寿命，所以选定合适的气缸安装方式与安装结构在自动机器结构设计中是一个非常重要的问题。**实践经验表明，很多设备上气缸的过早失效就是因为气缸的安装方式设计错误所致。**

下面仅以普通的直线运动气缸为例进行说明。摆动气缸和多面安装气缸的安装方式相对简单，在此不再赘述。直线运动气缸的安装方式主要有图2-15所示的几种，即脚架安装、螺纹安装、法兰(前法兰或后法兰)安装、铰接(耳轴)安装。

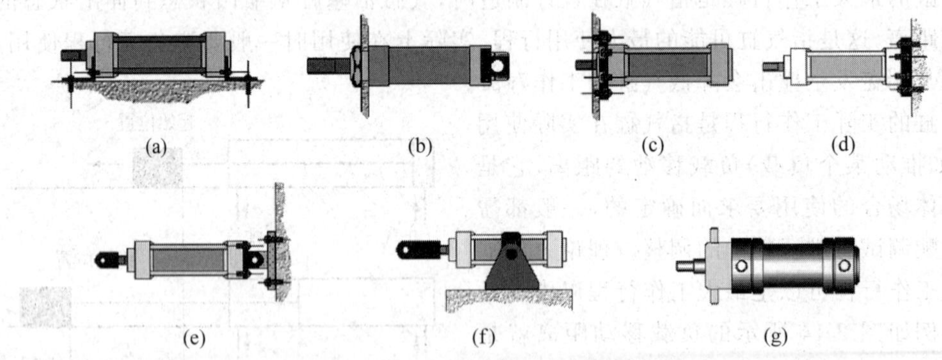


图2-15　直线运动气缸的典型安装方式

(a) 脚架安装；(b) 螺纹安装；(c) 前法兰安装；(d) 后法兰安装；(e) 尾部铰接安装；(f) 中间铰接安装；(g) 前端铰接安装

### 2. 如何选定气缸的合适安装方式?

在实际设计选型工作中，选定气缸的安装方式时，我们首先需要对气缸的以下工作情况进行详细的分析：

- 气缸活塞杆尾部的运动轨迹是直线还是曲线?
- 气缸是在水平方向工作还是竖直方向工作?

- 负载的长度、重心位置；
- 气缸的尺寸大小与重量。

选定气缸安装方式的主要原则如下：

- 安装方式能够满足气缸活塞杆的运动自由度要求，不对活塞杆施加径向载荷（气缸的缸体作摆动运动时需要使缸体能够自由摆动）；
- 安装结构的刚性足以支承负载阻力；
- 水平方向安装使用时如果气缸的自重会产生较大的弯曲力矩就不能悬臂安装；
- 竖直方向安装时使气缸重心通过安装中心；
- 尽可能不占用空间，简化安装。

1）什么情况下可以采用脚架安装、螺纹安装、法兰安装方式？

当气缸的缸体在气缸活塞杆运动时不需要摆动，或者说气缸活塞杆末端完全属于直线运动的情况下，就可以考虑采用这三类让缸体固定的安装方式。

（1）气缸在竖直方向安装时

当气缸在竖直分析安装时最简单，一般采用上下法兰安装，由于气缸的重心通过安装面，所以这种安装方式的力学特性最好。如果气缸在竖直方向安装而且气缸的行程很大时，一般在气缸的前端或尾端安装固定，同时在气缸的另一端进行辅助固定，以免意外地碰到缸体，造成缸体固定端连接螺纹损坏而使气缸失效。

（2）气缸在水平方向安装时

当气缸在水平方向安装时就需要更仔细的分析。与前面所述的铰接安装类似，我们需要仔细分析是否可以采用单侧悬臂安装。

脚架安装由于脚架的结构刚性一般不高，很多脚架为冲压件，因此一般只用于负载较小的场合。特别要注意当负载较大时会导致脚架变形，使气缸的工作不准确甚至无法满足工艺要求。另外，一般尽量避免采用单侧脚架悬臂安装，否则气缸的重量会对安装侧产生一个弯曲力矩，只有气缸较轻、长度较短时才采用单侧脚架悬臂安装。

法兰安装也同样需要考虑气缸的长度与重量，单侧法兰安装一般也是在气缸的重量不大、长度较小的情况下才采用，否则气缸的重量与长度对单侧法兰安装面产生一个不可忽视的弯曲力矩，这种不良设计会造成质量隐患，如图 2-16 所示。

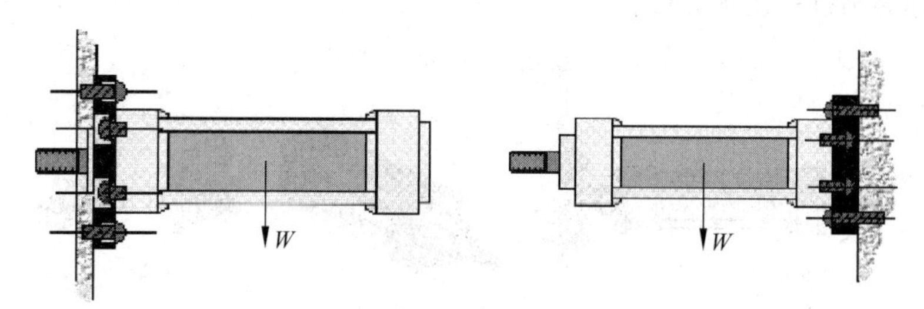


图 2-16　只有气缸重量产生的弯曲力矩较小时才能够悬臂安装

螺纹安装一般只有较小缸径（例如微型气缸、圆柱形标准气缸）的气缸才采用，而且同样要考虑弯曲力矩的影响，当气缸长度较大时采用两端安装而不采用单侧悬臂安装。

与安装有关的安装附件（如脚架、耳轴等）可以在气缸型号选定时同时选出，安装附件的大小是与气缸的缸体安装尺寸相对应的，读者只要查明详细的规格即可。图 2-17 为常用的各种气缸安装附件外形图。

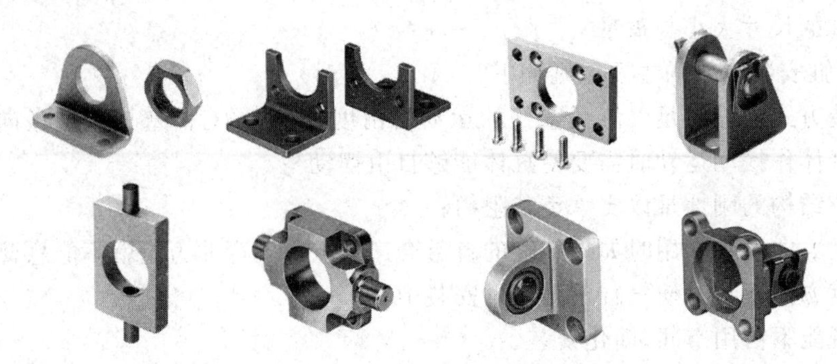

图 2-17　常用的各种气缸安装附件外形图

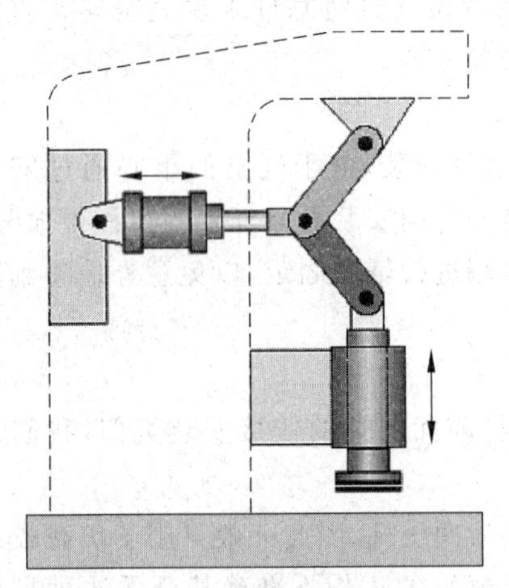

图 2-18　典型的铰接安装实例
(铆接或夹紧机构)

2) 什么情况下必须采用铰接安装方式?

首先分析气缸活塞杆的运动形式,如果活塞杆尾部的运动轨迹始终是直线,则可以考虑通常的脚架安装、法兰安装、螺纹安装,将缸体固定;如果活塞杆尾部的运动轨迹不是直线而是曲线,这种情况下则必须使缸体处于自由摆动状态,也就是必须采用铰接安装方式,否则活塞杆会无法运动。

图 2-18 为典型的铰接安装实例,既可以用于铆接,也可以用于自动夹紧,气缸活塞杆与一活动铰链连接,显然活塞杆端部的该铰链运动轨迹为一圆弧轨迹,圆心为底座上方的固定铰链。如果采用将缸体固定的安装方式,活塞杆就会卡死,所以必须采用铰接安装,使缸体能够实现一定的摆动。前面图 2-4 所示的实例也同样属于这种情况。

3) 如何确定采用尾部、中间或前端铰接安装方式?

确定采用铰接安装方式后,究竟采用尾部铰接(图 2-19)、中间铰接(图 2-20)还是前端铰接(图 2-21)还必须进行认真分析。

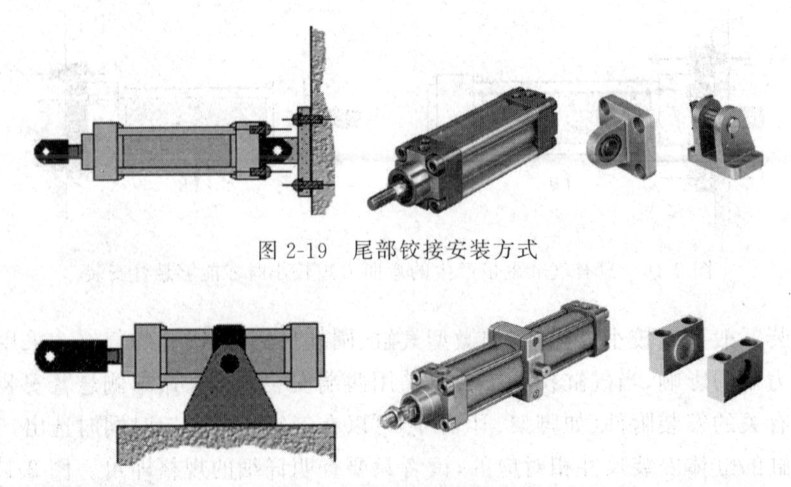

图 2-19　尾部铰接安装方式

图 2-20　中间铰接安装方式

图 2-21　前端铰接安装方式

在图 2-18 所示实例中，由于缸体的重量会对活塞杆产生一个弯曲力矩，该弯曲力矩直接作用在活塞杆上，气缸长时间在这种状态下工作会导致活塞杆的弯曲变形，同时活塞杆与气缸缸盖内的导向套配合处会因为径向负载而加速活塞杆及导向套的磨损。此外，这种弯曲力矩还会使活塞环上的密封圈受力及变形呈不均匀状态，使密封圈磨损不均匀，最后导致活塞密封圈过早漏气失效，降低气缸使用寿命。

气缸的长度及重量越大，上述弯曲力矩也越大，因此图 2-18 中的水平方向尾部铰接方式只有在上述弯曲力矩较小时才合适，也就是说只有气缸的重量较小、长度较短时才合适，否则就要采用中间铰接安装方式来平衡气缸的重量。

在前面图 2-4 所示实例中，由于气缸是在接近竖直方向上工作，采用尾部铰接时对活塞杆的弯曲力矩就较小，缸体的重量主要由铰接支座来支承。如果气缸的重量较大、气缸缸体与竖直方向的夹角也较大时就会产生不可忽略的弯曲力矩，那样就必须改用中间铰接方式。

采用中间铰接安装方式时铰接支架也应该尽可能通过或靠近气缸的重心安装，这样可以消除或降低偏心力矩的影响。如图 2-22 所示，让缸体的重量主要由铰接支座来支承，减小活塞及活塞杆承受的弯曲力矩，也就是使气缸重心 $Z$ 点离铰接支座 $S$ 点的距离 $L$ 尽可能小或完全重合。

采用前端铰接方式的原理也是类似的，需要具体分析上述弯曲力矩的情况，尽量减小气缸活塞杆承受的弯曲力矩。如图 2-23 所示为实际设计方案对比。

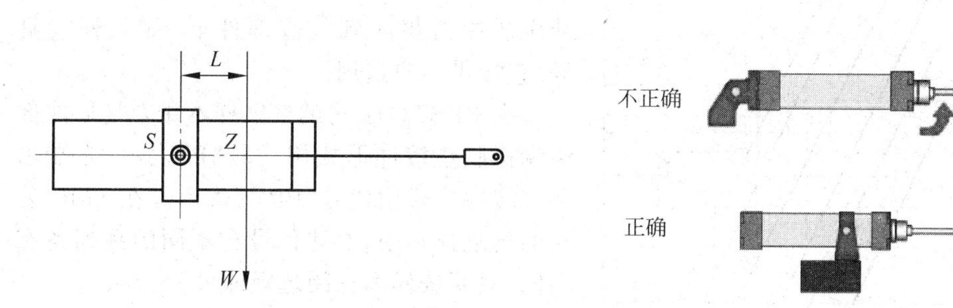


图 2-22　铰接支架尽可能靠近气缸的重心安装

图 2-23　铰接支架位置对比实例

**3. 磁感应开关的选定方法**

安装于气缸上的磁感应开关作用为检测活塞的位置，达到间接检测负载位置的目的。由于在气缸上安装磁感应开关比较简单、方便，价格也低廉，因此大多数情况下尽可能采用这种检测方式，少数情况下则直接在负载运动终点设置接近开关传感器检测负载的状态。

显然，采用这种检测方式时气缸必须具有检测磁环，FESTO 公司在型号的末尾用代号“A”表示，SMC 公司在型号的前端加上字母“D”。

根据气缸的结构外形，不同系列的气缸采用磁感应开关的安装方式也可能不同，例如有钢带固定、轨道安装、拉杆固定等，为了方便用户，制造商在气缸的样本资料上将具体型号气缸所配用的磁感应开关型号及可能需要的开关安装附件也同时标出，供用户直接选用。

**4. 气缸附件的选定方法**

气缸的附件主要包括气缸安装附件、活塞杆连接附件、流量控制阀(单向节流阀、排气节流阀、快速排气阀)、磁感应开关安装附件、气管快速接头等。

在选择气缸安装方式时一般将气缸安装附件及活塞杆连接附件同时选出，在选择磁感应开关时也同时将相关安装附件选出。另外再需要选择的就是各种流量控制阀及气管快速接头。

为了方便用户，制造商将各种系列及缸径的气缸所配用的单向节流阀、气管的管径都列出，并制成了专门的表格，用户只要按此类表格直接选用即可。

**5. 气缸缓冲形式的选定方法**

气缸在工作时必须有相应的缓冲方式或缓冲结构，否则气缸工作时活塞运动终点会产生较大的冲击和噪声，同时降低工作寿命，所以气缸应该避免满行程使用。由于气缸工作时负载与活塞杆是连接在一体的，所以负载的缓冲与气缸的缓冲实际上是同时进行的，对负载缓冲同时也就是对气缸进行缓冲，对气缸进行缓冲同时也对负载起到了缓冲。根据缓冲处理部位的区别，可以分为气缸内部缓冲和气缸外部缓冲两大类。

1) 气缸内部缓冲

气缸内部缓冲就是在气缸内部施加缓冲结构，主要的缓冲方式为橡胶垫缓冲和气缓冲。

在气缸选型过程中，主要是选择气缸的内部缓冲形式，气缸外部的缓冲结构一般是设计人员自行设计的。

制造商提供的气缸系列中，部分系列的气缸设计有橡胶垫缓冲结构，部分系列的气缸除可以选择橡胶垫缓冲外，还同时设计有终端可调气缓冲型号供用户选择，这种情况下气缸的总长度会加长。在某些系列，制造商还将外部油压缓冲器集成到气缸部件上(如无杆气缸等)直接供用户选用。

在FESTO公司的气缸样本中，气缸内部终端橡胶垫缓冲形式用代号“P”表示，终端可调气缓冲形式用代号“PPV”表示。在SMC公司的气缸样本中，上述代号在不同的系列各有不同，只要按样本查阅选择即可。

选定气缸的内部缓冲方式后，还需要对缓冲效果进行验算。查阅气缸的缓冲特性曲线，如果负载质量 $m$ 与气缸最大速度 $V_{max}$ 的交点在预选缸径气缸的缓冲特性曲线之下，则表示负载运动的动能 $\frac{1}{2}mV_{max}^2$ 小于气缸运行吸收的最大能量，即预选缸径气缸的缓冲能力能够满足使用要求，否则，预选缸径应该增大一号，重复进行验算直到能够满足缓冲要求为止。图2-24为SMC公司MB系列气缸的气缓冲特性曲线实例。

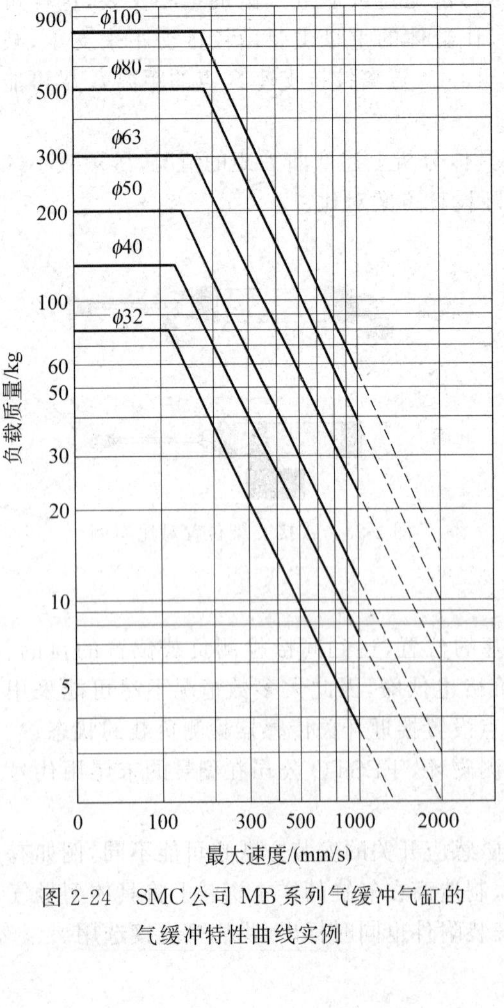

图2-24　SMC公司MB系列气缓冲气缸的气缓冲特性曲线实例

2）气缸外部缓冲

气缸内部缓冲的效果是有限的，当负载过大或运动速度太高，靠气缸内部的缓冲不能完全吸收冲击能量时，就必须在气缸外部的负载或气动回路上增设缓冲措施或缓冲结构，主要的缓冲方式为橡胶垫缓冲、设计气动缓冲回路进行缓冲、在负载运动终点设置油压缓冲器。为了保证有更好的缓冲效果，可以同时采用气缸的内部缓冲与外部缓冲措施。

关于更详细的缓冲设计方法与实例请读者参考第6章机械手部分。

**6. 气缸型号代号举例**

气缸各项要求选定后，气缸的型号最后是以一串字符的形式表示的。下面分别以FESTO、SMC公司的型号命名规则举例说明。

**例2-4**　FESTO公司某气缸型号为“DNC-32-40-PPV-A”，试说明气缸型号代表的意义。

**解**：符号所表示的意义为：

“DNC”表示气缸系列为DNC系列、“32”表示气缸的缸径为32 mm、“40”表示气缸行程为40 mm、“PPV”表示两端可调气缓冲、“A”表示带磁环非接触检测。

**例2-5**　SMC公司某气缸型号为“CDG1BA50-150”，试说明气缸型号代表的意义。

**解**：符号所表示的意义为：

“CG1”表示气缸系列为CG1系列（轻巧型）、“D”表示内置磁环结构、“B”表示气缸采用标准安装结构、“A”表示气缸缓冲方式为两端可调气缓冲、“50”表示气缸缸径为50 mm、“150”表示气缸行程为150 mm。

## 2.4　如何消除气缸的径向负载？

**1. 什么叫气缸的径向负载？**

通常《液压与气动技术》教材在气动执行元件一章中会提到“气缸在使用时不能承受径向负载”，但教材对实际工作中如何保证上述要求并未介绍，这对实际岗位工作是远远不够的。

所谓径向负载就是指作用在气缸活塞杆上与缸体轴线不平行的负载，如图2-25所示。这种负载对气缸非常有害，因为气缸的活塞是通过柔软的橡胶密封圈与缸体接触的，这种柔性结构决定气缸缸体固定时，活塞杆只能承受与缸体平行的轴向负载，否则气缸长时间在不合理的偏心力学状态下工作，会导致活塞密封圈磨损不均匀、漏气、活塞杆弯曲直至气缸报废。

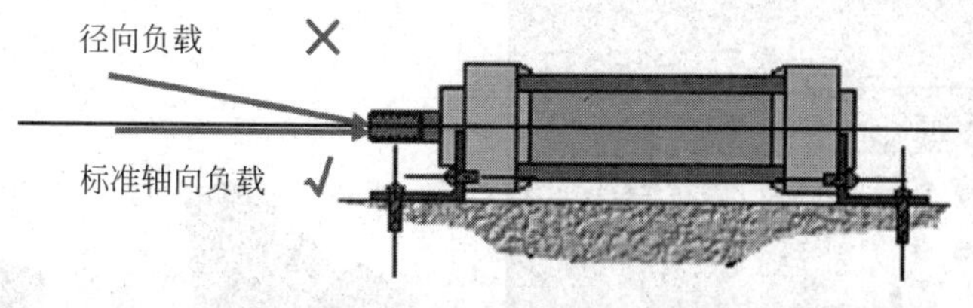


图2-25　气缸的径向负载示意图

消除气缸的径向负载是气缸进行安装设计时的重要内容，确定气缸的安装方式时首先必须考虑消除径向负载。即使无法完全消除也要将径向负载降低到最低限度。**实践经验表明，很多机器设备上气缸的过早失效就是因为气缸的安装方式设计不良所致，使气缸承受了**

**不该承受的径向负载。**

**2. 如何消除气缸的径向负载？**

第一种情况：采用铰链安装方式就是为了使气缸避免径向负载。通过铰链安装，使气缸缸体处于能够自由摆动的状态。当然，如前所述，采用铰链安装时还需要使气缸的重心尽可能通过安装铰链中心，以消除或减小弯曲力矩所带来的活塞杆径向负载的影响。

第二种情况：气缸采用缸体完全固定的安装方式（如法兰安装、脚架安装、螺纹安装）时，因为加工和装配的原因，气缸的轴向方向与负载实际运动方向不可能完全重合，之间的偏差就一定会带来径向负载，这时可以通过以下特殊的活塞杆连接接头来消除径向负载：

（1）采用标准的气动柔性连接附件

为了方便使用气缸，气动元件供应商专门设计了一系列标准的气缸连接附件，由于这些连接附件具有一定的柔性，因而也称气动柔性接头。这些柔性接头能够确保气缸与负载连接后使气缸只承受轴向负载，简化了结构设计与气动机构的安装调整。

图2-26为常用的各种活塞杆柔性连接附件外形图，其中图2-26(a)称为自对中连接接头，图2-26(b)称为Y形带销接杆，图2-26(c)称为带六角螺母的关节轴承。上述附件一端与气缸活塞杆相连，另一端则与负载相连。

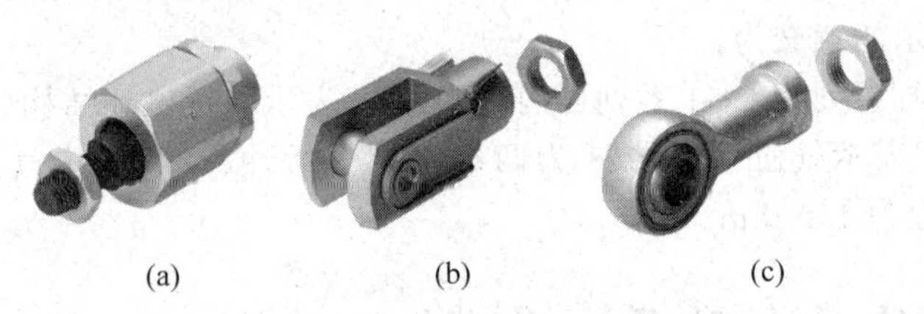

(a)　(b)　(c)

图2-26　常用的各种活塞杆柔性连接附件外形图

(a) 自对中连接接头；(b) Y形带销接杆；(c) 带六角螺母的关节轴承

（2）自行设计专门的连接接头

在工程上也可以自行设计专门的连接接头，或者为了降低制造成本，或者结构空间受到限制，目的都是有效地降低或消除活塞杆上可能的径向负载。图2-27为日本STAR公司机械手上一种设计非常巧妙的连接接头，图2-28为日本米思米公司一种类似功能的浮动接头。上述接头在轴向基本没有活动间隙，而在另外两个方向则是自由活动的，补偿了气缸安装轴线方向与负载实际运动方向不重合导致的偏心，因而避免了产生径向负载，结构非常简单，加工成本低廉。第10章图10-8也采用了类似结构的浮动连接接头。

图2-27　日本STAR公司一种典型的消除气缸活塞杆径向负载的连接结构

图2-28　日本米思米公司一种消除径向负载的浮动接头

## 2.5　一款自动门设计实例

### 1. 项目目的

气缸铰链安装是气动机构设计的核心内容，只要掌握了铰链安装设计，所有的安装方式都可以举一反三。本项目是编者根据十多年的工作经验精心设计的，对从事自动机器设计和管理维护的初学者极有帮助。项目的主要目的为掌握以下基本能力：

（1）掌握气缸铰链安装的设计；

（2）看懂气缸样本资料、图纸；

（3）学会气缸缸径、行程的选择；

（4）学会使用机构运动简图进行运动分析；

（5）掌握力矩的计算与应用；

（6）装配图、零件图绘制。

### 2. 设计任务

**例 2-6**　在假设某仓库门尺寸 2000 mm×1000 mm，在门上端改用气缸自动开关，假设开门、关门需要力矩均为 100 N·m，用德国 FESTO 公司 DNC 系列气缸来实现，选择气缸及附件，画出装配图、零件图。

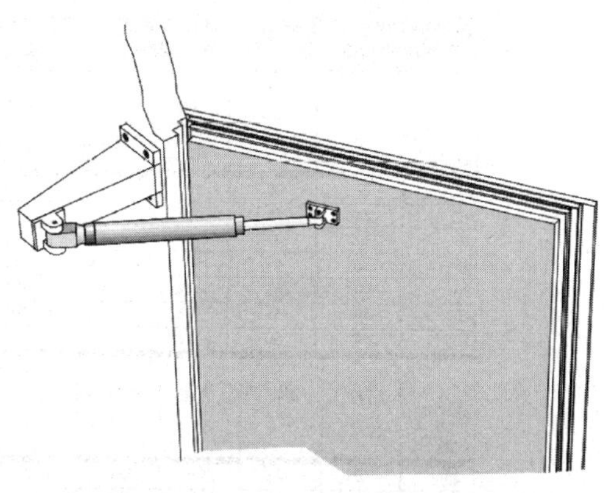

图 2-29　一种仓库自动门示意图

### 3. 设计步骤

第一步：选定气缸系列，初选气缸缸径、行程。

根据经验，初选 FESTO 公司 DNC 系列基本型，在样本资料中选定缸径 63 mm，行程 200 mm。气缸的型号为 DNC-63-200-P，如图 2-30 所示。

**标准气缸 DNC，符合 ISO 15552 标准**　　FESTO

产品范围一览

| 功能 | 结构特点 | 型号 | 活塞直径 ∅ [mm] | 行程 [mm] | | 位置感测 A | 抗扭转 Q | 双端/中空活塞杆 S2/S20 | 活塞杆上加长外螺纹 K2 | 内螺纹活塞杆 K3 | 特殊活塞杆螺纹 K5 |
|---|---|---|---|---|---|---|---|---|---|---|---|
| 双作用 | 基本型 | | | | | | | | | | |
| | | DNC | 32, 40, 50, 63, 80, 100, 125 | 25, 40, 50, 80, 100, 125, 160, 200, 250, 320, 400, 500 | 10... 2,000 | ■ | ■ | ■ | ■ | ■ | ■ |
| | 标准孔型，带夹紧装置 | | | | | | | | | | |
| | | DNC-KP | 32, 40, 50, 63, 80, 100, 125 | – | 10 ... 2,000 | ■ | ■ | ■ S2 | ■ | ■ | ■ |

图 2-30　选定缸径与行程

第二步：计算(或查阅)气缸伸出、缩回输出力大小。

查阅气缸样本资料中的图纸尺寸如图2-31所示，确定活塞直径63 mm时活塞杆直径20 mm，然后分别计算气缸左右两腔面积 $A_1$、$A_2$，计算理论伸出作用力 $F_1$、缩回作用力 $F_2$。气缸水平安装，压缩空气压力按0.6 MPa计算。

**标准气缸 DNC，符合 ISO 15552 标准**　　FESTO

技术参数

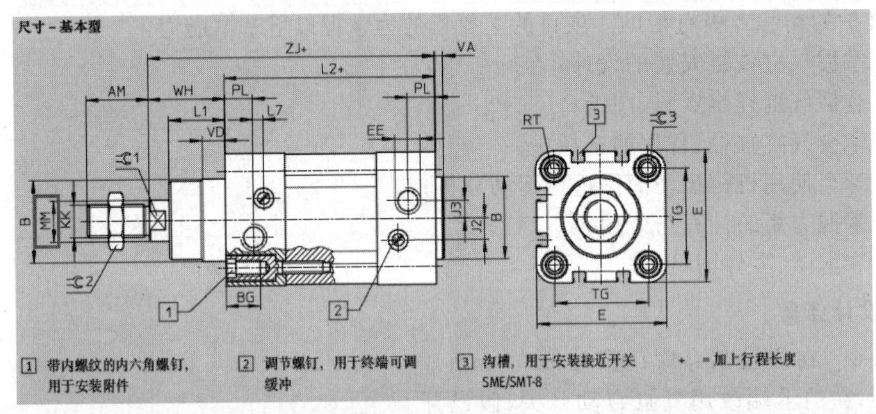


| ∅ [mm] | AM | B ∅ d11 | BG | E | EE | J2 | TT | J3 | KK | L1 | L2 |
|---|---|---|---|---|---|---|---|---|---|---|---|
| 32 | 22 | 30 | 16 | 45 | G⅛ | 6 | | 5.2 | M10x1.25 | 18 | 94 |
| 40 | 24 | 35 | 16 | 54 | G¼ | 8 | | 6 | M12x1.25 | 21.5 | 105 |
| 50 | 32 | 40 | 17 | 64 | G¼ | 10.4 | 11 | 8.5 | M16x1.5 | 28 | 106 |
| 63 | 32 | 45 | 17 | 75 | G⅜ | 12.4 | | 10 | M16x1.5 | 28.5 | 121 |
| 80 | 40 | 45 | 17 | 93 | G⅜ | 12.5 | | 8 | M20x1.5 | 34.7 | 128 |
| 100 | 40 | 55 | 17 | 110 | G½ | 12 | | 10 | M20x1.5 | 38.2 | 138 |
| 125 | 54 | 60 | 22 | 134 | G½ | 13 | | 8 | M27x2 | 46 | 160 |

| ∅ [mm] | L7 | MM ∅ | PL | RT | TG | VA | VD | WH | ZJ | =C1 | =C2 | =C3 |
|---|---|---|---|---|---|---|---|---|---|---|---|---|
| 32 | 3.3 | 12 | 15.6 | M6 | 32.5 | 4 | 10 | 26 | 120 | 10 | 16 | 6 |
| 40 | 3.6 | 16 | 14 | M6 | 38 | 4 | 10.5 | 30 | 135 | 13 | 18 | 6 |
| 50 | 5.1 | 20 | 14 | M8 | 46.5 | 4 | 11.5 | 37 | 143 | 17 | 24 | 8 |
| 63 | 6.6 | 20 | 17 | M8 | 56.5 | 4 | 15 | 37 | 158 | 17 | 24 | 8 |
| 80 | 10.5 | 25 | 16.4 | M10 | 72 | 4 | 15.7 | 46 | 174 | 22 | 30 | 6 |
| 100 | 8 | 25 | 18.8 | M10 | 89 | 4 | 19.2 | 51 | 189 | 22 | 30 | 6 |
| 125 | 14 | 32 | 18 | M12 | 110 | 6 | 20.5 | 65 | 225 | 27 | 36 | 8 |

图2-31　气缸结构尺寸表

$$A_1=\frac{\pi}{4}D^2=\frac{\pi}{4}\times 0.063^2=0.003117(\mathrm{m}^2)$$

$$A_2=\frac{\pi}{4}(D^2-d^2)=\frac{\pi}{4}\times(0.063^2-0.020^2)=0.002803(\mathrm{m}^2)$$

$$F_1=A_1P=0.003117\times 0.6\times 10^6=1870(\mathrm{N})$$

$$F_2=A_2P=0.002803\times 0.6\times 10^6=1682(\mathrm{N})$$

当然气缸输出力也可以在供应商的样本资料表格中查到，这里主要为了使初学者明白这些数据是如何计算得出的。

第三步：选择气缸安装方式及连接附件。

根据项目任务要求，选择气缸尾部铰链安装。在样本资料中找到如图2-32所示安装方式示意图，选择尾部铰链安装附件序号 9、10，活塞杆连接接头序号 20。

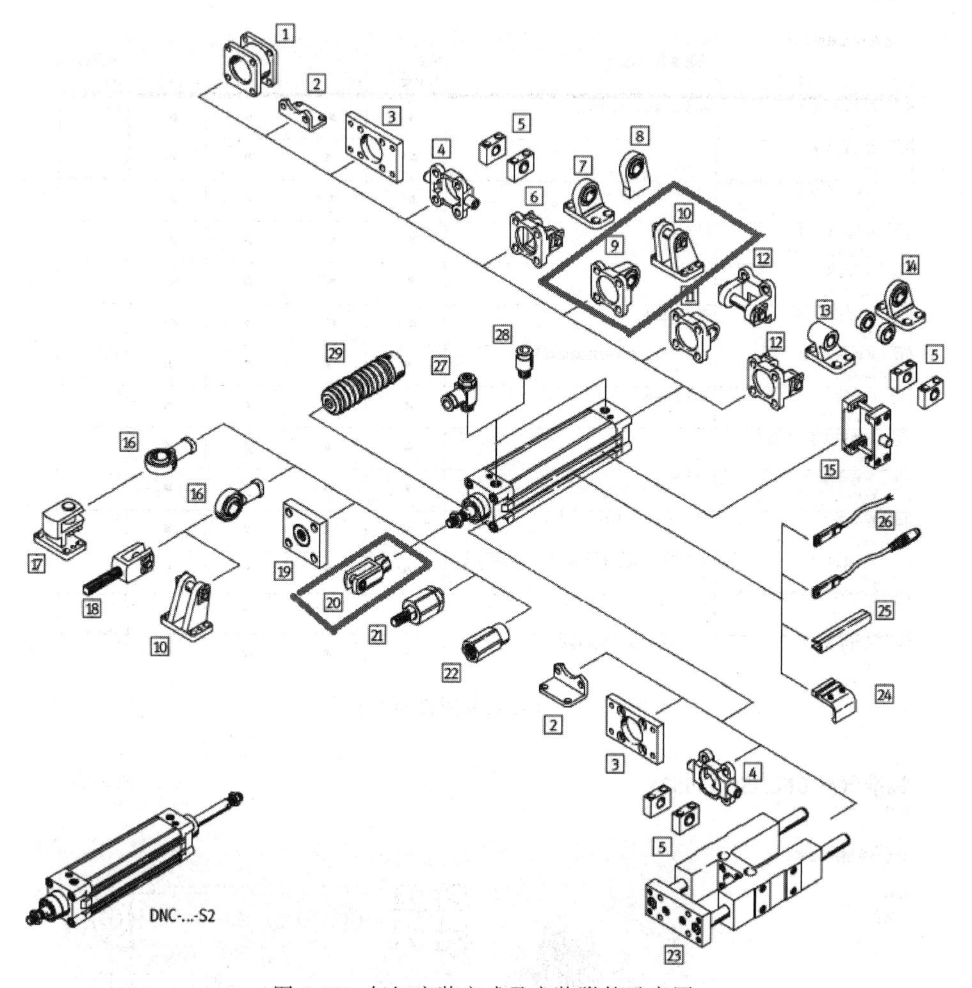


图 2-32　气缸安装方式及安装附件示意图

根据安装附件序号可以找到相关附件在样本资料中的页码，如图 2-33 所示。

根据上面的页码在样本资料中找到相关附件的订货号、型号、图纸尺寸，如图 2-34～图 2-36 所示。

在 FESTO 公司官网首页搜索栏输入产品订货号，即可得到产品或配件的详细样本及图纸尺寸资料，如图 2-37～图 2-39 所示。

根据上面活塞杆接头的图纸尺寸，可以自己配套设计安装在门上的安装座图纸尺寸，材料采用 45 钢，如图 2-40 所示，其中最重要的装配尺寸是高度尺寸 24、38(后面的计算将要用到)。

第四步：将活塞杆接头装入活塞杆、气缸尾部装上耳环座。

在样本资料中查阅气缸图纸尺寸如前面图 2-31 所示，计算气缸总长度。需要特别指出的是图纸尺寸是按公式计算的，有“＋”号的尺寸需要加上气缸行程长度，长度尺寸是活塞杆

## 标准气缸DNC，符合ISO 15552标准

FESTO

外围元件一览

| 安装附件和附近 | 简要说明 | DNC 基本型 | KP | EL | V1 ... V6 | → 页码/Internet |
|---|---|---|---|---|---|---|
| 9 双耳环安装件 SNCS | 带球面轴承，用于端盖 | ■1) | ■1) | ■ | ■1) | 55 |
| 10 双耳环支座 LBG | - | ■1) | ■ | ■ | ■1) | 56 |
| 11 双耳环安装件 SNCL | 用于端盖 | ■1) | ■1) | ■ | ■1) | 55 |
| 12 双耳环安装件 SNCB/SNCB-...-R3 | 用于端盖 | ■1) | ■1) | ■ | ■1) | 54 |
| 13 耳环支座 LNG/CRLNG | - | ■1) | ■1) | ■ | ■1) | 56 |
| 14 球铰耳环支座 LSN | 带球面轴承 | ■1) | ■1) | ■ | ■1) | 56 |
| 15 耳轴安装组件 ZNCM | 用于安装在缸筒的任意位置 | ■ | ■ | ■ | ■ | 51 |
| 16 关节轴承 SGS/CRSGS | 带球面轴承 | ■ | ■ | ■ | ■ | 57 |
| 17 直角球铰耳环支座 LQG | - | ■ | ■ | ■ | ■ | 56 |
| 18 双耳环 SGA | 带外螺纹 | ■ | ■ | ■ | ■ | 57 |
| 19 连接法兰 KSG | 用于补偿径向偏差 | ■ | ■ | ■ | ■ | 57 |
| 连接法兰 KSZ | 用于带抗扭转活塞杆的气缸，补偿径向偏差 | ■ | ■ | ■ | ■ | 57 |
| 20 双耳环 SG/CRSG | 允许气缸在一个平面内转动 | ■ | ■ | ■ | ■ | 57 |
| 21 自对中连接件 FK | 用于补偿径向和角度偏差 | ■ | ■ | ■ | ■ | 57 |

图 2-33　气缸安装附件所在页码

## 标准气缸DNC，ISO 15552

FESTO

附件

双耳环安装件　SNCS

材料：
压铸铝

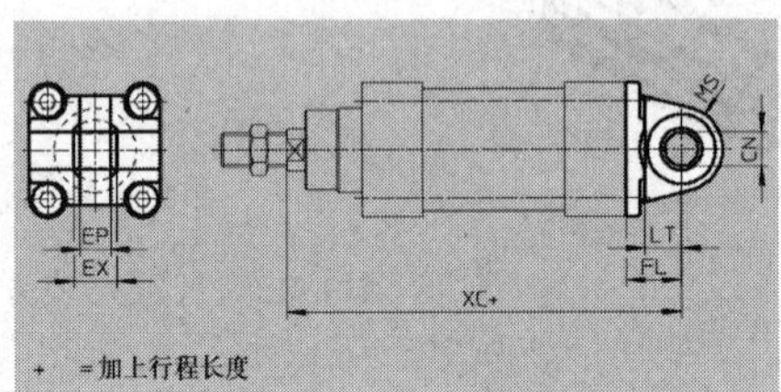


| 适用直径 ∅ [mm] | CN ∅ H7 | EP ±0.2 | EX | FL ±0.2 | LT | MS | XC | XC KP | CRC1) | 重量 [g] | 订货号 | 型号 |
|---|---|---|---|---|---|---|---|---|---|---|---|---|
| 32 | 10 | 10.5 | 14 | 22 | 13 | 15 | 142 | 187 | 2 | 85 | 174 397 | SNCS-32 |
| 40 | 12 | 12 | 16 | 25 | 16 | 17 | 160 | 213 | 2 | 125 | 174 398 | SNCS-40 |
| 50 | 16 | 15 | 21 | 27 | 16 | 20 | 170 | 237 | 2 | 210 | 174 399 | SNCS-50 |
| 63 | 16 | 15 | 21 | 32 | 21 | 22 | 190 | 266 | 2 | 280 | 174 400 | SNCS-63 |
| 80 | 20 | 18 | 25 | 36 | 22 | 27 | 210 | 305 | 2 | 540 | 174 401 | SNCS-80 |
| 100 | 20 | 18 | 25 | 41 | 27 | 29 | 230 | 328 | 2 | 700 | 174 402 | SNCS-100 |
| 125 | 30 | 25 | 37 | 50 | 30 | 39 | 275 | 400 | 2 | 1,410 | 174 403 | SNCS-125 |

图 2-34　尾部安装附件型号订货号及尺寸

**标准气缸 DNC, ISO 15552**
附件　　FESTO

订货数据－安装附件　　技术参数 ➔ Internet: clevis foot

| 名称 | 适用直径 ∅ | 订货号 | 型号 | 名称 | 适用直径 ∅ | 订货号 | 型号 |
|---|---|---|---|---|---|---|---|
| 耳环支座 LNG | | | | 球铰耳环支座 LSN | | | |
| | 32 | 33 890 | LNG-32 | | 32 | 5 561 | LSN-32 |
| | 40 | 33 891 | LNG-40 | | 40 | 5 562 | LSN-40 |
| | 50 | 33 892 | LNG-50 | | 50 | 5 563 | LSN-50 |
| | 63 | 33 893 | LNG-63 | | 63 | 5 564 | LSN-63 |
| | 80 | 33 894 | LNG-80 | | 80 | 5 565 | LSN-80 |
| | 100 | 33 895 | LNG-100 | | 100 | 5 566 | LSN-100 |
| | 125 | 33 896 | LNG-125 | | 125 | 6 987 | LSN-125 |
| 球铰耳环支座 LSNG | | | | 用于焊接的球铰耳环支座 LSNSG | | | |
| | 32 | 31 740 | LSNG-32 | | 32 | 31 747 | LSNSG-32 |
| | 40 | 31 741 | LSNG-40 | | 40 | 31 748 | LSNSG-40 |
| | 50 | 31 742 | LSNG-50 | | 50 | 31 749 | LSNSG-50 |
| | 63 | 31 743 | LSNG-63 | | 63 | 31 750 | LSNSG-63 |
| | 80 | 31 744 | LSNG-80 | | 80 | 31 751 | LSNSG-80 |
| | 100 | 31 745 | LSNG-100 | | 100 | 31 752 | LSNSG-100 |
| | 125 | 31 746 | LSNG-125 | | 125 | 31 753 | LSNSG-125 |
| 双耳环支座 LBG | | | | 直角球铰耳环支座 LQG | | | |
| | 32 | 31 761 | LBG-32 | | 32 | 31 768 | LQG-32 |
| | 40 | 31 762 | LBG-40 | | 40 | 31 769 | LQG-40 |
| | 50 | 31 763 | LBG-50 | | 50 | 31 770 | LQG-50 |
| | 63 | 31 764 | LBG-63 | | 63 | 31 771 | LQG-63 |
| | 80 | 31 765 | LBG-80 | | 80 | 31 772 | LQG-80 |
| | 100 | 31 766 | LBG-100 | | 100 | 31 773 | LQG-100 |
| | 125 | 31 767 | LBG-125 | | 125 | 31 774 | LQG-125 |

图 2-35　尾部安装附件型号订货号

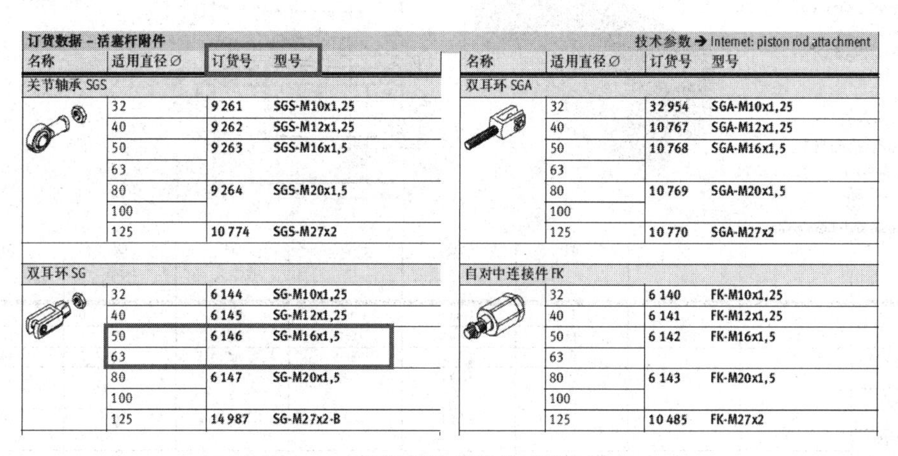

**标准气缸 DNC, ISO 15552**
附件　　FESTO

订货数据－活塞杆附件　　技术参数 ➔ Internet: piston rod attachment

| 名称 | 适用直径 ∅ | 订货号 | 型号 | 名称 | 适用直径 ∅ | 订货号 | 型号 |
|---|---|---|---|---|---|---|---|
| 关节轴承 SGS | | | | 双耳环 SGA | | | |
| | 32 | 9 261 | SGS-M10x1,25 | | 32 | 32 954 | SGA-M10x1,25 |
| | 40 | 9 262 | SGS-M12x1,25 | | 40 | 10 767 | SGA-M12x1,25 |
| | 50 | 9 263 | SGS-M16x1,5 | | 50 | 10 768 | SGA-M16x1,5 |
| | 63 | | | | 63 | | |
| | 80 | 9 264 | SGS-M20x1,5 | | 80 | 10 769 | SGA-M20x1,5 |
| | 100 | | | | 100 | | |
| | 125 | 10 774 | SGS-M27x2 | | 125 | 10 770 | SGA-M27x2 |
| 双耳环 SG | | | | 自对中连接件 FK | | | |
| | 32 | 6 144 | SG-M10x1,25 | | 32 | 6 140 | FK-M10x1,25 |
| | 40 | 6 145 | SG-M12x1,25 | | 40 | 6 141 | FK-M12x1,25 |
| | 50 | 6 146 | SG-M16x1,5 | | 50 | 6 142 | FK-M16x1,5 |
| | 63 | | | | 63 | | |
| | 80 | 6 147 | SG-M20x1,5 | | 80 | 6 143 | FK-M20x1,5 |
| | 100 | | | | 100 | | |
| | 125 | 14 987 | SG-M27x2-B | | 125 | 10 485 | FK-M27x2 |

图 2-36　活塞杆连接接头型号订货号

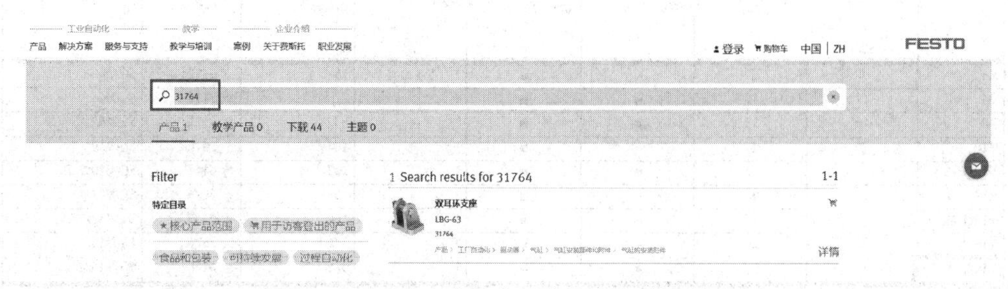


图 2-37　FESTO 公司官网产品或配件搜索页面

## 双耳环安装件 LBG

技术参数

FESTO

**双耳环安装件 LBG**
柱销带一个定位销防止旋转

材料:
球状石墨铸铁
不含铜和聚四氟乙烯

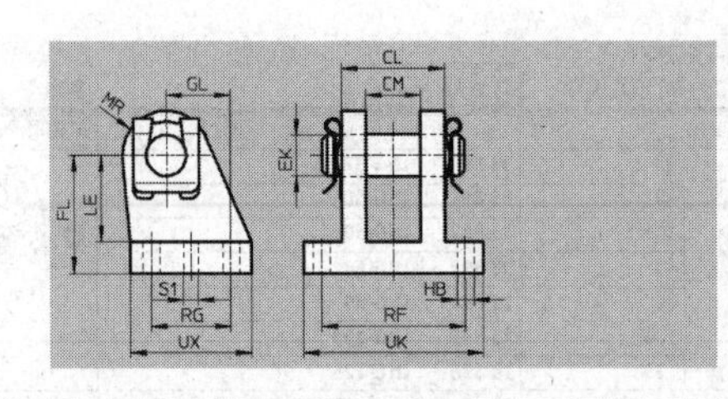


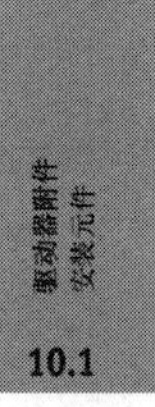


| 尺寸和订货数据 | | | | | | | | | | | | | | | | | |
|---|---|---|---|---|---|---|---|---|---|---|---|---|---|---|---|---|---|
| 适用直径 Ø [mm] | CL | CM | EK Ø | FL | GL | HB Ø | LE | MR | RF | RG | S1 Ø | UK | UX | CRC1) | 重量 [g] | 代号 | 型号 |
| 32 | 28 | 14.1 | 10 | 32 | 16 | 6.8 | 24 | 12 | 42 | 20 | 4.8 | 56 | 36 | 2 | 220 | **31 761** | **LBG-32** |
| 40 | 30 | 16.1 | 12 | 36 | 20 | 6.8 | 26 | 14 | 44 | 26 | 5.8 | 58 | 41.5 | 2 | 300 | **31 762** | **LBG-40** |
| 50 | 40 | 21.1 | 16 | 45 | 25 | 9.2 | 33 | 15 | 56 | 31 | 5.8 | 70 | 47 | 2 | 540 | **31 763** | **LBG-50** |
| 63 | 40 | 21.1 | 16 | 50 | 25 | 9 | 38 | 17 | 56 | 31 | 7.8 | 70 | 47 | 2 | 580 | **31 764** | **LBG-63** |
| 80 | 50 | 25.1 | 20 | 63 | 30 | 11 | 49 | 18 | 70 | 36 | 7.8 | 89 | 57 | 2 | 1050 | **31 765** | **LBG-80** |
| 100 | 50 | 25.1 | 20 | 71 | 41 | 11 | 56 | 22 | 70 | 46 | 9.8 | 89 | 67.5 | 2 | 1375 | **31 766** | **LBG-100** |
| 125 | 80 | 37.2 | 30 | 90 | 60 | 14 | 70 | 26 | 106 | 70 | 11.8 | 128 | 96 | 2 | 4140 | **31 767** | **LBG-125** |

图 2-38　双耳环安装座图纸尺寸

## Rod clevises SG

### Data sheet

**Rod clevis SG**

Scope of delivery:
1 rod clevis, 1 clevis pin, 1 hex nut
(M4: DIN 934,
M6 ... M16: DIN 439)

Material:
Galvanised steel
Free of copper and PTFE
RoHS-compliant

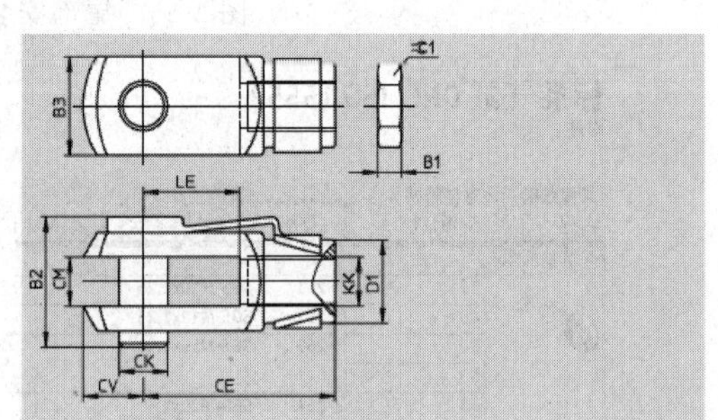


| Dimensions and ordering data KK | B1 | B2 | B3 | CE | CK Ø | CM | CV | D1 Ø |
|---|---|---|---|---|---|---|---|---|
| **M4** | 3.2 | 11.1 | 8 | $16_{\pm 0.3}$ | $4_{h11}$ | $4_{B13}$ | 5 | 8 |
| **M6** | 3.2 | 16.2 | 12 | $24_{\pm 0.3}$ | $6_{h11}$ | $6_{B13}$ | 7 | 10 |
| **M8** | 4 | 21.6 | 16 | $32_{\pm 0.4}$ | $8_{h11}$ | $8_{B13}$ | 10 | 14 |
| **M10** | 5 | 26 | 20 | $40_{\pm 0.4}$ | $10_{h11}$ | $10_{B13}$ | 12 | 18 |
| **M10x1.25** | | | | | | | | |
| **M12** | 6 | 31.1 | 24 | $48_{\pm 0.4}$ | $12_{h11}$ | $12_{+0.7/+0.15}$ | 14 | 20 |
| **M12x1.25** | | | | | | | | |
| **M16** | 8 | 39.5 | 32 | $64_{\pm 0.4}$ | $16_{h11}$ | $16_{+0.7/+0.15}$ | 19 | 26 |
| **M16x1.5** | | | | | | | | |

| KK | LE ±0.5 | ⌖1 | ISO 8140 | DIN 71752 | CRC1) | Weight [g] | Part no. | Type |
|---|---|---|---|---|---|---|---|---|
| **M4** | 8 | 7 | – | ■ | 1 | 10 | **6532** | **SG-M4** |
| **M6** | 12 | 10 | ■ | ■ | 1 | 22 | ★ **3110** | **SG-M6** |
| **M8** | 16 | 13 | ■ | ■ | 1 | 53 | ★ **3111** | **SG-M8** |
| **M10** | 20 | 17 | – | ■ | 1 | 104 | **2674** | **SG-M10** |
| **M10x1.25** | | 17 | ■ | ■ | 1 | 103 | ★ **6144** | **SG-M10x1.25** |
| **M12** | 24 | 19 | – | ■ | 1 | 168 | **2675** | **SG-M12** |
| **M12x1.25** | | 19 | ■ | ■ | 1 | 166 | ★ **6145** | **SG-M12x1.25** |
| **M16** | 32 | 24 | – | ■ | 1 | 376 | **2676** | **SG-M16** |
| **M16x1.5** | | | ■ | ■ | 1 | 375 | ★ **6146** | **SG-M16x1.5** |

图 2-39　活塞杆接头图纸尺寸

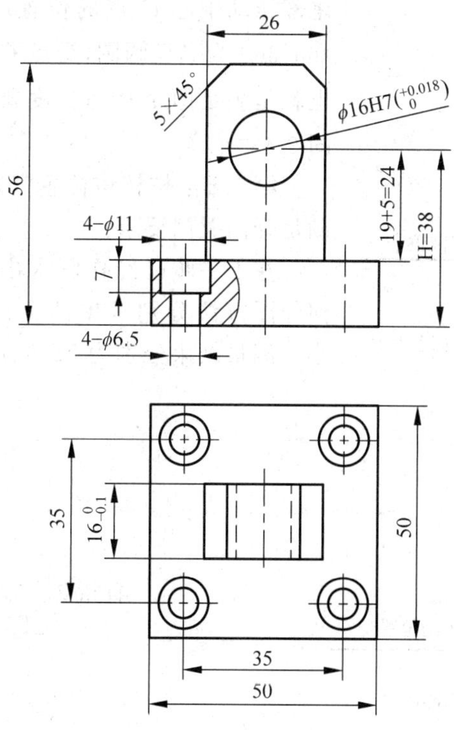


图 2-40　活塞杆接头配套耳座尺寸

缩到底状态时的尺寸。活塞杆拧入接头螺纹孔深度约 2/3，方便调整，拧上防松螺母。在设计软件上可以分别测量出气缸缩回到底、伸出到底时的有效长度尺寸分别为 466、666，如图 2-41 所示。

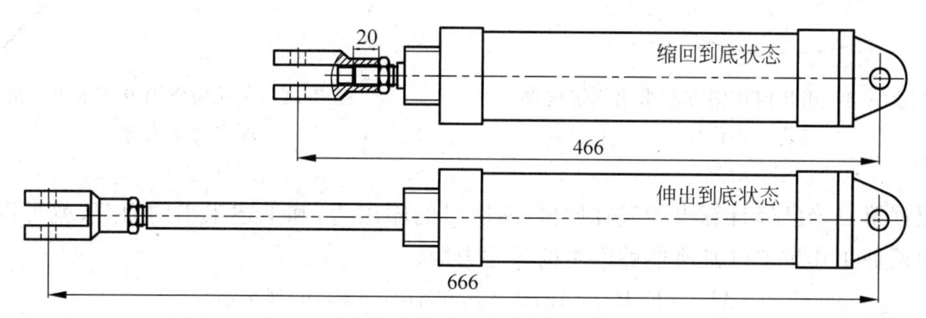


图 2-41　气缸装入接头和耳座后有效长度尺寸

为了分析计算的方便，我们将气缸缩回到底、伸出到底两种状态下的有效长度简化为与上述尺寸相同的两根杆件。还有门上安装座的高度 $H=38$ 也同样处理，这样气缸在伸出、缩回两种状态的空间位置就可以用三根长度分别为 38、466、666 的杆件来进行分析了。

第五步：初定门上安装座距离门转轴的距离尺寸 $B$。

尺寸 $B$ 过小，则力臂小，力矩可能不够；尺寸 $B$ 过大，虽然力臂变大，但气缸长度又可能不够。初定尺寸 $B=140$，如图 2-42 所示，根据后面的计算校核情况再作修改调整。

第六步：根据气缸伸出到底、缩回到底两种工作状态的长度，用几何作图方法求出气缸

尾部转动中心 $C$ 点的位置。分别以 $Q$、$P$ 点为圆心，466、666 为半径画圆，交点 $C$ 即为气缸尾部转动中心，也就是满足两个状态长度要求时的气缸安装位置，如图 2-43 所示。

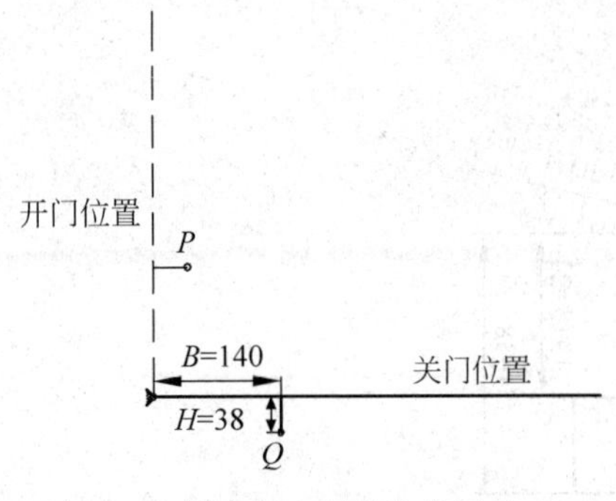


图 2-42　初定门上耳座的位置尺寸 $B$

第七步：校核该位置气缸输出力产生的力矩能否满足开门关门要求。

在上一步已经作图求出两个工作位置，同样用几何作图方法分别求出两个位置气缸作用力的力臂大小。测量结果分别为 71.6、120，如图 2-44 所示。

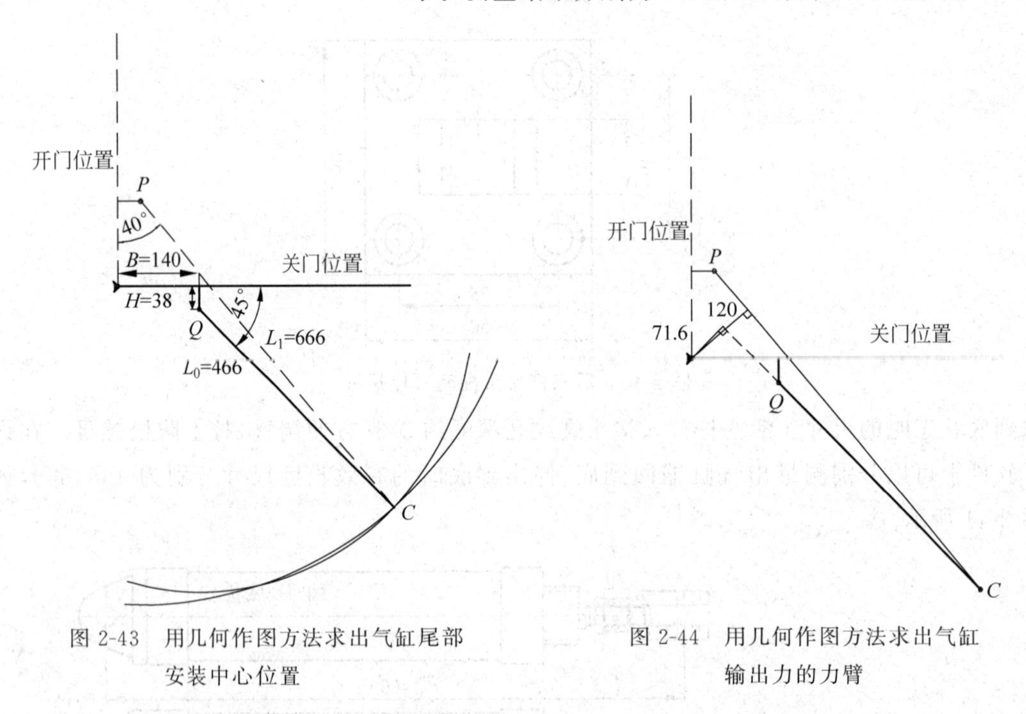


图 2-43　用几何作图方法求出气缸尾部安装中心位置

图 2-44　用几何作图方法求出气缸输出力的力臂

根据第二步已经计算出的气缸伸出、缩回时的输出力，和上述求出的力臂，就可以直接计算出两种工作位置气缸所能够产生的最大力矩。

$$M_1 = F_1 R_1 = 1870 \times 0.0716 = 133.9(\mathrm{N \cdot m})$$

$$M_2 = F_2 R_2 = 1682 \times 0.12 = 201.8(\mathrm{N \cdot m})$$

结论：在前面作图求出的两个工作位置，气缸输出力最大力矩都大于 100 N·m 的要求力矩，可以实现开门、关门动作，并分别有一定余量，完全满足项目设计要求。如果计算结果不满足力矩要求，则可以改变安装座安装位置尺寸 $B$，或调整气缸缸径、行程重新计算校核直到满足要求为止。若力矩余量过大，则可以改换更小缸径的气缸进行试算。

第八步：按已经校核正确的两个气缸安装位置改画成气缸实际结构图。

在上一步已经作图求出的两个工作位置，画出气缸、活塞杆接头、门上安装座、尾部铰链安装座，如图 2-45 所示。门的厚度对计算结果影响非常小可以不考虑。需要按照图纸尺寸位置安装一个固定气缸尾部耳座用的支架(支架图纸省略)。

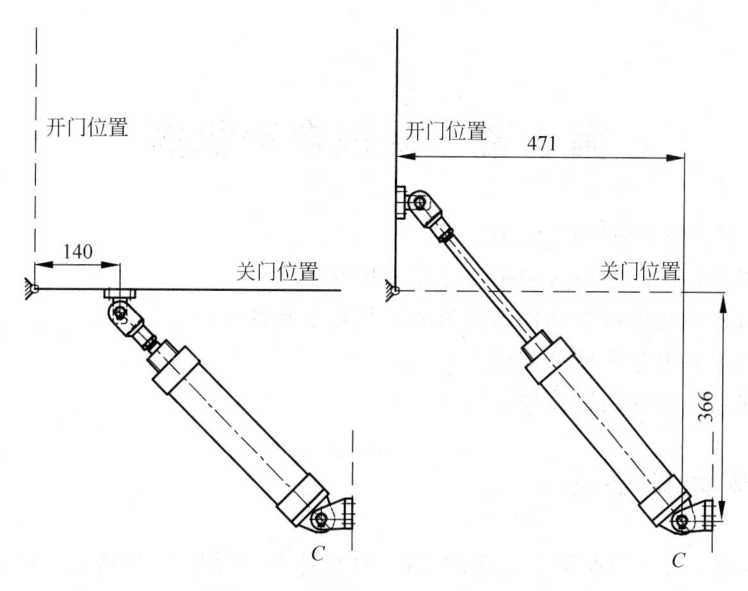


图 2-45　最后确认的气缸安装位置

分析：

(1) 通常我们在设计时不能让气缸满行程使用，因为这会造成冲击降低气缸的寿命，在使用几何作图求气缸尾部安装中心时，可以对气缸总长度尺寸进行处理，气缸伸出、缩回时离尽头保留 4～5 mm 行程，即最大长度减 4～5 mm，最小长度加 4～5 mm。

(2) 气缸在使用时，通常我们还需要按一定的负载率工作，使气缸输出力保证一定的安全余量，同样我们可以先用负载率对气缸理论输出力进行折算处理后再进行力矩校核。

(3) 从本项目的设计过程可以看出，气动机构设计需要用到力学分析计算和几何分析，熟练应用这些数学、力学基础知识是保证设计方案可行、可靠的重要前提。

## 思　考　题

1. FESTO 公司、SMC 公司最常用的气缸是哪些系列？分别在什么场合最适合使用？为什么？

2. 气缸的安装有哪些方式？各有何特点？分别适合在什么情况下采用？为什么？

3. 气缸活塞杆末端属于纯直线运动时可以采用哪些安装方式？

4. 气缸活塞杆末端属于圆弧运动时只能采用哪些安装方式？为什么？

5. 气缸采用铰接安装方式时如何确定采用前端、中间或末端铰接安装？

6. 气缸安装方式设计有缺陷时会导致什么使用后果？为什么？

7. 气缸活塞杆与负载有哪些典型连接方式？为什么要这样连接？

8. 什么叫径向负载？气缸在安装时如何避免或消除径向负载？

# 第3章　认识自动机器

本章主要为初学者解答以下问题：

- 自动机器在产品制造过程中主要完成哪些工作？
- 自动机器主要由哪些结构部分组成？具有哪些共性规律与特征？
- 自动机器有哪些典型结构模式？
- 自动机器的设计制造流程是怎样的？

## 3.1　自动机器分类

自动机器是面向制造业所有行业的，每一种行业其产品的生产制造都有它特殊的工艺方法与要求，因此自动机器是根据各种行业各种产品的具体工艺要求量体裁衣专门定做的，都是非标设备。

虽然形式千差万别，但各种产品的制造过程都是由一系列基本工艺集成来实现的，实践经验表明，虽然不同产品的制造工艺流程差别较大，但同一工艺方法在很多不同（或相近）行业中却基本相似或相同，因而这些针对某一工艺方法的自动机器也具有相同或相似的特征，这就为读者学习自动机器提供了很大的方便，只要熟悉了某一行业的制造工艺及相关自动化机器，对其他行业中类似的自动化机器也就可以很快地熟悉了。**按自动机器的用途、结构类型进行分类学习都是快速学习自动机器的两种有效方法。**

**1. 按自动机器的用途分类**

1）自动化机械加工设备

最常用的机械加工设备包括各种机床、冲压机器、焊接机器、注塑机、压铸机等，都可以在上述标准机器上加上自动上下料装置，实现全自动化或部分自动化。

2）自动化装配

通常前工序为零件加工（机械加工、冲压、注塑、压铸等）、零件表面处理（清洗、干燥、电镀、喷涂等），最后进入装配阶段，装配自动化是制造自动化的核心内容。

装配就是各种不同的零件按特定的工艺要求组合成特定的部件，各种部件及零件按一定的工艺要求组合成最后的产品，大部分的装配工序都是各种各样零部件之间的连接，工程上大量采用的装配连接方式有螺钉螺母连接、铆接、各种焊接、胶水粘接、弹性连接。

上述每一种装配方式都已经形成了一些经过工程实践长期验证、非常成熟的标准自动化机构。**其中螺钉连接约占各种装配方式的80%，因此螺钉自动化装配成为一种非常重要的自动化机构。**

3）自动化检测

在许多产品的制造过程中，需要对各种工艺参数进行检测和控制，最常见的有尺寸检测、重量检测、体积检测、力检测、温度检测、时间检测、压力检测、电气参数检测、零件（产品）的计数、零件（产品）分类与剔除等。

上述每一种参数的检测都有专门的检测方法、工具、传感器、机构等，这些内容也就是相关自动机器的核心部分,熟悉了上述各种参数的检测方法与检测机构后,读者就可以在各种各样的其他类似场合直接模仿应用。

4) 自动化包装

包装通常是生产过程的最后环节,因此也是一个通用性非常强的工序。包装不仅仅指将产品用包装盒、塑料袋或包装箱装起来,还有大量的相关工序,已经形成了一个相当庞大的自动化包装机器产业链,主要包括:

(1) 包装

最典型的包装如塑料袋包装、纸盒包装、瓶包装等,材料形状又分液体类、颗粒类、粉状类等,一般还同时包括计数与输送等工序。同一类型的机器之间具有很强的相似性,在设计时可以相互借鉴。

(2) 标示

标示通常指产品的制造过程中、制造完成后,印上或贴上各种各样的标签号码,以标记商标、产品名称、生产序列号、型号规格、生产日期、公司名称等,也大量采用专门的条码,这些工序都已经有专门的方法与机器,形成了专门的产业链。主要标示方法有金属压印、条码打标贴标、喷码、激光打标、移印等。

(3) 灌装与封口

灌装主要是将固体(如食品、医药等)、液体(如饮料、食品、化工等)、气体按规定的质量及其他条件(例如压力)定量地进行灌注。灌注又有常压灌装、定压灌装、真空灌装之分,都可以实现自动化。

与灌装密切相关的工艺是封口,封口的方法经常采用瓶盖封口(如饮料、矿泉水等)、热压封口(如塑料袋封口)。对于定压灌装或真空灌装,封口的要求非常特殊,封口必须在与灌装相同的工艺条件下进行,要求严格密封,防止被灌装材料出现泄漏或慢性泄漏,这种情况下通常采用焊接封口,例如空调、冰箱、传感器等产品中冷媒材料(或其他特种介质)的灌装,需要采用相应的专用焊接机器,也都可以实现半自动或全自动化生产。

**2. 按自动机器的结构分类**

1) 自动化专机

单台的自动化机器,它所完成的功能是有限的,如只完成某一个工序或少数几个工序,最后的产品一般是零件或部件。自动化专机又分为半自动专机、全自动专机。

(1) 半自动专机

在每个工作循环中机器没有完成全部的操作,需要人工辅助完成部分操作,如人工上料或卸料,称为半自动专机。

(2) 全自动专机

在每个工作循环中上下料及其他操作全部由机器自动完成,工人只进行过程监控及故障停机后的检查、故障排除等工作,称为全自动专机。

2) 自动化生产线

自动化生产线是在自动化专机的基础上发展起来的,由于自动化专机只能完成单个或少数几个工序,工序完成后如果将已完成的半成品采用人工搬运的方式搬运到其他专机上完成新的工序,需要一系列不同的专机和搬运过程才能完成,既降低了场地的利用率,又增加了人工及附加设施,增加了制造成本,尤其是各种搬运过程对产品的质量会带来各种隐患,不利于高效率、高质量生产。如果将一系列不同的专机之间通过自动化输送系统进行连接就可以轻易解决上述问题。

如果产品的制造过程简单,工序数量较少,则一般设计成自动化专机;如果产品的制造工艺复杂工序较多,则通常设计成自动化生产线。小批量生产通常先采用人工或半人工的方式进行,逐步完善产品扩大批量,只有当批量达到一定的规模后才采用自动化专机或自动化生产线。

自动化专机结构组成

## 3.2 解析自动机器结构组成

熟练掌握自动化专机是学习自动机器设计的重要基础,那么人工装配与机器装配有哪些异同点?自动化专机是由哪些基本的结构部分组成的?在结构上又有哪些共性规律与特征?下面通过几个简单实际案例进行说明。

**1. 人工装配螺钉与机器自动化装配螺钉对比**

通过对各种自动化装配机器进行分析总结,读者将会发现机器的自动化装配很大程度上模仿了人工装配的方式,下面以一个螺钉连接为例,对比说明人工操作及机器自动化操作的过程,帮助读者理解机器自动化装配如何模仿人工操作过程,以及自动机器通常是由哪些结构部分组成的。

1)螺钉人工装配

在人工操作的螺钉装配中,实际上分为以下几步:

(1)取料:操作者将需要连接的两个或多个零件、螺钉分别人工从周围放置零件的容器中取出。

(2)拧紧螺钉:将需要连接的零件放入供零件定位的定位夹具内,然后放入螺钉,左手将工件按紧,然后右手用手动螺丝批压紧螺钉的同时按下开关转动螺钉将螺钉拧紧,如图3-1所示。

(3)卸料:将连接好的零件从定位夹具中取下,放入周围专门的容器或位置。

在人工操作过程中,操作者依赖的是双手、眼睛及辅助装配工具(定位夹具、电动或气动螺丝批)。

当螺钉尺寸很小时,人工从螺钉盒中的大堆螺钉中拿取一个螺钉是非常费力的,可以改进一下,采用一种微型螺钉自动送料器,它能够将微小的螺钉自动排列后通过一个输料槽送出,装配时工人用气动螺丝批的批头在输料槽的末端自动吸取一个螺钉后再装配,这样就使装配更快捷、更省力,这实际上就已经包含了部分自动化(自动送料器)的功能,如图3-2所示。

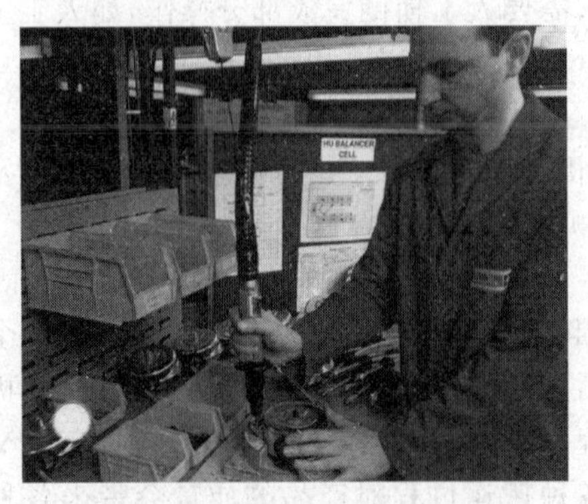

图3-1 人工进行螺钉连接装配操作

图3-2 微型螺钉自动送料器辅助人工操作

2）机器自动化螺钉装配

机器的自动化操作过程实际上是模仿上述人工过程完成的，只不过在如何实现每一个步骤方面存在区别：

（1）送料

在螺钉自动化装配中，需要连接的工件及螺钉通常都采用自动送料装置。

由于螺钉的质量通常较小，能够方便地采用一种称为振盘的自动送料装置（见第7章）自动输送，只要在振盘输料槽出口用一根透明塑料管（方便观察）连接到气动螺丝批的批头部位即可，同时在振盘的出口设置一个一次只放行一个螺钉的分料机构（见第8章），这样螺钉就会在重力作用下通过透明塑料管自动滑落到批头部位。如果需要连接的工件尺寸小、重量轻，例如冲压件、五金件，通常也可以采用振盘自动送料。

（2）装配

如图3-3所示，将待连接的工件移送到定位夹具上后，气动螺丝批的批头3自上而下将螺钉从螺钉供料器4中推出并压紧到工件的螺纹孔口，批头自动旋转，将螺钉拧入到工件的螺纹孔中，最后气缸驱动气动螺丝批向上返回到初始位置，准备下一个循环。气动螺丝批的旋紧力矩是可以调节控制的。螺钉供料器4是一个多瓣弹性结构，自然状态下托住螺钉头，批头向下伸出时受批头挤压张开，批头向下推出螺钉，批头向上返回后又恢复原状，等待接纳下一个螺钉。图3-4是典型的螺钉自动化装配机构模块。

（3）卸料

采用专门的卸料机构将完成螺钉连接的工件从定位夹具中卸下，以便进行下一个工作循环。重量较轻的零件可以简单用气缸活塞杆直接将工件从装配位置推出，工件通过倾斜的料道滑落到中转箱中，重量较重的工件则可以通过机械手卸料。

分析：通过这个实例的比较，不难发现机器自动化装配过程与人工装配过程其实是非常相似的，它们都包括以下几个相同的步骤：上料、定位、装配、卸料。唯一不同的是在自动化装配过程中，工件的上料、定位、夹紧、装配、卸料都尽可能采用机构自动完成。

**2. 半自动专机实例**

目前机械加工行业的自动化发展异常迅速，尤其是冲压、钻孔、攻牙自动化非常普遍。图3-5为一台半自动钻孔铰孔专机。

机器工作过程：

人工送料，将矩形工件送入定位夹具中，然后上方夹紧气缸伸出夹紧工件；

钻孔驱动气缸伸出实现钻孔然后缩回；

水平移位气缸伸出，将工作台连同工件移动到前方铰孔工位；

铰孔驱动气缸伸出实现铰孔然后缩回；

移位气缸缩回，夹紧气缸松开工件；

人工卸料。

分析：机器动作过程分为人工上料、定位夹紧、钻孔铰孔加工、人工卸料。因为采用人工上下料，所以称为半自动专机。结构上包括了定位机构、夹紧机构、变位机构、执行机构（钻孔、铰孔）。

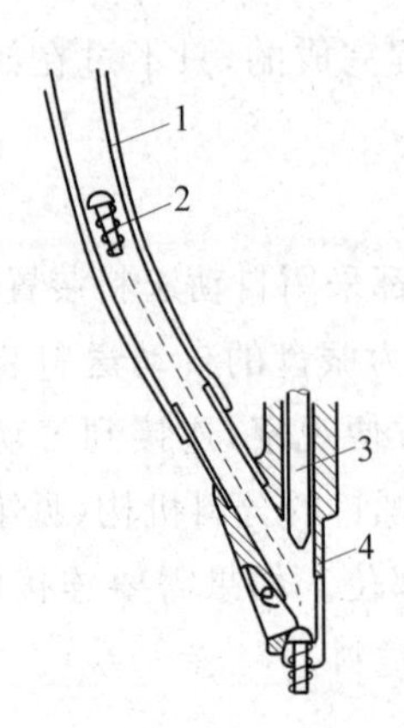


图 3-3　螺钉自动装配过程

1—透明塑料管；2—螺钉；
3—气动螺丝批批头；4—螺钉供料器

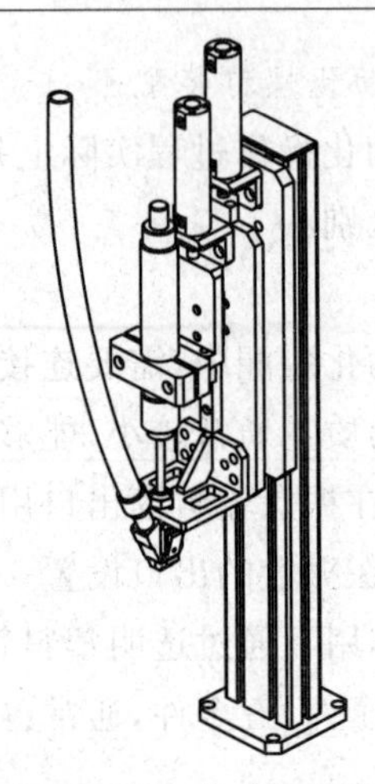

图 3-4　典型的螺钉自动化装配机构模块

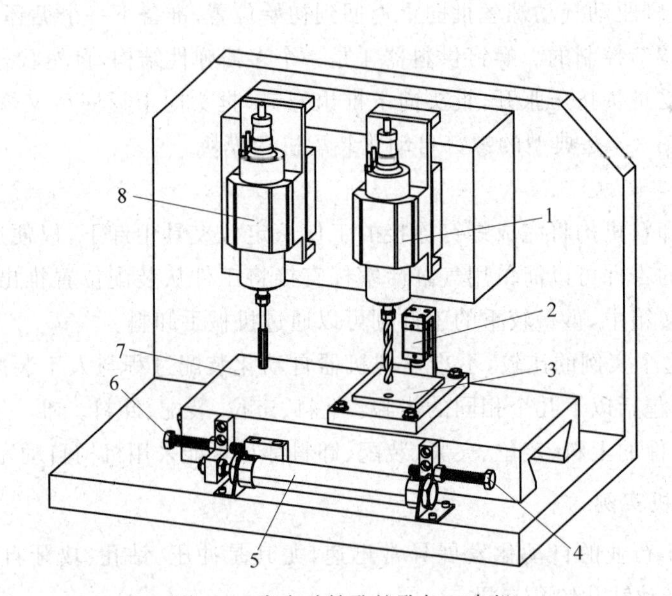


图 3-5　半自动钻孔铰孔加工专机

1—钻孔驱动单元；2—夹紧气缸；3—工件；4—右行程调整螺钉；5—变位气缸；6—左行程调整螺钉；7—工作台；8—铰孔驱动单元

**3. 全自动专机实例**

如果将上下料动作全部由机器自动完成，就变成全自动专机。图 3-6 为另一种全自动钻孔专机实例。

机器工作过程：

料仓送料气缸(参考第 8 章)将料仓最下方的矩形工件推出一个步距；

夹紧气缸伸出夹紧工件，送料气缸缩回；

钻孔气缸伸出完成钻孔然后缩回；

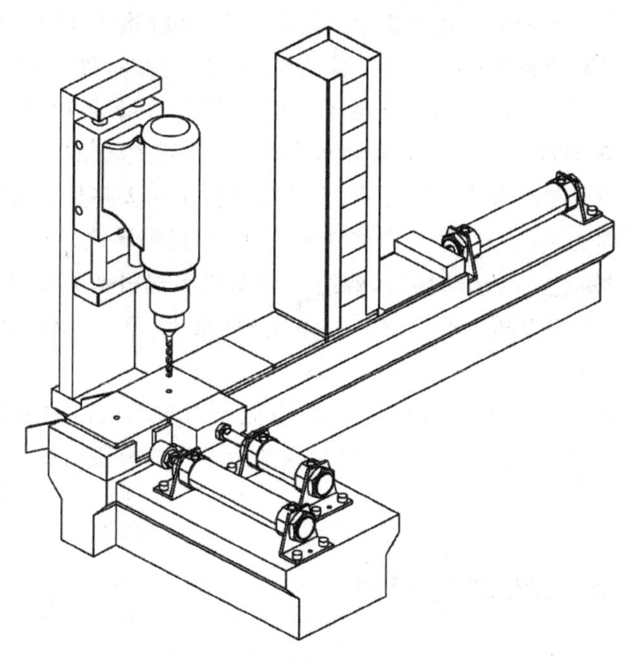

图 3-6　矩形工件自动钻孔加工专机

夹紧气缸松开；

卸料气缸伸出将最后一个工件沿滑道推出然后缩回，完成一个工作循环。

分析：机器动作过程分为自动上料、定位夹紧、钻孔加工、自动卸料，完全不需要人工操作，所以称为全自动专机。结构上包括上料机构、定位夹紧机构、执行机构（钻孔）、卸料机构。工件的定位过程是：依靠最左方挡板、最左方的一个工件加上送料气缸实现左右方向定位，后方的挡板加上夹紧气缸实现工件前后方向定位。

**4. 自动化专机结构组成**

通过上面三个典型案例的分析，我们可以总结出以下共性规律。

动作过程：自动化专机在动作上也是基本模仿人工生产的动作，主要由上料、定位夹紧、装配或加工操作、卸料组成，半自动专机、全自动专机的最大区别是全自动专机用自动上下料代替了人工上下料。

结构组成：通常都是由以下基本的功能模块根据需要搭配组合而成的。

- 自动上料、卸料机构；
- 定位、夹紧机构；
- 执行机构（各种装配、加工等）；
- 传感器与控制系统。

另外，最大的特点就是结构模块化、标准化，很多都已经形成标准的成熟结构模块，例如前面介绍的螺钉自动化装配模块，这些模块在不同的机器或生产线上具有很强的相似性，只要将所需要的各种模块组合在一起即可，不仅使设计制造简化，降低机器的制造成本，而且也极大方便了读者的学习。

随着学习的深入，我们还会发现，除简单的自动上料、自动卸料外，我们还需要各种自动化输送线(第5章),将单台的自动化专机组成自动化生产线(第14章)。自动上下料机构还包括振盘(第7章)、各种机械手(第6章)。除定位、夹紧机构外,我们还需要各种分隔机构、换向机构对输送线上的工件进行位置、姿态辅助处理(第8章)。各种执行机构中,还需要气缸、液压缸或电机等驱动部件,尤其大量使用各种气缸。使用电机的场合(典型如输送线)还需要使用同步带、链条等传动部件(第13章)。各种执行机构大多数采用各种形式的直线运动系统,直线运动方向必须由专门的导向部件来实现,如直线导轨(第10章)、直线轴承(第11章)。在某些更精密复杂的运动场合,普通气缸无法实现精密的多点停留,这就必须采用电动缸、步进电机、伺服电机配合滚珠丝杠来实现(第12章)。这些都是本课程的核心内容。

在学习各章自动机器的具体结构模块以前,首先要对自动机器的整体结构框架有一个基本的认识,然后再熟悉局部的结构模块,最后在熟悉各结构模块的基础上进一步熟悉整机的集成方法。

自动化专机结构模式

## 3.3 解析自动机器结构模式

了解自动机器的主要结构组成、工作流程后,自动机器有哪些典型的结构模式呢?总体来说,主要有下面两种典型结构模式:

**1. 直线运动式自动化专机**

案例图3-5、图3-6就是最典型的这类机器,通常只有一个工位进行装配或其他工序操作,如果有两个工位就需要变位。它的各种运动通常都是由气缸、直线导轨、直线轴承、滚珠丝杠等机构(第10章、第11章、第12章)来实现,大多数采用成本低廉的气缸实现工件的位置移动,设计简单。

**2. 回转分度式自动化专机**

由于直线运动式自动化专机通常只有一个工位,生产效率受到限制,有没有生产效率更高、占地面积更小的模式呢?这就是回转分度模式。图3-7就是最典型的这种机器模式。

这种自动化专机最典型的特征是具有一个多工位的回转盘,盘上设计有定位夹具,每次回转盘旋转一定角度,使相邻的两个工位之间沿一个方向变换工位,然后停顿一定时间供各工位上方的机械手等执行机构进行各种装配或加工。这种分度变位由回转盘下方的一种特殊的凸轮分度器(第9章)实现,实际上它是一种特殊的、体积最小的自动化生产线。特点是占地面积最小、效率非常高。

**3. 自动化生产线**

由于单台的自动化专机完成的工序操作有限,而一个产品通常都是由很多台专机、很多道工序才能完成,工序完成后如果将半成品采用人工搬运的方式搬运到其他专机上完成新的工序,各种搬运过程对产品的质量会带来很多隐患,不利于高效率、高质量生产。如果将一系列不同的专机通过自动化输送系统连接成自动化生产线,就可以轻易解决上述问题,而且提高场地效率。图3-8为编者参与设计的某断路器自动化装配生产线。

图3-7　回转分度式自动化专机

图3-8　自动化装配生产线

## 3.4　自动机器的设计制造流程

了解自动机器的结构组成、结构模式后，还需要了解其整个设计制造流程，从而了解整个技术团队密切协作的重要性，在从事自动机器的设计、生产组织及管理维护中更好地开展工作。

**1. 自动化专机设计制造流程**

所有自动机器一定是经过了前期的中小批量生产验证和产品修改完善，证明产品设计及工艺流程没有大的设计缺陷的情况下才投入资金制造的，因为自动化装备一旦投入后再修改产品的设计就会导致重大损失。专机主要制造流程包括：

(1) 产品研究：对产品的结构、使用功能、性能、装配工艺要求、要求的生产节拍等进行深入研究。对相关的工艺方法进行研究，最终确定一种合适的工艺操作方法。

(2) 总体方案设计：确定工件的输送、上料、卸料方法；确定工件的定位方案及可能需要的夹紧机构；驱动元件、传动系统；节拍时间；传感器与控制方法等。

(3) 总体方案设计评审：发现总体方案设计中可能的缺陷或错误。

(4) 详细设计：包括机械结构设计与电气控制系统设计。机械结构设计包括总装配图、零件图、外购件清单、标准件清单、机加工件清单、气动原理图、气缸动作步骤图等。

(5) 组织专家对设计图纸评审。

(6) 外购件订购、机加工件加工。

(7) 装配、调试。

(8) 机器试运行，对可能存在的问题进行改进完善。

(9) 机器及技术资料验收移交。

**2. 自动化生产线设计制造流程**

专机的设计制造影响范围较小，自动化生产线的设计制造过程就更复杂了，是一个典型的系统工程。下面以典型的自动化装配检测生产线为例，说明其设计制造流程。

1) 总体方案设计

设计时既要考虑实现产品的装配工艺，满足要求的生产节拍，同时还要考虑输送系统与各专机之间在结构与控制方面的衔接，通过工序与节拍优化，使生产线的结构最简单、效率最高，获得最佳的性价比，因此总体方案设计至关重要，需要对产品的装配工艺流程进行充分研究。对产品的结构、功能、性能、装配工艺要求、工件姿态方向、工艺方法、工艺流程、要求的生产节拍、生产线布置场地要求等进行深入研究，必要时可能对产品的原工艺流程进行调整。最后确定各工序的先后次序、工艺方法、各专机节拍时间、各专机占用空间尺寸、输送线方式及主要尺寸、工件在输送线上的分隔与挡停、工件的姿态换向与变位等。

2）总体设计方案评审

组织专家进行评审，发现总体方案设计中可能的缺陷或错误，避免造成更大的损失。

3）详细设计

详细设计阶段包括机械结构设计和电气控制系统设计。

（1）机械结构设计

详细设计阶段耗时最长、工作量最大的为机械结构设计，包括各专机结构设计和输送系统设计。设计图纸包括装配图、部件图、零件图、气动回路图、气动系统动作步骤图、标准件清单、外购件清单、机加工件清单等。

由于目前产业分工高度专业化，每家公司的资源、精力都是有限的，并不是全部的结构都自行设计制造，例如输送线几乎全部采用整体外包的方式，部分特殊专用机器也直接向专业制造商订购，然后进行系统集成，这样可以充分发挥企业的核心优势和竞争力。自动化生产线设计实际上是一种对各种工艺技术及装备产品的系统集成工作，核心技术就是系统集成，足见总体方案设计之重要。

（2）电气控制系统设计

根据机械结构的工作过程及要求，设计各种位置用于工件或机构检测的传感器分布方案、电气原理图、接线图、输入输出信号地址分配图、PLC控制程序、电气元件及材料外购清单等，设计人员必须充分理解机械结构设计人员的设计意图，并对控制对象的工作过程有详细的了解。

4）设计图纸评审

组织专家对详细设计方案及图纸进行评审，对于发现的缺陷和错误及时进行修改完善。

5）专用机器及元器件订购、机加工件加工制造

因为采购或加工都需要时间周期，设计阶段完成后马上就要进行各种专用机器、元器件的订购及机加工件的加工制造，二者是同步进行的。

6）装配与调试

在完成各种专用机器、元器件的订购及机加工件的加工制造后，即进入机器的装配调试阶段，一般由机械结构与电气控制两方面的设计人员及技术工人共同进行。在装配与调试过程中，既要解决各种有关机械结构装配位置方面的问题，包括各种位置调整，还包括各种传感器的调整与控制程序的试验、修改。

7）试运行并对局部存在的问题进行改进完善

由于种种原因，常见的情况是不少问题只有通过运行才能暴露出来，因此，试运行非常重要，问题暴露后才能找出方法解决，甚至包括设计上的错误。需要在积累经验的基础上逐步提高设计水平，减少设计缺陷或错误。**最好的方法是在设计阶段就利用设计软件对所有设计方案进行三维动画仿真、程序仿真**，及早发现问题，而不要全部依赖在机器装配调试时

才发现问题进行事后修改。

8）编写技术资料

技术资料的整理是保证机器使用方能够正确掌握机器性能并用好机器的重要条件，资料的完整性也体现了企业的素质和服务水平，一项优秀的设计与服务同时还包括了完整的技术资料。需要编写的技术资料包括机器使用说明书、图纸、培训资料等。

9）试生产、技术培训

有些问题可能在试运行过程中仍然难以暴露出来，因此在实际生产过程中仍然可能有问题暴露出来，此类问题通常既可能是机器或部件的可靠性问题，也可能包括设计上的小缺陷。机器移交后还要对使用方人员进行必要的技术培训，使其不仅能够熟练地使用机器，还要能够对一般的故障进行检查和排除。

10）双方按合同组织验收

双方按合同组织验收是整个项目合作的最后环节。

## 思考题

1. 根据使用用途的区别，制造业主要有哪些典型的自动机器？
2. 什么叫全自动专机？什么叫半自动专机？
3. 什么叫自动化生产线？
4. 举例说明自动化专机通常可以完成哪些工序操作？
5. 自动机器在结构上主要由哪些部分组成？有哪些特征？
6. 什么叫自动机器的执行机构？
7. 什么叫自动机器的辅助机构？自动机器通常具有哪些辅助机构？
8. 自动机器通常是按怎样的工作流程进行工作的？
9. 在自动机器设计过程中，机械设计人员通常需要完成哪些设计工作？电气控制设计人员通常需要完成哪些设计工作？

# 第4章　认识铝型材

自动机器中铝型材的用法

在自动化机器的结构上，大部分的材料都是由各种规格的铝型材、连接件组合而成的，从专机的机架、各种执行机构、机械手、防尘罩，到各种输送线，接近60%～70%的材料都是铝型材。

## 4.1　铝型材在自动机器中的典型应用

从自动化的发展过程来看，自动化首先是从用各种输送线代替人工搬运开始的，学习自动化也首先从学习输送线开始，而输送线的搭建主要就是各种铝型材的设计装配过程。所以学习铝型材是学习自动化的第一步。

20世纪90年代前，国内自动化机器的机架都用钢管、钢板焊接而成，如图4-1所示，虽然刚性好，稳定性好，但通用性差，周期长，笨重，还需要表面喷漆，移动不便，不易装配调试。采用铝型材制造的机架既美观，刚性又好，大幅简化了设计制造，如图4-2所示。

图4-1　传统的钢管焊接机架

除铝型材机架外，机器各种执行机构、机器防护罩、仓库隔离围栏、各种输送线、人工装配流水线、自动化生产线、物流仓储设施等，都广泛应用铝型材制作，如图4-3～图4-5所示。

图4-2　铝型材机架

图4-3　铝型材制作的机器防护罩

图 4-4 铝型材制作的仓库围栏

图 4-5 装配流水线

铝型材作为自动化机器的标准化基础结构材料，具有一系列突出的优点：

- 可以实现机器快速设计、快速加工、快速制造；
- 品种齐全，可灵活选用设计，各种工况都能实现；
- 尺寸精度高（铣床加工），力学特性好，承重能力强，重量轻；
- 装配容易，各种连接件齐全，随意装配，无须钢材机架的焊接；
- 调整尺寸方便，更改结构容易实现；
- 外形美观，表面特殊阳极氧化，防腐蚀，免喷漆；
- 方便连接脚轮，方便水平移动，方便固定。

国内铝型材的工业化生产，不仅帮助实现了输送线等基础行业的国产替代，更是帮助国内自动机器行业实现了革命性跨越，改变了国内自动化机器的设计制造模式，大幅简化了机器设备的设计制造过程，铝型材国产化对国内自动机器行业的发展起到了非常重要的作用。

## 4.2 认识铝型材及连接件

初学者第一步是要能够看懂制造商铝型材的样本资料、图纸尺寸，然后才能进行各种铝型材和连接件的选型。因为各种连接件种类繁多，功能非常强大，下面结合某公司的样本资料，重点对基本的、大量使用的连接件进行介绍。

### 1. 铝型材规格

为了满足不同使用要求，制造商开发了各种截面尺寸、形状的铝型材，通常是按截面尺寸来定义的，如20系列：2020、2040、2060；30系列：3030、3060、3090；40系列：4040、4080；60系列：6060、6090；80系列：8080等，截面轮廓形状尺寸各有差别。型材是用模具挤压成型后按一定长度供货，长度通常为3000～6000 mm/根。图4-6为某公司3030、3060两种型材的截面尺寸。后面的学习中我们会知道，**型材截面轮廓和尺寸是经过专门设计优化得出的，主要满足两个目的：既能满足各种连接件的配合安装，又要在充分减重、节省材料成本的情况下，具备足够的刚性与承重能力。**

### 2. 铝型材之间的连接件

大多数情况下都是型材之间的90°连接，极少数情况下为型材之间的一字对接。90°连

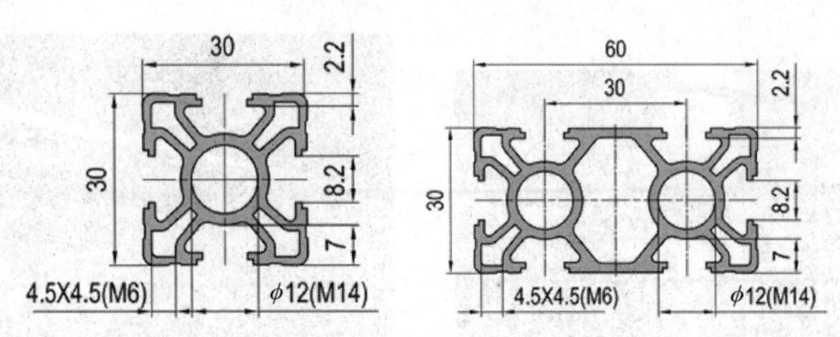


图 4-6　铝型材截面尺寸示例

接主要采用以下几种方式的连接件：

1）铸造角铝连接件

图 4-7 为常用铸造角铝连接件，与铝型材紧贴的平面设计有定位凸起实现快速定位，为了防止螺钉松动，通常都需要同时加装平垫片、弹簧垫圈，如图 4-8 所示。

图 4-7　铸造角铝连接件

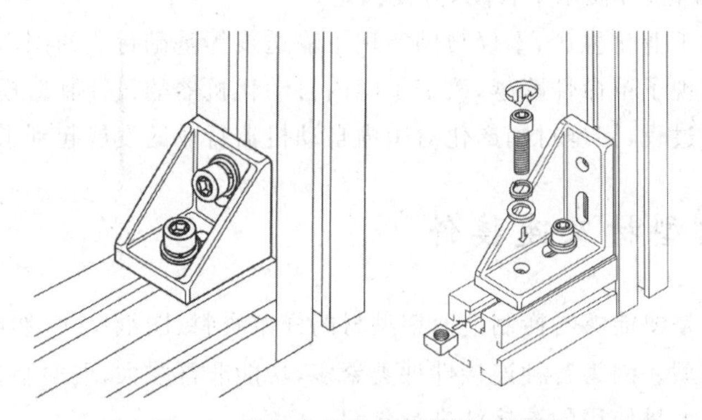

图 4-8　铸造角铝连接件装配示意图

铸造角铝连接件的尺寸有限，与铝型材的接触面积也受到限制，因此这种连接的刚性一般为中等刚性。

2）板两边连接座

图 4-9 为板两边连接座的形状及安装示意图，可见其尺寸及接触面积较角铝连接件更大，因此这种连接的刚性高于铸造角铝连接件，属于高刚性连接。

3）等边角铝连接座

图 4-10、图 4-11 为等边角铝连接座的形状及安装示意图，这种连接件专用采用铝型材切割而成，质量容易保证，表面平整光洁，与铸造角铝相比，与铝型材接触面积更大、刚性更高，属于中等刚性连接。

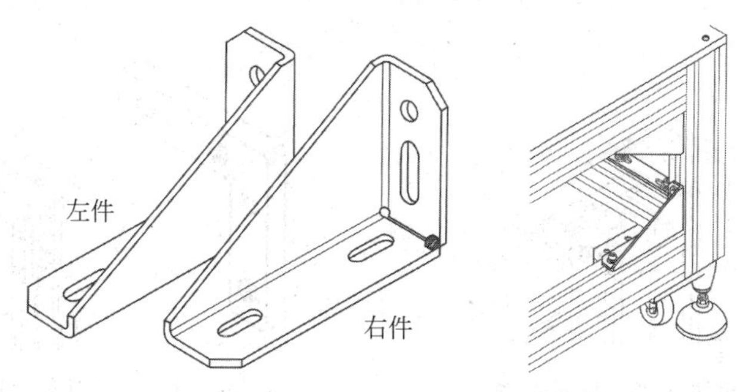


图 4-9　板两边连接座及装配示意图

图 4-10　等边角铝连接座

图 4-11　等边角铝连接座装配示意图

4）连接板连接

根据具体场合的差别，这种连接板有十字连接板、T 形连接板、L 形连接板三种，如图 4-12 所示。

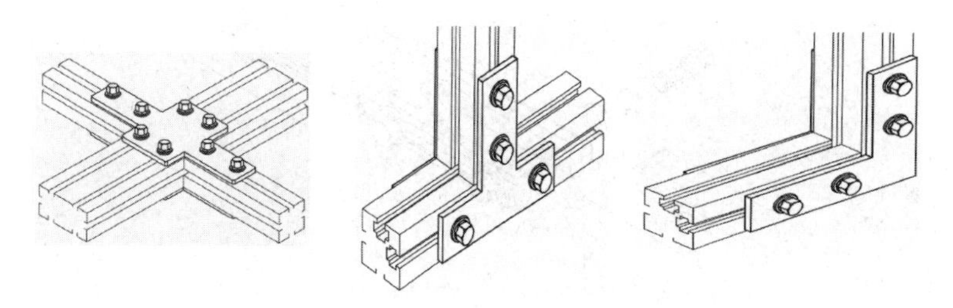

图 4-12　十字连接板、T 形连接板、L 形连接板及装配示意图

这些连接件的表面平整光洁，与铝型材接触面积更大，紧固受力点多，连接件本身的刚性很好，属于高刚性连接。

5）内部连接件

前面的连接件都安装在铝型材外部，为了外观更美观，制造商设计了三种内部连接件，分别称为 90°对角块、90°对角片、槽用直角座，将这些连接件插入铝型材内部，然后用无头紧定螺钉进行固定，如图 4-13～图 4-15 所示。虽然外观更漂亮，但这些连接的刚性也降低了，属于低刚性连接。

6）一字对接

除上述直角连接方式外，极少数情况下需要将铝型材型进行一字对接，这种连接接触面积大，连接刚性高，属于高刚性连接，如图 4-16 所示。

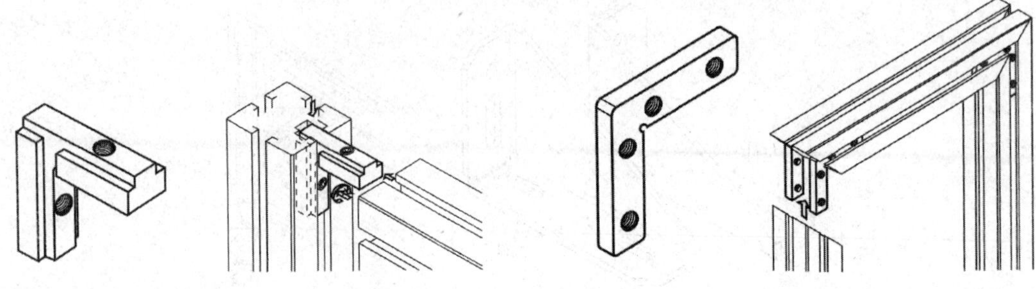

图 4-13　90°对角块连接装配示意图　　　　图 4-14　90°对角片连接装配示意图

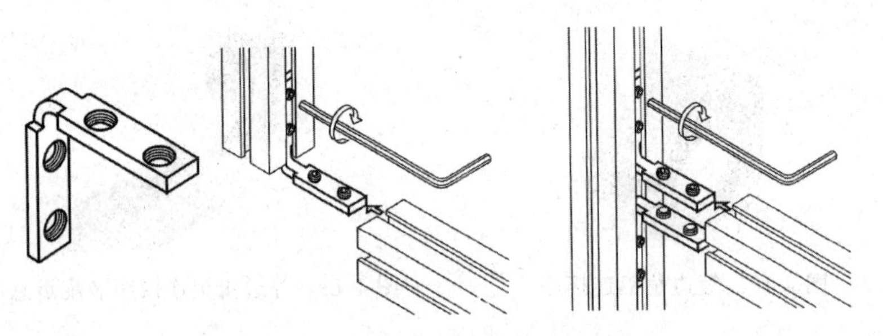

图 4-15　槽用直角座连接装配示意图

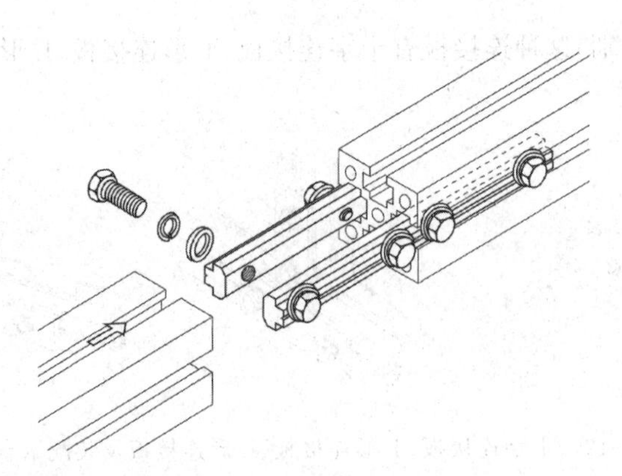

图 4-16　一字对接装配示意图

**3. 连接螺钉与螺母**

连接件只是实现铝型材连接的过渡部分,最终需要用螺钉和螺母将各部分固定在一起。螺钉与螺母的结构形式不一样,最终的连接刚性也会有所差别。

1) T 形螺栓

T 形螺栓是铝型材组装常用的连接件,安装快捷方便,也可以在漏装、增装零件时使用,只要将它放入型材槽内,顺时针旋转 90°,最后在外部用防松螺母锁紧固定就可以了,如图 4-17、图 4-18 所示,这种连接的刚性有限。

2) T 形螺母

T 形螺母与 T 形螺栓作用及安装方法类似,也是常用连接件,也可以在漏装、增装零件时使用,在外部用内六角螺钉固定,如图 4-19、图 4-20 所示,这种连接的刚性也有限。

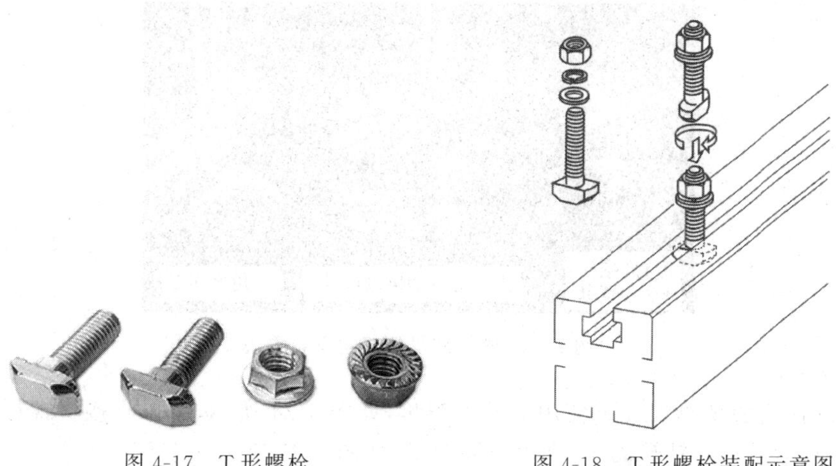

图4-17　T形螺栓　　图4-18　T形螺栓装配示意图

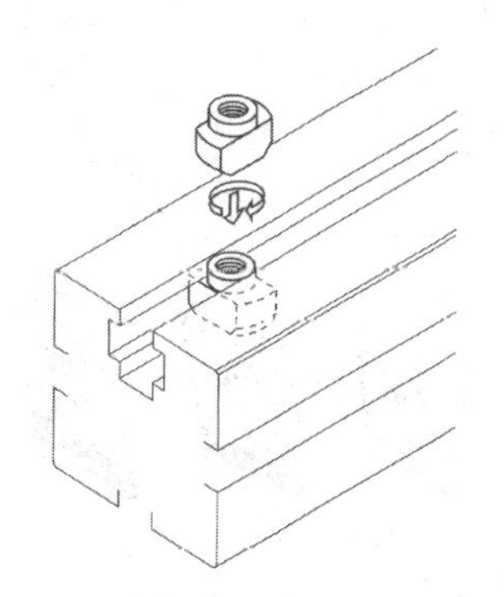

图4-19　T形螺母　　图4-20　T形螺母装配示意图

3）螺母块

螺母块本身强度较高，与铝型材槽口的接触面积大，因此用于重载、高刚性连接，但需要从铝型材端部槽口才能放入，在外部用内六角螺钉固定，如图4-21所示。

4）方螺母

方螺母是组装铝型材的常用螺母，它与铝型材槽口的接触面积大，槽口不变形，刚性较高，如图4-22所示。

图4-21　螺母块

图4-22　方螺母

图4-23为T形螺栓、T形螺母、紧定螺钉的不同使用方法，其中以螺母块的连接刚性最高，紧定螺钉的连接刚性最差。

5）菱形螺母

在机架安装过程中，很容易出现漏放、少放螺母的情况，再拆开的话又更浪费工时，这时

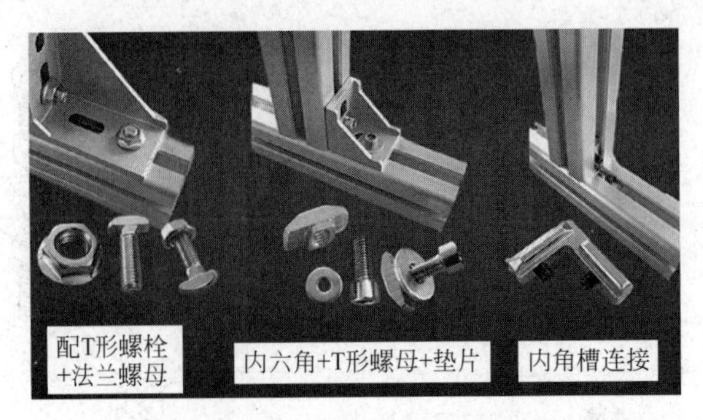


图 4-23　螺钉螺母的不同安装方法

有一种可以在漏装螺母情况下使用的菱形螺母，如图 4-24 所示，可以直接将螺母放入铝型材的槽孔中，然后顺时针转动 45°即可以固定了，如图 4-25 所示。

图 4-24　菱形螺母

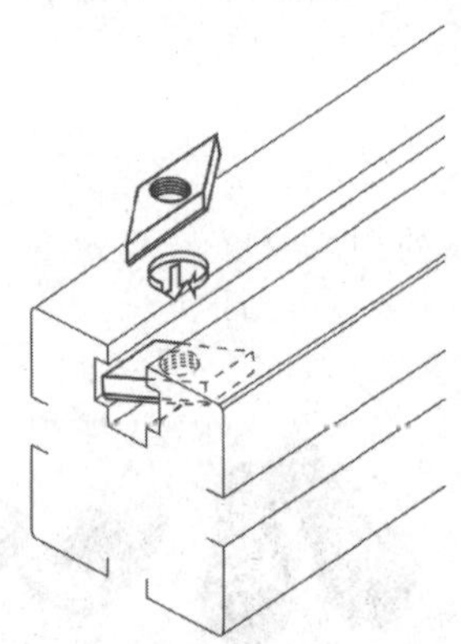

图 4-25　菱形螺母装配示意图

**4. 机架脚部连接件**

机器机架首先需要在地面上支承，所以机架需要安装图 4-26 所示的底脚组件，底脚组件有两种材料，一种为尼龙底脚组件，减振性好；另一种为钢质底脚组件，主要用于重载支承。两种都可以调整高度，并允许一定范围内的倾斜角度，消除支撑杆的弯曲力。

由于铝型材的材质较软，因此底脚组件不能直接连接到铝型材端部承受载重，也就是说机器的载重不能依靠底脚组件的撑杆螺纹直接传递到铝型材的螺纹孔上，而必须靠铝型材的端面来支承，底脚组件必须通过图 4-27 所示一种叫底脚支撑板的附件再与铝型材连接。

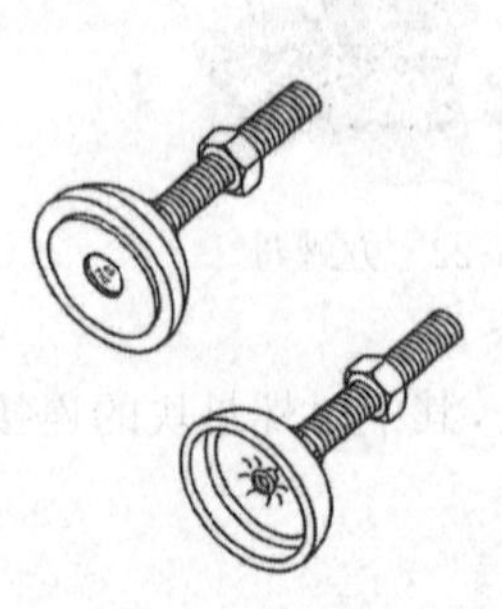

图 4-26　底脚组件

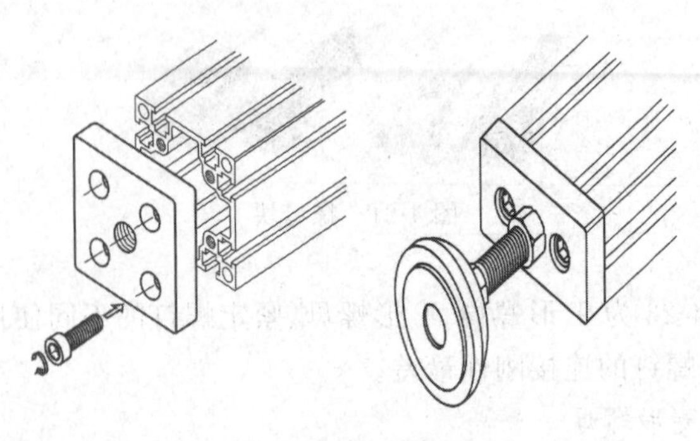

图 4-27　底脚支撑板装配示意图

上述安装方法仅限于机架不需要移动的简单场合，很多情况下机器（机架）需要移动，所以需要在机架脚部安装滑轮，这时候就需要安装一种尺寸更大的脚轮组件，它由金属底座、脚轮、尼龙底脚组成，如图4-28所示，图4-29为应用实例。

图4-28　脚轮组件

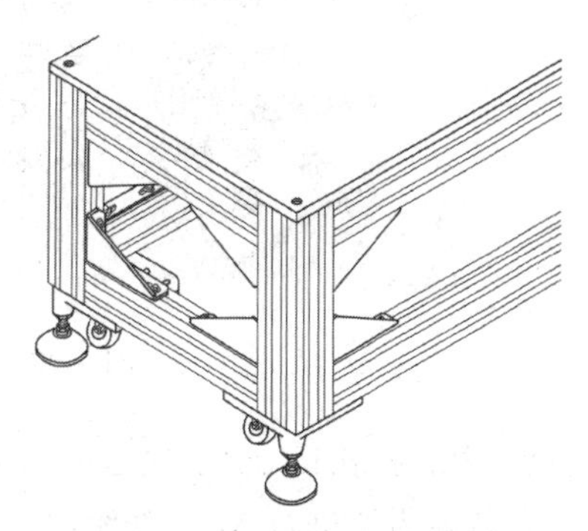

图4-29　脚轮组件应用实例

最后，机器安装调试完成后必须具有固定的相对位置，例如自动化专机与配套的各种机械手、振盘之间的相对位置，自动化生产线上所有各专机之间的相对位置，通常要将机器用爆炸螺钉固定在地面上，防止机器位置移动，因此还需要固定机架的板底脚安装附件，如图4-30所示。

**5. 端面美化**

铝型材的切割端面如果裸露的话既不美观，也很危险，用一种如图4-31所示的塑料端盖封闭就可以解决上述问题。

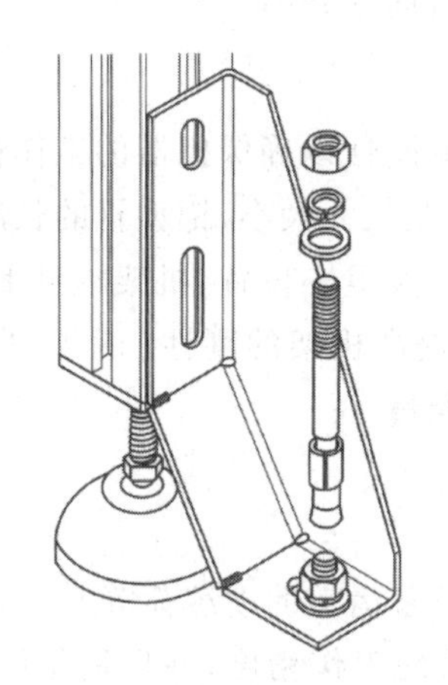

图4-30　板底脚装配示意图

图4-31　塑料端盖

**6. 铝型材截面尺寸的意义**

如前所述，型材截面既要考虑充分减重、节省材料成本，还要求具有足够的刚性与承重能力，最后还要方便地与各种连接件配合安装。下面以一种4040尺寸的铝型材截面图纸尺寸为例，说明各部分尺寸的用途，如图4-32所示。

（1）四个侧面开槽宽度尺寸8.2：这是专门为公称尺寸为8 mm的M8内六角螺钉、M8T形螺母、M8T形螺栓配套设计的，三种连接件都可以互换安装。

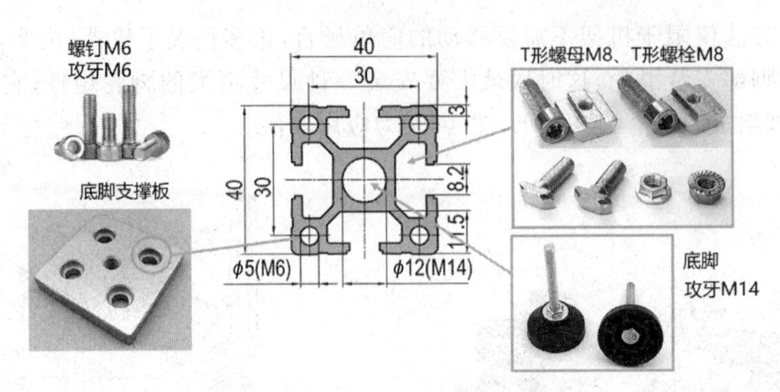


图4-32　铝型材截面尺寸用途示意图

(2) 中心孔孔径 $\phi 12$：这是专门为规格为M14的底脚设计的，底脚的螺纹撑杆规格为M14，安装前需要进行M14攻牙，$\phi 12$ 为预留的底孔尺寸。调节高度时撑杆要旋进该中心孔，但机器的载重不是靠该螺纹孔，而是靠铝型材端面来支撑的。如果要安装脚轮组件，该孔的作用也一样，撑杆要旋进该中心孔。

(3) 四个角部的光孔 $\phi 5$：这是专门为底脚支撑板设计的，底脚支撑板上的4个螺钉沉头孔对应的内六角螺钉是M6，安装前需要对该孔进行M6攻牙，$\phi 5$ 为预留的底孔尺寸。

铝型材
机架装配

## 4.3　如何设计制作铝型材机架?

虽然铝型材是标准的工业型材，连接件也是标准件，但一台高质量的铝型材机架与设计和加工装配都密切相关。下面就设计、加工和装配三方面进行简单介绍。

**1. 设计要求**

机架的设计基本要求是满足机器的功能，保证机架足够的刚性以确保机器的工作精度，这些与设计质量直接相关。机架的刚性与铝型材的截面形状及尺寸大小、铝型材的长度、使用铝型材的数量、型材之间的连接方式、机架的跨度、负载重量及重心位置、机架本身重量等诸多因素有关，与铝型材固定在一起的工作台面板也有助于提高机架的刚性。需要进行基本的力学分析，校核最薄弱部位的变形能否满足机器的工作精度。

通常的步骤如下：

(1) 根据功能要求初定机架形状、尺寸、铝型材截面尺寸。

(2) 计算机架上设备的重量、重心位置、机架本身重量、设备运转的动载荷等。

(3) 校核机架在工作时最薄弱部位的变形能否满足机器的工作精度，并保留足够的安全裕量，否则就需要加大型材截面尺寸、调整机架的跨度、连接方式等，直到满足要求为止。

(4) 图纸要标注合适的加工精度要求(图4-33)。

型材加工长度公差控制在±0.5 mm，特殊情况可以控制在±0.1 mm；

铝型材两端铣削加工，保证端面粗糙度及无毛刺，保证两端面的垂直度0.04 mm；

钻孔位置公差控制在±0.3 mm，孔径精度控制在±0.2 mm；

机架对角线长度误差控制在2 mm内，大型框架可以适当放大公差。

(5) 选用合适的连接件，首先保证尽可能提高机架的刚性，不能为追求美观而牺牲刚性。

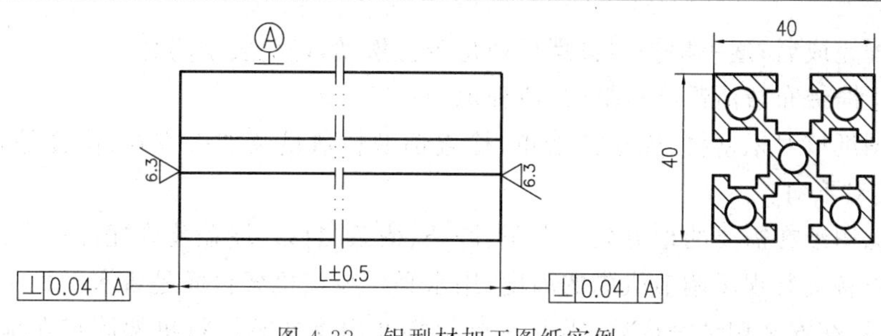


图 4-33　铝型材加工图纸实例

**2. 铝型材加工环节**

对于批量生产的公司，为了加工的方便和质量控制，通常铝型材是整根采购回来后再在铣床上进行加工。当然也有不少小型公司是直接由供应商按图纸尺寸加工好采购回来后直接进入装配环节。

(1) 加工方法：对于少数要求不高的场合，为了使切割面无毛刺避免二次加工，要选用高质量的型材切割机，配以齿数 100 以上的高精度硬质合金铝型材圆锯片，精密设备使用的铝型材和机架需要采用铣床加工。

(2) 铣床加工需要特别注意：

装夹铝型材时容易变形，尤其薄壁件、精加工时需要防止夹紧变形并保护外观；

改变切削用量，减小切削力和切削热，大切削量走刀的切削力会使铝型材变形，采用高速铣削可以降低切削力，克服这一难题；

尽可能选择对称加工，可以改善散热效果。

(3) 螺纹孔加工：厂家已经按要求设计好螺纹规格及预留底孔孔径，按样本图纸规格尺寸加工即可(图 4-34)。

**3. 装配环节**

(1) 安装场地：选择平面没有坡度的地面，需要在地上铺一层泡沫棉或布料，防止铝型材划伤、碰伤、破损；

(2) 按图纸核对型材尺寸数量、连接配件数量规格，把加工好的铝型材进行分类放置，方便拿取；

(3) 根据图纸从铝型材框架的主体从下往上进行搭建，注意铝型材连接方式，该预埋的螺母、螺钉要事先预埋，不能漏放少放，否则后期只能采用放置菱形螺母进行弥补；

(4) 扭矩：铝合金材料不同于钢材，禁止用力无限制地拧螺钉，一定要用扭矩扳手按规定的扭矩拧紧螺钉螺母(图 4-35)；

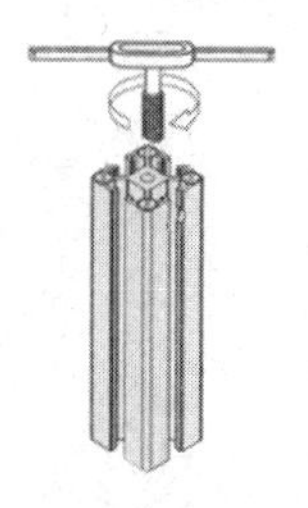

图 4-34　铝型材端面攻牙示意图

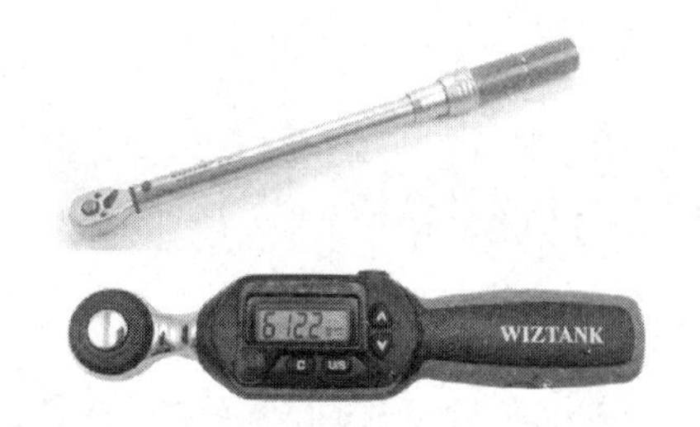


图 4-35　采用扭矩扳手紧固铝型材连接件

(5) 装配完成后，逐一检查螺钉螺母处是否有松动，避免安全隐患；

(6) 用干净绒布清洁铝型材框架，清理地面；

(7) 按图纸核对铝型材、连接件清单，检查铝型材数量及加工方式、位置是否正确？配件数量、种类对不对？

(8) 根据图纸在需要的地方装上卡条、嵌条、槽条、封条、端盖装饰配件；

(9) 在设备安装现场调节机脚的高度，用水平尺校核机架台面是否水平；

(10) 机器在安装调试完成后，需要在机架脚部用爆炸螺钉将机架固定在地面上，防止设备受意外碰撞移动位置。

## 思考题

1. 铝型材机架的和传统焊接机架比较，有哪些优缺点？
2. 大量使用铝型材机架是因为铝型材价格便宜吗？
3. 哪些场合不适合使用铝型材机架？
4. 铝型材除可以作为机架外，还可以用在自动机器哪些场合？
5. 以一种铝型材截面图纸尺寸为例说明侧面和端部各种孔、槽的作用。
6. 铝型材 90°连接有多种连接件和连接方法，比较它们的刚性差别。
7. 机器的重量及机架本身的重量最终是通过哪里支撑的？
8. 安装铝型材机架时采用什么工具固定各种螺钉螺母？有何要求？
9. 设计铝型材加工图纸时有哪些技术要求？
10. 加工铝型材时如何降低发热导致的热变形影响？
11. 为什么自动机器在安装调试时需要调节机架的高度，将机器调整到水平状态？
12. 自动机器在安装调整完成后为什么要用爆炸螺钉对铝型材机架与地面进行固定？

# 第 5 章　认识自动化输送系统

输送系统(输送线)是用机器替代人工、降低制造成本的第一步,也是成本最低的自动化设备,因此,熟悉各种输送系统的结构原理与使用维护,是自动化学习的基础。常用的输送系统主要为皮带输送线、倍速链输送线、平顶链输送线、悬挂输送线、滚筒输送线。

输送系统分类

## 5.1　解析皮带输送线

### 5.1.1　皮带输送线主要特点及应用场合

皮带输送系统结构

**1. 皮带输送线特点**

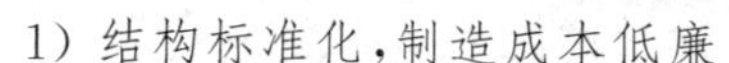

1) 结构标准化,制造成本低廉

皮带输送线结构简单,制造成本低廉,是自动化工程设计中最优先选用的连续输送方式,成本低廉,从材料、部件到输送线早已实现标准化生产、快速制造。

2) 使用灵活方便

可以非常方便地在皮带输送线上安装各种传感器、分隔机构、挡料机构、导向定位机构等,并且位置可以进行调整;皮带松紧度可以调整;皮带的宽度与长度可以灵活选用;既可以水平面输送也可以倾斜输送;既可以采用单条使用,也可以 2 条或 3 条平行输送;既可以用于生产线,也可以作为小型或微型输送装置用于对空间非常敏感的自动化专机。

**2. 皮带输送与皮带传动的区别**

对初学者而言,很容易将皮带输送与皮带传动混淆在一起。

1) 皮带传动

皮带传动是指动力的传递环节,通过皮带轮与皮带之间的摩擦力来传递电机的扭矩。皮带传动的皮带可以采用多种形式,如平皮带、V 形带、同步带等。

2) 皮带输送

皮带输送是一种物料输送机构,是指将工件或物料放置在平皮带上,依靠皮带的运行将工件或物料从一个地方传送到另一个地方。皮带输送线的动力部分有可能采用皮带传动,也可能采用齿轮传动或链条传动。

**3. 皮带输送线主要工程应用**

由于皮带输送是依靠工件与皮带之间的摩擦力来进行输送的,所以皮带输送线的功率一般不大,输送的物料主要为重量较轻的单件工件及散装物料,主要应用在电子、通信、电器、轻工、食品等行业的手工装配流水线及自动化生产线上,也有少数皮带输送线用在负载较大的特殊场合,例如矿山、建筑、粮食、码头、电厂、冶金等行业,用于散装物料的自动化输送,还大量应用于物流快递输送、分拣。

图 5-1 为手工装配流水线上的大型皮带输送线,图 5-2、图 5-3 为用于物料输送的小型皮带输送线。

图5-1　用于手工装配流水线上的大型皮带输送线

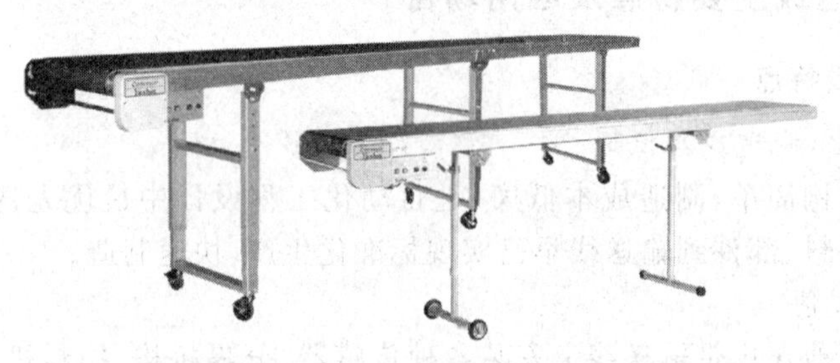

图5-2　小型皮带输送线实例一

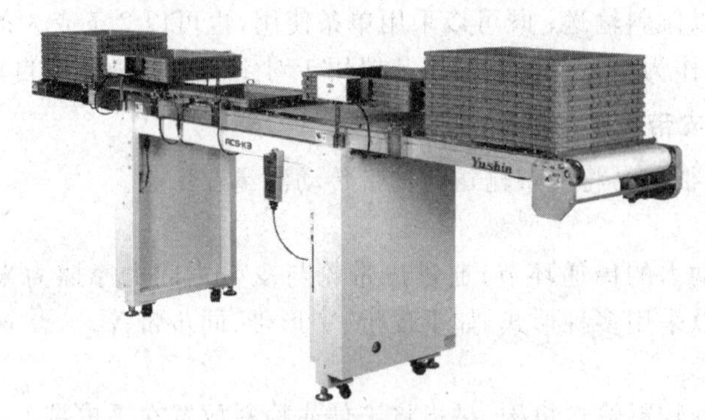

图5-3　小型皮带输送线实例二

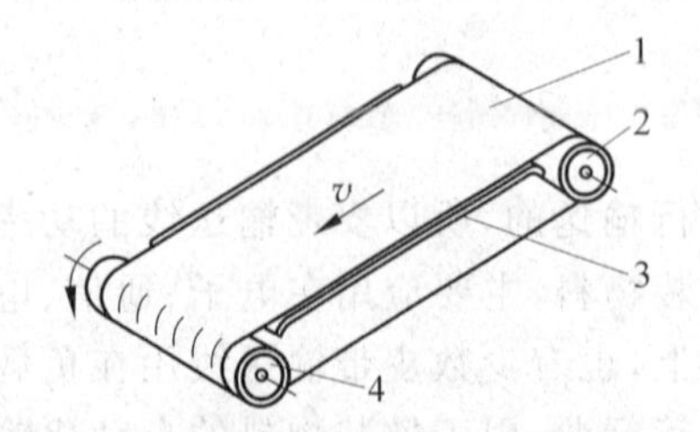


图5-4　皮带输送线结构原理示意图

1—输送皮带；2—从动轮；
3—托板或托辊；4—主动轮

## 5.1.2　皮带输送线结构原理

**1. 典型结构**

各种皮带输送线虽然在形式上有些差异，但其结构原理是一样的。皮带输送线的结构原理如图5-4所示。

如图5-4所示，最基本的皮带输送线由输送皮带1、从动轮2、托板或托辊3、主动轮4及电机驱动系统组成，各部分作用如下。

(1) 输送皮带：输送工件或物料，工件或物料依靠与皮带之间的摩擦力随皮带一起运动，上方的皮带需要运送工件，为承载段，下方的皮带不工作，为返回段。

(2) 主动轮：依靠与皮带之间的摩擦力驱动皮带运行。

(3) 从动轮：支承皮带，使皮带连续运行。

(4) 托板或托辊：支承皮带及皮带上方的工件或物料，通常在皮带输送段下方采用托板，返回段间隔采用托辊。

(5) 定位挡板：通常都在输送皮带的两侧设计定位挡板或挡条，使工件始终在直线方向运动。

(6) 张紧机构：由于皮带是依靠与主动轮之间的摩擦力运动的，因此需要有张紧机构对皮带张力进行调整，皮带安装及拆卸更换必须松开张紧机构。

(7) 电机驱动系统：通常是电机经过减速器减速后再通过齿轮传动、链传动或同步带传动驱动皮带主动轮。也有将电机经过减速器减速后直接与皮带主动轮连接，节省空间，称为直连，如图 5-5 所示。

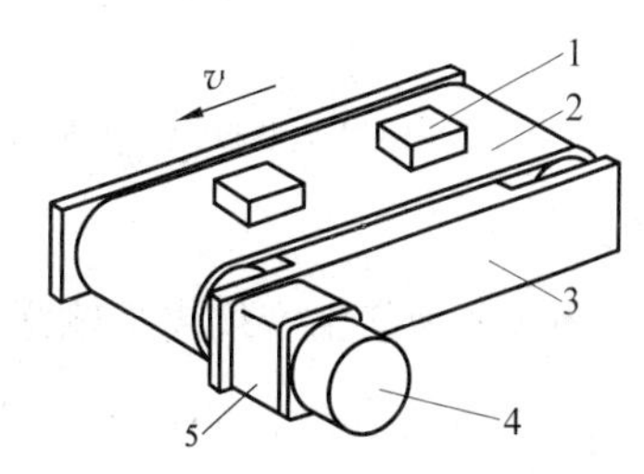


图 5-5　电机及减速器与主动轮直连

1—工件；2—皮带；3—挡板；4—电机；5—减速器

由于一套电机驱动系统能够驱动的负载是有限的，对于长度较长(例如数十米)的皮带输送线，通常采用多段独立的皮带输送系统在一条直线上安装在一起拼接而成。

**2. 典型结构实例**

下面以一种用于某纽扣式电池装配检测生产线的皮带输送系统为例说明其结构组成。

**例 5-1**　某皮带输送系统用于某纽扣式锂锰电池装配检测生产线自动输送工件，工件直径约 20 mm，厚度约 3 mm，输送线长度约为 1.2m。

1) 总体结构

图 5-6 为该生产线的皮带输送系统总体结构。

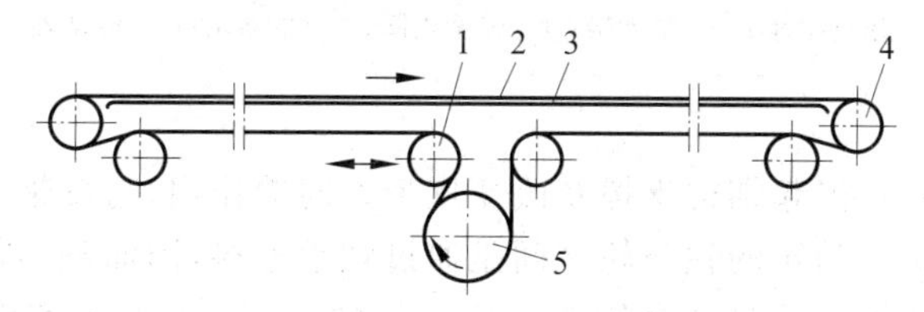


图 5-6　某自动化装配生产线上的皮带输送系统总体结构

1—张紧轮；2—皮带；3—托板；4—辊轮；5—主动轮

从图 5-6 可知，该皮带输送线主要由输送皮带、托板、辊轮、主动轮、张紧轮组成，为了简化结构，采用了 6 只相同结构的辊轮，其中辊轮 1 的位置是可以左右调整的，用于对皮带张紧力进行调整，称为张紧轮，其余 5 只辊轮则仅起到支承的作用，也就是从动轮。主动轮 5 位于最下方，直接驱动皮带运动。

由于要求工件直线方向运动而且要求具有一定的位置精度，所以在皮带输送段下方设置不锈钢托板，而下方的返回段则由于皮带长度不长而处于悬空状态。

下面对各部分的详细结构进行介绍。

2）主动轮

主动轮是直接接受电机传递来的扭矩、驱动输送皮带的辊轮。它依靠与皮带内侧接触面间的摩擦力来驱动，所以主动轮与减速器传动轴之间通过键连接为一个整体，如图5-7所示。

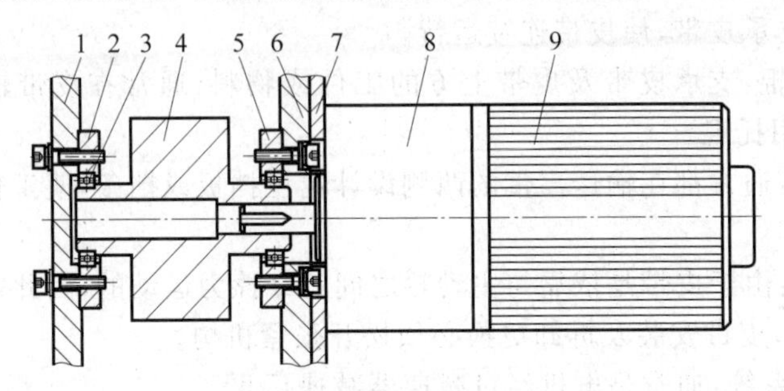

图5-7　主动轮及其驱动机构

1—左安装板；2—左轴承座；3—滚动轴承；4—主动轮；5—右轴承座；6—右安装板；7—电机安装板；8—减速器；9—电机

图5-8为某生产线皮带输送系统上另一种采用齿轮传动的主动轮结构实例。

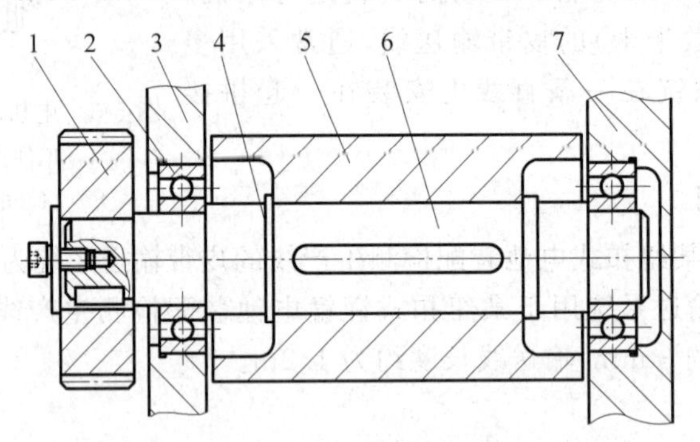

图5-8　主动轮结构实例

1—齿轮；2—滚动轴承；3—左支架；4—弹簧挡圈；5—主动轮；6—传动轴；7—右支架

3）从动轮

从动轮不传递动力，仅起结构支撑及改变皮带方向的作用，与皮带一起随动。从动轮与主动轮的最大区别为，从动轮的轴与轮之间是通过轴承连接，因而轴与轮之间是可以相对自由转动的，而主动轮的轴与轮是通过键连接成一体的。图5-6所示实例中从动轮的结构如图5-9所示。

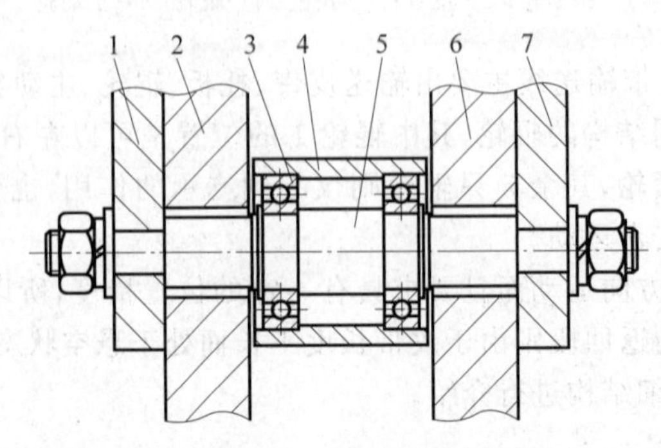

图5-9　从动轮结构

1—左安装板；2—左支架；3—滚动轴承；4—从动轮；5—轮轴；6—右支架；7—右安装板

4）张紧机构

张紧轮是指辊轮中可以调节位置的一个辊轮。为了简化设计及制造，通常将张紧轮与从动轮的结构设计得完全一样，除了张紧轮的位置可以调节外，其他从动轮的位置一般都是固定的。图 5-6 所示实例中张紧轮的结构如图 5-10 所示。

图 5-11 为某生产线皮带输送系统中的另一种张紧轮结构实例，调整螺钉直接与传动轴连接在一起，通过调整螺钉直接调整张紧轮的位置。

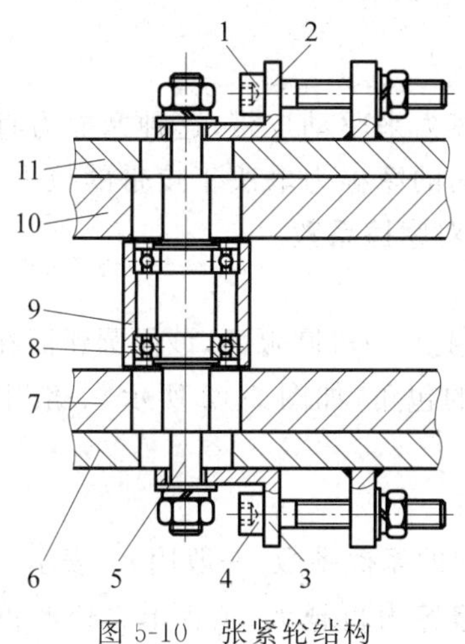


图 5-10　张紧轮结构

1—后调节螺钉；2—后调节支架；3—前调节支架；4—前调节螺钉；5—轮轴；6—前安装板；7—前支架；8—滚动轴承；9—张紧轮；10—后支架；11—后安装板

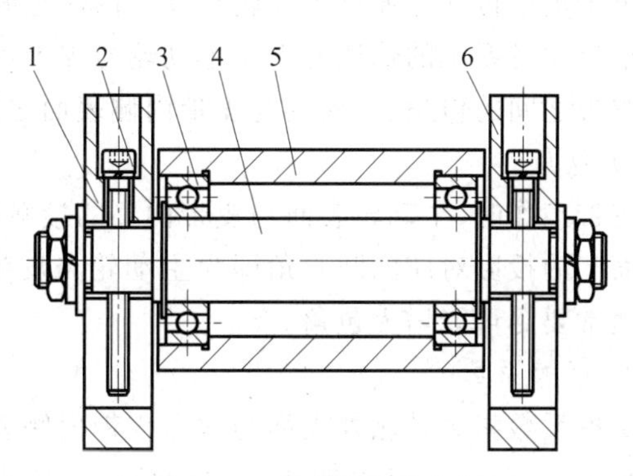


图 5-11　张紧轮结构实例

1—左支架；2—调节螺钉；3—滚动轴承；4—轴；5—张紧轮；6—右支架

在某些小型或微型的皮带输送机构上，只有主动轮及从动轮两只辊轮，直接将从动轮设计成可以调整的结构，这样从动轮既是从动轮又是张紧轮，如图 5-5 所示。

## 5.1.3　皮带输送线设计要点

**1. 皮带速度**

一般为 1.5～6 m/min，可以根据生产线或机器生产节拍的需要通过调节装置灵活调节。可以等速输送、间歇输送、变速输送。

**2. 皮带材料与厚度**

常用橡胶带、强化 PVC、化学纤维等材料制造，要求具有优良的耐屈挠性能、低伸长率、高强度，还要求耐油、耐热、耐老化、耐臭氧、抗龟裂，在电子制造行业还要求抗静电。工程上广泛使用 PVC 皮带。常用皮带厚度为 1～6 mm。

**3. 皮带的连接与接头**

绝大多数情况下输送带的形状都是环形的，连接接头主要有机械连接、硫化连接两种。对于橡胶皮带及塑料皮带通常采用硫化连接接头，对于内部含有钢绳芯的皮带则通常采用机械式连接接头。

**4. 托辊(或托板)**

由于输送带自身具有一定的重量，加上运送物料(或工件)的重量，使得输送段及返回段皮带都会产生一定的下垂,输送段通常采用托板支承,返回段就直接采用简单的托辊支承,降低制造成本。

**5. 辊轮**

辊轮是皮带输送系统中的重要结构部件之一,通常包括主动轮、从动轮、张紧轮。在小型的皮带输送装置中,为了简化结构,节省空间,经常将从动轮与张紧轮合二为一,直接采用两个辊轮即可。

**6. 包角与摩擦系数**

由于皮带传动是通过主动轮与皮带内侧之间的摩擦力来驱动皮带,这种摩擦力直接决定了整个输送系统的输送能力。主动轮与皮带内侧之间的摩擦力取决于皮带的拉力、主动轮与皮带之间的包角、主动轮与皮带内侧表面之间的相对摩擦系数。

1) 包角

皮带工作时,主动轮表面与皮带内侧的接触段实际上为一段圆弧面,该段圆弧面在主动轮端面上的投影对应的圆心角即为主动轮与皮带之间的包角,如图5-12所示,一般用$\alpha$表示。通常要尽可能增大包角。

2) 摩擦系数

摩擦系数指主动轮外表面与输送皮带内侧表面之间的摩擦系数,一般用$\mu_0$表示。摩擦系数越大,在包角$\alpha$、皮带张力一定的情况下所产生的摩擦力也越大,工程上希望摩擦系数要尽可能大。

**7. 合理的张紧轮位置及调节方向**

张紧轮不仅可以调节输送皮带的张紧力,还可以同时达到增大皮带包角的目的。图5-13表示两种张紧轮的设计方案实例及其效果对比。

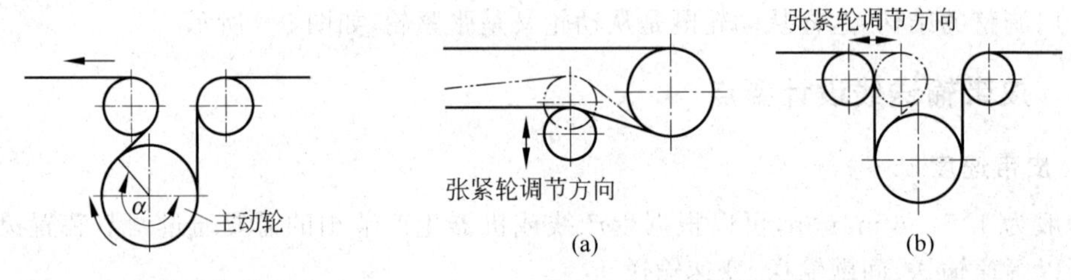


图5-12 皮带包角示意图

图5-13 张紧轮调节方向对比实例

在图5-13(a)所示结构中,在调整张紧轮的过程中,张紧皮带时所对应的皮带理论长度变化实际上较小,有可能出现调整时皮带偏短或者偏长,导致皮带无法正常调节的情况。如果设计成如图5-13(b)所示的结构则非常好,不会出现这种调整困难的情况,而且在张紧过程中皮带的包角也在明显加大,有利于提高皮带与主动轮之间的摩擦力。

张紧轮通常设计在皮带的松边一侧,这样可以避免不必要地增大皮带的负荷与应力,确保皮带的工作寿命,这与同步带传动及链传动设计中张紧轮的位置是类似的。

**8. 皮带长度设计计算**

设计和订购皮带时,皮带长度一般都是指皮带中径(皮带厚度中央)所在的周长,而不是内径或外径,单位一般为mm,一般不考虑皮带张紧变形对长度的影响。

设张紧轮处于皮带最紧、最松位置时，所需要的皮带最小理论长度、最大理论长度分别为 $L_1$、$L_2$，则理论上皮带长度的最大允许调节量 $\Delta$ 为

$$\Delta = L_2 - L_1 \tag{5-1}$$

为了保证皮带仍然具有一定的调节范围，皮带设计长度 $L$ 一般按以下长度来设计：

$$L = L_1 + 20\%(L_2 - L_1) \tag{5-2}$$

也就是按接近最小长度来设计，保证皮带安装后能进行张紧调节，如果按最长的长度设计则安装后就无法张紧了。

**9. 皮带宽度与厚度**

通常情况下皮带宽度必须比工件宽度加大 10～15 mm。

皮带的厚度则根据皮带上同时输送工件的重量进行强度计算校核，并且所选定的皮带材料及厚度能够适应最小弯曲半径的需要，对于中小型电子、电器产品的输送，皮带厚度一般选择 1.0～2.0 mm。

## 5.1.4　皮带输送线负载能力分析及电机选型实例

皮带输送系统功率传递能力分析与使用维护

**1. 皮带输送线负载能力分析**

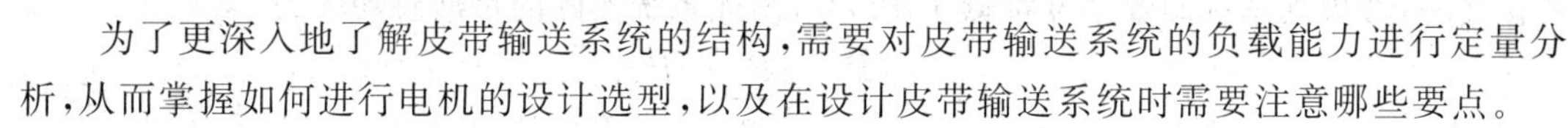

为了更深入地了解皮带输送系统的结构，需要对皮带输送系统的负载能力进行定量分析，从而掌握如何进行电机的设计选型，以及在设计皮带输送系统时需要注意哪些要点。

为了方便分析，首先对有关物理量的符号与单位定义如下：

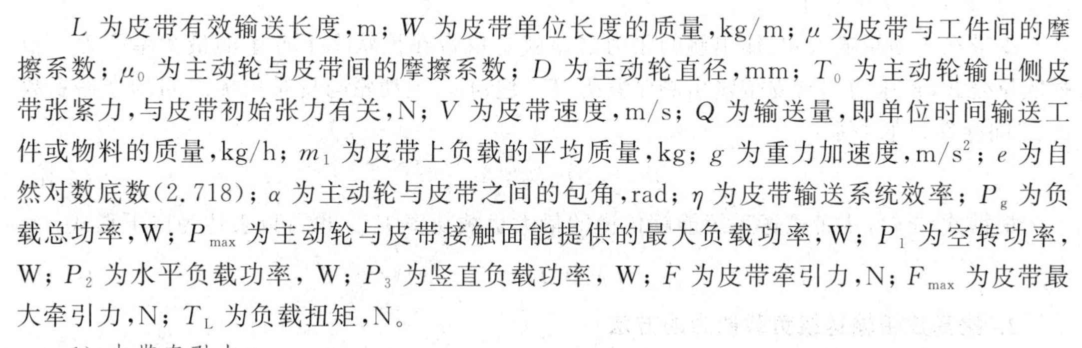

$L$ 为皮带有效输送长度，m；$W$ 为皮带单位长度的质量，kg/m；$\mu$ 为皮带与工件间的摩擦系数；$\mu_0$ 为主动轮与皮带间的摩擦系数；$D$ 为主动轮直径，mm；$T_0$ 为主动轮输出侧皮带张紧力，与皮带初始张力有关，N；$V$ 为皮带速度，m/s；$Q$ 为输送量，即单位时间输送工件或物料的质量，kg/h；$m_1$ 为皮带上负载的平均质量，kg；$g$ 为重力加速度，m/s$^2$；$e$ 为自然对数底数(2.718)；$\alpha$ 为主动轮与皮带之间的包角，rad；$\eta$ 为皮带输送系统效率；$P_g$ 为负载总功率，W；$P_{max}$ 为主动轮与皮带接触面能提供的最大负载功率，W；$P_1$ 为空转功率，W；$P_2$ 为水平负载功率，W；$P_3$ 为竖直负载功率，W；$F$ 为皮带牵引力，N；$F_{max}$ 为皮带最大牵引力，N；$T_L$ 为负载扭矩，N。

1）皮带牵引力

因为工件是靠皮带提供的摩擦力来驱动的，所以皮带牵引力实际上就等于全部工件在皮带上的摩擦力

$$F = \mu m_1 g \tag{5-3}$$

2）负载扭矩

主动轮要驱动皮带及皮带上的工件，必须克服上述负载所产生的扭矩，负载扭矩的大小为

$$T_L = \frac{FD}{2\eta} \tag{5-4}$$

3）空转功率

空转功率是指皮带上没有工件时需要消耗的功率，这种情况下只需要考虑皮带本身质量产生的负载。根据功率的定义可以得出

$$P_1 = 9.8\mu_0 WVL \tag{5-5}$$

对于皮带长度较短或小型的皮带输送装置,空转功率通常可以忽略不计。

4) 水平负载功率

大多数情况下皮带输送系统都是在水平方向进行工件或物料的输送,在这种情况下,水平负载功率就是由被输送物料产生的负载功率

$$P_2 = FV = \mu m_1 gV \tag{5-6}$$

如果皮带上负载的平均质量用输送量 $Q$ 表示,式(5-6)也可以用另一种方式表示为

$$P_2 = \frac{\mu QgL}{3600} = \frac{\mu QL}{367} \tag{5-7}$$

5) 竖直负载功率

如果皮带输送系统是在倾斜方向进行工件或物料的输送,在这种情况下负载功率还包括竖直方向上的负载功率

$$P_3 = \frac{QH}{367} \tag{5-8}$$

6) 负载总功率

负载总功率就是空转功率、水平负载功率及竖直负载功率之和,是进行电机选型的重要依据之一,考虑到系统的效率 $\eta$ 都低于100%,因此系统实际的负载总功率为

$$P_g = \frac{P_1 + P_2 + P_3}{\eta} \tag{5-9}$$

7) 皮带最大牵引力

皮带在主动轮输入侧、输出侧的张力之差就是皮带在该状态下产生的最大牵引力。根据欧拉公式,该张力差与皮带输出侧张紧力 $T_0$、包角 $\alpha$、主动轮与皮带内侧之间的摩擦系数 $\mu_0$ 之间存在以下关系:

$$F_{max} = T_0(e^{\mu_0 \alpha} - 1) \tag{5-10}$$

根据式(5-6),皮带输送系统能够传递的最大负载功率 $P_{max}$ 也可以表达为以下形式:

$$P_{max} = FV = T_0(e^{\mu_0 \alpha} - 1)V \tag{5-11}$$

**2. 提高皮带输送线负载能力的方法**

在输送带宽度及输送带速度一定的条件下,皮带输送系统负载能力主要由主动轮输出侧皮带张紧力 $T_0$、主动轮与皮带内侧面间的摩擦系数 $\mu_0$、皮带与主动轮之间的包角 $\alpha$ 决定。

所以,提高主动轮负载能力的有效途径有:

(1) 增大主动轮输出侧皮带张紧力 $T_0$。

(2) 增大主动轮与皮带表面之间的摩擦系数 $\mu_0$,例如将主动轮的表面设计加工成网纹表面,同时进行加硬处理,或主动轮的外表面镶嵌一层橡胶。

(3) 增大皮带与主动轮之间的包角 $\alpha$。通常应不低于120°,进行张紧轮调节后可以增大到210°~230°。

**3. 辊轮设计原则**

(1) 尽可能增大包角,同时提高主动轮与皮带之间的摩擦系数。

(2) 将从动轮、张紧轮尽可能设计加工成相同的结构,简化设计制造。

(3) 不要不必要地增大辊轮直径,否则负载扭矩加大,同时启动加速时的启动扭矩也相

应增大，为了降低启动时的负载扭矩，通常在设计时将各辊轮的直径都设计得比较小就是这种原因。

**4. 电机选型计算实例**

**例 5-2** 某皮带输送系统如图 5-5 所示，电机经过减速器后与主动轮直接连接。假设输送系统为水平状态下输送，试以日本东方电机公司（ORIENTAL）的交流感应电机样本为例，进行电机的参数计算与选型。已知设计条件分别为：皮带及皮带上工件的总质量 $m_1=20\ \text{kg}$，工件与皮带间的摩擦系数 $\mu=0.3$，主动轮及被动轮直径 $D=100\ \text{mm}$，主动轮及被动轮总质量 $m_2=1\ \text{kg}$，皮带输送系统效率 $\eta=90\%$，要求皮带速度 $V=0.14\ \text{m/s}(1\pm10\%)$，电机电源：单相 220 V，50 Hz。工作时间为每天工作 8 h。

**解**：(1) 计算减速器要求的输出转速 $n_1$。

如图 5-5 所示，由于主动轮与减速器直接连接，所以减速器的输出转速就是皮带主动轮的转速。

$$n_1=\frac{V\times60}{\pi D}=\frac{(0.14\pm0.014)\times60}{\pi\times0.1}=26.7\pm2.7(\text{r/min})$$

(2) 计算并选择减速器所需要的减速比 $i$。

东方电机公司单相感应电机在 220 V、50 Hz 频率下的额定转速为 1250～1350 r/min，所以减速器所需要的减速比 $i$ 为

$$i=\frac{1250\sim1350}{26.7\pm2.7}=42.5\sim56.2$$

对照东方电机公司单相感应电机产品样本，选择与上述计算值最接近的标准减速比 50、型号规格为 5GN50K 的减速器，并查得该规格减速器对应的传动效率 $\eta_g$ 为 66%。

(3) 计算皮带实际牵引力 $F$。

根据式(5-3)得出皮带实际牵引力为

$$F=\mu m_1 g=0.3\times20\times9.8=58.8(\text{N})$$

(4) 计算负载扭矩 $T_L$。

根据式(5-4)得出主动轮上的负载扭矩为

$$T_L=\frac{FD}{2\eta}=\frac{58.8\times100\times10^{-3}}{2\times0.9}=3.27(\text{N}\cdot\text{m})$$

由于皮带主动轮与减速器直接连接，所以主动轮上的负载扭矩 $T_L$ 也就等于减速器的输出扭矩 $T_g$，即：$T_g=T_L=3.27\ \text{N}\cdot\text{m}$。

(5) 计算电机所需要的最低输出扭矩 $T_m$。

减速器的作用就是提高输出扭矩、降低转速，根据减速器的输出扭矩 $T_g$ 及减速器的传动效率 $\eta_g$，就可以反向推算出电机所需要的最低输出扭矩 $T_m$：

$$T_m=\frac{T_g}{i\eta_g}=\frac{3.27}{50\times0.66}=0.0991(\text{N}\cdot\text{m})$$

考虑安全余量及电压的波动等情况，通常按 2 倍最小计算值选取电机的最小启动扭矩：

$$0.0991\times2=0.198(\text{N}\cdot\text{m})$$

(6) 选择电机型号。

查阅日本东方电机公司的样本，选取一种启动扭矩大于 0.198 N·m 的电机型号，最后

选取型号为5IK40GN-CWE的单相感应电机,该电机在50 Hz、额定电压220 V电源下的额定输出功率为40 W,启动扭矩为0.2 N·m,额定扭矩为0.3 N·m,额定转速为1300 r/min。因为启动扭矩0.2 N·m大于考虑安全裕量后的计算值0.198 N·m,所以能够满足使用负载要求。

前面已经根据减速器传动比选取减速器型号为5GN50K,进一步确认减速器及电机的安装配合尺寸、外形尺寸,以便配套设计其他机构。

(7) 负载转动惯量校核。

选择好电机及减速器型号后,还需要对负载的转动惯量进行校核。

皮带与工件的转动惯量为

$$J_{m1}=m_1\times\left(\frac{D}{2}\right)^2=20\times\left(\frac{100\times10^{-3}}{2}\right)^2=500\times10^{-4}(\text{kg}\cdot\text{m}^2)$$

主动轮及从动轮的转动惯量为

$$J_{m2}=\frac{1}{8}m_2D^2=\frac{1\times(100\times10^{-3})^2}{8}=12.5\times10^{-4}(\text{kg}\cdot\text{m}^2)$$

减速器输出轴的负载总转动惯量为

$$J=J_{m1}+2\times J_{m2}=500\times10^{-4}+2\times12.5\times10^{-4}=525\times10^{-4}(\text{kg}\cdot\text{m}^2)$$

减速器允许的负载转动惯量:

根据东方公司样本资料,所选型号5GN50K的减速器允许的负载转动惯量为

$$J_g=0.75\times10^{-4}\times50^2=1875\times10^{-4}(\text{kg}\cdot\text{m}^2)$$

结论:所选减速器允许的负载转动惯量$J_g$($1875\times10^{-4}$ kg·m$^2$)大于实际负载总转动惯量$J$($525\times10^{-4}$ kg·m$^2$),所以选型结果能满足使用要求。

(8) 校核实际的皮带速度$V$。

由于实际所选电机的额定扭矩为0.3 N·m,较实际负载扭矩大,所以电机能够以比额定转速更快的转速运转。因为皮带速度是指电机在空载的条件下计算的,电机在空载情况下的转速约为1430 r/min,所以皮带的实际运行速度可以按以下方法逐步推出:

减速器的实际输出转速为

$$n_1=\frac{n_0}{i}=\frac{1430}{50}=28.6(\text{r/min})$$

皮带实际运行速度为

$$V=\frac{n_1\pi D}{60}=\frac{28.6\times\pi\times100\times10^{-3}}{60}=0.15(\text{m/s})$$

结论:上述计算结果0.15 m/s满足0.14 m/s(1±10%)的设计速度要求。

### 5.1.5 皮带输送线安装调整与使用维护

#### 1. 皮带打滑现象与纠正

如果皮带与主动轮之间的摩擦力不足以牵引皮带及皮带上的负载,则会出现虽然主动轮仍然在回转,但皮带却不能前进或不能同步运行,这种现象叫打滑。出现打滑可能的原因为:

1) 皮带的初始张紧力不够

当确认皮带的初始张紧力不够时,调节张紧轮逐步加大皮带的张紧力。但张紧力也不

能过大，因为会提高皮带的工作应力，缩短皮带的工作寿命，同时输送系统在工作时还会产生更大的振动与噪声。

2）主动轮与皮带之间的包角太小

如果检查确认皮带的初始张紧力为正常水平但仍然不能消除打滑现象时，最可能的原因就是主动轮与皮带之间的包角太小。如果调整张紧轮的位置仍然无法有效地增大包角，就需要修改设计。

3）主动轮与皮带之间的摩擦系数太小

如果检查确认皮带的初始张紧力、包角都达到正常水平，但还不能消除皮带的打滑现象时，最可能的原因就是主动轮与皮带之间的摩擦系数太小。解决的办法是，仔细考虑主动轮表面是否过于光滑，否则就采用滚花结构或镶嵌一层橡胶后再试验。

**2. 皮带的跑偏现象与纠正**

皮带跑偏是皮带输送线在运行时最常见的故障，皮带在运动时持续向一侧发生偏移直至皮带与机架发生摩擦、磨损甚至卡住断裂。皮带跑偏轻则造成皮带磨损，重则由于皮带与机架剧烈摩擦引起皮带软化、烧焦甚至引起火灾，造成整个生产线停产。

当各辊轮轴线与皮带纵向不垂直，或各辊轮轴线之间不平行时，皮带的张力在宽度方向上必然不均匀，一侧张力大而另一侧张力小，在运行过程中皮带自然会由张力大的一侧逐渐向张力小的一侧偏移，导致皮带跑偏现象。

最常见的原因及纠正措施如下。

(1) 主动轮、从动轮不平行：在安装时对机架相关位置尺寸进行仔细的测量与调整，包括机架的水平度。

(2) 滚轮轴线与皮带长度方向不垂直：检查调整。

(3) 皮带接头不良：两侧周长不相等，皮带本身就不对称，必须对皮带接头重接。

(4) 机架使用一段时间后变形：检查调整。

通常调整张紧轮或从动轮的位置来纠正皮带的跑偏，调整的方法如图5-14所示，皮带都是从紧边向松边偏移，将紧边侧放松，或松边侧张紧都可以，需要反复调整，每次调整后使皮带运行约5 min，边观察边调整，直到皮带调到较理想的运行状态、不再跑偏为止。

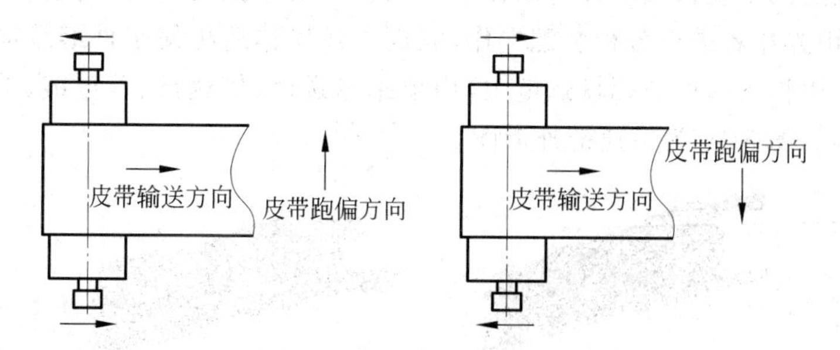


图5-14　皮带跑偏调整方法示意图

也在张紧轮轮轴两侧设计有专门的腰形槽孔及可调整的调整螺钉，调整张紧轮的位置，如图5-15所示。

总之，对于皮带输送线的跑偏现象，只要加强日常巡检，及时清除引起皮带跑偏的各种因素，掌握皮带跑偏的规律，就能积累经验找出相应的解决办法。

图 5-15 张紧轮调整结构

### 3. 皮带输送线的日常检查与维护

主要需要注意皮带的安装、皮带的张紧调节、皮带的跑偏调节、皮带的更换、传动润滑、安全等环节。

(1) 皮带使用前要用水平尺将皮带调整到水平状态，若输送线由多段组成，除要求各段输送线等高外，还需要通过校准细线将各段调整连接到一条水平直线上。

(2) 张紧皮带时应先通电使系统运转起来，然后再逐渐调整张紧轮，使皮带张紧力调整到合适状态。

(3) 电机传动齿轮(或同步带、链条)处应设计保护罩，防止意外事故发生。

(4) 若发生意外事故，首先应立即切断电源，再进行检查并采取相应措施。

(5) 传动齿轮、链条及各运动部位应每半年加一次润滑脂。如果皮带传动轴处有异常响声，则表明可能缺少润滑，需要加入润滑脂或润滑油。

(6) 在每天的工作及检查中，应注意观察皮带的使用情况，检查是否有异常磨损或异常声音发生，否则应立即查明原因加以解决，避免加速降低皮带的使用寿命。

## 5.2 认识倍速链输送线

皮带输送线只能输送小型物件或散料，重量更大的物件例如电视机、计算机显示器、空调、冰箱、汽车、卷烟、啤酒、饮料等就需要采用链条输送线，链条输送线主要有倍速链输送线、平顶链输送线、悬挂链输送线，具有承载能力大、可以在恶劣的环境下运行、输送物料灵活、输送位置准确等特点，主要应用在自动化生产线上。

倍速链结构原理

### 5.2.1 倍速链结构及工作原理

#### 1. 倍速链定义

所谓倍速输送链就是这样一种滚子输送链条，在输送线上，链条的移动速度保持不变，但链条上方被输送的工装板及工件可以按照使用者的要求控制移动节拍，在所需要停留的位置停止运动，由操作者进行各种装配操作，完成上述操作后再使工件继续向前移动输送，所以倍速输送链也称为可控节拍输送链、自由节拍输送链、倍速链、差速链、差动链，工程上习惯称为倍速链。图 5-16 为倍速链外形图。

图 5-16 倍速链外形图

#### 2. 倍速链结构组成

图 5-17 为倍速链的结构图，从图中可以看出，它由内链板、套筒、滚子、滚轮、外链板、销轴等六种零件组成。

1）零件材料

通常情况下，滚子、滚轮是由工程塑料注塑而成的，只有在重载情况下才使用钢制材料，除此以外，其余零件都为钢制材料。

2）零件连接方式

倍速链与普通双节距滚子链的结构类似，其中销轴与外链板采用过盈配合，构成链节框架。销轴与内链板均为间隙配合，以使链条能够弯曲。

销轴与套筒一般有两种连接方式，如图5-18所示。其中一种为套筒插入内链板并与内链板过盈配合，如图5-18(a)所示。另一种为套筒不插入内链板，直接将套筒空套在销轴上，如图5-18(b)所示。两种情况下套筒与销轴之间都为间隙配合。

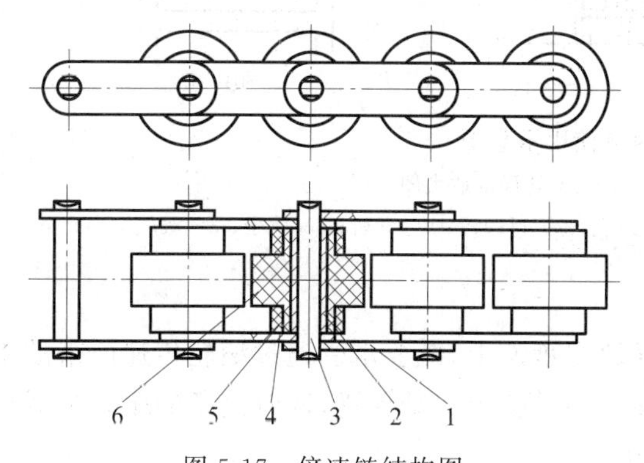


图5-17　倍速链结构图

1—外链板；2—套筒；3—销轴；4—内链板；5—滚子；6—滚轮

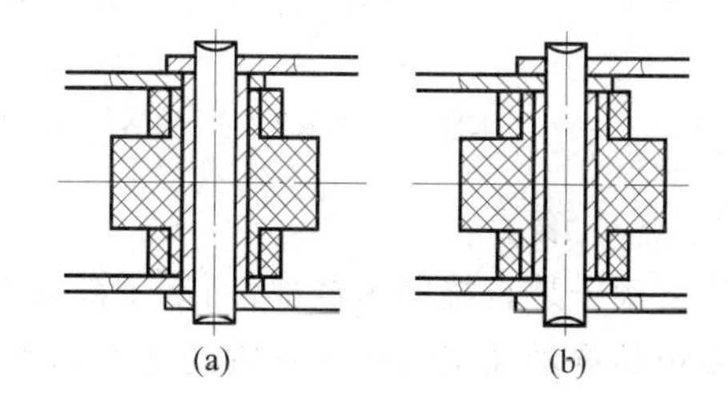


图5-18　套筒连接方式

(a) 套筒插入内链板并与其过盈配合；(b) 套筒不插入内链板

套筒与滚轮：套筒与滚轮之间是间隙配合，它们之间可以发生相对转动。

滚轮与滚子：滚轮与滚子之间是间隙配合，它们之间可以发生相对转动，可以减少它们工作时相互之间的磨损，这对于连续长距离的输送非常重要。

3）连接链节

为了组成一个封闭的环形结构，倍速链与其他滚子链一样也需要一个连接件，称为连接链节，连接链节将链条两端连接上后，还必须装入止锁件，防止连接链节脱落。图5-19为常用的两种止锁件结构，其中图5-19(a)为开口销，将开口销插入销孔后向外侧弯曲即可。图5-19(b)为弹性锁片，将其插入两个销轴上即可。

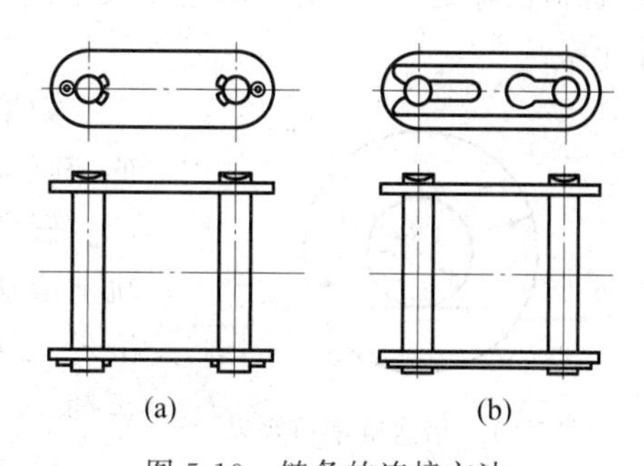


图5-19　链条的连接方法

(a) 开口销连接；(b) 弹性锁片连接

### 3. 倍速链工作原理

1）各零件的作用

在图5-17所示的倍速链结构图中，各零件的作用如下。

(1) 滚轮

倍速链在使用时直接通过滚子放置在链条下方的导轨支承面上，滚子与支承面直接接触，滚轮的下方是悬空的，而滚轮的上方则直接放置装载工件的工装板，因此滚轮是直接的承载部件,既要承受工装板的重量,还要承受工装板上被输送工件的重量。图 5-20(a)所示为倍速链在输送物料时的工作情况,图 5-20(b)为局部放大图。

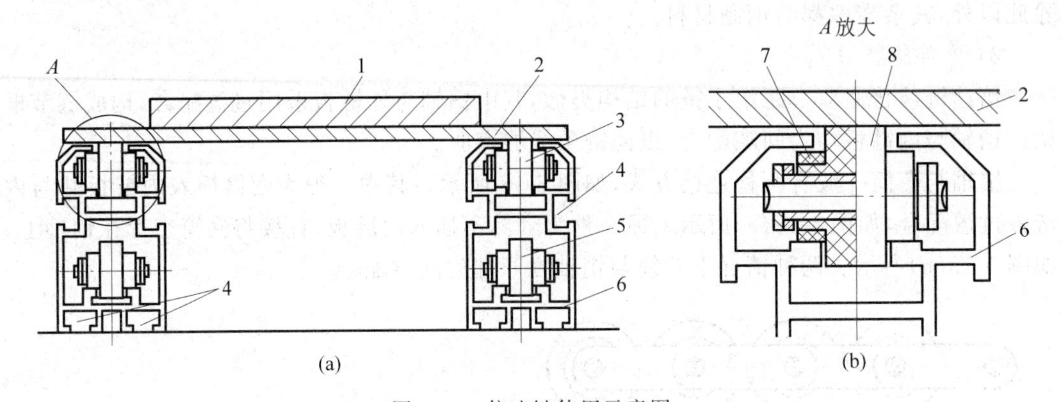


图 5-20 倍速链使用示意图

(a) 倍速链工作情况;(b) A 处局部放大图

1—工件;2—工装板;3—输送段;4—螺栓安装孔;5—返回段;6—导轨;7—滚子;8—滚轮

(2) 滚子

滚子是直接的承载部件,滚子被支承在导轨支承面上,既要承受通过滚轮传递而来的工装板的重量及工装板上被输送工件的重量,又要在导轨上滚动前进,同时链条的驱动是通过驱动部位链轮的轮齿直接与滚子啮合来进行的。

(3) 内外链板、销轴

内外链板及销轴是链条的连接件,使单个的滚子滚轮串连成链条。

(4) 套筒

套筒的作用为减小销轴与滚轮之间的摩擦,保护销轴。

2) 倍速链增速原理

之所以被称为倍速链,就是因为它具有特殊的增速效果,也就是放置在链条上方的工装板(包括被输送工件)的移动速度大于链条本身的前进速度,下面对增速原因进行简单的分析计算。

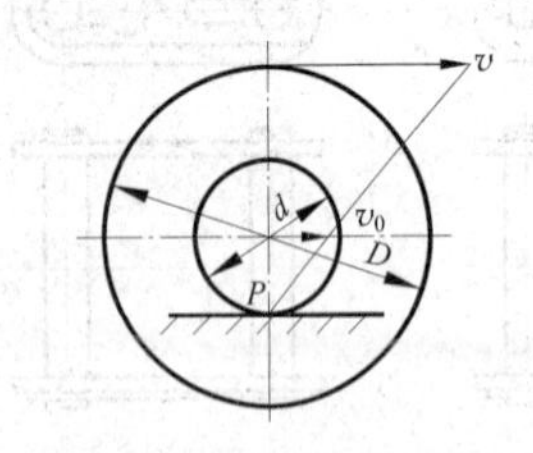


图 5-21 倍速链增速效果原理示意图

如果取链条中的一对滚子滚轮为对象,分析其运动特征,其运动简图如图 5-21 所示。

假设滚子滚轮机构在以下假设条件下运动:滚子在导轨上滚动,而且滚子与导轨之间的运动为纯滚动;滚子与滚轮之间没有相对运动;工装板与滚轮之间没有相对运动。

链条的前进速度为 $V_0$,工装板(工件)的前进速度为 $V$,滚子的直径为 $d$,滚轮的直径为 $D$。

由于滚子、滚轮之间没有相对运动,在滚子、滚轮滚动的瞬间可以将它们看作是刚性连接在一起的,两者瞬间的滚动可以看作是以滚子与导轨接触点 $P$ 点为转动中心的转动。

假设滚子及滚轮上述瞬时转动的角速度为 $\omega$,因此滚子几何中心的切线速度就是链条的前进速度 $V_0$,而滚轮上方顶点的切线速度就是工装板(工件)的前进速度 $V$,因而有

$$V_0=\omega\,\frac{d}{2} \tag{5-12}$$

$$V=\omega\left(\frac{d}{2}+\frac{D}{2}\right) \tag{5-13}$$

根据式(5-12)、式(5-13)可以得出：

$$V=\left(1+\frac{D}{d}\right)V_0 \tag{5-14}$$

其中，$d$ 为滚子直径；$D$ 为滚轮直径；$\omega$ 为滚子及滚轮的瞬时转动角速度；$V_0$ 为滚子几何中心的切线速度(链条的前进速度)；$V$ 为滚轮上方顶点的切线速度(工装板或工件的前进速度)。

式(5-14)表明：由于滚轮直径 $D$ 可以成倍地大于滚子直径 $d$，因此工装板(工件)的前进速度 $V$ 可以是链条前进速度 $V_0$ 的若干倍，这就是倍速链的增速效果原理，增大滚轮、滚子的直径比 $D/d$ 就可以提高倍速链的增速效果，但增速幅度受到一定限制，通常为 $V=(2\sim3)V_0$，最常用的规格为2.5倍速输送链和3倍速输送链。

**4. 倍速链特点**

(1) 链条以低速运行，工装板运行速度是链条运行速度的2.5倍或3倍，提高了输送效率。

(2) 可以让工装板灵活停留在某一位置。这正是手工装配流水线或自动化生产线上所需要的特征，由于滚轮与工装板之间为滚动摩擦，让工装板停留在某一位置上并不会损害链条。

(3) 链条重量轻便，系统启动快捷。

(4) 因滚轮材质为工程塑料，链条运行平稳、噪声低、耐磨损、使用寿命长。如需输送重型物件，可将滚轮及滚子改为钢制滚轮和滚子以提高其强度。

**5. 倍速链标准规格**

由于倍速链大量应用在各种自动化生产线及手工装配流水线上，它们是按一定的标准规格设计制造的，我国于1993年制定了《倍速输送链》机械行业标准，标准号为JB/T 7364—1994。在标准中详细规定了链条号、结构型式、标记方法、基本参数、尺寸、链轮。图5-22为倍速链基本参数，表5-1、表5-2为各种标准尺寸，各厂家一般都是按照标准尺寸设计制造的。

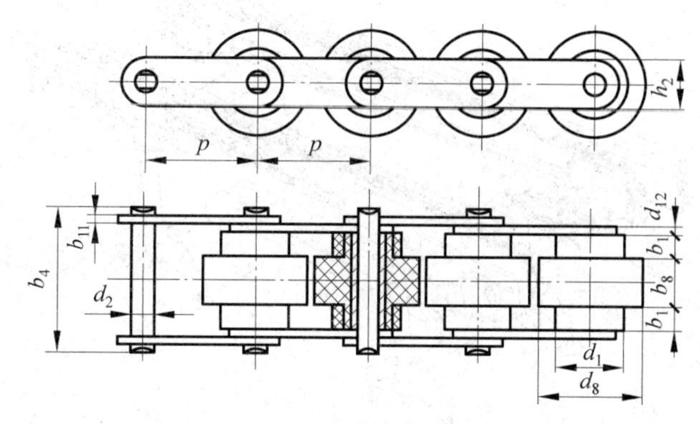


图5-22　倍速链各种基本参数示意图

表 5-1　2.5 倍速链条尺寸表　　mm

| 链　　号 | 节距 $P$ | 滚子外径 $d_1$ | 滚轮外径 $d_8$ | 滚子高度 $b_1$ | 滚轮高度 $b_8$ | 销轴直径 $d_2$ | 链板高度 $h_2$ | 外链板厚度 $b_{11}$ | 内链板厚度 $b_{12}$ | 销轴长度 $b_4$ | 连接销轴长度 $b_7$ |
|---|---|---|---|---|---|---|---|---|---|---|---|
| | | max | | min | max | | | | | | |
| BS25-C206B | 19.05 | 11.91 | 18.3 | 4.0 | 8.0 | 3.28 | 8.26 | 1.3 | 1.5 | 24.2 | 27.5 |
| BS25-C208A | 25.4 | 15.88 | 24.6 | 5.7 | 10.3 | 3.96 | 12.07 | 1.5 | 2.0 | 32.6 | 36.5 |
| BS25-C210A | 31.75 | 19.05 | 30.6 | 7.1 | 13.0 | 5.08 | 15.09 | 2.0 | 2.4 | 40.2 | 44.3 |
| BS25-C212A | 38.1 | 22.23 | 36.6 | 8.5 | 15.5 | 5.94 | 18.08 | 3.0 | 4.0 | 51.1 | 55.7 |
| BS25-C216A | 50.8 | 28.58 | 49.0 | 11.0 | 21.5 | 7.92 | 24.13 | 4.0 | 5.0 | 66.2 | 71.6 |

表 5-2　3 倍速链条尺寸表　　mm

| 链　　号 | 节距 $P$ | 滚子外径 $d_1$ | 滚轮外径 $d_8$ | 滚子高度 $b_1$ | 滚轮高度 $b_8$ | 销轴直径 $d_2$ | 链板高度 $h_2$ | 外链板厚度 $b_{11}$ | 内链板厚度 $b_{12}$ | 销轴长度 $b_4$ | 连接销轴长度 $b_7$ |
|---|---|---|---|---|---|---|---|---|---|---|---|
| | | max | | min | max | | | | | | |
| BS30-C206B | 19.05 | 9.0 | 18.3 | 4.5 | 9.1 | 3.28 | 7.28 | 1.3 | 1.5 | 26.3 | 29.6 |
| BS30-C208A | 25.4 | 11.91 | 24.6 | 6.1 | 12.5 | 3.96 | 9.60 | 1.5 | 2.0 | 35.6 | 39.5 |
| BS30-C210A | 31.75 | 14.80 | 30.6 | 7.5 | 15.0 | 5.08 | 12.2 | 2.0 | 2.4 | 43.0 | 47.1 |
| BS30-C212A | 38.1 | 18.0 | 36.6 | 9.75 | 20.0 | 5.94 | 15.0 | 3.0 | 4.0 | 58.1 | 62.7 |
| BS30-C216A | 50.8 | 22.23 | 49.0 | 12.0 | 25.2 | 7.92 | 18.6 | 4.0 | 5.0 | 71.9 | 77.3 |

倍速链标记方法：一般为“链号×整链节数 标准号”。

例如：节距为 38.1 mm、整链节数为 84、理论增速幅度达到 3 倍的标准倍速链标记为“BS30-C212A×84 JB/T 7364—1994”。

## 5.2.2　倍速链输送线结构及工程应用

### 1. 倍速链输送线结构

在倍速链链条的基础上，加上电机驱动系统及其他附件就可以组成倍速链输送线。图 5-23 为典型倍速链输送线，实际长度通常可达数十米。

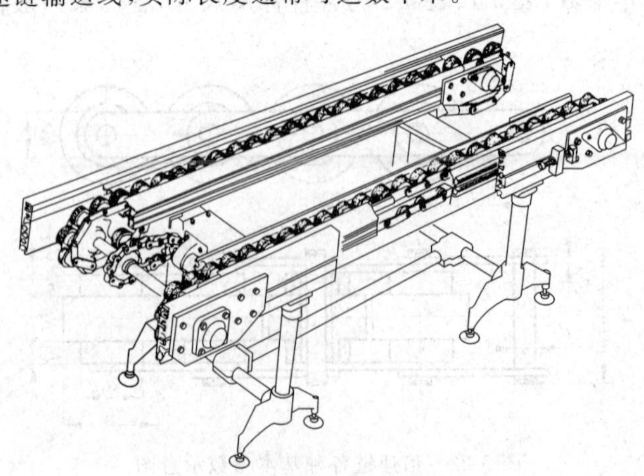

图 5-23　典型倍速链输送线结构

从图5-20、图5-23可以看出，倍速链输送线由工装板、止动机构、倍速链链条、支承导轨、电机驱动系统、链条张紧调节机构、回转导向座等部分组成。

1）工装板

工装板是自动化生产线必不可少的输送工装（冶具），工装板是根据被输送工件的形状与尺寸专门设计的，图5-24为用于某彩色电视机倍速链输送线上的工装板实例，图5-25为某生产线上的工装板实例。

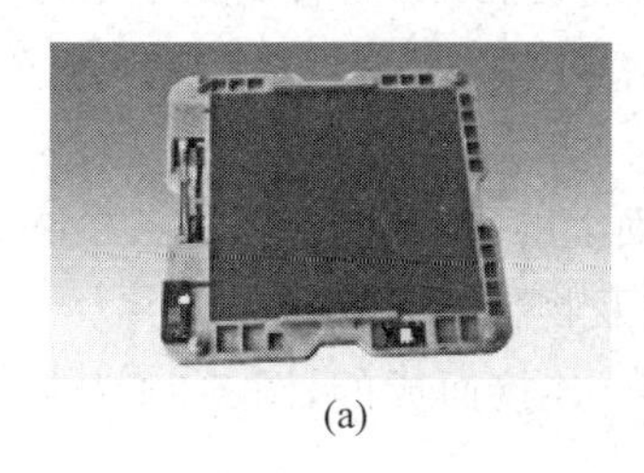

(a)

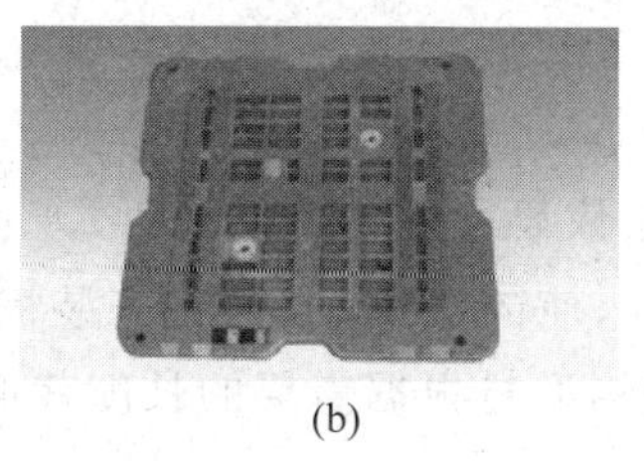

(b)

图5-24　某彩色电视机倍速链输送线上的工装板实例

(a) 工装板正面；(b) 工装板反面

图5-25　某倍速链输送线组成的生产线上工装板实例

工装板一般采用胶合板、增强PVC板、一次成型塑料板、胶合板与PVC合成板等材料制造。工装板的表面材料通常也有特殊要求，例如防静电、耐磨性能等，表面通常采用防静电胶皮、金字塔形耐磨防滑胶皮、PP塑料耐磨板、防静电毛毯、防静电高密度海绵等材料。由于某些工序需要在工装板上对工件进行各种装配、检测、调试、老化等工序，所以除设置有工件定位夹具外，经常还需要设置电源插座、开关、检测信号接收装置等。

因为工装板不能带通常的电源线，所以在工装板下方沿输送方向设计有2条由专门的铜合金导电金属片制作的电极，而在输送线上则设计有一系列专门的导电轮（也称为集电子）或导电槽，如图5-26所示。

图5-26　倍速链输送线上的导电轮

导电轮的材料也为导电性能较好的铜合金金属，分单向导电和双向导电。这样当工装板在需要装配操作的位置上停留下来时，工装板下方的导电电极片刚好位于输送线上的导电滚轮上，工装板下方的导电电极片自动接通电源，而当工装板离开上述位置后电源则自动切断。

2）止动阻挡气缸

在由倍速链输送线组成的自动化生产线或人工装配流水线上，工装板需要在各种操作位置上停下来供装配或检测，而输送线则是一直连续运行的，如何使工装板在需要进行工序操作的位置上停止前进呢？为了解决上述问题，在输送线的中央专门设计了一系列的阻挡气缸，工程上称为止动气缸（如SMC公司的RSQ、RSG、RSH、RSA系列气缸，FESTO公司的STA系列气缸)。图5-27为工程上常用的止动气缸。

当工装板载着工件随倍速链输送线输送到装配工位时,输送线中央的止动气缸处于伸出状态,工装板前方碰到止动气缸活塞杆端部的滚轮时工装板停止下来。当完成装配操作后,操作人员踩下工位下方的气阀脚踏板,止动气缸缩回,工装板自动恢复前进,倍速链输送线的这一特点使其非常适合用于自由节拍的人工装配流水线上。

3) 倍速链链条

将封闭的环状倍速链链条安装在输送系统的支承导轨及驱动链轮上,然后在链条上方放上工装板就可以进行物料的输送了。

4) 链条支承导轨

倍速链链条通过链轮驱动,链条依靠直接放置在导轨支承面上的滚子来支承,链条在链轮的拖动下,滚子在支承导轨上滚动,使链条载着上方的工装板及物料向前方移动。

导轨一般是由专门设计制造的铝型材根据需要的长度裁取、连接而成的,图5-28为某倍速链支承导轨的截面形状。

图5-27　工程上常用的止动气缸

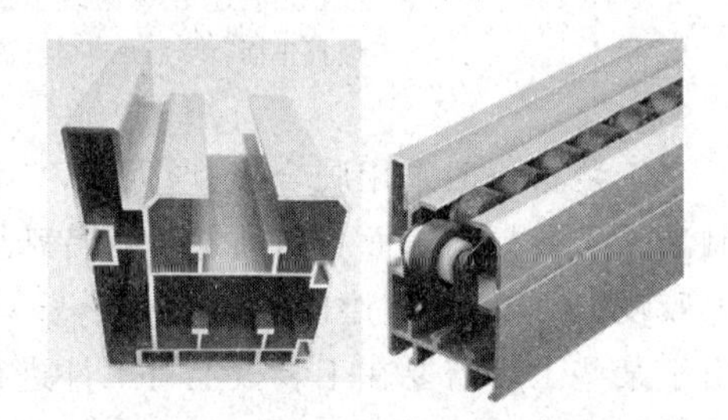

图5-28　典型的倍速链支承导轨截面形状

5) 驱动系统

要使链条在导轨支承面上前进,就需要对链条施加一定的牵引力,拖动链条在支承导轨上滚动前进,最常用的方法为链轮驱动。

由于倍速链输送线的负载更大,所以一般采用普通的套筒滚子链链传动系统来驱动。如图5-23所示,电机通过减速器、传动链条,将扭矩传递给安装有倍速链驱动链轮的传动轴,再通过驱动链轮驱动倍速链上的一系列滚子,拖动倍速链在导轨支承面上滚动前进。

直接驱动倍速链的装置就是位于上述链传动从动链轮轴上的倍速链驱动链轮,这种驱动链轮与普通的链传动链轮非常相似,但也存在以下不同之处:齿数较少、齿距更大、链轮的尺寸加工精度要求降低、一般采用非机械加工的方法加工链轮。图5-29为某驱动链轮的轴向齿廓形状,图5-30为某驱动链轮与链条。链轮有关的尺寸读者可以查阅机械行业标准JB/T 2364—1994。

6) 回转导向座

链条作为上下一个封闭的循环,上方段输送物料,称为承载段,下方段用于链条的循环,称为返回段。为了节省空间,上下两段所用导轨之间的距离比驱动链轮的直径还要小,为了防止发生链条卡住的现象,有必要在上述两处分别加入一个回转导向座,使链条能够沿着回转导向座顺利地进入和导出链轮,如图5-31所示。

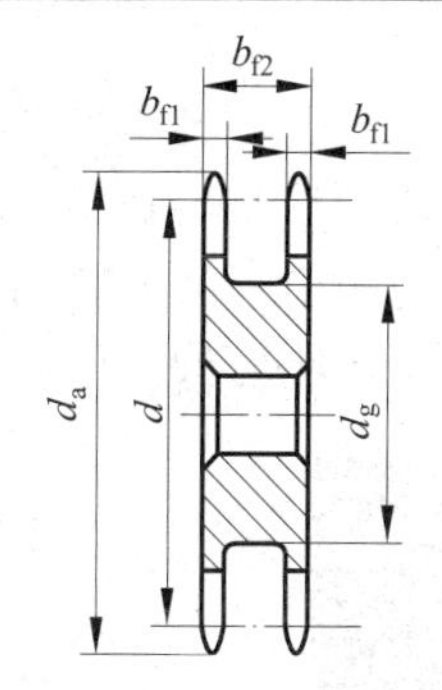


图 5-29　倍速链驱动链轮的轴向齿廓形状

图 5-30　倍速链驱动链轮与链条

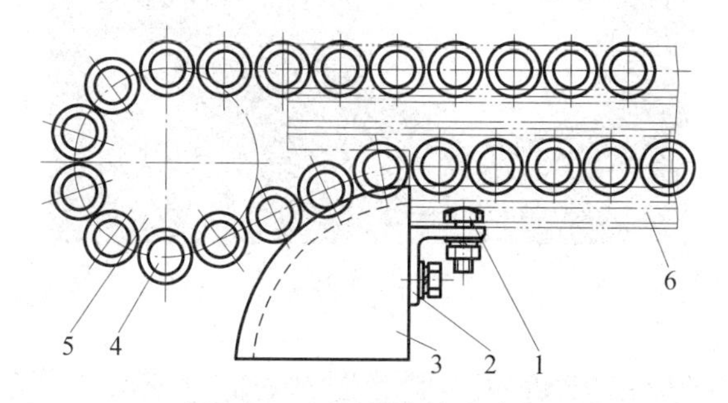


图 5-31　回转导向座示意图

1—T 形槽用螺栓；2—连接座；3—回转导向器；4—倍速链；5—链轮；6—导轨

输送线两端的回转导向座结构完全一样，只是一端的链轮为主动链轮，另一端的链轮为从动链轮。

7）张紧机构

与皮带输送线类似，倍速链在工作过程中需要设置合适的张紧力，否则倍速链与驱动链轮之间无法良好啮合。为了简化结构，一般将倍速链驱动链轮的驱动轴设计成固定的位置，而从动链轮的轮轴则设计成可以调节的。图 5-32 为倍速链输送线张紧机构实例，在从动链轮轮轴的两侧各设计了调整机构，将两侧的固定板放松后，调整螺栓前后位置，从而调整从动链轮轮轴的前后位置使张紧轮达到合适状态后，再将两侧的安装板固定在机架上即可。

为了方便设计制造，目前制造商还设计了一种专用的张紧模块用于对链条进行张紧，如图 5-33 所示。

图 5-32　倍速链输送线张紧机构实例

图 5-33　倍速链张紧模块

### 2. 倍速链输送线应用实例

倍速链在各种自动化生产线及手工装配生产线上得到广泛的应用。图5-34为倍速链输送线用于电冰箱内胆装配生产线实例。图5-35为倍速链输送线用于某DVD产品装配生产线实例。图5-36为倍速链输送线用于某计算机显示器装配生产线实例。

图5-34 倍速链输送线用于电冰箱内胆装配生产线实例

图5-35 倍速链输送线用于某DVD产品装配生产线实例

图5-36 倍速链输送线用于某计算机显示器装配生产线实例

# 5.3 认识平顶链输送线

平顶链结构原理

## 5.3.1 平顶链结构及工作原理

### 1. 平顶链的定义

所谓平顶链是指专门用于平顶式输送机的链条，也称为顶板输送链。由平顶链组成的输送线称为平顶链输送线。它常用于输送玻璃瓶、金属易拉罐、各种塑料容器、包裹等，也可以输送机器零件、电子产品及食品等。根据形状的区别，平顶链分为直行平顶链与侧弯平顶链两种。图5-37为直行平顶链的外形图，图5-38为侧弯平顶链的外形图。

图5-37　直行平顶链外形图

图5-38　侧弯平顶链外形图

### 2. 平顶链结构与工作原理

1）直行平顶链

直行平顶链结构很简单，仅由一块两侧带铰圈的链板及一根轴销组成，如图5-39所示。两侧铰圈中其中一侧与轴销固定连接（紧配合），所以称为固定铰圈，另一侧则与另一片链板及轴销活动套接（间隙配合），称为活动铰圈。由于平顶链在运行时相邻链板之间需要有一定的自由活动，因此相邻链板之间必须有一定的间隙，保证链条在运行时不会发生干涉。

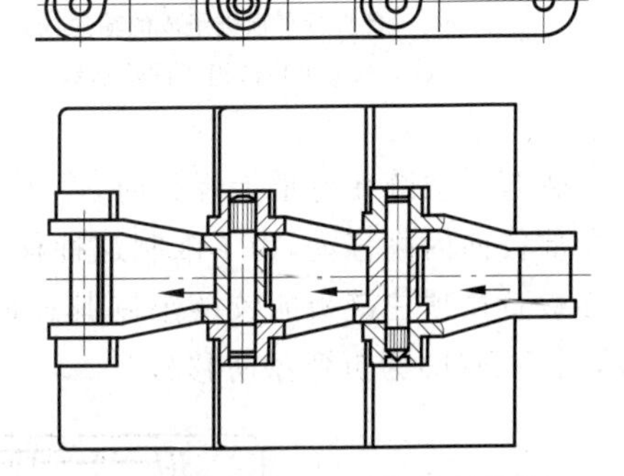

图5-39　直行平顶链的典型结构

由于平顶链在使用时经常需要与液态物质接触，所以链板材料大多使用不锈钢材料，其铰圈是卷制而成，因而铰圈有缝而且圆度也不易保证，载荷大时铰圈还会被拉开，这是钢制平顶链的薄弱环节。它也有采用工程塑料来制造，由于采用模具成型，所以链板可以按需要采用较复杂的结构形状，大幅提高其强度，因而塑料链板平顶链的强度并不比简单铰卷式钢制链板平顶链的强度低，具体选用什么材质根据输送物料和工艺要求而定。

平顶链在运行时通过链轮与链板的活动铰圈啮合，拉动链条向前运动，活动铰圈就是与链轮啮合的部位，而链条则放置在导轨上，通过链条的两侧进行支承，如图5-40、图5-41所示。

图 5-40 平顶链链轮与链条啮合

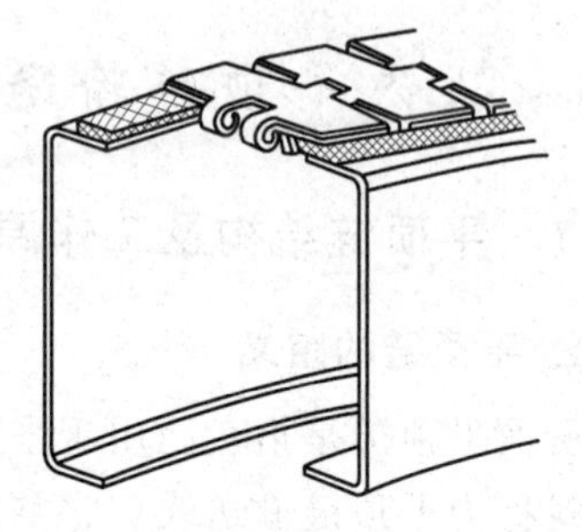

图 5-41 平顶链的支承结构

平顶链通过链板在导轨上滑动运行，滑动摩擦力较大，要降低链条运行时的磨损，需要在链条工作区域内的链板与导轨之间铺设衬垫材料，衬垫材料一般为工程塑料、不锈钢。

2）侧弯平顶链

所谓侧弯平顶链就是能够转弯的平顶链。普通的直行平顶链只能在直线方向运行不能转弯，在实际工程应用中经常受到限制，因此经常需要采用L形、U形或矩形的输送线，如果采用普通的直行平顶链就需要在转位部位设置变位装置，使设备更复杂，但如果使用一种能够转弯的平顶链就可以使设备大大简化，如图5-42所示。

侧弯平顶链是在直行平顶链的基础上演化而来的，只是在直行平顶链的基础上增加铰链间隙，将链板改为侧斜边，如图5-43所示，就可以消除转弯时链片之间的干涉，使链条实现侧弯。

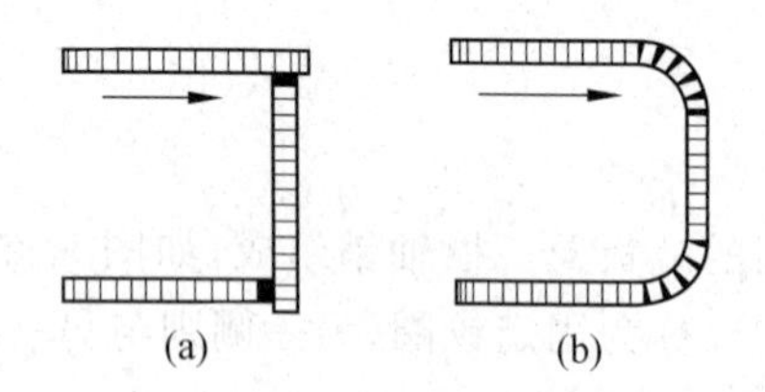



图 5-42 采用侧弯平顶链使输送线大大简化

(a) 三台直行平顶链组成的输送线；
(b) 侧弯平顶链组成的输送线

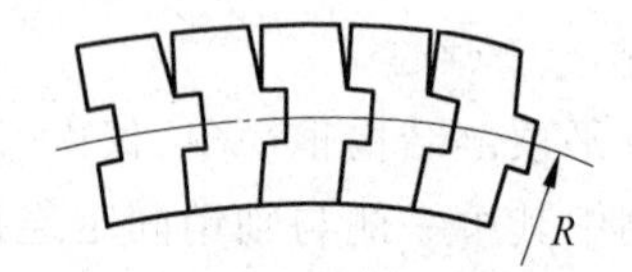



图 5-43 将直行平顶链的侧边改为对称的斜边

侧弯平顶链在弯道上运行时，由于前方链条的拉力，链条会产生一个径向力，使链条在转弯部位向内侧移动，为了限制这种移动，在转弯部位内侧需要在链板的下方加装防移板，防移板直接顶住链板的铰链限制其径向移动，如图5-44所示，其中图5-44(a)为斜型防移板，图5-44(b)为折弯型防移板。

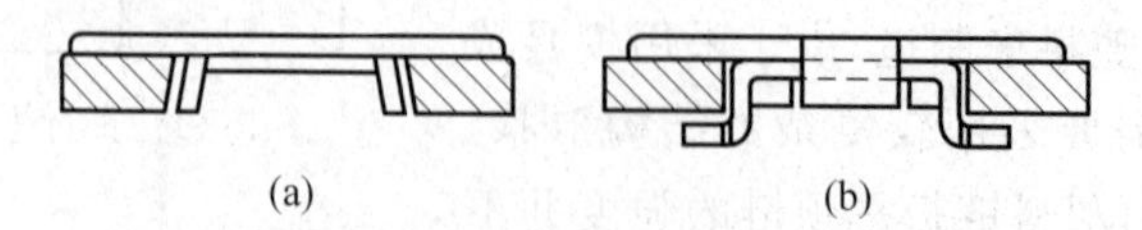



图 5-44 侧弯平顶链的防移板

(a) 斜型防移板；(b) 折弯型防移板

### 3. 平顶链的标准规格

平顶链大量应用在各种自动化生产线及手工装配流水线上，它们也是按标准规格设计制造的，我国于 1993 年制定了《输送用平顶链和链轮》国家标准，标准号为 GB/T 4140—1993。在标准中详细规定了链条号、结构型式、标记方法、基本参数、尺寸、链轮，各厂家一般都是按照标准尺寸设计制造的，读者在使用中可以查阅详细的标准。

## 5.3.2　平顶链输送线结构及工程应用

### 1. 平顶链输送线结构

平顶链输送线的结构比倍速链输送线结构简单，主要由链条、支承导轨、电机驱动系统、链条张紧装置四部分组成。将封闭的平顶链放置在链条两侧的专用支承导轨上，然后通过链轮与链板的活动铰圈啮合，拉动链条在支承导轨上向前滑动，电机驱动系统、链条张紧装置则与倍速链输送线完全相同。

### 2. 平顶链输送线特点

(1) 输送面平坦光滑，摩擦力小，因而物料在输送线之间的过渡平稳，可以输送各类玻璃瓶、PET 塑料瓶、易拉罐等物料，也可输送各类箱包。

(2) 一般可以直接用水冲洗或直接浸泡在水中，设备清洁方便，能满足食品、饮料等行业对卫生方面的特殊要求。

(3) 设备布局灵活，可以在一条输送线上完成水平、倾斜和转弯输送。

(4) 设备结构简单，维护方便。

### 3. 平顶链输送线工程应用实例

平顶链输送线广泛用于家用电器、啤酒、饮料、化妆品、烟草等行业的自动化生产线或手工装配流水线。图 5-45 为用于计算机硬盘生产线实例。图 5-46 为用于电冰箱生产线实例。图 5-47 为用于医药生产线实例。

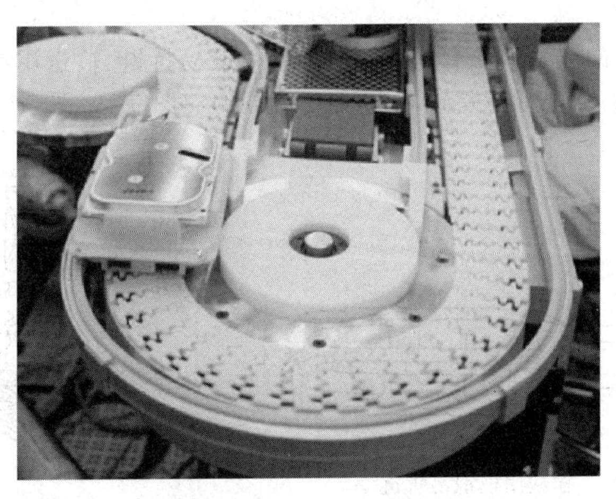

图 5-45　平顶链输送线用于计算机硬盘生产线示意图

图 5-46 平顶链输送线用于电冰箱生产线实例

图 5-47 平顶链输送线用于医药生产线实例

# 5.4 认识悬挂链与滚筒输送线

## 5.4.1 悬挂链输送线结构及工作原理

### 1. 悬挂链输送线结构

所谓悬挂输送链就是专门用于悬挂输送机或悬挂输送线的输送链条，大量应用于机械制造、汽车、家用电器、自行车等行业大批量生产产品工艺流程中零部件的喷涂生产线、电镀生产线、清洗生产线、装配生产线上，也大量应用于肉类加工等轻工行业。图 5-48 为悬挂链输送线的结构原理图，主要由架空轨道、滚轮、悬挂输送链条、滑架、吊具、牵引动力装置等部分组成。

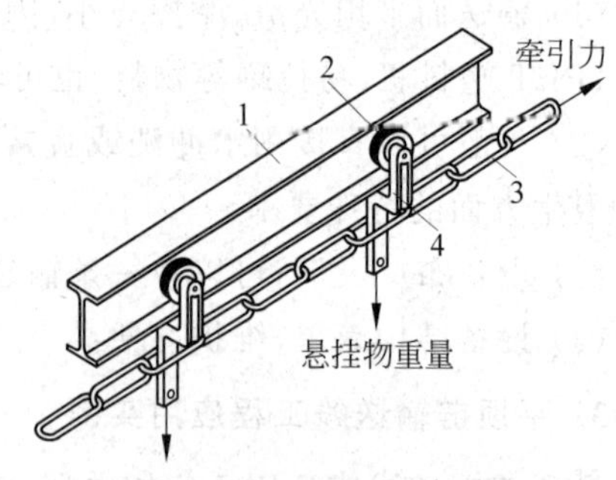



图 5-48 悬挂链输送线结构原理图

1—工字钢轨道；2—滚轮；3—悬挂输送链条；4—滑架

1) 悬挂输送链条

悬挂链输送线上的链条主要有两类：输送用模锻易拆链、输送用冲压易拆链。两种链条虽然加工方法不同，外观有所差异，但功能是相同的。图 5-49、图 5-50 分别为其外形图。

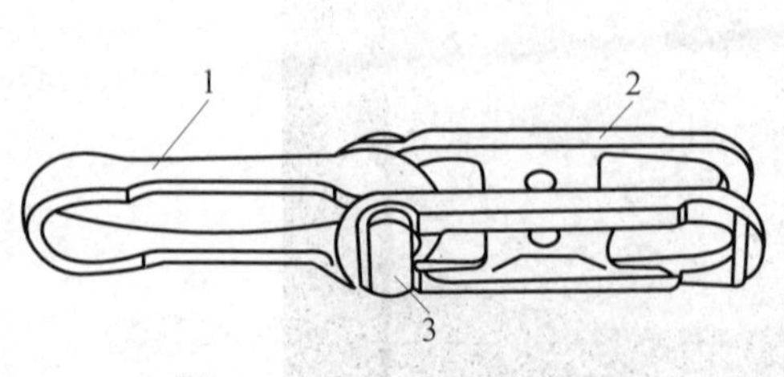



图 5-49 输送用模锻易拆链

1—中链环；2—外链板；3—T形头销轴

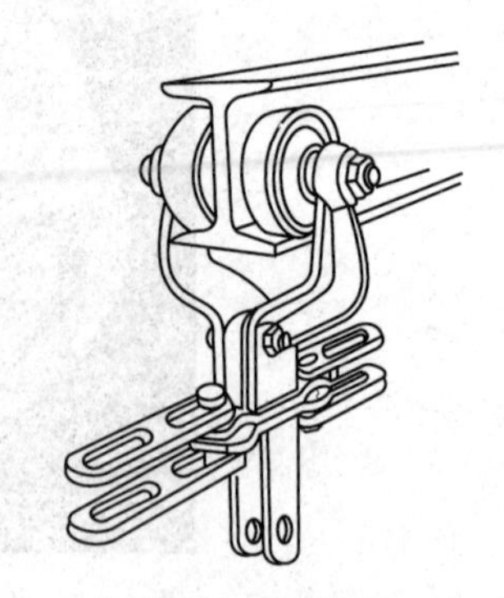

图 5-50 输送用冲压易拆链工作时状态

2）架空轨道

架空轨道用来固定滑架或链条并使其在轨道上运行，它直接固定在屋顶、墙上、柱子上或其他专用的构件上。它既可以采用单线轨道，也可以同时采用双线轨道。架空轨道一般采用工字钢、扁钢或特殊箱型端面型钢制成。

3）吊具

吊具是专门用来放置被输送工件或物料的工具，它是根据被输送物件的尺寸大小、形状、重量而专门设计的，形状灵活多样，设计的原则为装运过程中要能够方便地进行装载和卸载。通常有吊钩形、框架形、杆形、沟槽形。将工件直接挂在吊钩上，最适合输送的工件为带孔、带角的工件，例如家用电器的外壳钣金件在喷涂生产线上大多采用这种吊具。

4）牵引动力装置

牵引动力装置与倍速链输送线的驱动装置类似，由电机、减速器、皮带传动或链传动机构组成，一般设置有无级调速机构。驱动装置设置在输送线中张力最大处，当输送线长度不超过500 m时，只需要设置一个驱动装置，长度更长时，应设置多个驱动装置分段驱动，使链条及各种受力机构的载荷显著减小，降低功耗。

**2. 悬挂链输送线特点**

(1) 可以灵活地满足生产场地变化的需要。可以根据用户合理的工艺线路，在车间内部、同一楼层的不同车间之间、不同楼层之间的空间固定封闭路线上实现成件物品的连续输送，还可穿越较长路线，绕过障碍，将工件按预定的线路运往指定地点，达到搬运物件的生产目的。输送距离可达400～500 m或更长。

(2) 除物件搬运外，还可以用于装配生产线。不仅可以用来在车间内部或车间与车间之间进行货物的搬运，同时还可以在搬运过程中完成一定的工艺操作，如表面处理工序(浸漆、喷涂、烘干、保温、冷却)、装配等。

(3) 方便实现自动化或半自动化生产。可以将各个单一、独立的生产工序环节配套成自动化(或半自动化)流水线，提高企业的自动化水平，提高生产效率和产品质量。例如，汽车总装装配线是在悬挂输送线上由人工完成的；家用电器外壳钣金件的表面喷涂是在悬挂输送线上自动完成的；空调器的部分装配也是在悬挂输送线上由人工完成的。

(4) 可在三维空间作任意布置，能起到在空中储存物件的作用，节省地面使用场地。

(5) 速度无级可调，能够灵活满足生产节拍的需要。

(6) 输送物料既可以是成件的物品，也可以是装在容器内的散装物料。

(7) 可以使工件连续不断地运经高温烘道、有毒气体区、喷粉室、冷冻区等人工不适应的区域，完成人工难以操作的生产工序，改善工人劳动条件、确保安全。

(8) 最明显的不足是当输送系统出现故障时需要全线停机检修，而这将影响全部生产线的生产。

**3. 悬挂链输送线应用实例**

悬挂链输送线大量应用于五金、电镀、喷涂、空调器、微波炉、洗衣机、电冰箱、计算机、汽车、自行车、机械制造等行业的加工或生产线上，组成各种喷涂生产线、电镀生产线、清洗生产线、装配生产线。

1）作为单纯的物料输送系统

悬挂链输送线可以用作单纯的物料输送系统，在装配流水线上不停地进行物料循环输送。图5-51为电冰箱装配流水线上，将悬挂链输送线与平顶链装配流水线并行设置，悬挂链输送线连续输送工人装配所需要的部件，吊具分为多层结构，可以尽可能装载更多的装配部件，工人从后方的悬挂链输送线上取下所需要部件即可。

图5-51　悬挂链输送线用于电冰箱装配流水线实例

图5-52、图5-53为用于喷涂生产线实例。图5-54为用于家电产品生产线实例。

图5-52　悬挂链输送线用于喷涂生产线实例

图5-53　悬挂链输送线用于喷涂生产线实例

2）组成装配生产线

悬挂链输送线还可以组成装配生产线，直接在装配流水线上输送工件，工人直接在被悬挂的工件上进行装配操作，工人边装配操作边随悬挂链输送线移动，例如空调器部分工序的装配、汽车总装配生产线等。图5-55为分体式空调器室内机部分工序的装配线实例，该输送线也可以用于其他产品的装配线。

## 5.4.2　滚筒输送线结构及工作原理

### 1. 滚筒输送线特点及应用场合

滚筒输送线主要适用于各类箱、包、托盘等大型件货的输送、检测、分流、包装等。其特点有：

- 散料、小件物品或不规则的物品需放在托盘上或周转箱内输送；
- 能输送单件重量很大的物料，或承受较大的冲击载荷；

图 5-54　悬挂链输送线用于家电产品生产线实例

图 5-55　悬挂链输送线用于分体式空调器室内机装配线实例

- 滚筒输送线之间易于衔接，可以转弯；
- 输送量大，速度快，阻力小；
- 滚筒输送机结构简单，可靠性高，使用维护方便。

**2. 滚筒输送线结构**

滚筒输送线主要由辊子、机架、支架、传动件等组成，依靠转动着的辊子和物品间的摩擦使物品向前移动；可分为无动力滚筒输送线和动力滚筒输送线。

1）无动力滚筒输送线

本身无驱动装置，物品放在框架间排列的若干辊子所组成的面上，需要依靠人力推动物品进行输送；也可做成向下有较小倾斜角，使物品依靠自身的重力在输送方向中分力而自行输送。辊子和轮轴之间通过轴承自由转动，如图 5-56、图 5-57 所示。

图 5-56　无动力滚筒输送线

2）动力滚筒输送线

本身有驱动装置，驱动安装在框架间排列的全部或部分辊子，辊子与轮轴是一体结构，依靠辊子和所输送物品的摩擦，完成输送功能，能够实现自动化控制。一般不采用单独驱动的方式，而是采用链条成组驱动。如图 5-58、图 5-59 所示。

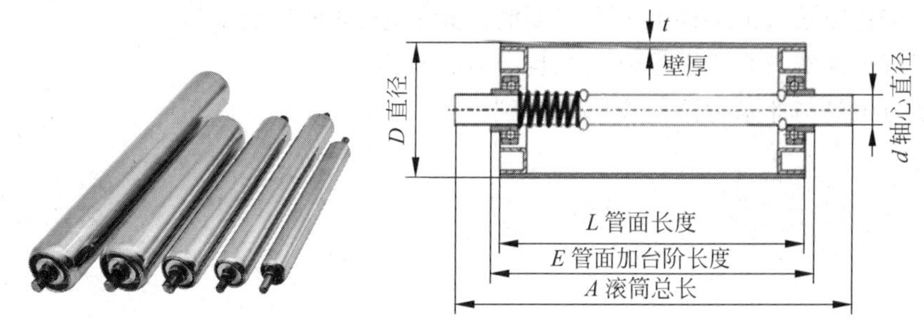


图 5-57　无动力滚筒输送线结构

图 5-58　采用成组驱动的动力滚筒输送线

图 5-59　动力滚筒输送线用于电冰箱生产线

# 思　考　题

1. 皮带输送系统由哪些结构部分组成？
2. 皮带输送系统中主动轮与从动轮在结构、功能方面有哪些区别？
3. 主动轮的负载能力与哪些因素有关？
4. 什么叫皮带的打滑现象？为什么会出现这种现象？发生后如何解决？
5. 什么叫皮带的包角？包角大小对皮带输送系统有何影响？
6. 增加皮带输送系统的负载能力有哪些途径？工程上主要采用哪些方法？
7. 什么叫皮带的跑偏现象？为什么会出现这种现象？发生后如何进行纠正？
8. 倍速链为什么会有增速效果？如何计算倍速链实际增速倍数？
9. 在工程上倍速链主要有哪些典型规格？
10. 倍速链由哪些零件组成？各配合零件之间采用什么配合？
11. 倍速链输送线如何调整链条的张紧力？
12. 倍速链输送线上工件是如何输送的？工件如何放置？
13. 倍速链输送线上工件如何在需要时停止前进、如何恢复前进？
14. 侧弯平顶链与直行平顶链在结构上有什么区别？
15. 动力滚筒与非动力滚筒有哪些区别？

# 第 6 章　解析气动机械手

在手工装配生产中，人类的手指是最主要的装配工具，可以非常灵活地将产品或工件从一个位置抓取到另一个位置。在自动化装配生产中，大量工作为工件或产品的移送、装配、搬运，包括上料和卸料，移送的对象包括五金件、冲压件、注塑件、压铸件、机加工零件、电子元器件等，这些工件通常质量小，一般由体积小、价格低廉的气动机械手来搬运。对于某些重载场合，例如自动化立体仓库自动堆垛等就由机器人来完成，但机器人占用空间大、价格昂贵。图 6-1 就是典型的注塑机自动卸料机械手实例，图 6-2 为机器人在自动化装配生产中的应用实例。本章专门介绍大量使用、价格低廉的气动机械手。

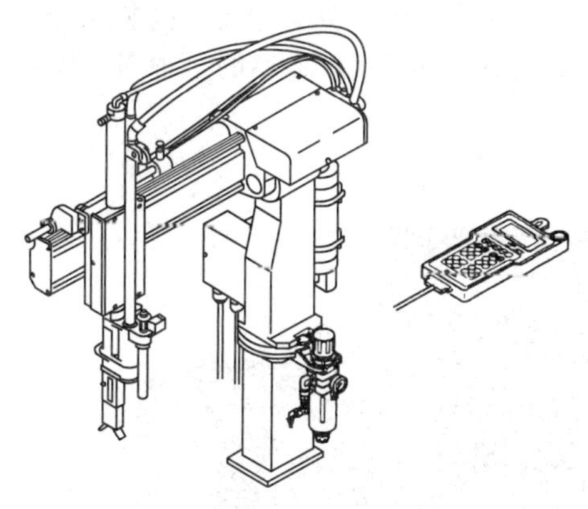

图 6-1　典型的自动卸料机械手

图 6-2　用于电器部件生产线的工业机器人实例

## 6.1　解析机械手如何抓取工件

机械手如何抓取工件?

### 1. 气动手指夹取

气动手指是最基本、最简单的夹取方式，它实际上就是一个气缸或由气缸组成的一个连杆机构，同样以压缩空气为动力夹取工件。图 6-3 为最常用的平行移动手指和三爪式气动手指，气动手指的控制与气缸的控制是完全一样的，需要安装磁感应开关检测手指状态。

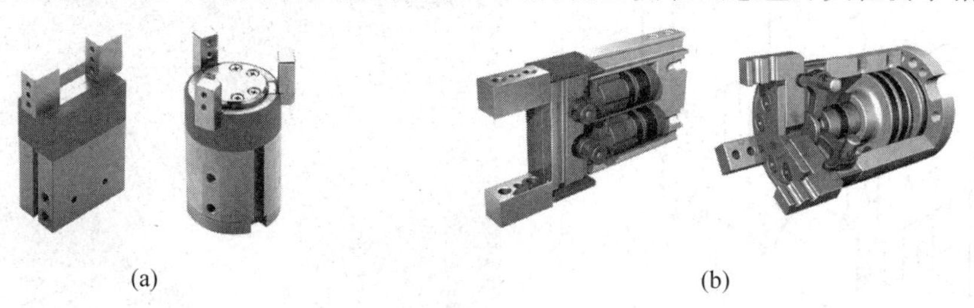

(a)　　(b)

图 6-3　常用气动手指形状和内部结构

(a) 外观；(b) 内部结构

气动手指在工作时需要加装一对夹板，如图 6-4 所示。安装夹板时定位销的作用为保

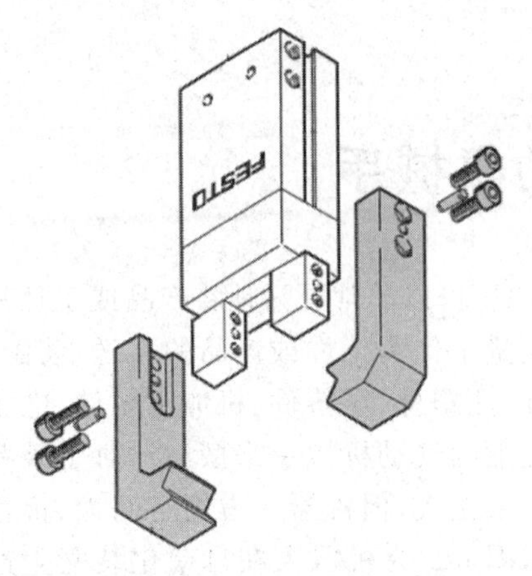


图 6-4　气动手指加装夹板

证夹板快速安装并确保回复原始位置,缩短更换、调整时间。

为了提高生产效率,可以几个手指同时工作一次抓取多个工件,如图 6-5 所示。

对于长尺寸工件,为了抓取过程平稳进行,需要多个手指夹取,如图 6-6 所示。

**2. 真空吸盘吸取**

很多场合的工件是不适合采用气动手指夹取的,比如轻、薄、软的物料,而采用另一种方式反而非常方便,这就是用真空吸盘吸取。真空吸取技术是自动化装配技术的一个重要部分,目前在电子制造、半导体元件组装、汽车组装、食品机械、包装机械、印刷机械等各种行业大量采用,如包装纸、包装盒、印刷纸张及标签纸的移送、玻璃搬运、汽车玻璃安装、大型金属薄板搬运、芯片的拾取等,都大量采用真空吸盘。图 6-7 为真空吸盘吸取不规则工件。

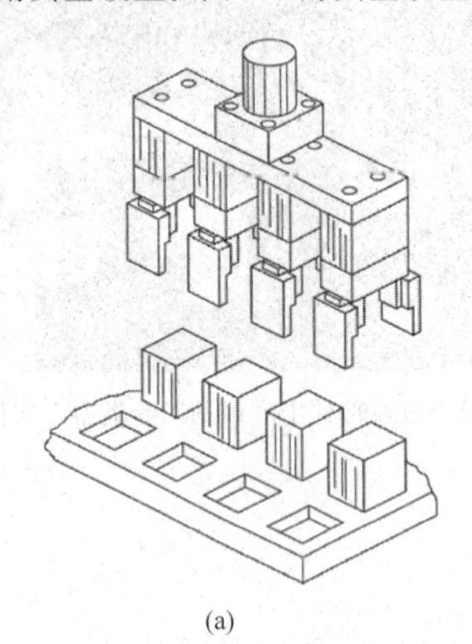

(a)

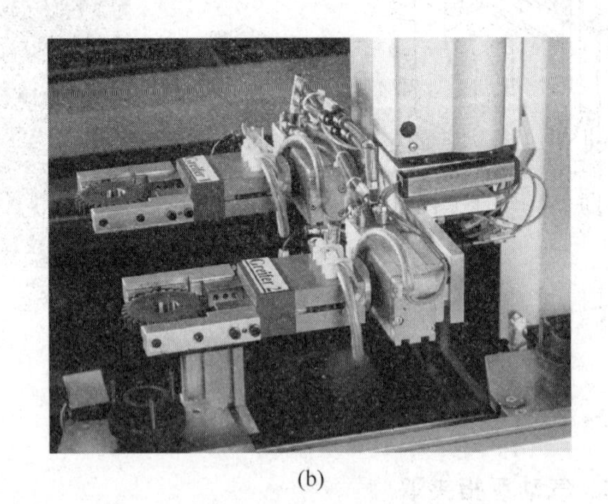

(b)

图 6-5　多个气动手指同时工作一次抓取多个工件

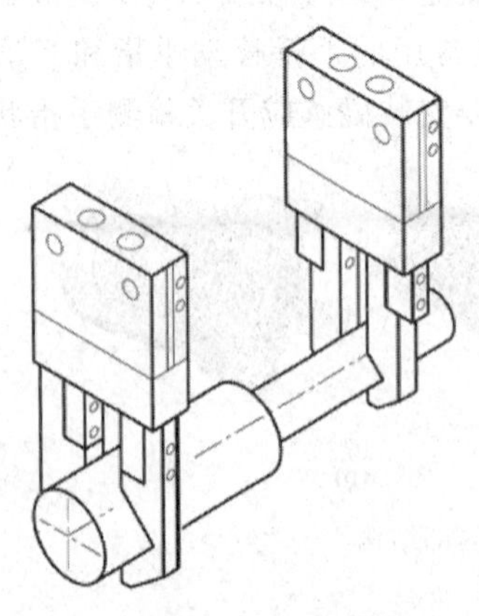

图 6-6　多个气动手指抓取长尺寸工件

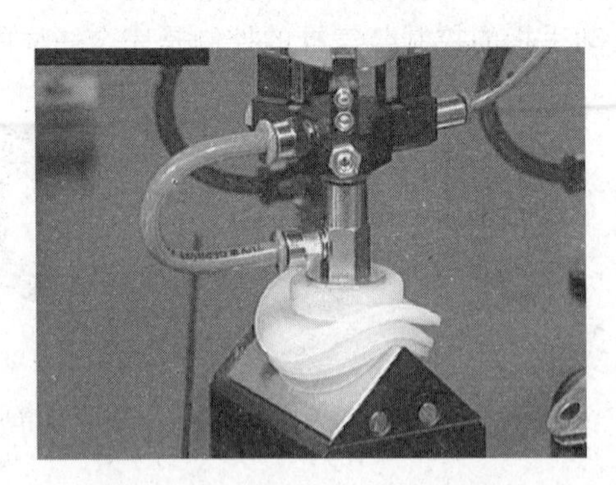

图 6-7　真空吸盘吸取非平面工件

真空吸盘所需要的真空发生装置通常采用真空发生器，它是一种气动元件，以压缩空气为动力，利用压缩空气的流动而形成一定的真空度。将真空吸盘连接在真空回路中就可以吸附工件。对于任何具有较光滑表面的工件，特别是非金属类且不适合夹紧的工件，都可以使用真空吸盘吸取。图 6-8 为真空发生器真空形成原理。

在图 6-8 中，压缩空气从小孔中吹入，通过一个锥形的喷口吹出，则在喷口附近形成一定的负压区，将真空管路与吸盘连通，则吸盘与工件之间的空气被逐渐抽除，内外的压力差将工件紧贴在吸盘上。图 6-9 为工业上针对各种用途专门设计的各种形状的吸盘。

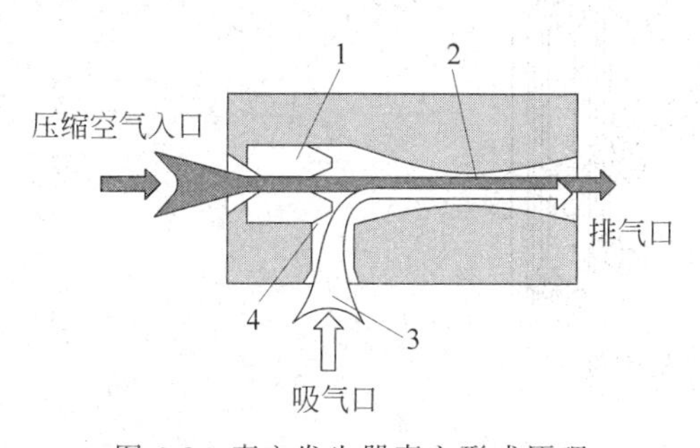


图 6-8　真空发生器真空形成原理

1—喷管；2—接收管；3—吸气流；4—负压区

图 6-9　各种形状的吸盘

真空吸盘的应用涉及真空的产生、真空系统的过滤、压力的检测、工件的释放（真空破坏）等环节，因此真空系统包括真空发生器、真空过滤器、真空开关、真空供给阀、真空破坏阀、真空吸盘等。图 6-10 为典型的真空系统原理图。

为了简化设计制造，供应商专门提供了一种真空发生器组件，只要接入压缩空气气源和吸盘就可以工作，如图 6-11 所示。

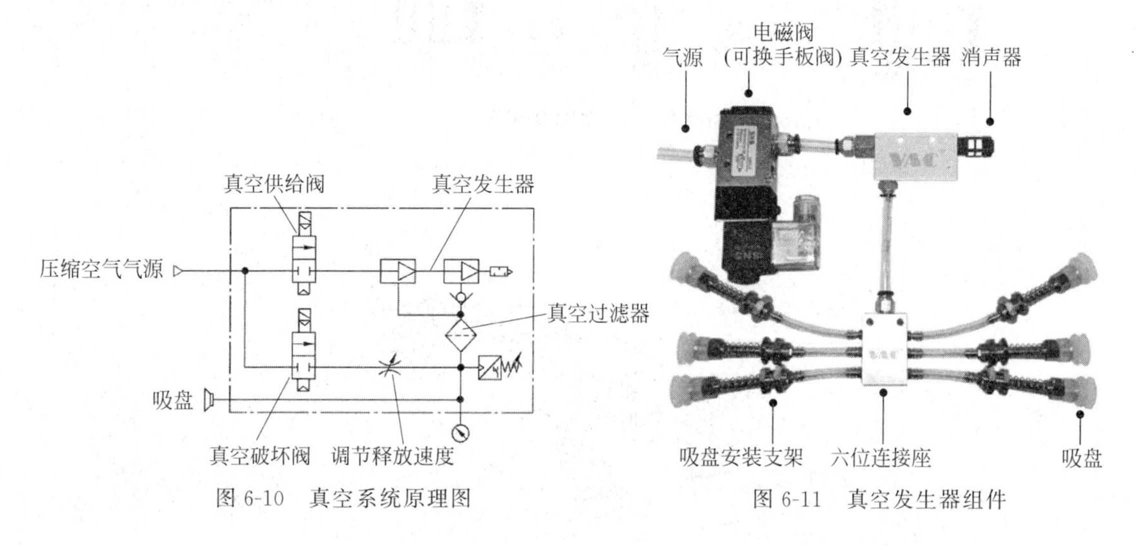


图 6-10　真空系统原理图

图 6-11　真空发生器组件

在安装真空吸盘时，为了尽可能减轻运动机构的质量，使机械手运动更平稳，需要设计加工专门的铝合金吸盘架，图 6-12、图 6-13 为吸盘架实例。图 6-14 为吸取异形金属板实例。

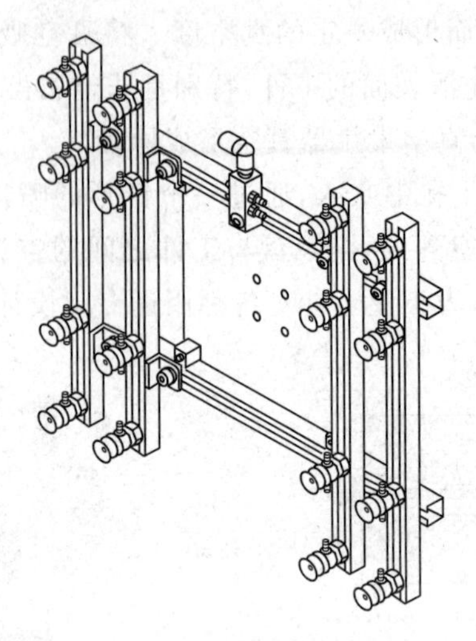

图 6-12 吸盘架实例一

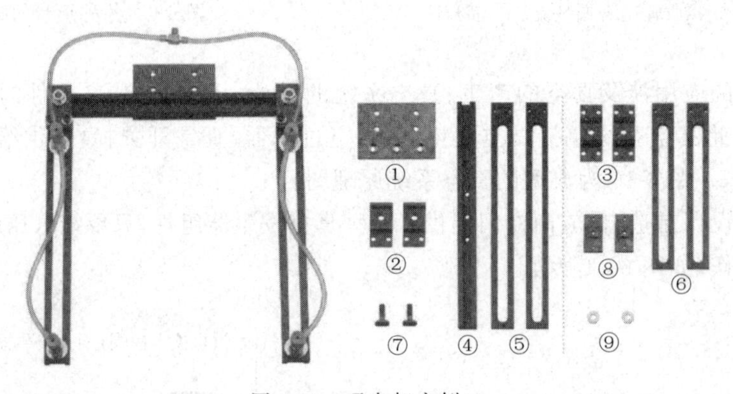


图 6-13 吸盘架实例二

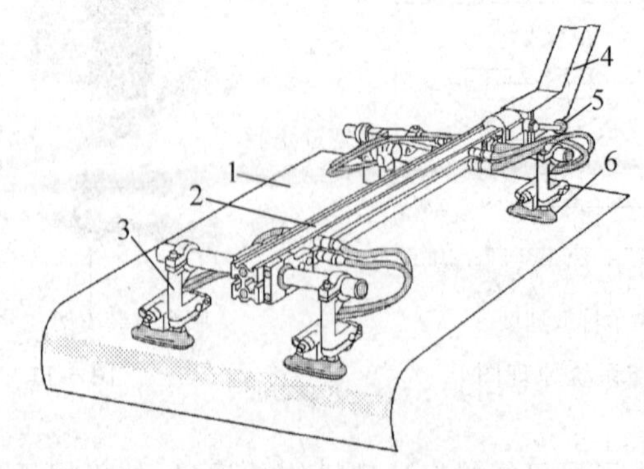


图 6-14 吸盘吸取异形金属板实例

1—金属板；2—悬臂；3—真空模块；4—机器人或机械手手臂；

5—连接手柄；6—椭圆形吸盘

气动手指与真空吸盘选型设计实例

# 6.2　气动手指与真空吸盘设计选型实例

## 6.2.1　气动手指选型及夹板设计实例

通常大量的情况是使用平行气动手指夹取矩形工件，如果两侧夹板设计成带圆弧面或 V 形槽后也可以用于夹取圆柱形的工件，具有自对中功能，重复精度特别高，也具有很大的抓取力。FESTO 公司此类手指最基本的系列为 HGP，SMC 公司类似系列为 MH、MHY2。下面以平行气动手指为例说明选型方法。

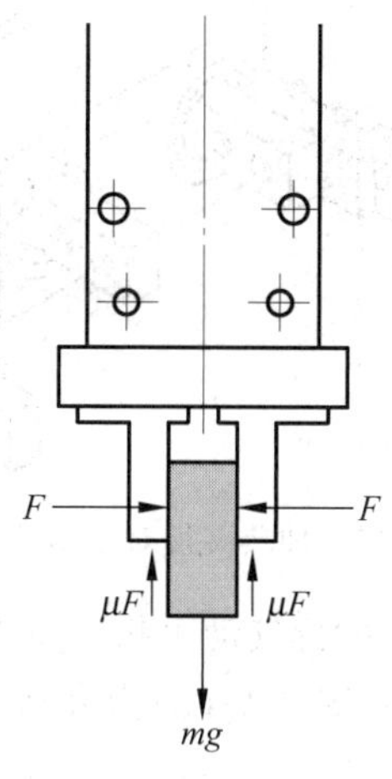


图 6-15　气动手指夹持工件实例

### 1. 气动手指的夹持力

选定气动手指的主要依据为工件的形状、工件的尺寸大小、工件的质量或气动手指所需要的夹持力。如图 6-15 所示，假设气动手指夹持工件的夹持力为 $F$，则单侧夹紧工件后的摩擦力为 $\mu F$，为了保证能够夹持工件，显然必须保证：$2\mu F > mg$，即

$$F > \frac{mg}{2\mu} \tag{6-1}$$

考虑到移送工件时的加速度及冲击力，为了保证工作可靠，必须设定一个安全系数 $\alpha$，所以夹持力 $F$ 必须保证满足：

$$F > \frac{mg}{2\mu}\alpha \tag{6-2}$$

摩擦系数一般为 $\mu = 0.1 \sim 0.2$，安全系数一般取 $\alpha = 4$，所以有

$$F > (10 \sim 20)mg \tag{6-3}$$

式(6-3)表明，气动手指的夹持力 $F$ 必须至少是工件重量 $mg$ 的 10～20 倍，这也是气动手指通常的选型规则。

### 2. 夹板设计与安装

1）气动手指的夹持宽度与开闭行程

气动手指的夹持宽度是指手指可以用于夹持多宽的工件。气动手指在使用时，一般都需要在气动手指上加装一对夹板，以满足夹持宽度及高度的灵活要求。夹持细小工件时需要对手指的夹持宽度进行缩小，如图 6-16 所示。夹持较宽的工件时需要对手指的宽度进行放大，如图 6-17 所示。

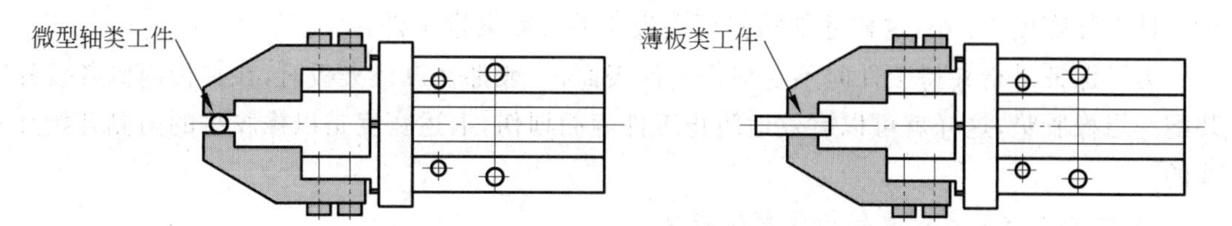


图 6-16　加装夹板对手指的夹持宽度进行缩小

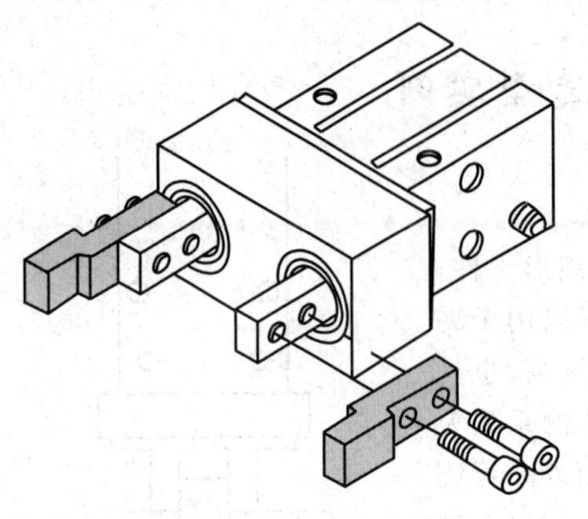

图 6-17　加装夹板对手指的夹持宽度进行放大

2）气动手指的开闭行程

气动手指的开闭行程与气缸的最大工作行程类似，是指手指在没有夹持工件时手指放松与夹紧两种状态之间手指内部空间的宽度差。开闭行程只影响工件放入手指内部后手指与工件之间有多大的自由空间。手指的开闭行程一般较小，例如常用系列的开闭行程一般为 4～32 mm，但可以夹持的工件宽度则因为夹板的放大作用可以比上述开闭行程大得多。

3）夹板宽度的设计方法

以平行气动手指夹持矩形工件为例，如图 6-18 所示，其中图 6-18(a)为气动手指完全张开状态，图 6-18(b)为气动手指完全闭合状态，图 6-18(c)为矩形工件夹持方向的宽度。

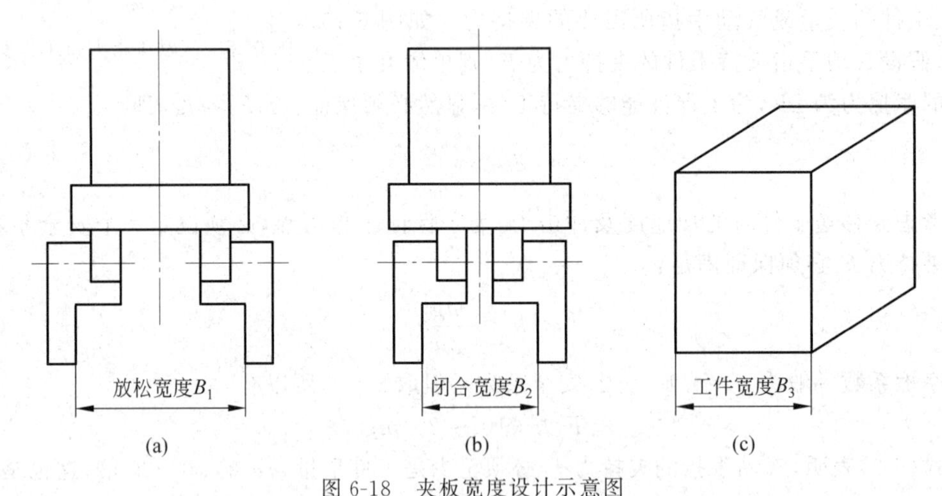


图 6-18　夹板宽度设计示意图

(a) 手指完全放松状态；(b) 手指完全闭合状态；(c) 工件夹持方向宽度

夹板的宽度设计原则是，在夹板装配在手指上后而且没有夹持工件的前提下保证：

$$\text{手指放松宽度 } B_1 > \text{工件宽度 } B_3 \tag{6-4}$$

$$\text{手指闭合宽度 } B_2 < \text{工件宽度 } B_3 \tag{6-5}$$

也就是说，完全放松后夹持部位的空间宽度 $B_1$ 必须比工件实际宽度 $B_3$ 大，这样才能够保证夹板放入工件时工件两侧有足够的空间；闭合后夹持部位的空间宽度 $B_2$ 必须适当比工件实际宽度 $B_3$ 小，这样才能够保证夹板能够可靠夹紧工件。

为了保证手指夹持工件时不会损伤工件表面，一般都在设计夹板时，在夹板内侧各设计装配一层橡胶垫，这样就可以有效地防止工件表面划伤，上述宽度是以橡胶垫的内侧开始计算的。

4）夹持点有偏移时夹紧力需要进行修正

为了方便安排空间，手指的夹板经常与手指不在同一高度上，而是有一定的高度差 $H$，工件与手指之间也存在一定的距离 $L$，如图 6-19 所示。

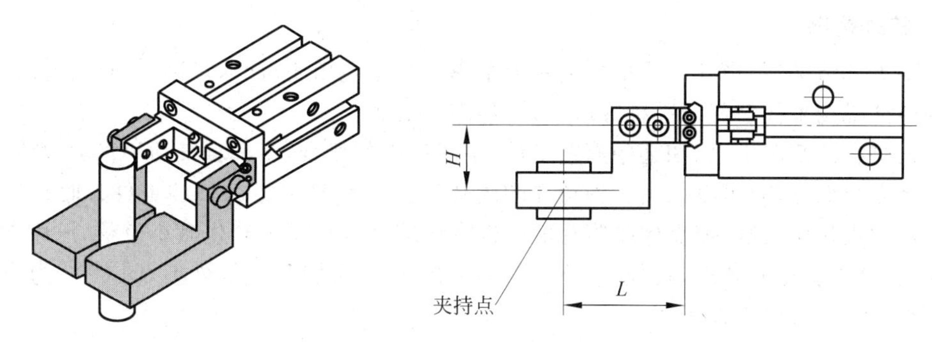


图 6-19　工件夹持点有偏移时的情况

当压缩空气压力一定时，夹持点距离 $L$ 越大，手指所允许的外伸量 $H$ 越大，夹持力也越小，为了保证气动手指能够可靠工作，我们需要根据供应商提供的修正曲线对夹持力进行修正。特别要注意的是，由于上述偏移会对气动手指产生一个弯曲力矩，如果手指承受过大力矩，将会降低使用寿命，所以上述外伸量 $H$、夹持点距离 $L$ 不能超出供应商给定的曲线范围。设计时夹板应尽可能轻、夹持点距离 $L$ 应尽可能小，以免手指开闭时惯性力过大使手指夹不住工件。

5）预留空间防止机构干涉

由于手指装配在机械手的末端，机械手是运动部件，经常需要对工件进行变位（例如旋转、翻转），因此要特别注意不能使气动手指（或夹持的工件）与其他机构产生干涉碰撞，否则将严重损害气动手指的性能与寿命，如图 6-20 所示。

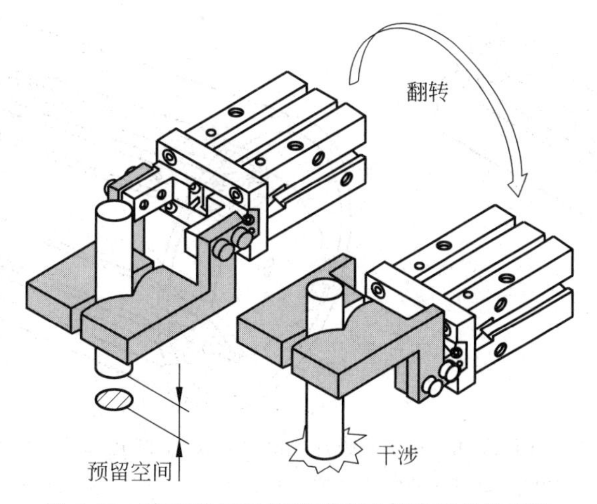


图 6-20　将工件进行翻转时有可能出现机构干涉

6）安装连接和定位销

将夹板与气动手指连接时要用手托住夹板以免手指承受过大的应力，紧固螺钉时不超过供应商推荐的最大扭矩。夹取尺寸较小的微小零件时，两侧夹板的相对位置要求非常准确，为了更换夹板时快速复位，夹板上需要设计定位销。当夹取较大尺寸的工件时，定位销有时是可以省略的。

### 3. 特殊情况

某些重载情况下,当气动手指的夹紧力都不能满足使用要求时,可以专门设计经过力学放大的连杆机构来代替气动手指夹取工件,如图 6-21 所示。

有某些特殊情况下,例如某些薄壁工件、空间狭小的场合,不适合气动手指夹取,也不适合真空吸盘吸取,这时可以采用一种特殊的膜片气缸来代替手指"夹取"工件。膜片气缸是一种特殊的单作用气缸,依靠橡胶膜片的弹性在压缩空气作用下产生微小位移,压缩空气压力消失,膜片恢复原始状态,行程小,不占空间。图 6-22 为膜片气缸外形,图 6-23 为膜片气缸"夹取"带圆孔薄壁工件实例。

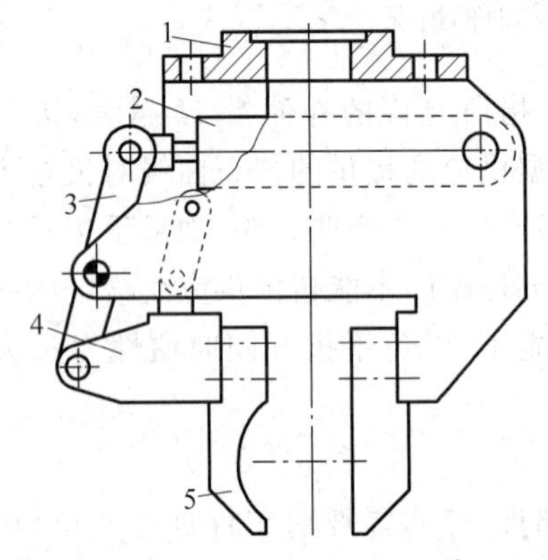


图 6-21 设计经过力学放大的连杆机构来代替气动手指
1—连接座;2—气缸;3—连杆;4—夹板连接座;5—夹板

图 6-22 FESTO 公司 EV 膜片气缸

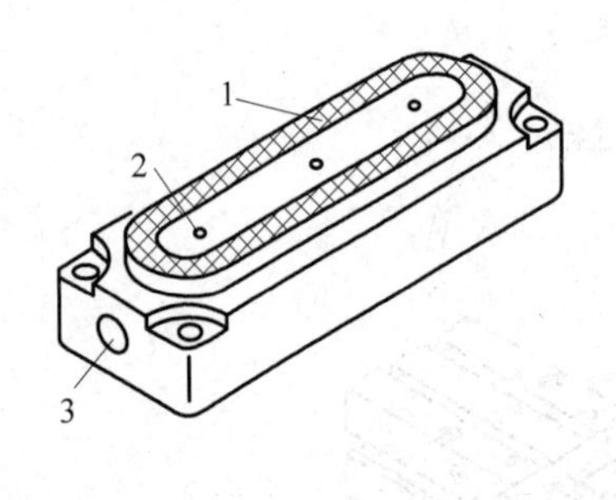


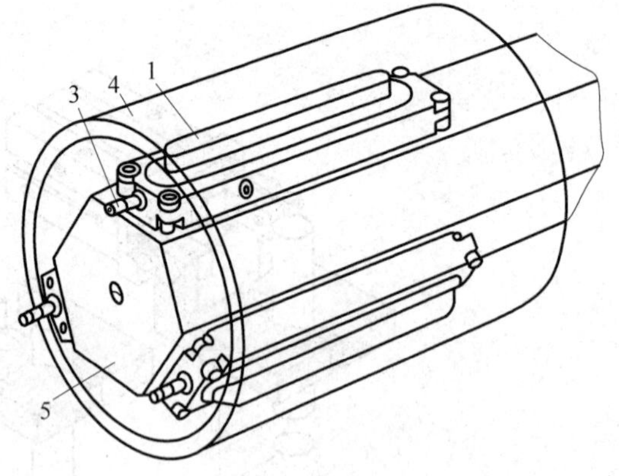


图 6-23 FESTO 公司 EV 膜片气缸"夹取"带圆孔薄壁工件实例
1—膜片;2—保护板;3—气嘴;4—工件;5—膜片气缸连接座

### 4. 气动手指选型与夹板设计实例

**例 6-1** 某机械手假设需要用气动手指夹取重量为 7.5 N 的工件,工件夹持宽度为 25 mm,工作气压为 6 bar,选取 FESTO 公司 HGP 系列手指型号并设计夹板。

**解**:第一步:根据工件重量计算夹持力,选定手指系列、规格型号。

工件重量为 7.5 N,根据式(6-3)手指夹持力一般选择 10~20 倍工件重量,按 150 N 夹持力选取,查阅 FESTO 公司 HGP 系列样本资料,只能选择活塞直径为 16 mm 的规格,如图 6-24 所示。

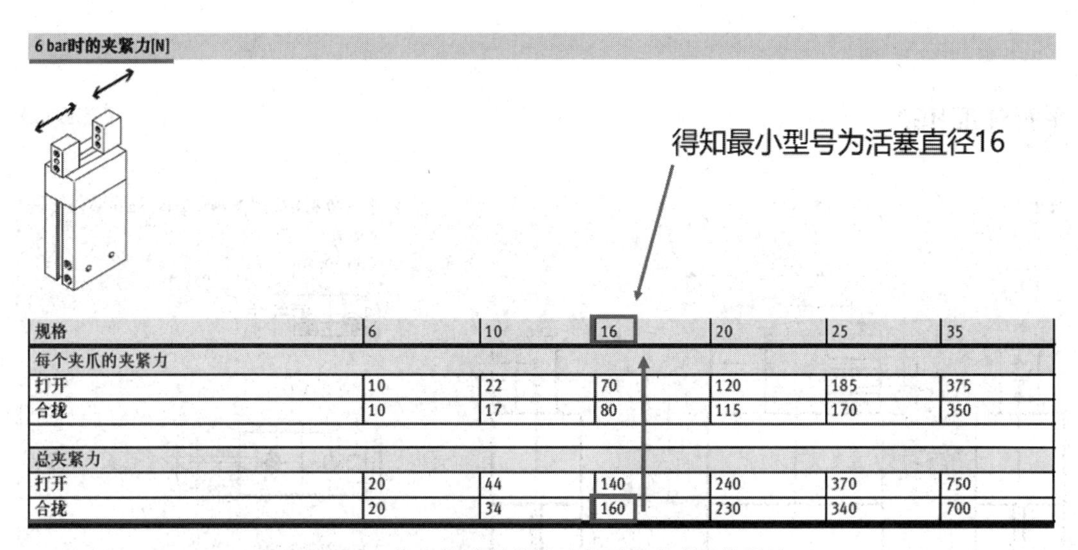


| 规格 | 6 | 10 | 16 | 20 | 25 | 35 |
|---|---|---|---|---|---|---|
| 每个夹爪的夹紧力 | | | | | | |
| 打开 | 10 | 22 | 70 | 120 | 185 | 375 |
| 合拢 | 10 | 17 | 80 | 115 | 170 | 350 |
| | | | | | | |
| 总夹紧力 | | | | | | |
| 打开 | 20 | 44 | 140 | 240 | 370 | 750 |
| 合拢 | 20 | 34 | 160 | 230 | 340 | 700 |

图 6-24　将工件进行翻转时有可能出现机构干涉

根据公司的型号命名规则，选择手指型号为 HGP-16-A-B-G2，如图 6-25 所示。图纸尺寸如图 6-26、图 6-27 所示。

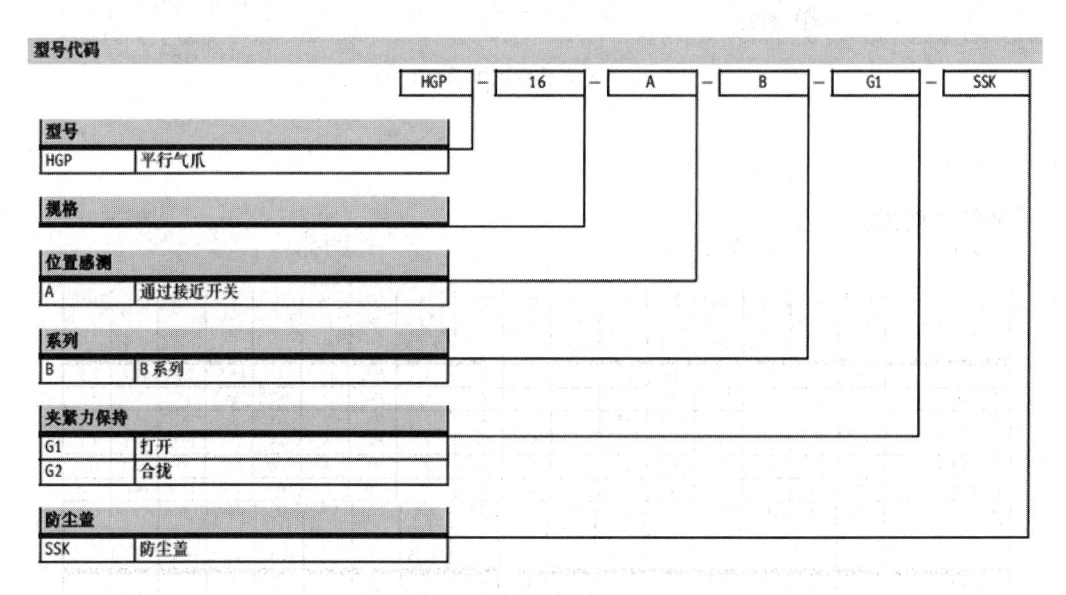


图 6-25　按命名规则选取手指型号

第二步：根据气动手指图纸尺寸及工件夹持厚度，设计左右夹板尺寸(mm)。

如图 6-28 所示，在设计软件上按上述图纸尺寸画出张开、闭合两种状态，工件宽度 25，按无工件时夹板最小合拢宽度 21 设计夹板，这样得出张开状态单边间隙为 3，夹板的宽度按此尺寸，其余尺寸与手指螺钉孔位置配套设计即可。

图 6-29 为夹板图纸尺寸，材料采用 LY12，左右对称各一件，图中尺寸 11.4 为决定夹板工作状态的关键尺寸。

**平行气爪 HGP**
技术参数

FESTO

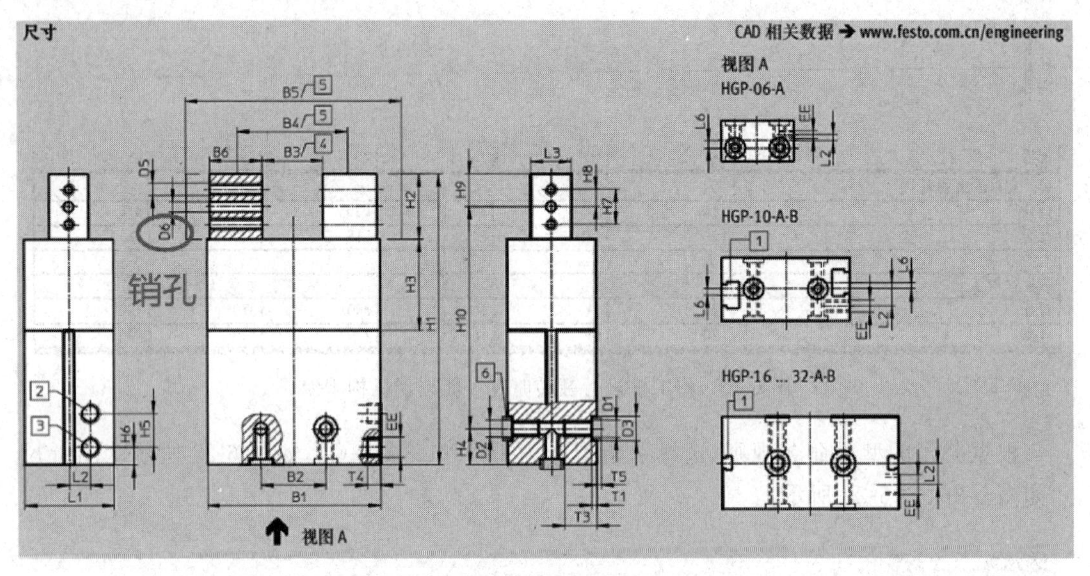


图 6-26　气动手指图纸尺寸(一)

**平行气爪 HGP**
技术参数

FESTO

销孔

| 型号 | B1 | B2[1)]<br>±0.1 | B3<br>±0.5 | B4<br>±0.5 | B5<br>±0.5 | B6<br>−0.03 | B7<br>±0.5 | D1<br>∅ | D2 | D3<br>∅<br>H8/h7 | D5 | D6<br>∅<br>H8 | EE | H1 | H2 | H3 | H4[2)]<br>±0.1 |
|---|---|---|---|---|---|---|---|---|---|---|---|---|---|---|---|---|---|
| HGP-06-A | 18 | 11 | 6 | 10 | 21 | 5.5 | – | 3.2 | M3 | 5 | M2 | 1.5 | M3 | 45.5 | 9.9 | 10.2 | 7.5 |
| HGP-10-A-B | 32 | 16 | 15.8 | 21.8 | 35.8 | 7 | – | 3.2 | M3 | 5 | M3 | 2 | M3 | 66 | 15 | 16 | 7.5 |
| HGP-16-A-B | 47 | 25 | 17.8 | 27.8 | 53.8 | 13 | – | 5.3 | M4 | 7 | M4 | 3 | M3 | 80 | 20 | 21.9 | 7.5 |
| HGP-20-A-B | 55.6 | 25 | 17.4 | 30.4 | 65.4 | 17.5 | – | 5.3 | M4 | 7 | M4 | 4 | M5 | 101 | 24.9 | 26.1 | 7.5 |
| HGP-25-A-B | 68.2 | 29 | 21 | 36 | 80 | 22 | – | 6.4 | M6 | 9 | M5 | 4 | G⅛ | 121 | 30 | 32.2 | 17.5 |
| HGP-35-A-B | 88 | 33 | 31 | 56 | 110 | 27 | – | 8.4 | M8 | 12 | M6 | 5 | G⅛ | 142 | 31.9 | 44.8 | 17.5 |

| 型号 | H5 | H6 | H7 | H8 | H9 | H10<br>±0.2 | H11 | L1 | L2 | L3<br>−0.03 | L6 | L7 | T1<br>+0.1 | T3<br>+1 | T4<br>+0.5 | T5<br>−0.3 |
|---|---|---|---|---|---|---|---|---|---|---|---|---|---|---|---|---|
| HGP-06-A | 7 | 4 | 5.8 | 2.9 | 5 | 33 | – | 10 | 1.5 | 5 | 1.8 | – | 1.2 | – | 3.5 | 1.2 |
| HGP-10-A-B | 7 | 4 | 8 | 4 | 7.5 | 51 | – | 15.5 | 4.2 | 7 | 1.5 | – | 1.2 | 6 | 3.5 | 1.2 |
| HGP-16-A-B | 7 | 4 | 11 | 5.5 | 10 | 62.5 | – | 22 | 5.7 | 10 | – | – | 1.6 | 7.5 | 3.5 | 1.4 |
| HGP-20-A-B | 10.5 | 11.5 | 14 | 7 | 12.5 | 81 | – | 30 | 9 | 12 | – | – | 1.6 | 8 | 6 | 1.4 |
| HGP-25-A-B | 16.5 | 8.3 | 16 | 8 | 15 | 88.5 | – | 37 | 10.5 | 15 | – | – | 2.1 | 15 | 6.5 | 1.9 |
| HGP-35-A-B | 16.5 | 8.5 | 17 | 8.5 | 16 | 108.5 | – | 45 | 10.5 | 20 | – | – | 2.6 | 16 | 6.5 | 2.4 |

图 6-27　气动手指图纸尺寸(二)

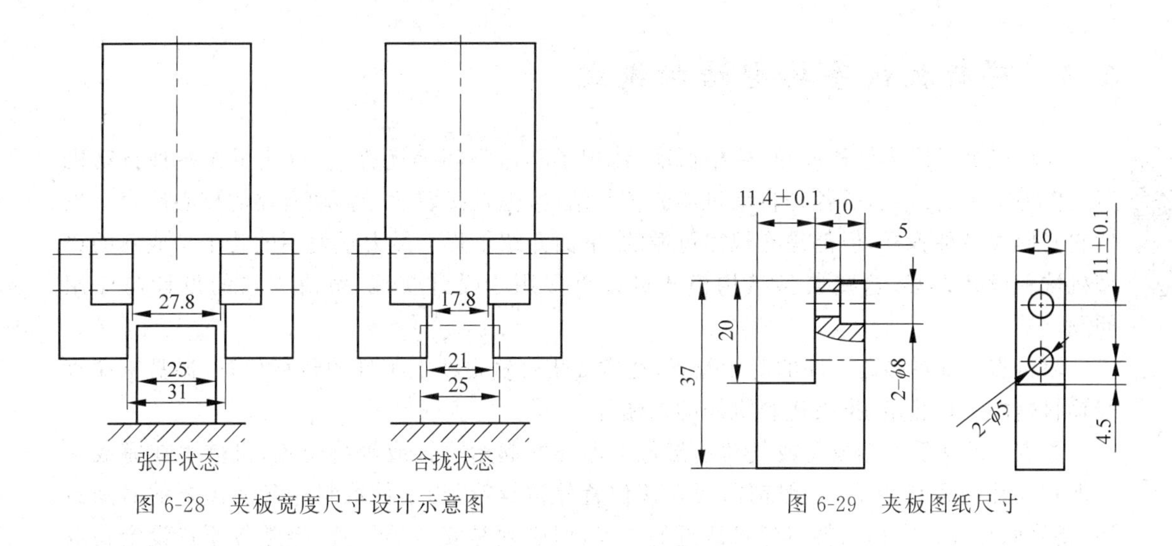


图 6-28　夹板宽度尺寸设计示意图　　图 6-29　夹板图纸尺寸

选定气动手指型号，设计好夹板后，还要选择手指上配套磁感应开关的型号。供应商一般都在气动手指的样本资料中同时给出了配套安装的磁感应开关型号，只要按电气参数要求直接选定型号即可。

## 6.2.2　真空吸盘设计选型实例

真空吸盘利用真空度产生的吸力吸取工件，吸盘吸力的大小等于真空度与吸盘有效面积的乘积。如果同时采用多个吸盘工作，则负载由每个吸盘的吸力平均分配(图 6-30)。

为了保证工作安全，吸盘直径的选型原则为：吸盘水平提升力=4×工件重量。下面以一个实例说明。

**例 6-2**　假设某工件重量为 4 N，用一个吸盘吸取，真空度设定为−450 mmHg，选定吸盘直径。

工件重量为 4 N，按选型公式吸盘水平提升力不小于 4 倍工件重量，即水平提升力不小于 16 N，查阅某公司的真空吸盘水平提升力对照表(图 6-31)，发现只能选取吸力为 19.2 N、直径为 20 的真空吸盘。

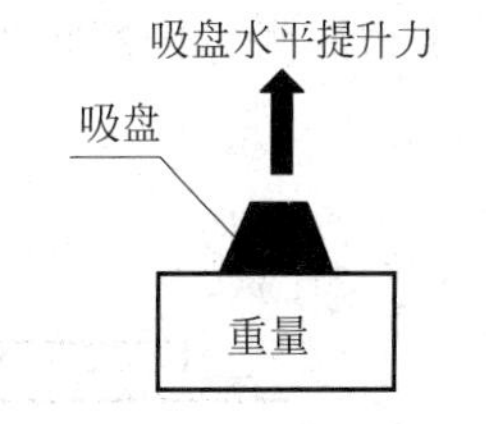


图 6-30　真空吸盘吸附工件示意图

单位：N

| 吸盘直径 | | ø2 | ø4 | ø6 | ø8 | ø10 | ø13 | ø16 | ø20 | ø25 | ø32 | ø40 | ø50 |
|---|---|---|---|---|---|---|---|---|---|---|---|---|---|
| 吸盘面积 (cm²) | | 0.031 | 0.126 | 0.283 | 0.503 | 0.785 | 1.33 | 2.01 | 3.14 | 4.91 | 8.04 | 12.6 | 19.6 |
| 真空压力 (mmHg) | -650 | 0.28 | 1.11 | 2.50 | 4.44 | 6.94 | 11.7 | 17.7 | 27.8 | 43.4 | 71.1 | 111 | 173 |
| | -600 | 0.26 | 1.02 | 2.31 | 4.10 | 6.41 | 10.8 | 16.4 | 25.6 | 40.0 | 65.6 | 102 | 160.1 |
| | -550 | 0.23 | 0.94 | 2.11 | 3.76 | 5.87 | 9.9 | 15.0 | 23.4 | 36.7 | 60.1 | 93.5 | 147 |
| | -500 | 0.22 | 0.85 | 1.92 | 3.42 | 5.34 | 9.0 | 13.7 | 21.3 | 33.4 | 54.7 | 85.4 | 133 |
| | -450 | 0.19 | 0.77 | 1.73 | 3.07 | 4.83 | 8.1 | 12.3 | 19.2 | 30.0 | 49.2 | 76.9 | 120 |
| | -400 | 0.17 | 0.68 | 1.54 | 2.73 | 4.27 | 7.2 | 10.9 | 17.1 | 26.7 | 43.7 | 68.3 | 107 |
| | -350 | 0.15 | 0.60 | 1.35 | 2.39 | 3.74 | 6.3 | 9.6 | 15.0 | 23.3 | 38.3 | 60.0 | 93.4 |
| | -300 | 0.13 | 0.51 | 1.15 | 2.05 | 3.20 | 5.4 | 8.2 | 12.8 | 20.0 | 32.8 | 51.2 | 80.1 |

图 6-31　真空吸盘选型表

# 6.3 解析机械手典型结构模式

气动机械手典型结构模式

气动机械手因为结构简单、价格低廉、体积小不占空间等优势，大量使用在各种自动机器上作为上下料装置，是各种自动机器的核心结构，也是我们学习自动机器的核心内容。虽然它们形式各种各样，但都是有规律可循的，下面介绍工程上最大量使用的若干种成熟的典型机械手设计方案，这些典型结构模式可以直接用于设计实践，解决大量的设计与应用问题。

取料点：需要移送工件的起始位置，通常如皮带输送线上工件的暂存位置、振盘末端直线输料槽的出口止端、推板送料机构的末端等。

原点：机械手末端吸盘或气动手指每个循环的起始位置或等待位置，机械手在完成一个取料动作返回该点后，一般都需要在该位置停留等待，为了使取料循环所需要的时间最短，要将原点设计在离取料点尽可能近的位置，但必须是安全的位置，经常将原点设定在取料点的正上方。

卸料点：工件的移送目标位置，通常是自动专机的装配或检测夹具。在卸料动作中，装配或检测夹具又变成了机械手的取料点。

**1. 单自由度摆动机械手**

单自由度摆动机械手是一种结构最简单的机械手，由一个摆动运动来完成，直接采用摆动气缸(如 FESTO 公司的叶片式摆动气缸 DSR/DSRL 系列、SMC 公司的 CRB1 系列)与气动手指或真空吸盘组成，图 6-32 为气动手指将工件从取料位置夹取后，摆动气缸驱动气动手指连同工件翻转 180°后在卸料位置释放。

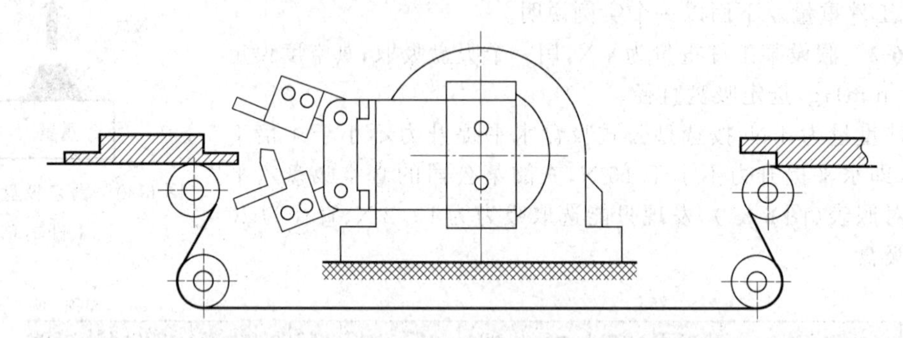

图 6-32 采用气动手指的单自由度摆动机械手实例

当采用真空吸盘吸取工件时，由于吸盘及工件的姿态方向无法适应机械手的这种姿态变化，所以需要设计一种专门的随动机构，使吸盘及工件的姿态方向始终保持在竖直方向，图 6-33 是这种结构实例。

由于摆动气缸所占用运动空间较小，此类机械手大量使用于要求自动化专机结构非常紧凑的场合。

**2. 两自由度平移机械手**

另一种结构最简单的模式是两自由度平移机械手。末端为真空吸盘或气动手指，由于只有 $X$、$Y$ 两个方向的直线运动，全部运动都在一个平面内，也称为两自由度平移机械手。

图 6-33 采用真空吸盘不改变工件姿态的单自由度摆动机械手实例

图 6-34 为原理示意图,图 6-35 为运动轨迹图。

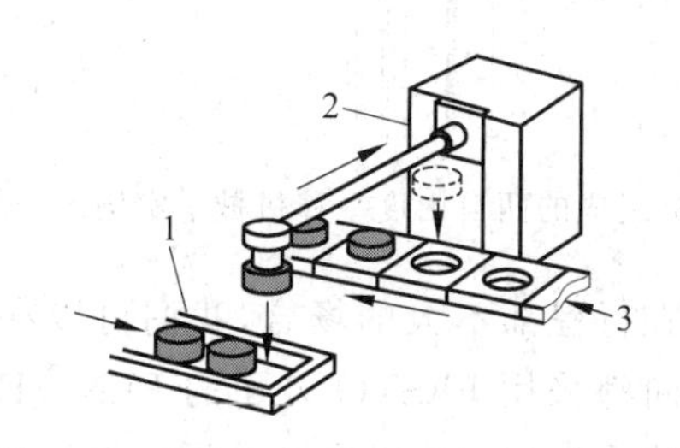


图 6-34 两自由度平移机械手原理示意图

1—工件输送系统;2—机械手;3—工件夹具

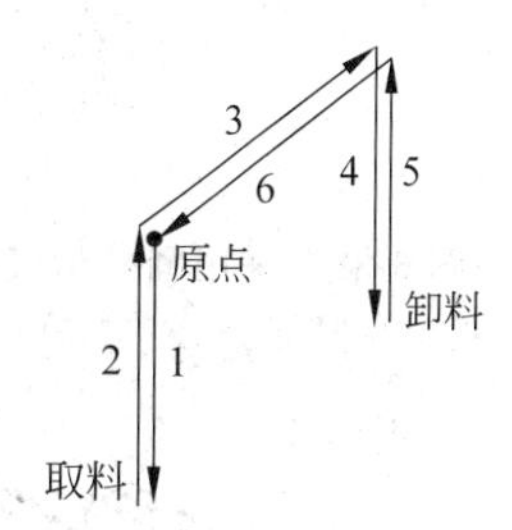


图 6-35 两自由度平移机械手运动轨迹

图 6-36 所示实例中,水平、竖直方向的直线运动分别由 FESTO 公司的 DGC 无杆气缸和 DPZ 多面安装气缸实现,设计制造简单,性价比高。

对于行程较短的使用场合,水平、竖直方向都采用 FESTO 公司的 DPZ 多面安装气缸来实现,同样是一种非常简单的设计模式,性价比高,如图 6-37 所示。

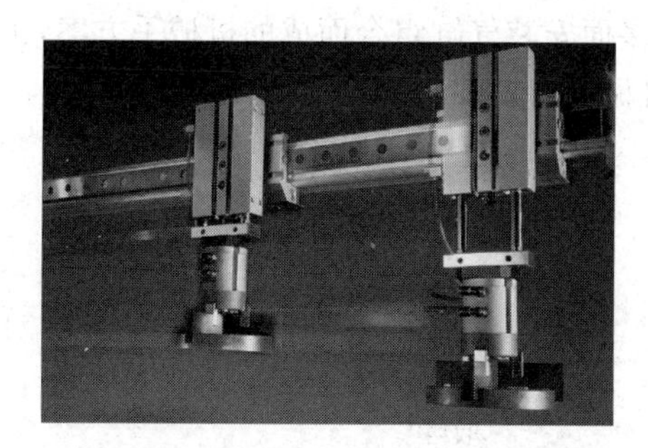

图 6-36 DGC 无杆气缸和 DPZ 多面安装气缸组成的两自由度平移机械手实例

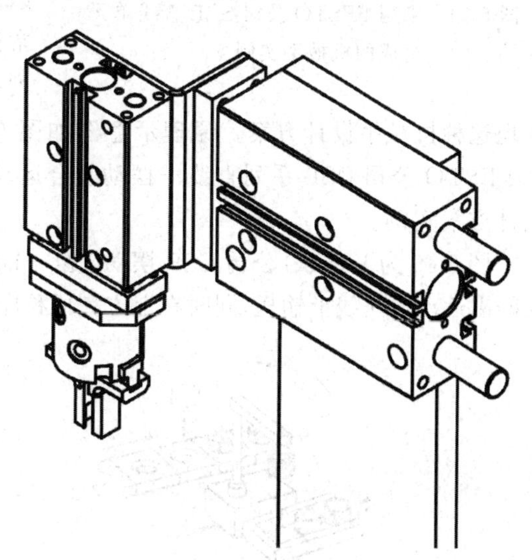

图 6-37 DPZ 系列组成的两自由度平移机械手实例

摆动气缸、多面安装气缸相对成本较高，为了进一步降低制造成本，水平方向采用标准圆柱形气缸加上直线导轨导向，竖直方向采用多面安装气缸，这又是一种经常采用的设计模式，如图 6-38 所示。为了消除气缸的径向负载，气缸采用前端铰链安装。

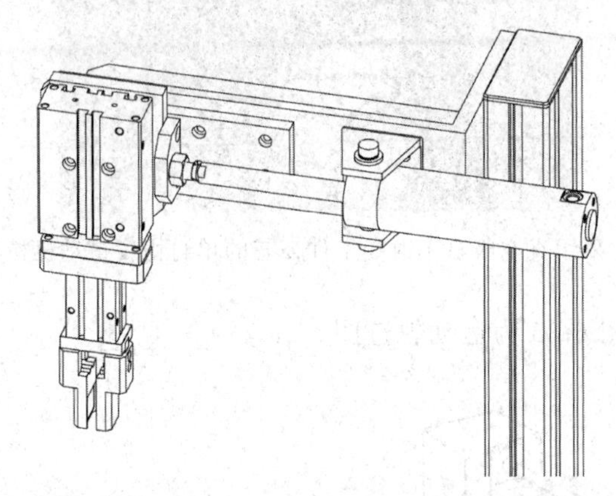

图 6-38 采用圆柱形气缸和多面安装气缸组成的两自由度平移机械手实例

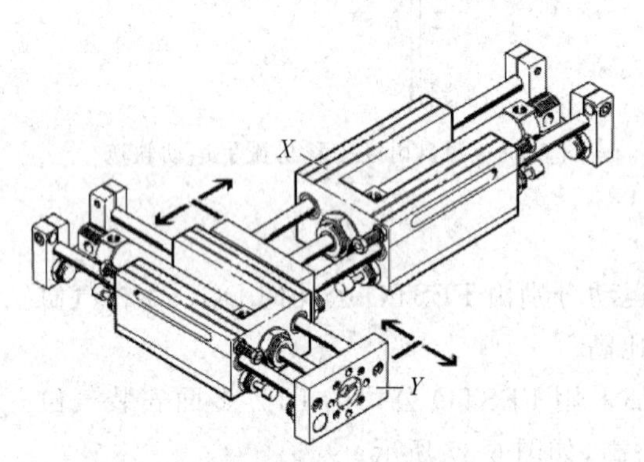


图 6-39 采用 FESTO 公司 SLE 直线单元组成的机械手实例

在行程都不大的场合，我们可以在水平、竖直方向都采用 FESTO 公司的 FEN/FENG 系列导向装置与廉价的标准圆柱形气缸进行组合，这是一种性价比最高的设计方案，或者直接采用 FESTO 公司已经在导向装置上配好气缸、缓冲器、限位螺钉的 SLE 直线单元，如图 6-39 所示。

### 3. 两自由度直线摆动机械手

采用一个摆动运动加一个直线运动，就可以方便地组成结构简单的机械手。一种结构非常简单的设计模式是采用 FESTO 公司 DSL 系列直线＋摆动复合运动气缸，可以非常方便地实现这种机械手设计方案。原理示意图如图 6-40 所示，运动轨迹如图 6-41 所示。图 6-42 为 FESTO 公司 DSL 系列直线＋摆动复合运动气缸结构。图 6-43、图 6-44 为采用该气缸的设计方案实例。

图 6-45 为 FESTO 公司 DSR 摆动气缸＋DPZ 多面安装气缸组合而成的机械手方案，工件在间歇运动输送线上输送，同时在上方完成移印，机械手将工件实现 180°翻转后放回原位。

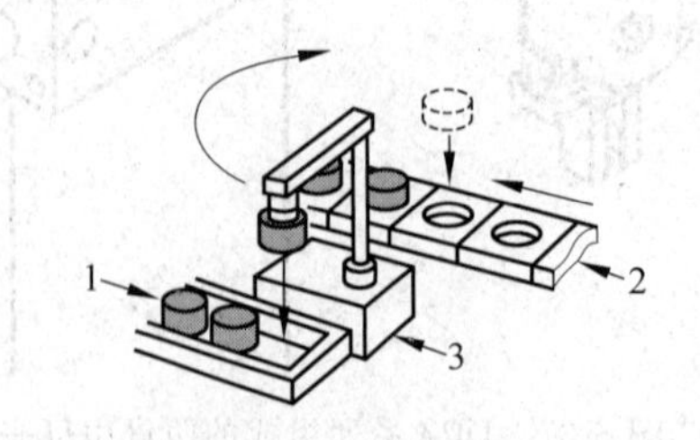


图 6-40 直线＋摆动机械手原理图

1—工件输送系统；2—工件夹具；3—机械手

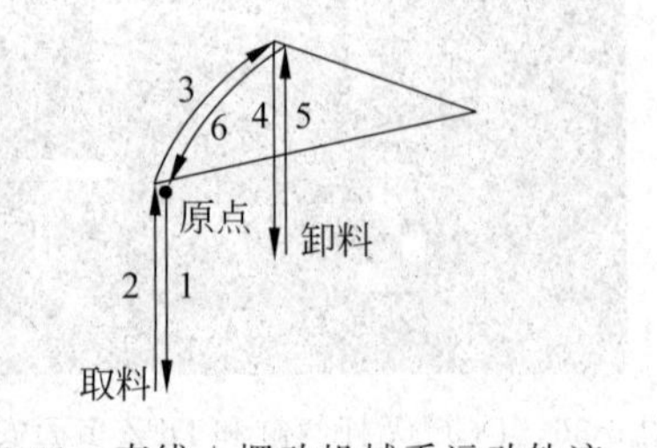


图 6-41 直线＋摆动机械手运动轨迹

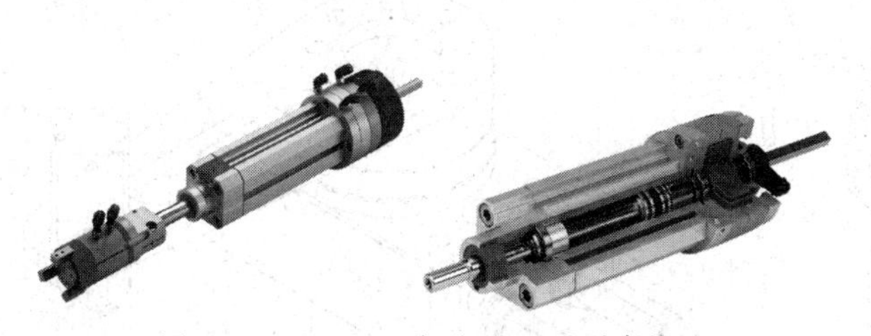

图 6-42　FESTO 公司 DSL 系列直线＋摆动复合运动气缸结构

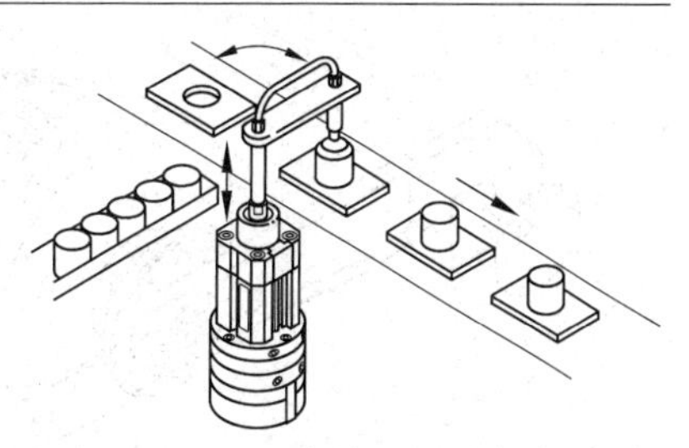

图 6-43　DSL 直线＋摆动复合运动机械手实例一

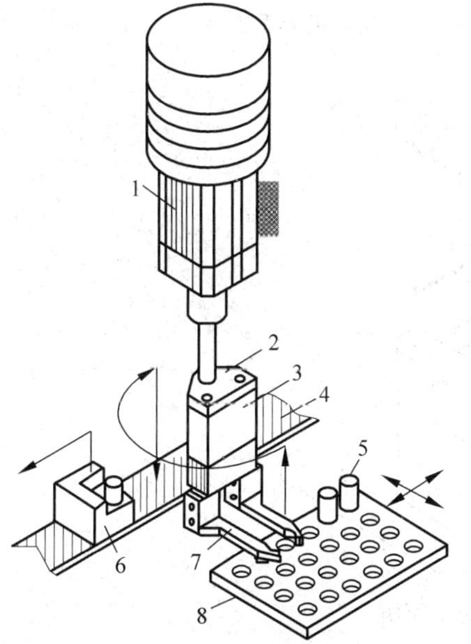


图 6-44　直线＋摆动复合运动机械手实例二

1—DSL 复合运动气缸；2—连接板；3—手指；4—输送线；5,6—工件；7—夹板；8—定位夹具

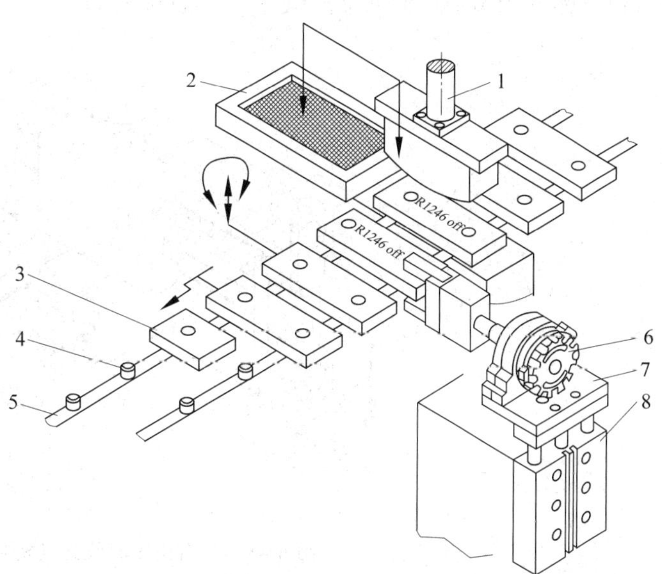


图 6-45　直线＋摆动复合运动机械手实例三

1—移印头；2—染料；3—工件；4—定位销；5—输送线；6—DSR 气缸；7—连接板；8—DPZ 气缸

如图 6-46 所示，还可以利用 FESTO 公司 DSR 叶片式摆动气缸 4 加上一只行程很小的微型气缸 2(安装在摇臂末端)就可以组成此类机械手，完成吸取-释放动作，可以将微型气缸的活塞杆设计成带孔的中空结构，这样压缩空气胶管 3 就可以从活塞杆中心孔中穿过与吸盘 1 连接。

在负载比较大的场合，采用齿轮齿条式摆动气缸也可以方便地组成这种机械手，图 6-47 为采用 SMC 公司 CRQ2X 摆动气缸、一个 CQ2 上下直线运动气缸及真空吸盘组成的旋转 90°机械手。

由于摆动气缸所占用运动空间较小，此类机械手大量使用于要求自动化专机结构非常紧凑的场合。

#### 4. 三自由度直线运动机械手

三自由度直线运动机械手比两自由度平移机械手增加了一个方向的运动。图 6-48 为由 1 个 FESTO 公司 SLM 无杆气缸、2 个 SLE 直线单元组成的机械手，具有结构简单、水平方向运动行程大、性价比高等特点。

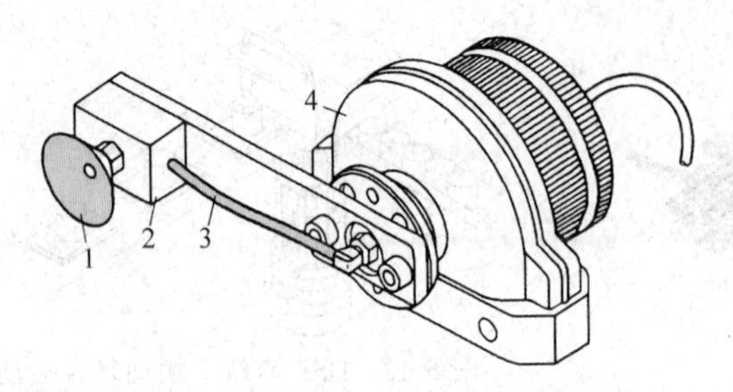


图 6-46　摆动气缸与真空吸盘组成的摆动机械手实例一

1—吸盘；2—微型气缸；3—压缩空气胶管；4—DSR 摆动气缸

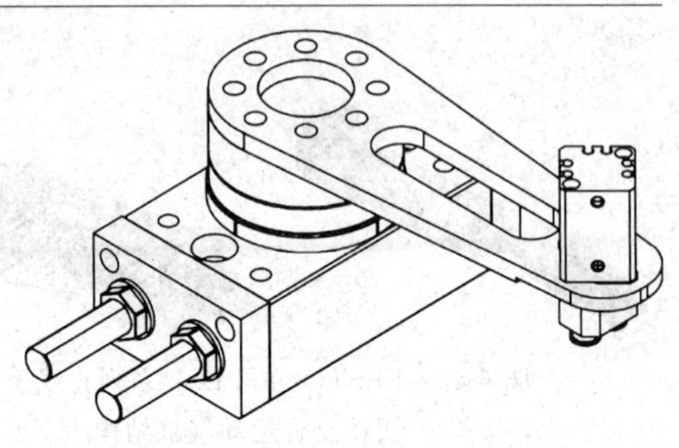

图 6-47　摆动气缸与真空吸盘组成的摆动机械手实例二

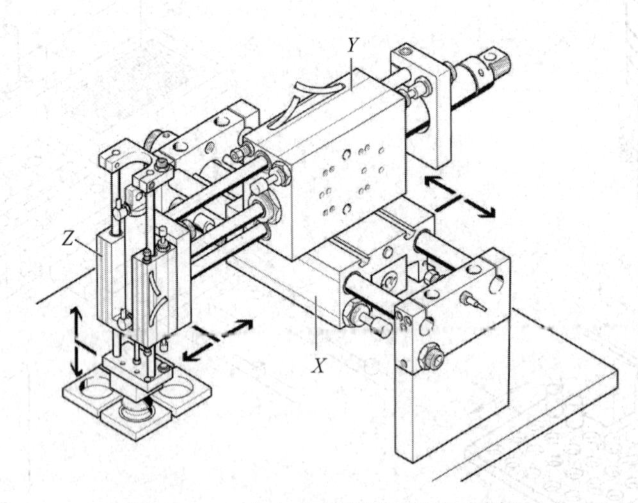


图 6-48　三自由度直线运动机械手实例

另一种典型的专门设计且批量生产的三自由度直线运动机械手大量使用于注塑机的自动取料，通常称为横行式自动取料机械手，如图 6-49 所示。

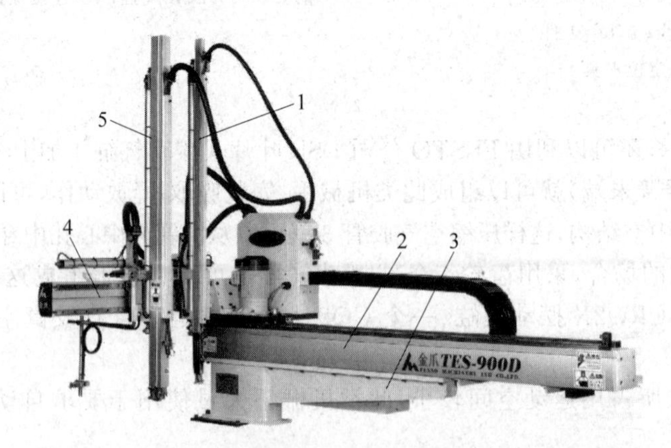


图 6-49　典型的注塑机横行式三自由度自动取料机械手

1—$Z$ 轴(副手)；2—$X$ 轴；3—底座；4—$Y$ 轴；5—$Z$ 轴(主手)

该机械手竖直方向安装有 2 只手臂，其中 1 只手臂末端安装吸盘架吸取塑料制品，另 1 只手臂末端安装夹钳，用于夹取塑料水口料。图 6-50 为这种横行式机械手取料的塑料件及取料方式实例。图 6-51 为运动轨迹示意图。

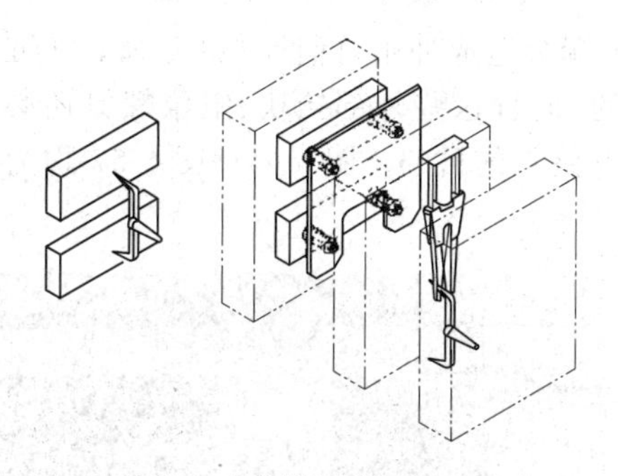

图 6-50　适合双手臂横行式三自由度自动取料机械手取料的塑料件及取料方式实例

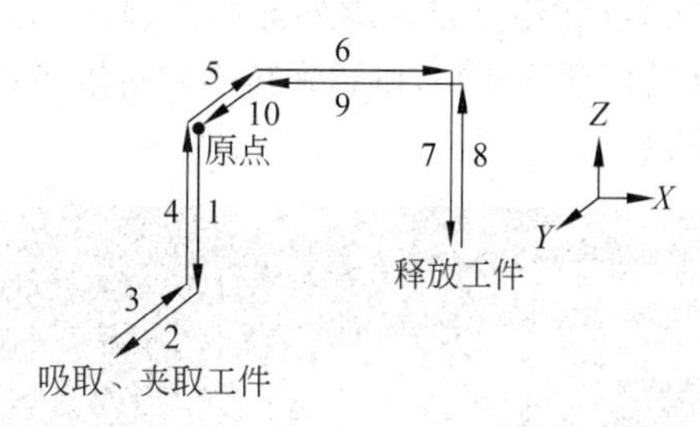


图 6-51　三自由度平移机械手运动轨迹

**5. 其他结构模式**

除上述典型设计模式外，两个直线运动和一个摆动也可以组成三自由度机械手，如图 6-52 所示。这是一种早期的设计模式，成本低廉，随着导向装置、直线轴承等功能更强大的部件出现，现在可以非常方便地用这些新型系列气缸来实现。

图 6-53 所示为一个直线运动和一个摆动组成的机械手，它由直线轴、直线轴承和 FESTO 公司 DSR 摆动气缸组成，运动轨迹短、占用空间小、精度高，通常用于高速、精密、安装空间受限制的特殊要求场合，如半导体设备。

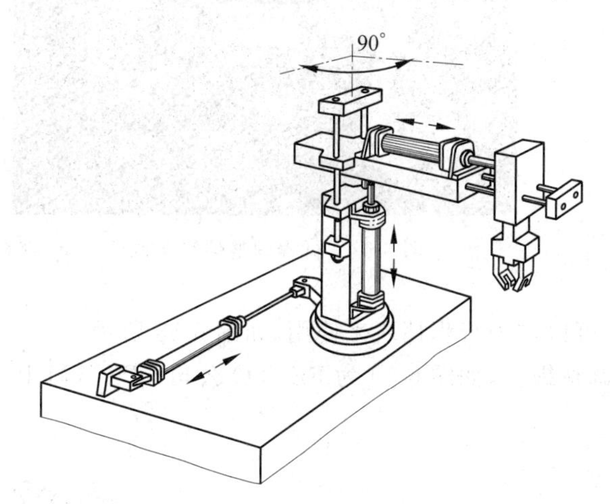


图 6-52　两个直线运动和一个运动摆动组成的三自由度平移机械手

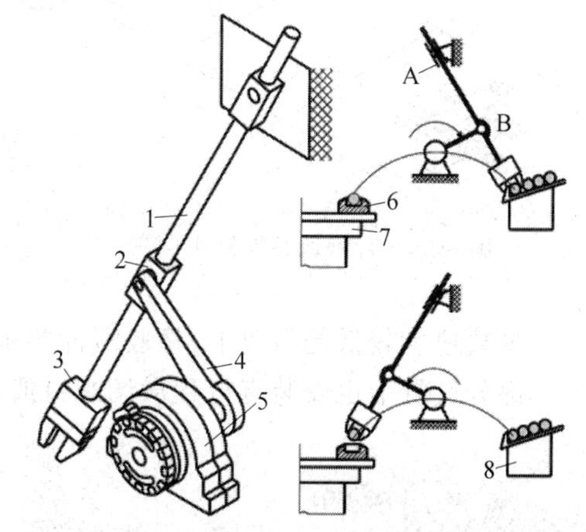


图 6-53　一个直线运动和一个摆动运动组成的两自由度机械手

1—直线轴；2—直线轴承；3—手指；4—连杆；5—DSR 摆动气缸；6—定位夹具；7—底座；8—送料器

## 6.4　解析机械手行程调整

机械手行程调整

**1. 问题的提出**

机械手工作起点、终点如何保持准确、重复？

**2. 解决方法**

通常气缸是不能满行程使用的，否则活塞行程末端会造成冲击，降低气缸寿命；气缸运动的起点和终点是依靠外部挡块、限位螺钉来实现的，而且这些外部挡块、限位螺钉还必须能够进行精确调整，以达到精确调整机构运动的起点和终点的目的。图 6-54～图 6-57 均为此类案例。

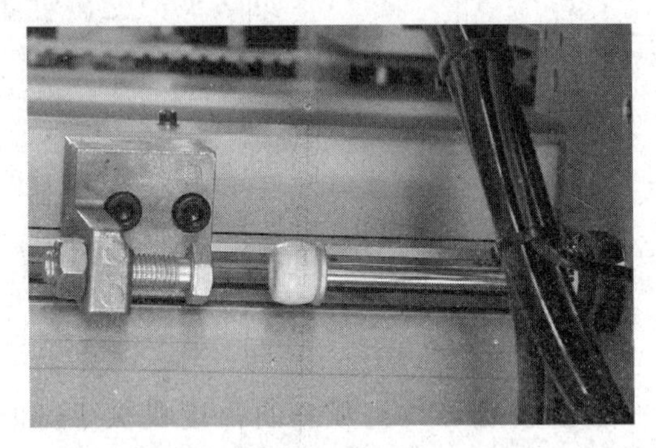

图 6-54 行程调整螺钉实例一

图 6-55 行程调整螺钉实例二

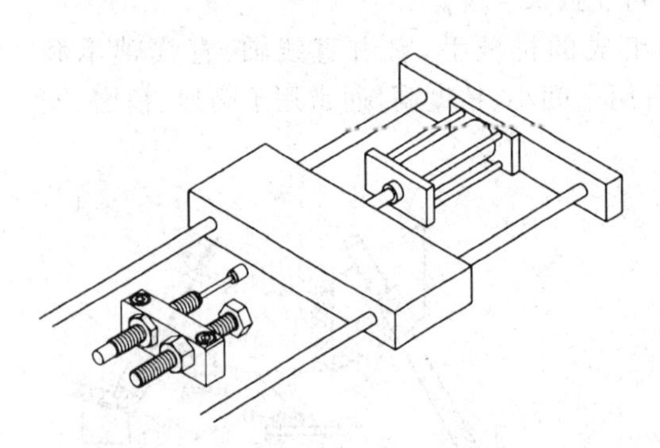

图 6-56 行程调整螺钉实例三

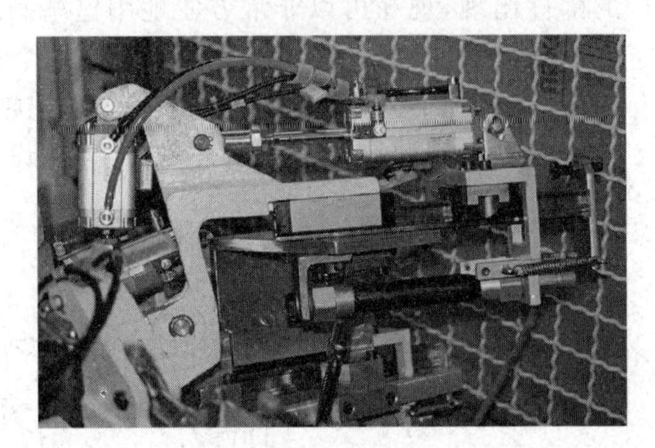

图 6-57 行程调整螺钉实例四

少数速度较低的情况下，橡胶缓冲垫也可以作为行程挡块来使用，如图 6-58 所示。

部分气缸上也安装有行程微调螺钉或调整螺钉，如图 6-59 为 FESTO 公司 DPZ 气缸上

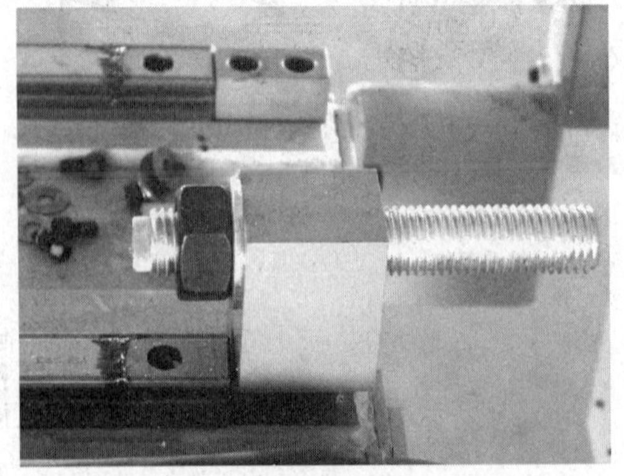

图 6-58 橡胶缓冲垫当行程挡块来使用

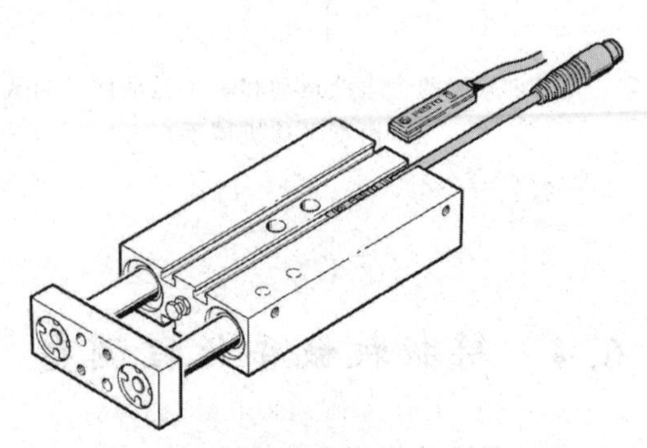

图 6-59 FESTO 公司 DPZ 气缸上的行程微调螺钉

的行程微调螺钉，图6-60为FESTO公司DSL气缸上的行程调整螺钉。

安装在直线导轨上的限位块既可以防止滑块脱落，有时候也可以作为运动机构的行程挡块，如图6-61所示。但需要注意的是，禁止让直线导轨的滑块与限位块相撞，而要让运动负载上的限位螺钉碰撞在挡块上。

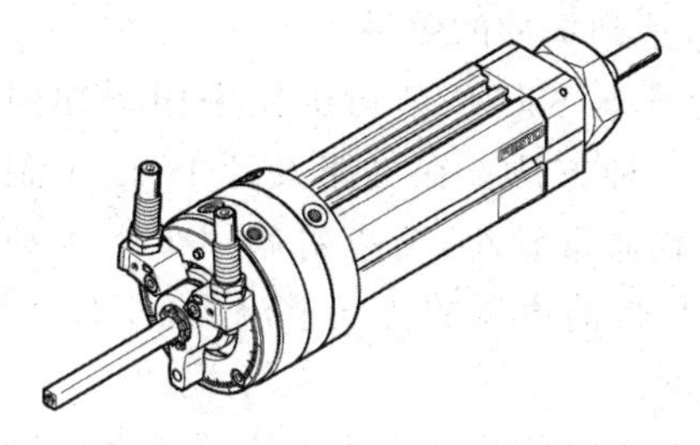

图6-60　FESTO公司DSL气缸上的行程调整螺钉

图6-61　安装在直线导轨上的行程挡块

## 6.5　解析机械手缓冲设计

机械手缓冲设计

为了提高生产效率，原则上希望机械手的动作速度在可能的情况下越快越好，在行程较大的情况下更需要提高运动速度，但高速运动也带来了新的问题，机构运动速度的变化会产生惯性力，该惯性力会导致结构的振动和冲击，降低机械手末端的工作精度，因此需要采取相应的缓冲措施，在满足高速运动的同时降低冲击与振动，确保机械手末端的运动精度，缓冲结构是机械手必不可少的部分。下面介绍机械手实现缓冲的各种方法。

### 1. 采用气缓冲气缸

采用气缓冲气缸就是直接选用具有内部气缓冲功能的气缸，利用气缸本身的缓冲性能降低气缸工作末端的冲击，从而降低负载结构的冲击振动。因此，机械手上通常选用具有内部气缓冲功能的气缸，但这种气缸的缓冲性能也是有限的，工程上还要同时采用其他措施增加缓冲效果。图6-62为这种气缸的外形图，两端分别有一个调整内部缓冲效果的小螺钉。

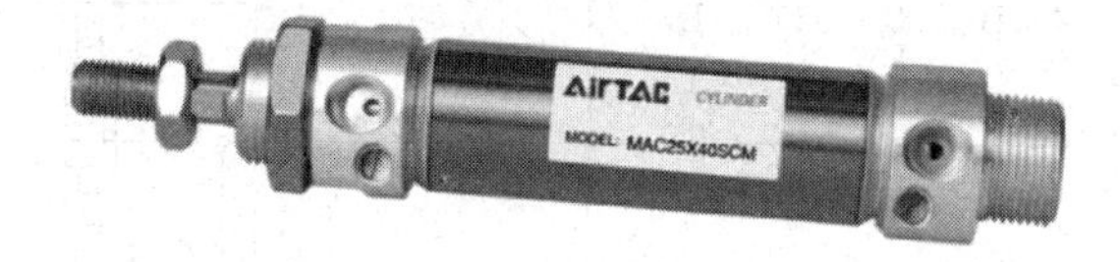


图6-62　气缓冲气缸

### 2. 采用缓冲回路

采用缓冲回路实现缓冲是机械手大量采用的结构，尤其在重负载、高速度情况下，采用缓冲回路是一种有效的缓冲方法。缓冲回路就是当气缸伸出或缩回接近行程末端时，利用机控阀或电磁阀使气缸的排气通道转换到另一个流量更小的排气回路，通过更大的排气阻力降低气缸的速度，达到缓冲的效果。下面用两个典型的工程实例加以说明。

图6-63为采用机控阀实现气缸行程变速的缓冲回路。回路中采用两个单向节流阀，其中单向节流阀1开度调整为较大状态，单向节流阀4开度调整为较小状态。气缸伸出时首

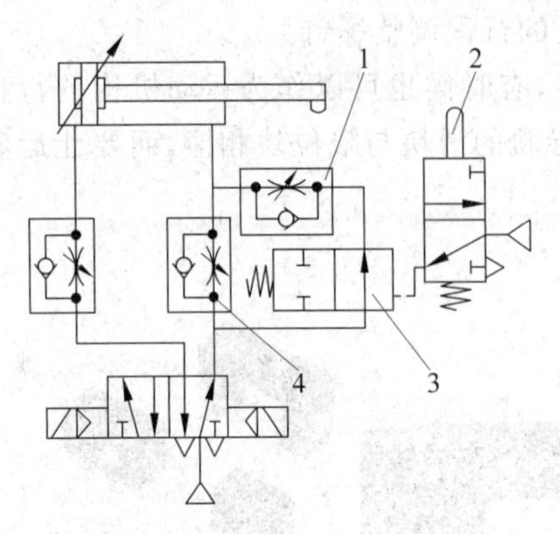


图 6-63 采用机控阀实现气缸行程中减速的缓冲回路

1,4—单向节流阀；2—机控阀；3—气控阀

先主要由阀1排气,速度较快,但当气缸活塞杆伸出接近行程末端时,活塞杆上的凸轮压下行程阀2时,气控阀3动作,气缸的排气通道发生变换,排气仅由开度较小的单向节流阀4来控制,由此降低气缸伸出末端的速度,达到缓冲的效果。

图6-64为日本STAR公司机械手用缓冲回路实现缓冲的另一种方法。在气路设计中,由于副手上下运动的负载通常较小,所以对副手上下运动气缸分别采用一只带消声器的排气节流阀(E、D)调节气缸的运动速度。

但对于承担主要负载的主手上下运动气缸则进行了特别设计,其中该气缸上行的运动速度控制方法与副手相同,也是通过一只排气节流阀(C)来调节控制,对于气缸下行运动,由于要求运动速度较高,加上手臂重力的作用,在行程终点会产生强烈的冲击振动,同样的方法进行处理难以达到良好的效果,因此采用以下方法：

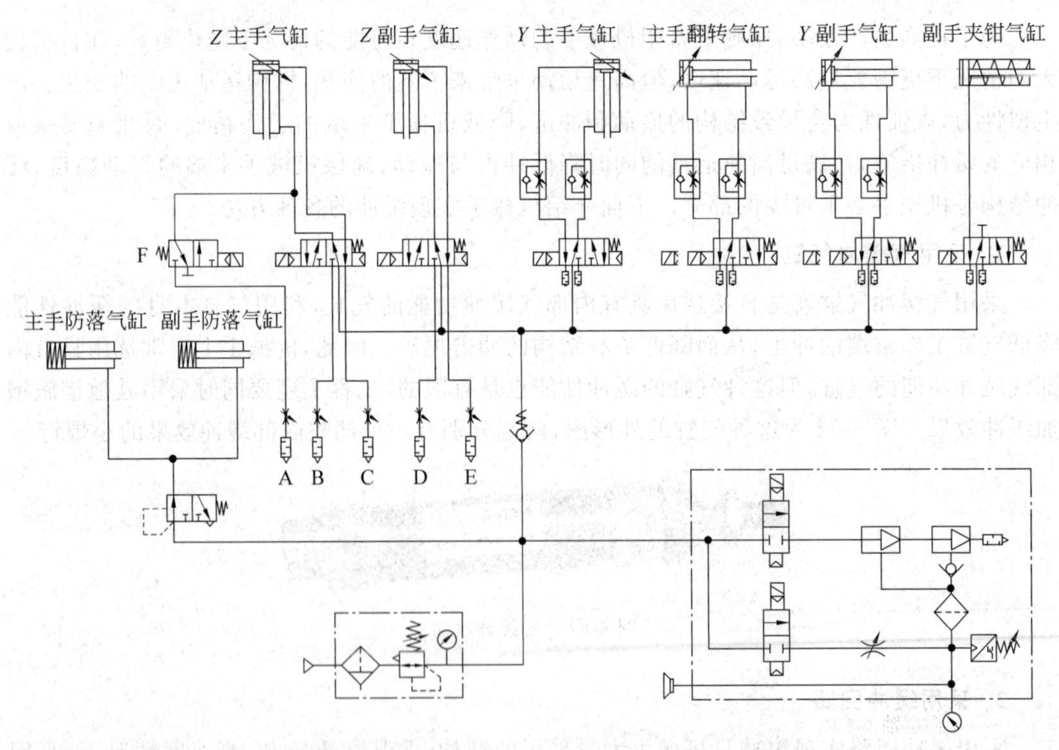


图 6-64 日本STAR公司机械手中采用排气节流调速阀的气动缓冲回路设计实例

采用两只排气节流阀(A、B)分别组成两组气路,其中一组气路将排气节流阀(B)的开度调整到较小位置,供气缸在行程起始段和结束段使用,使气缸在起始段和结束段具有更大的排气阻力因而降低运动速度；另一组将排气节流阀(A)的开度调整到较大位置,供气缸在行程中间段使用,当气缸下行起始段结束后控制该回路的2位3通阀(F)导通,这时气缸

的排气就通过具有较大开度的排气节流阀(A)排气,因而使气缸获得高速运动,当进入结束段时,2位3通阀(F)又断开,气缸恢复从具有较小开度的排气节流阀(B)排气,降低气缸的运动速度,获得较好的缓冲效果。

上述气缸运动高速回路与低速回路的转换是通过2位3通电磁阀(F)的通断来实现的。这样的气路组合既可以保证较快的节拍时间需要,又降低了手臂下行时在起始段和结束段的冲击与振动,实践证明缓冲效果非常好。图6-65为气阀总成实物图片。

**3. 直接利用气缸作为缓冲元件**

图6-65　日本STAR公司机械手气动缓冲回路气阀总成

利用气缸作为缓冲元件是一种非常巧妙的设计方法,为了实现双向缓冲,把两端带活塞杆的双杆双作用气缸稍作改装,在活塞杆头部安装上类似后面油压缓冲器头部的缓冲垫,如图6-66所示。图6-67为台湾天行公司在注塑机摇臂式自动取料机械手上进行这样应用的实例。

在图6-67中,这种气缸在竖直方向安装,上下运动末端设置在手臂上下方的固定挡块都会撞击在气缸活塞杆两端的减振头上,与油压缓冲器的使用是一样的方式,与缓冲气缸相连的两个排气节流阀控制该气缸的运动速度,通过调节排气节流阀的开度就可以调节缓冲效果。实践表明,这是一种成本低廉、缓冲效果非常好、寿命非常长的好方法,只需要更换气缸活塞上的密封圈就可以延长气缸的工作寿命。图6-68为该机械手的气动回路图。

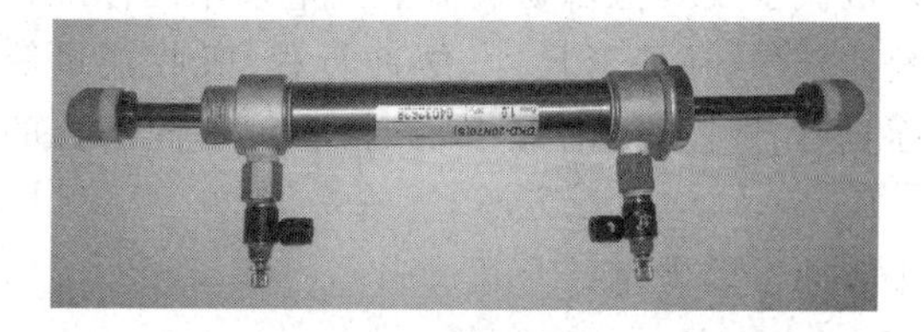

图6-66　气缸直接当做缓冲元件使用实例

图6-67　台湾天行公司在机械手上将气缸作为缓冲元件使用实例

如果只需要在一个方向进行缓冲,只要将上述双活塞杆气缸改为普通的单活塞杆气缸就可以了。在调试的过程中,控制该缓冲气缸缓冲效果的两个排气节流阀的开度首先应该调节到较小位置,边调大开度,边观察缓冲效果,直到达到需要的缓冲效果,但开度也不能过

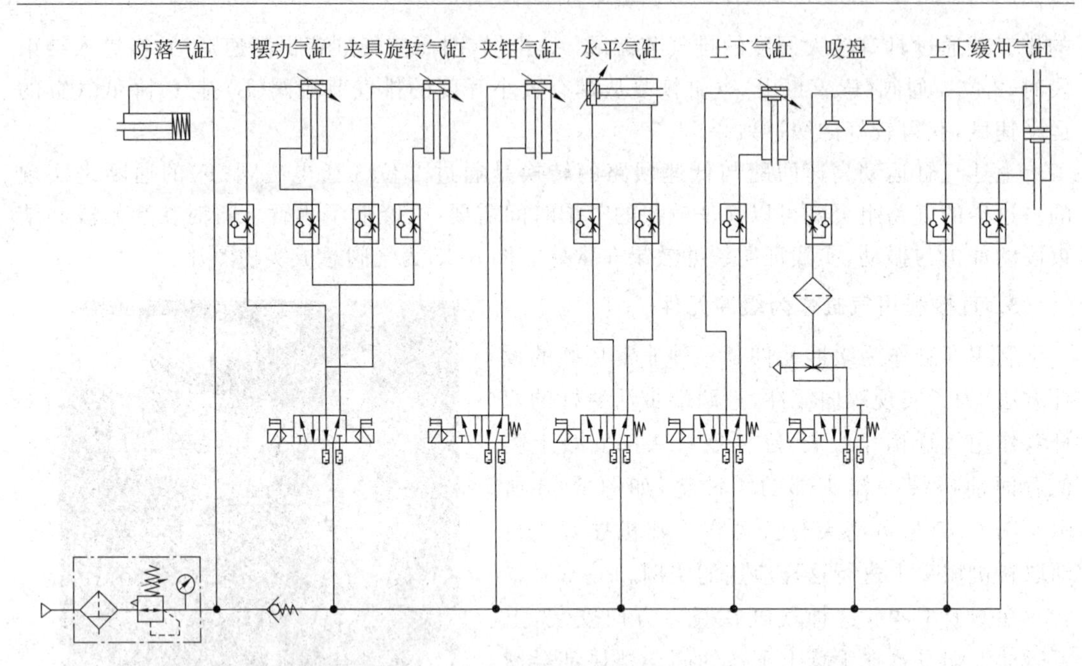


图 6-68　台湾天行公司采用气缸作为缓冲元件的机械手气动回路图

小。这与后面要介绍的油压缓冲器的作用是完全一样的。

**4. 采用橡胶减振垫**

采用橡胶减振垫是机械手及其他自动机械上大量采用的缓冲结构，由于橡胶减振垫的缓冲行程很小，因此只应用在一些要求不高的场合作为一种辅助的减振措施。图 6-69 应用实例，橡胶减振垫安装在一只可以调节位置的螺杆上并高出螺杆端部。

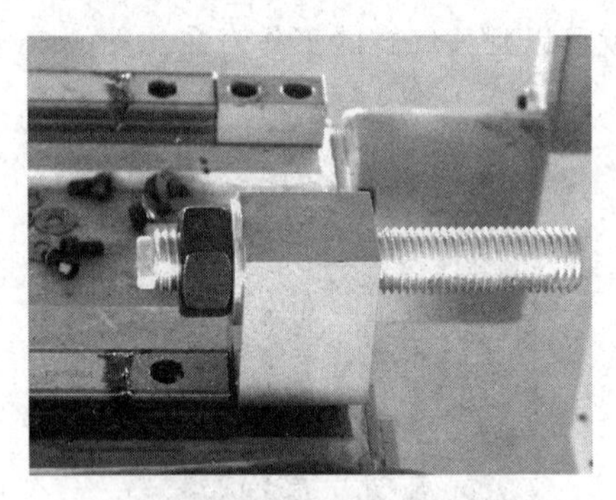

图 6-69　采用橡胶减振垫进行缓冲的结构实例

**5. 采用油压缓冲器**

1）油压缓冲器特点

油压缓冲器是一种专用的减振缓冲元件，也是机械手及其他自动机器上大量采用的标准减振缓冲部件，在外形尺寸、缓冲行程、吸收能量等方面具有各种不同的规格系列，满足不同场合的使用要求。优点为：

- 减小或消除机构运动产生的振动、碰撞冲击等破坏；
- 大幅减小噪声；
- 提高机构运动速度，提高机器生产效率；
- 延长机构工作寿命；
- 安装调整方便、减振效果好。

2）油压缓冲器结构原理

图 6-70 为油压缓冲器的典型结构图，主要结构为受撞头、安装本体、复位弹簧等，受撞头直接接受外部冲击载荷，在缓冲器的内部或外部设有复位弹簧，供每次缓冲后使轴芯复位

伸出。图 6-71 为各种形状的油压缓冲器。

工作过程为：

（1）当轴芯受外力冲击时，轴芯带动活塞挤压内腔中的液压油，液压油受挤压后从微小排油孔排出，冲击能量被排油阻力和弹簧压力所消耗，速度逐渐减慢至最后停止；

（2）排出的液压油通过回油孔回流到内腔；

（3）当外部载荷消失后，复位弹簧将活塞推出至原始位置。

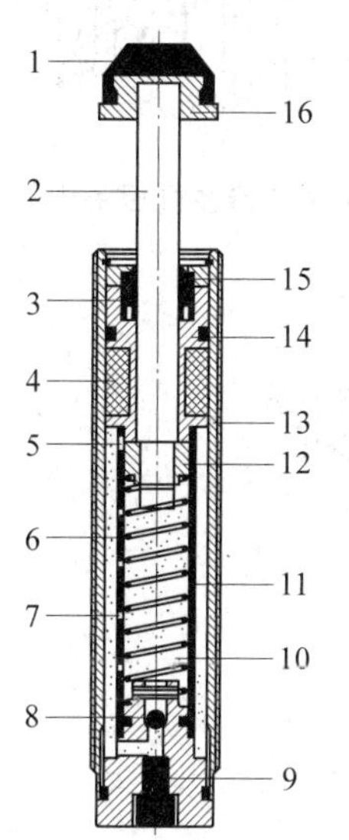


图 6-70　油压缓冲器典型结构原理图

1—消音套；2—轴芯；3—油封；4—压缩海绵；5—回油孔；6—弹簧；7—排油孔；8—止回阀；9—注油孔；10—液压油；11—内腔；12—活塞；13—本体；14—轴承；15—防尘套；16—受撞头

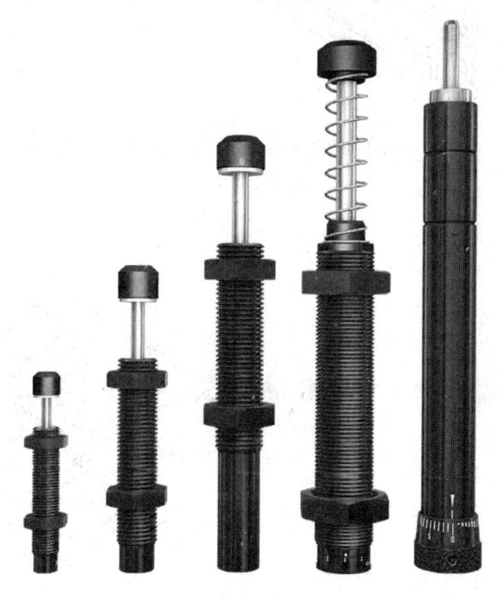

图 6-71　各种外形的油压缓冲器

从图 6-71 可以看出，各种形状缓冲器的结构区别主要体现在内部复位弹簧或外部复位弹簧、有受撞头或无受撞头、单向缓冲或双向缓冲、安装尺寸（螺纹直径）、缓冲行程、每次最大吸收能量、允许撞击速度。

3）油压缓冲器应用

图 6-72、图 6-73、图 6-74 分别为油压缓冲器在无杆气缸、机械手及导向单元中的使用示意图。

油压缓冲器通常与行程调整螺钉同时使用，如前面机械手行程调整实例图 6-55、图 6-56。

4）油压缓冲器安装调整重要提示

油压缓冲器的安装较简单，其表面全部为外螺纹，只要在机构上设计螺纹安装孔，将油压缓冲器旋入安装孔，在安装孔的两侧或一侧用配套的螺母锁紧即可，位置可以灵活调整。但要注意：

（1）负载撞到限位螺钉时，缓冲器仍然要保留 1 mm 的行程余量，保护吸振器受撞头。

（2）缓冲器与撞击负载方向要平行，偏心安装将导致加快磨损、漏油、缓冲器寿命下降，这和气缸的经向负载影响是相同的。

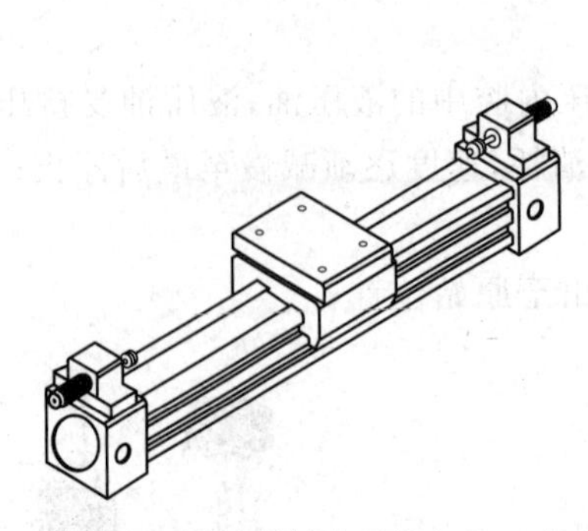

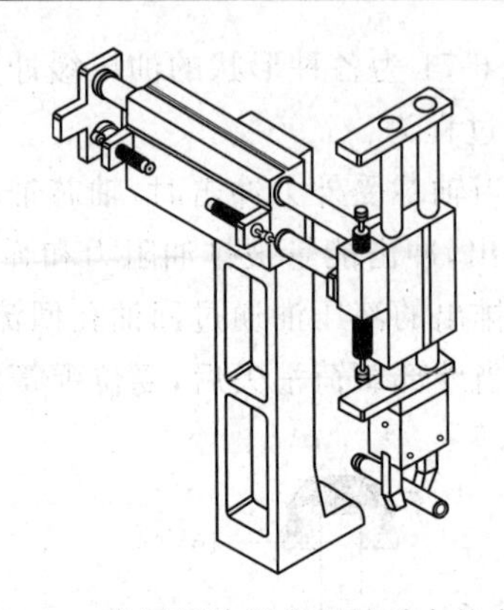

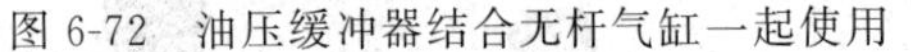

图 6-72　油压缓冲器结合无杆气缸一起使用　　图 6-73　油压缓冲器在机械手中的应用

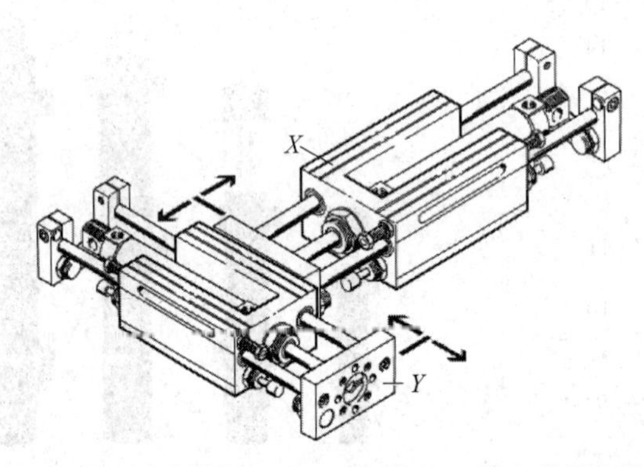


图 6-74　油压缓冲器在 FESTO 公司 SLE 导向单元上的应用

(3) 设计时不要让负载长时间停留在缓冲器受压的位置,否则会降低缓冲器寿命。

(4) 切削液、水溅在缓冲器上会导致密封破损、泄漏。

油压缓冲器选型实例

## 6.6　油压缓冲器设计选型实例

如图 6-75 所示,假设水平运动机构总质量为 $m$,单位 kg,速度为 $v$,单位 m/s,每小时工作次数为 $N$,动能为 $E_1$,气缸推力对推动缓冲器行程做功的能量为 $E_2$,总能量为 $E$,每小时动能为 $E_h$,能量单位均为J(N·m)。

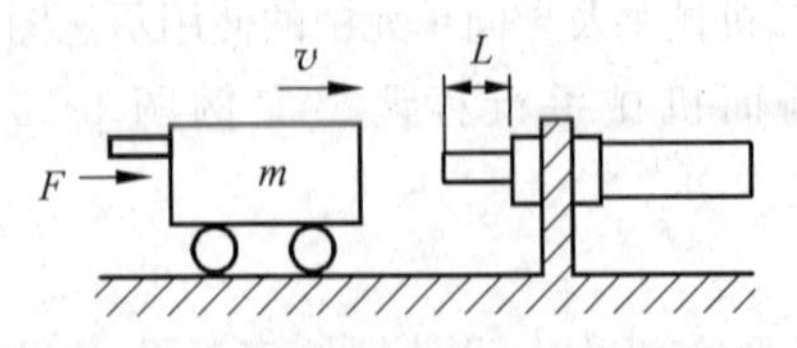


图 6-75　油压缓冲器计算选型示意图

则各部分能量为

$$E_1 = \frac{1}{2}mv^2 \tag{6-6}$$

$$E_2 = FL \tag{6-7}$$

$$E = E_1 + E_2 \tag{6-8}$$

$$E_h = EN \tag{6-9}$$

缓冲器选型的依据为单次工作最大吸收能量、每小时吸收能量、缓冲行程、允许撞击速度、是否需要内部弹簧复位等。下面以一个实例说明选型过程。

**例 6-3**　如图 6-72 所示,假设水平直线运动机构质量为 15 kg,气缸伸出推力为 240 N,运动速度为 1.5 m/s,缓冲行程初定为 20 mm,每分钟工作 15 次(即每小时工作 900 次),根据制造商资料选择油压缓冲器型号。

**解：**

单次动能计算：

$$E_1 = \frac{1}{2}mv^2 = \frac{1}{2} \times 15 \times 1.5^2 = 16.88(\mathrm{J})$$

$$E_2 = FL = 240 \times 0.02 = 4.8(\mathrm{J})$$

$$E = E_1 + E_2 = 16.88 + 4.8 = 21.68(\mathrm{J})$$

每小时动能计算：

$$E_h = EN = 21.68 \times 900 = 19512(\mathrm{J})$$

根据图 6-76 某制造商的缓冲器选型表，同时能够满足单次最大吸收能量不低于 21.68 J 和每小时最大吸收能量不低于 19512 J 两个条件的型号是 AC2020，最大撞击速度也满足要求。

| 规格 | 行程/mm | 最大吸收能量/(N·m) | 小时吸收能量/(N·m/h) | 最大有效重量/kg | 最高撞击速度/(m/s) |
|---|---|---|---|---|---|
| | | | | 中速型 | 中速型 |
| AC0806 | 6 | 2 | 1200 | 2 | 1 |
| AC1005 | 5 | 3 | 3600 | 3 | 1.5 |
| AC1008 | 8 | 4 | 5000 | 4 | 1.5 |
| AC1210 | 10 | 5 | 10000 | 10 | 1.5 |
| AC1412 | 12 | 15 | 30000 | 50 | 1.5 |
| AC1416 | 16 | 20 | 35000 | 70 | 1.5 |
| AC2020 | 20 | 40 | 40000 | 200 | 2 |
| AC2050 | 50 | 60 | 60000 | 400 | 2 |
| AC2525 | 25 | 80 | 70000 | 800 | 2.5 |
| AC2540 | 40 | 120 | 75000 | 1200 | 2.5 |
| AC3660 | 60 | 250 | 120000 | 1500 | 2.5 |

图 6-76　某制造商油压缓冲器计算选型表

## 思　考　题

1. 什么叫机械手？机械手与机器人有何区别？

2. 机械手在自动化生产线上一般主要完成什么工作？

3. 机械手是如何抓取工件的？

4. 在自动机器中一般如何设计机械手的初始位置与状态？

5. 气动机械手上用于吸取塑料件的吸盘架一般采用什么材料制造？设计时要注意哪些要点？

6. 气动手指如何选型？

7. 气动手指的夹板如何设计宽度？

8. 真空吸盘如何选型？

9. 如何保证机械手的准确起始、停止位置？需要采用哪些元件？

10. 高速运动会带来冲击与振动，这种冲击与振动会使机械手产生较大的摆动，影响机械手的工作精度，在机械手结构上一般采用哪些减振措施减小上述影响？

11. 气缸可以作为缓冲元件使用吗？如果可以，如何实现？有何优点？

12. 简述油压缓冲器的作用和结构原理。

13. 油压缓冲器安装调整时需要注意哪些要点？

# 第 7 章　解析振盘送料装置

传统的手工生产方式中，人工送料效率低，除了前面介绍的各种输送线外，自动化装配首先要解决的问题就是工件的自动送料，因此采用振盘（也称振动盘、振动料斗）自动送料是实施自动化生产的第一步。它能将料斗内姿态方向杂乱无章的工件按规定的姿态方向连续地自动输送到装配部位或暂存取料部位。

振盘的功能

## 7.1　解析振盘的功能

**1. 振盘的功能**

振盘大多呈倒锥形的盘状或圆柱形的容器（图 7-1）。下面用两个最典型的实例说明振盘在自动化装配中解决什么问题。

**例 7-1**　在前面机械手的学习中有一个非常经典的摆动机械手案例，如图 7-2 所示。该机械手采用 FESTO 公司 DSL 系列直线＋摆动复合运动气缸来实现，机械手每次都在左侧输料槽尽头这个固定的位置吸取工件，如何保证每次抓取后下一次继续有工件提前补送上来呢？

图 7-1　典型的倒锥形振盘外形

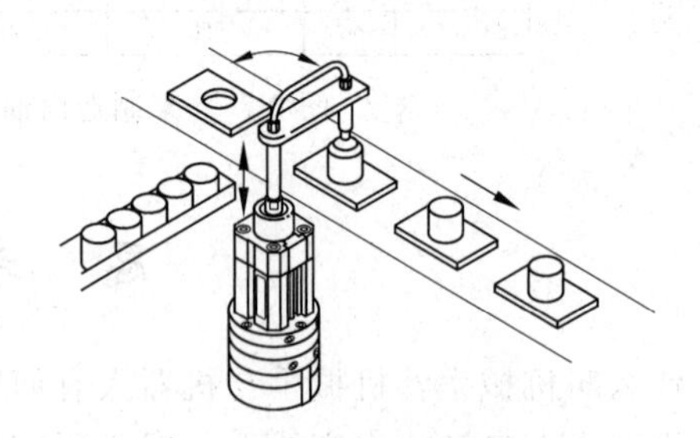

图 7-2　典型的摆动机械手实例

**例 7-2**　图 7-3 所示为自动化装配中的一种经典的推板自动送料机构。气缸缩回的时候推板吸纳一个工件，气缸伸出到尽头后，机械手将推板上的工件取走（例如吸盘吸取）进行装配。如何保证每次推板缩回后输料槽中能够有排满的工件而且自动进入推板的定位槽呢？

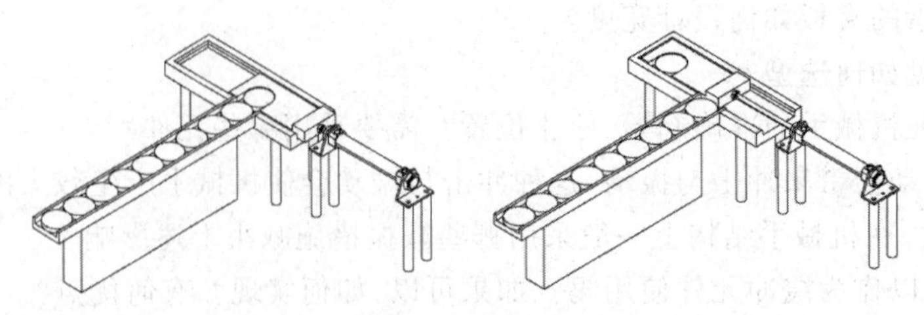

图 7-3　典型的推板送料机构实例

这两个案例就清楚地说明了振盘在自动化装配中完成的功能，必须有一个装置使工件按固定的姿态、连续不断地从输料槽中往外输送。振盘正是为解决上述问题而设计制造的。

**2. 振盘应用场合**

振盘广泛应用在自动化装配中，尤其是电子元器件、连接器、开关、继电器、仪表、五金等行业产品的自动化装配，也广泛应用于医药、食品产品的自动化包装生产，是自动机器设计中最基本、最优先考虑的自动送料方式。送料对象一般为质量较小的小型或微型工件，如小型五金件（如螺钉、螺母、铆钉、弹簧、轴类、套管类等）、小型冲压件、小型塑胶件、电子元器件、医药制品等。对于质量较大的工件一般不采用振盘，而采用料仓、机械手等方式送料。目前国内已经有大量的制造商从事振盘的开发生产。

**3. 振盘的特点**

（1）体积小。圆柱形状的振盘不仅占用体积较小，排布方便，而且由于它是通过输料槽与设备相连接，空间布置具有非常大的柔性。

（2）送料平稳、出料速度快。自动机器的节拍时间越来越短，作为装配工序动作之一的振盘出料速度必须比机器的节拍时间更快。振盘出料速度快，一般为 200～300 件/min，最高可达 500 件/min 左右。

（3）结构简单、维护简单。振盘是一种非常成熟的自动送料装置，已经有数十年的应用历史，在各种行业都有大量应用。它的结构也非常简单，性能稳定可靠，长期工作基本不需要太多的维护。

（4）成本低廉。目前已完全国产化，大幅降低了采购成本。

（5）不足之处为运行中会产生振动噪声，有些场合下将带有振盘的整台自动化专机或振盘部分用专用的有机玻璃封闭罩与周围环境隔开，如图 7-4 所示。现场生产工人工作时也要求戴上防护耳罩。

图 7-4　将专机或振盘用有机玻璃罩封闭隔离降低噪声

## 7.2　解析振盘结构原理

振盘的结构原理

### 7.2.1　振盘的结构与工作原理

**1. 问题的提出**

要了解振盘的工作原理，必须清楚地理解以下两个问题：

（1）振盘为什么能将工件连续地由料斗底部向上自动输送？

(2) 料斗底部工件的姿态方向是杂乱无章的，工件为什么能按规定的方向自动输送出来？

**2. 振盘的力学模型及工作原理**

1) 力学模型

为了理解上述两个问题，必须首先了解振盘的工作原理。可以先将振盘的结构简化为图7-5所示的简单力学模型。

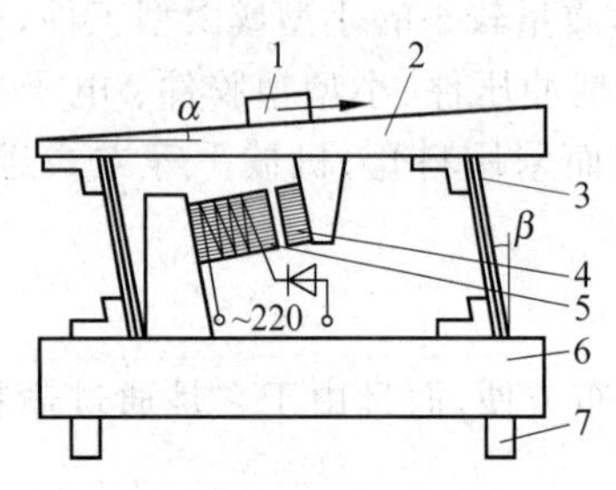


图7-5 振盘力学原理模型
1—工件；2—输料槽；3—板弹簧；4—衔铁；
5—电磁铁；6—底座；7—减振器

2) 工作原理

图7-5所示力学模型的工作原理如下：

电磁铁5与衔铁4分别安装固定在输料槽2和底座6上。220 V交流电压经半波整流后输入到电磁线圈，在交变电流作用下，铁芯与衔铁之间产生高频率的吸、断动作。

两根相互平行且与竖直方向有一定倾角$\beta$、由弹簧钢制作的板弹簧分别与输料槽(由料斗上的螺旋轨道简化而来)、底座用螺钉连接，由于板弹簧的弹性，线圈与衔铁之间产生的高频率吸、断动作将导致板弹簧产生一个高频率的弹性变形-变形恢复的循环动作，变形恢复的弹力直接作用在输料槽上，给输料槽一个高频的惯性作用力。由于输料槽具有倾斜的表面，在该惯性作用力的作用下输料槽表面的工件沿斜面逐步向上移动。由于电磁铁的吸、断动作频率很高，所以工件在这种高频率的惯性作用力驱动下慢慢沿斜面向上移动，这就是工件连续地由料斗底部向上爬行的原因。

实际的振盘是沿圆周方向设计了均匀分布的三根板弹簧，这样三根板弹簧每次的弯曲变形-变形恢复的过程会给料斗一个高频的扭转惯性力矩，这样在离心力的作用下，料斗内的工件始终靠料斗的外侧爬行。

**3. 振盘的结构**

1) 倒锥形振盘

振盘实际的结构一般是带倒锥形料斗或圆柱形料斗的结构，分别如图7-6、图7-7所示。

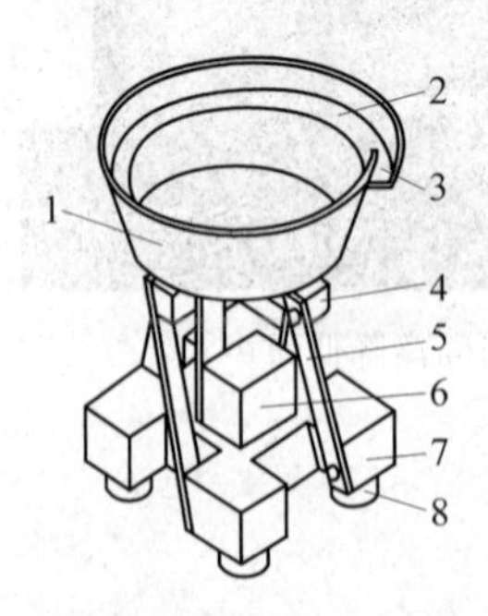


图7-6 振盘结构示意图一(倒锥形料斗)
1—料斗；2—螺旋轨道；3—出口；4—料斗支架；
5—板弹簧；6—电磁铁；7—底座；8—减振垫

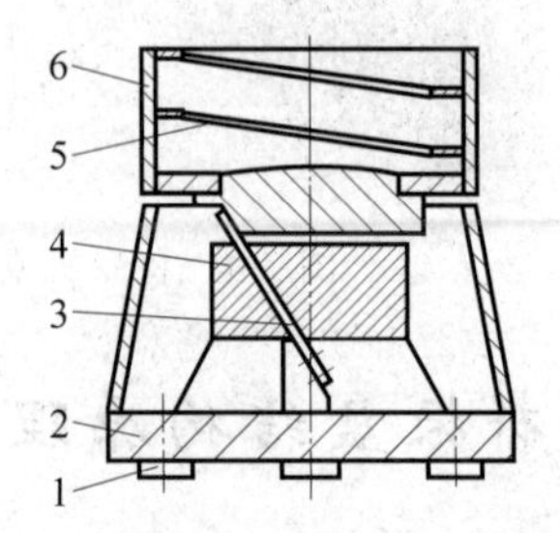


图7-7 振盘结构示意图二(圆柱形料斗)
1—减振垫；2—底座；3—板弹簧；
4—电磁铁；5—螺旋轨道；6—料斗

图7-6所示带倒锥形料斗的振盘用于工件形状较复杂、姿态方向需要经过多次选择与

调整的场合，这样工件通过的路径就较长，倒锥形的料斗就是为了有效地加大工件的行走路径，这类振盘的工件范围较宽，直径一般为 300～700 mm，工件形状越复杂，料斗的直径也会越大。在某些特殊场合料斗的直径可以达到 1～2 m。料斗一般采用不锈钢板材制作，出料速度高，适合工件的高速送料。

2）圆柱形振盘

图 7-7 所示带圆柱形料斗的振盘一般用于工件形状简单而规则、尺寸较小的微小工件场合，例如螺钉、螺母、铆钉、开关或继电器行业的银触头等，工件形状比较简单，很容易进行定向，工件所需要的行走路径也较短，因而料斗的直径一般也较小，一般约 100～300 mm，料斗连同内部的螺旋轨道一般用 NC 机床直接加工出来，通常用铸造铝合金制作，成本低廉。

3）主要结构及功能

底座起支承作用，底座下方的减振垫将振盘的振动与支架隔离；板弹簧产生交变的弹性变形与变形回复，使料斗产生高频的扭转式振动；电磁铁是驱动元件，产生高频的吸、断动作，使板弹簧产生高频的弹性变形与变形回复动作；料斗集中装储工件；螺旋轨道是工件的运动轨道，其间需要经过一系列定向、选向机构，完成定向与选向动作；输料槽供定向的工件排队输出，供后续机构对工件进行拾取、装配、加工等工作。控制器也称为调速器，用于对工件的出料速度进行调节。

振盘制造过程中，一般分为两个独立的部分单独进行，一部分为下方的振动本体，另一部分为上方的料斗，如图 7-8、图 7-9 所示。选向、定向机构是在料斗基础上焊接到螺旋轨道上的。

图 7-8 振盘的各种振动本体

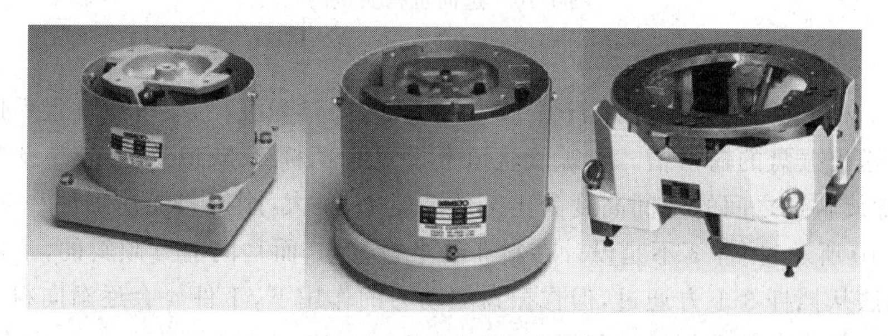

图 7-9 各种类型的料斗

工件的供给速度随螺旋轨道的摩擦系数增加而增大，所以料斗的表面一般都需要进行喷漆、喷脂、喷塑等处理，防止工件在料斗内脆裂、划伤，也因为橡胶或塑料具有减振、缓冲、耐磨的作用，可以降低或消除工件与料斗之间的碰撞噪声。

**4. 振盘的工作原理**

振盘结构中板弹簧为三根而不是如图7-5所示模型中的两根,也不在一个平面上,而是与水平方向按相同角度安装,并在圆周360°方向上均匀分布。线圈与衔铁之间产生高频的吸、断动作使板弹簧对料斗产生一个高频的惯性力,该惯性力方向为倾斜向上的,该惯性力在垂直方向的分力将促使工件沿螺旋规定向上爬行,水平方向的分力则使料斗产生一个高频的扭转惯性力矩,这样在离心力的作用下,料斗内的工件始终会靠料斗轨道的外侧爬行。

在螺旋轨道上设置了许多选向机构,工件经过这些机构时,符合要求姿态方向的工件就能够继续前行,不符合要求姿态方向的则被挡住下落到料仓的底部再重新开始爬行上升。

为了提高工件的通过率,提高振盘出料速度,在螺旋轨道上还设计了一系列的定向机构,对工件的姿态方向进行一定的纠正,使其纠正为正确的姿态方向。振盘是一种设计非常巧妙的自动化机构,对于帮助理解自动机器的设计原理具有很好的启发作用。

## 7.2.2 振盘的定向与选向

**1. 选向机构**

选向机构类似螺旋轨道上的一系列关卡,对每一个经过该处的工件姿态方向进行检查,符合要求姿态方向的工件才能够继续通行,不符合要求姿态方向的工件被阻挡并在振盘的振动驱动力作用下,只能从螺旋轨道上落下掉入料斗底部重新开始爬行。

工程上常用的选向机构有缺口、挡块或挡条,下面以几个例子来说明。

**例7-3**　图7-10所示为某振盘螺旋轨道上的选向机构,在以随机姿态方向沿螺旋轨道向上运动的工件中,选取三个最具有代表性的工件2、工件4 、工件5,看它们是如何被选向机构筛选的。

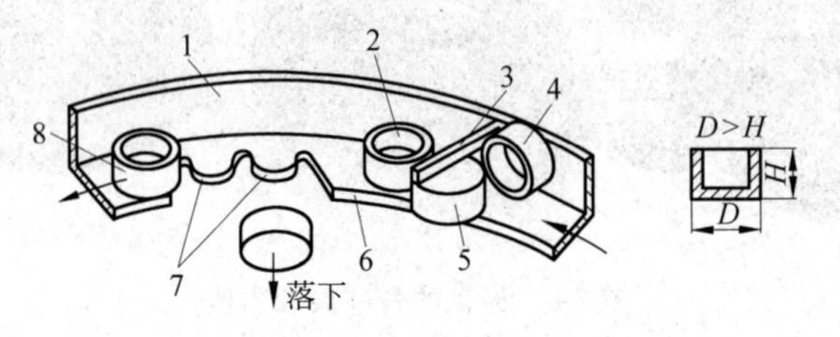


图7-10　选向机构实例一

1—料斗壁;2,4,5,8—工件;3—挡条;6—螺旋轨道;7—选向缺口

工件是一种直径为$D$、高度为$H$的圆套类工件,开口为沉孔,要求工件最后以开口向上的方向自动送出振盘的输料槽。在螺旋轨道上设置有挡杆3、缺口7,挡杆3设置在轨道上方,挡杆与螺旋轨道之间的空间高度为比工件高度$H$稍大,刚好只能让工件2、5通过。

如图7-10所示,挡杆3不是设计在料斗的半径方向,而是向前方倾斜的,工件4到达挡杆3时就无法从挡杆3下方通过,但在振盘驱动力的作用下,工件4会逐渐向料斗中心方向移动最后调入料斗底部重新开始爬行。

**例7-4**　图7-11所示为某振盘螺旋轨道上的选向机构,工件为轴类形状,两端直径不同,要求工件最后以大端向上的姿态方向从振盘输送出来。

在螺旋轨道4上设置一段特殊设计的挡条1,同时在该部位沿振盘中心一侧设置一段缺口 5，当工件以小端朝下的要求姿态运动至此时，由于在惯性离心力的作用下工件始终是靠振盘外侧方向运动的，因此以小端朝下姿态前进至此的工件会紧靠挡条向前运动，可以顺利通过。

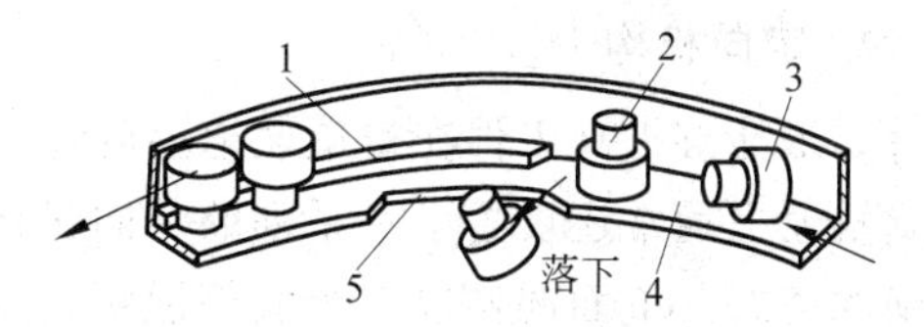

图 7-11　选向机构实例二

1—选向挡条；2，3—工件；4—螺旋轨道；5—选向缺口

当大端向下姿态的工件 2 运动至此时，由于缺口 5 的存在，工件下方一部分平面被悬空，在工件自身重力的作用下，工件向料斗中心一侧翻倒掉入料斗底部重新开始爬行。

当以圆柱面与螺旋轨道接触姿态的工件 3 运动至此时，由于缺口 5 和挡条 1 的存在，工件重心与螺旋轨道支承面同样存在偏移，在重力作用下，工件也会向振盘中心一侧翻倒掉入料斗底部。

**例 7-5**　图 7-12 所示工件为细长圆柱形，直径 $D$ 小于高度 $H$，要求工件以图示的卧式姿态方向送出振盘。

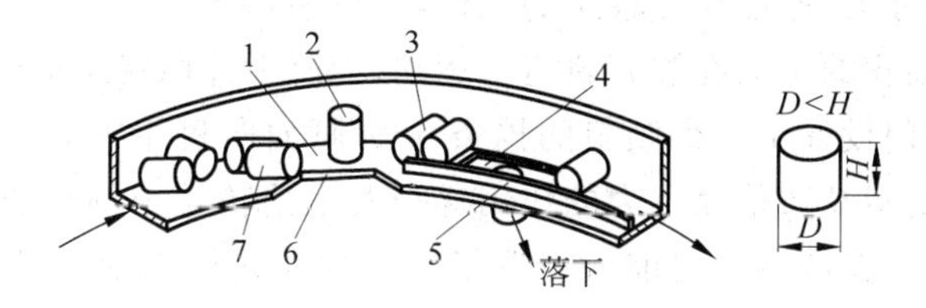

图 7-12　选向机构实例三

1—螺旋轨道；2，3，7—工件；4—选向漏孔；5—选向挡条；6—选向缺口

工件可能以卧式姿态、立式姿态沿螺旋轨道向前运动，在螺旋轨道上靠料斗外壁一侧专门设计了选向槽形漏孔 4，漏孔宽度大于工件直径，以立式姿态运动的工件 2 经过漏孔时会从孔中自动落下，掉入振盘料斗。以卧式姿态运动的工件中，轴线与振盘径向方向垂直的工件经过槽孔时仍然可以从孔中自动落下。虽然以卧式姿态前进、类似工件 7 姿态的工件运动至缺口 6 时会因为重心的偏移在该处翻倒，自动掉入振盘料斗底。只有以类似工件 3 姿态运动的工件最后才能顺利地通过缺口 6、槽形漏孔 4。

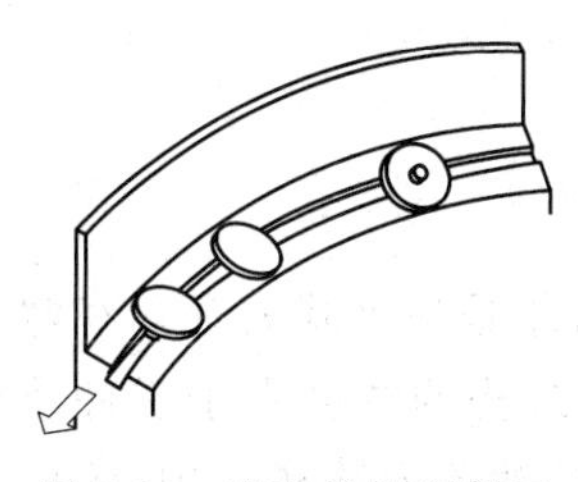
图 7-13　选向机构实例四

**例 7-6**　图 7-13 所示工件形状为一侧带凸台的圆盘，要求工件以凸台朝下的水平姿态送出。

根据工件的形状特征，在螺旋轨道中将其中一段设置为倾斜的结构并与两端的水平轨道平缓过渡，当凸台朝上的工件经过这段轨道时，在重力的作用下工件从倾斜面上滑落掉入料斗底部。当凸台朝下的工件经过该段轨道时，由于工件下方的凸台被轨道的槽口托住，工件不会从倾斜面上滑落而顺利经过，最后又依靠重力的作用自动纠正到水平方向最后送出振盘。

从上面四个实例可以看出，缺口、挡条、斜面都可以对工件姿态方向进行筛选和纠正，但都是针对工件的特定形状设计的，而且还要经过反复实验，所以振盘的设计都是针对特定形状的工件专门设计的，需要集中人类的智慧与技巧，也依赖于工程经验的积累。

**2. 定向机构**

如果能够提高工件在螺旋轨道上的通过率,就可以提高振盘的出料速度,所以在振盘的螺旋轨道上通常还设置了一系列的定向机构,将一部分不符合姿态方向要求的工件纠正为正确的姿态。下面同样以三个实例说明。

**例 7-7**　图 7-14 所示工件为带针脚的电子元件,要求工件最后以针脚向上的姿态输送出振盘。

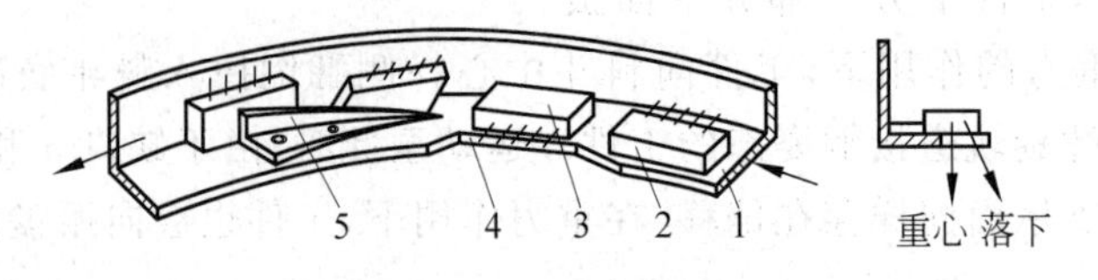


图 7-14　定向机构实例一

1—螺旋轨道;2,3—工件;4—选向缺口;5—定向挡条

对于这种平面尺寸大、厚度尺寸较小的工件,工件重心低,在重力和振盘驱动力的作用下,工件总会以最大面积的平面在螺旋轨道上运动,因此工件稳定运动时总是呈卧式姿态。

在螺旋轨道上专门设计了一个倾斜的挡条 5,针脚面向料斗中心一侧的工件 3 在倾斜挡条 5 作用下,边向前运动边依靠重力的作用逐渐发生偏转直至偏转 90°,最后自动转向为针脚向上的要求姿态。在挡条 5 之前就设置了一道选向缺口 4,针脚面向料斗壁一侧的工件 2 难以通过上述挡条纠正姿态,运动到缺口 4 时,由于螺旋轨道上支承面不够大,在重力的作用下,工件因为重心偏移而翻倒掉入料斗底部。

**例 7-8**　图 7-15 所示工件为一侧带圆柱凸台的矩形工件,要求工件最后以凸台向上、且凸台位于振盘中心一侧的图示姿态方向输送出振盘。

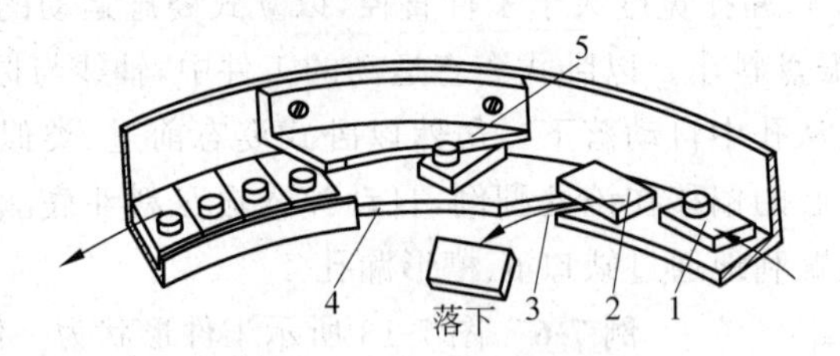


图 7-15　定向机构实例二

1,2—工件;3—选向缺槽;4—螺旋轨道;5—定向挡条

与例 7-7 类似,这种平面面积大、厚度较小的工件稳定运动时总是呈卧式姿态。在螺旋轨道上针对这种姿态的工件专门设计了一道倾斜的缺槽 3,由于缺槽的宽度大于工件凸台的直径,当凸台向下的工件运动到此时,在驱动力的作用下工件自动落入缺槽 3 中,工件边前进边沿缺槽移动,最后自动落入料斗底部。在缺槽 3 的后方专门设计了挡条 5,当凸台不在振盘中央一侧的工件经过时,挡条 5 会使工件边前进边发生偏转,最后纠正为要求的方向,对刚好符合要求姿态的工件没有任何影响。

**例 7-9**　图 7-16 工件为普通的一字槽平头螺钉,要求螺钉最后以钉头朝上的姿态送出振盘。

这种螺钉工件可能的姿态为钉头朝下的立式姿态(例如工件 4)、钉头为随机方向的卧

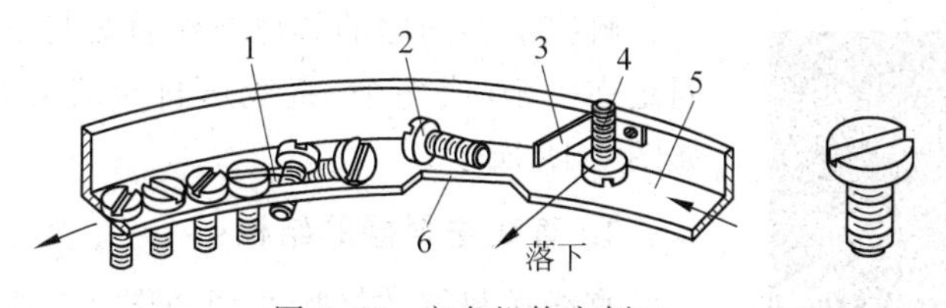


图7-16 定向机构实例三

1—定向槽；2,4—工件；3—选向挡条；5—螺旋轨道；6—选向缺口

式姿态(例如工件2)两类。在轨道上方设置一个倾斜的挡条3,对于立式姿态工件4,工件边向前运动在挡条的作用下边向料斗中央移动,最后滑落掉入料斗底部。由于挡条3下方的高度大于钉头的直径,所以卧式姿态运动的工件全部可以通过挡条3。如果钉头位于料斗的中央一侧,当经过挡条前方的选向缺口6时,因为钉头处于悬空状态,工件的重心发生偏移,工件会自动落入料斗底部。在缺口6前方的螺旋轨道上专门设计了一个定向槽1,以卧式姿态通过了挡条3及缺口6的工件经过此定向槽时,由于重力的作用,螺钉螺纹部分会自动落入槽内,在重力的作用下工件自动由卧式姿态纠正为所要求的钉头朝上的立式姿态,继续在定向槽内向前方运动送出振盘。

**例7-10** 压缩空气喷嘴的辅助作用。在很多场合,挡块或挡条对工件的定向过程中,因为形状或重量的原因使得工件偏转或翻转存在一定的困难,这时再增加压缩空气喷嘴,使压缩空气喷嘴对准工件偏转或翻转的某一位置不停地喷射,当有工件刚好经过时压缩空气喷嘴喷出的压缩空气对工件施加一定的辅助推力,使工件更容易地完成姿态纠正动作。喷嘴的方向必须经过仔细的试验直到效果最佳。

在实际应用中,压缩空气喷嘴还大量应用在输料槽上对工件提供辅助推力。通常将喷嘴倾斜设置于输料槽的上方并对准工件前进方向,压缩空气不停地对准工件前进方向喷射,每一个工件运动到该位置时都受到压缩空气的喷射作用,获得一个向前的辅助推力,对振盘的驱动力也起到一定的补充作用,也经常用于快速驱动输料管中的工件(例如螺钉),如图7-17所示。

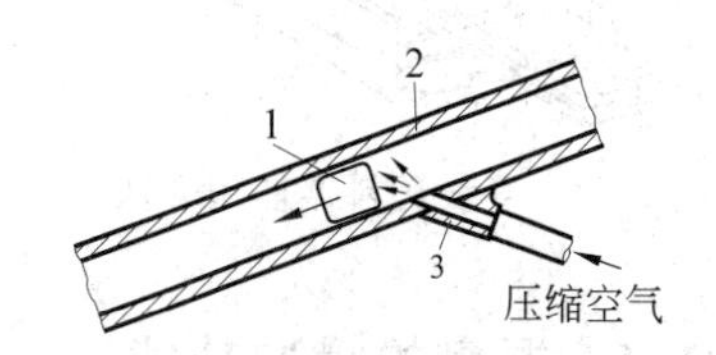


图7-17 使用压缩空气喷嘴对工件提供辅助推力

1—工件；2—输料管；3—压缩空气喷嘴

通过上述实例可以看出,定向机构是一种主动的姿态纠正方法,而选向机构则是一种被动的姿态控制方法。为了提高振盘的送料效率(出料速度),选向机构与定向机构一般是同时使用的。

### 7.2.3 直线送料器

#### 1. 问题的提出

工件离开振盘的出口后,工件还需要经过振盘外面加设的一段外部输料槽才能到达装配部位,而且输料槽上的工件是连续排列的,前方的工件靠后方的工件来推动。因为工件具有一定的重量,工件在输料槽上前进时会产生摩擦阻力,输料槽越长则同时运动的工件数量就越多,总摩擦阻力也越大,振盘的负载也越大,可能出现振盘无法推动前方工件的情况,此时需要对外部输料槽中的工件提供附加的驱动力,弥补振盘驱动力的不足。此外,在输料槽上设置压缩空气喷嘴也是常用的类似方法。

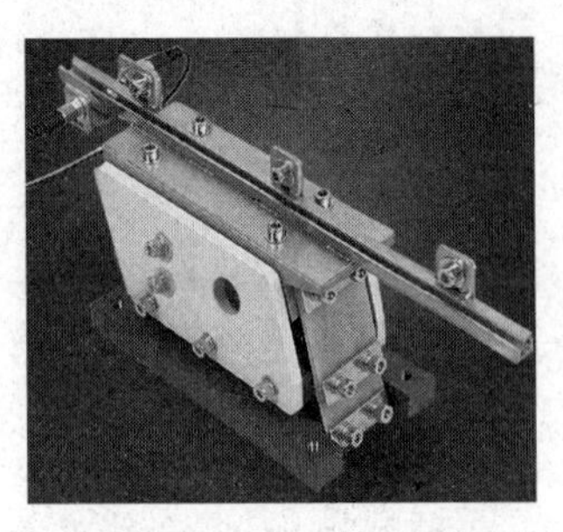
图 7-18　直线送料器

解决上述问题的具体方法就是将外部输料槽直接安装固定在一个(或多个)直线送料器的上方,直线送料器外形如图 7-18 所示。

**2. 直线送料器的结构**

直线送料器的结构原理与图 7-5 所示的力学模型几乎是完全一样的,两根板弹簧平行安装,由于板弹簧与竖直方向的倾角很小,所以板弹簧产生的是几乎与水平方向平行的高频驱动力,由于没有了螺旋轨道与定向机构,因而结构更简单,外形也由圆盘形或圆柱形简化为长方形。

**3. 直线送料器使用方法**

直线送料器为振盘提供辅助驱动力外,还可以对振盘提供供料缓冲作用。

其安装非常简单,使用时直接用螺钉将输料槽安装固定在直线送料器上方的表面上即可,这样直线送料器的驱动力就可以直接传递给上方的输料槽,通过输料槽驱动输料槽内的工件,由于工件还是会受到一定的向上的分力,所以输料槽需要对工件上下方向进行约束,如图 7-19、图 7-20 所示。

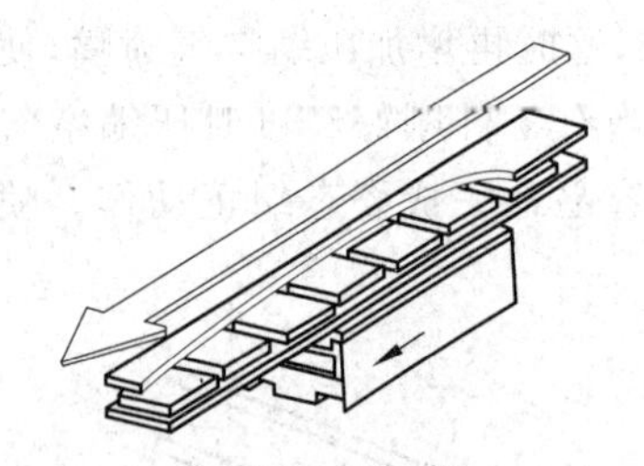
图 7-19　直线送料器使用方法

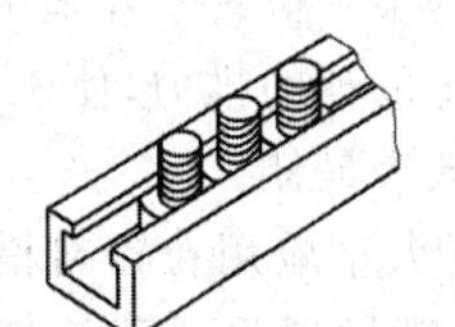
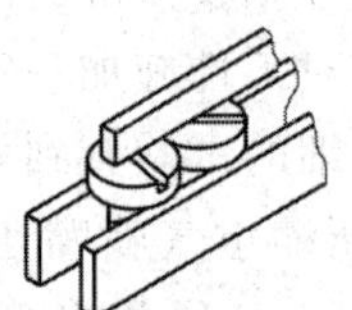
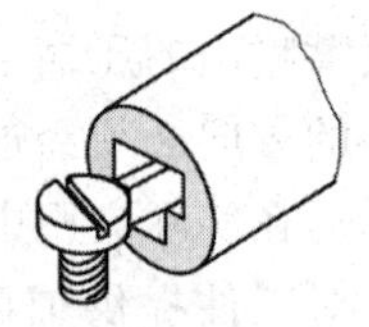
图 7-20　输料槽对工件高度方向进行约束

## 7.2.4　振盘的缓冲功能

**1. 问题的提出**

由于振盘的出料速度比机器上料机构(如机械手)的取料速度快,如果振盘始终不停地运行,不仅浪费能源,而且也会降低振盘的寿命,连续的运行噪声还会降低工作环境的质量。

**2. 解决方法**

如图 7-21 所示,在振盘外部的输料槽上设置一个工件缓冲区,分别在两个位置设置工件检测传感器,接近输料槽末端一个位置的传感器 7 称为低位检测传感器；离输料槽末端更远的一个位置的传感器 5 称为高位检测传感器。利用上述传感器及控制系统,可以使输料槽上的工件数量最少时不低于最低限位置,最多时不高于最高限位置。当传感器 7 没有检测到工件时振盘开始运行,直到当传感器 5 检测到有工件时振盘停止运行,这样就实现**振盘间歇工作,保证其工作寿命,但直线送料器是一直保持运动工作的。**

一旦机器出现暂停状态,则通常有两种可能：一种可能为振盘料斗以及输料槽内的工件已经全部用完,需要人工添加工件；另一种情况就是有可能在振盘及外部输料槽的某一部位出现工件被卡住(尺寸超差或零件混装)无法前进,这时尽管振盘仍在运行,但振盘或输

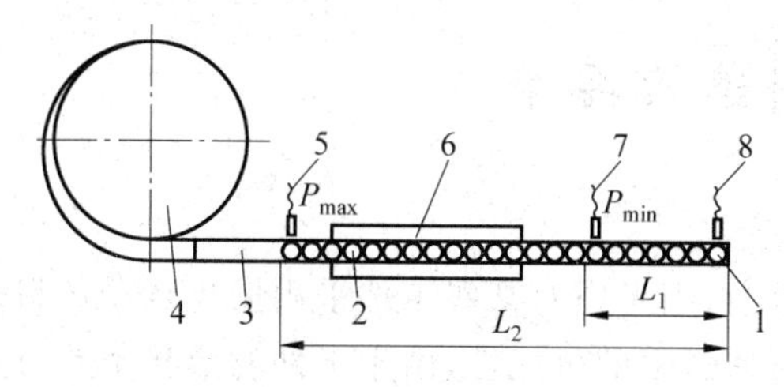


图 7-21　振盘外部的输料槽及工件储备区

1—取料位置工件；2—工件；3—输料槽；4—振盘；5—最高限位置工件检测传感器；6—直线送料器；7—最低限位置工件检测传感器；8—取料位置工件检测传感器

料槽内的工件无法送到机械手取料位置，需要生产工人使用专用的金属钩拨动被卡住的工件，使其顺利通过。

**3. 实例分析**

下面以一个实例说明振盘的缓冲功能。

**例 7-11**　某自动化专机的输料系统如图 7-21 所示。假设机器的装配节拍时间为 6 s/件，振盘的出料速度为 25 件/min，圆盘形工件的直径为 30 mm，输料槽末端距离最低限位置的长度 $L_1$ 为 210 mm，输料槽末端距离最高限位置的长度 $L_2$ 为 660 mm，请计算：

(1) 机器用尽最高限位置至最低限位置之间的工件所需要的时间。

(2) 振盘自动开机后将工件从最低限位置补充至最高限位置所需要的时间。

(3) 请描述振盘在稳定工作状况下的工作循环。

**解**：(1) 机器的装配节拍时间为 6 s/件＝0.1 min/件，表示机器的取料频率为 1/0.1＝10 件/min。

根据输料槽长度及工件尺寸可以求出：

机器取料位置至最低限位置之间的工件数量：210/30＝7(件)

机器取料位置至最高限位置之间的工件数量：660/30＝22(件)

所以，机器用尽最高限位置至最低限位置之间的工件所需要的时间：(22－7)/10＝1.5(min)

上述时间内，工件的输送依靠输料槽下方的直线送料器工作来进行，而振盘是停止工作的。

(2) 当最低限位置传感器检测出该位置工件空缺后，振盘即自动开机，振盘在机器取料的同时向工件储备区补充工件，输料槽内工件实际的增加速度等于振盘的出料速度减去机器的取料速度：25－10＝15(件/min)

振盘将工件从最低限位置补充至最高限位置所需要的时间为 (22－7)/15＝1(min)

上述时间实际上就是每次振盘开机运行的时间，当最高限位置传感器检测出该位置停留有工件后，振盘即自动关机。

(3) 根据上述计算，可以确定振盘在稳定工作状况下的工作循环为：振盘每开机 1.5 min，然后停机 1 min，如此不断循环。实际情况可能会与上述结果稍有出入。

## 7.3 振盘的出料速度要求

**1. 振盘的技术要求**

在设计自动机器工程中,当考虑对某些工件采用振盘自动送料时,通常是先与振盘的专业供应商商讨采用振盘自动送料的可能性,由于工件的形状千差万别,并不是任何一种工件都能够实现振盘自动送料,只有确认对方能够解决振盘的设计与制造时再正式签订配套合同,同时向对方提出振盘的各种技术要求。

通常需要向制造商提出的主要技术要求包括:

- 出料时工件的姿态方向;
- 最大出料速度(单位:件/min、件/h);
- 料斗方向(顺时针方向或逆时针方向);
- 尺寸(输料槽长度、料斗直径及高度等);
- 噪声指标。

此外,还需要向振盘制造商提供工件的详细图纸、一定数量的工件实物。

在上述各项要求中,出料时工件姿态方向及最大出料速度是至关重要的。出料时工件的姿态方向,是根据自动化专机或自动化生产线的装配过程确定的,工件出料方向必须与机器取料时所需要的方向一致。一旦自动化专机或自动化生产线的总体设计方案确定后,工件的出料姿态方向就确定了,不能随意更改,否则会导致大范围的修改。

**2. 最大出料速度**

振盘的工件出料速度是与机器的节拍时间密切相关的,因为振盘送料是整台机器各种动作循环的动作之一,直接影响机器的生产效率或节拍时间,振盘的出料速度必须满足机器的节拍时间需要。

1) 机器的节拍时间

所谓节拍时间就是指机器或生产线每生产完成一件产品所需要的时间间隔。

2) 振盘出料速度设计原则

正常使用条件下振盘的出料速度必须大于机器对该工件的取料速度,而且还必须具有足够的余量,通常要比机器的取料速度高20%以上。下面通过一个实例详细说明。

**例 7-12** 假设一台自动化专机用于某产品的自动化装配,在装配过程中确定对某个工件采用振盘来自动送料。假设该专机的节拍时间为1.5 s/件,请计算该工件的振盘出料速度至少应该为多少?

**解**:该专机的节拍时间为1.5 s/件,表示机器每间隔1.5 s需要抓取一次工件,抓取工件的频率为:$\frac{1\times 60}{1.5}=40$(件/min)

振盘出料的速度必须在满足机器节拍时间的前提下具有足够的余量,如果按照机器取料频率的1.2倍选取,振盘出料速度至少应该为:$1.2\times 40=48$(件/min)

**3. 振盘的出料速度调节**

振盘的出料速度并不是一个固定值,而是可以调节的,振盘都带有一个图7-22所示的控制器，控制器或者安装在振盘本体上，或者安装在机器的其他部位。

图 7-22　振盘速度控制器

振盘控制器上，除设有普通的启动及停止开关外，还有一个振盘速度调节旋钮。

改变振盘速度的方法通常为改变振幅，因振幅与激振力成正比，而激振力与外加电压平方成正比，与线圈匝数平方成反比，所以改变外加电压及线圈匝数就能调节振幅。其中改变线圈匝数来调节激振力比较简单，但不能实现无级调节，因此振盘通常都是通过可控硅调节电压来改变振幅值，从而达到调节振盘出料速度的目的。

在正常工作条件下出料速度一般并不调节到最大值，因为出料速度越高，工作时的噪声也越大，也会降低振盘的工作寿命。通常要将振盘的速度调节到适当的水平，既能够满足机器的节拍时间要求，又不致使振动幅度过大。

## 7.4　振盘的故障排除方法与维护

振盘应用案例与使用维护

由于影响振盘正常工作的因素较多，因此，实际情况难免与原设计要求有些出入，尤其是定向结构必须经过反复实验、修改后才能最后确定，经过试用后才能投入使用。图 7-23 为振盘的装配调试现场实例。

图 7-23　振盘的装配调试

使用过程中，比较容易出现的故障及解决方法如下。

**1. 振盘不能运行**

(1) 检查主电源是否正常有电；

(2) 检查保险丝是否正常；

(3) 检查其他应该有电源的地方是否正常并进行修复。

**2. 工作时噪声过大或噪声突然增大**

(1) 振盘出口与输料槽之间没有间隙或间隙太小。

如图7-24所示，振盘出口与输料槽之间结合部 $A$、输料槽与机器的结合部 $B$ 是断开的，必须保证合适的间隙(通常2 mm)，这样既不影响工件的输送又不会与振盘的振动发生干涉，如果这两处间隙太小会发生碰撞产生撞击声音。可以将振盘底座的螺钉放松，轻轻将振盘向反方向转动，也可以放松振盘支座并调整位置后再将螺钉拧紧。所以**机器调试完成后，振盘和机器机架都要用爆炸螺钉与地面固定，防止位置因碰撞而移动。**

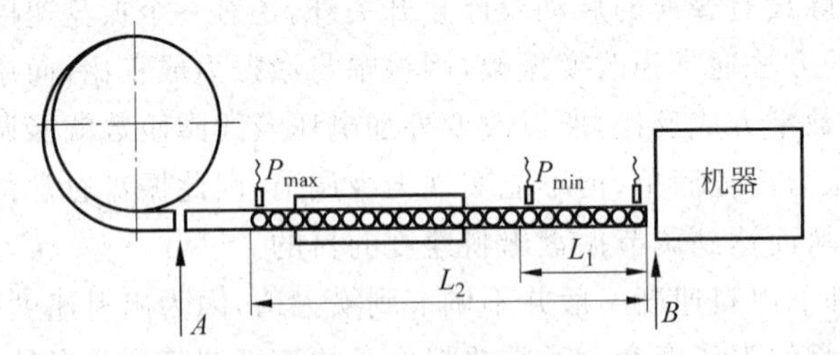


图7-24 振盘出口与输料槽之间、输料槽与机器之间的间隙

(2) 电磁铁气隙太小。

电磁铁气隙即为电磁铁铁芯与衔铁的间隙，如果气隙太小，铁芯与衔铁会发生碰撞产生撞击声音。需要注意电磁铁铁芯与衔铁的间隙一方面要尽可能小，另一方面必须保证振盘在满负荷运行时电磁铁铁芯与衔铁之间不能发生碰撞。如间隙过大，会增加电流和功率消耗，使电磁力不足，并使振幅减小；如间隙过小，衔铁和铁芯就会发生碰撞，影响料斗正常工作，还会引起很大的撞击噪声。另外非常重要的是电磁铁铁芯与衔铁的间隙要均匀，整个振盘的性能在很大程度上取决于这一点，调整完成后要保证所有的螺钉都要拧紧。

(3) 料斗或其他部位的连接螺钉有松动，检查螺钉连接并重新紧固。

(4) 电磁铁质量。如果振盘运行时产生嗡嗡声，说明电磁铁铆合不良，有漏磁，应重新铆合或更换电磁铁。

**3. 送料速度突然降低**

(1) 振动系统受阻。可能是料斗与隔声罩之间过于紧密，没有空气间隙，振动系统的振动受阻。检查上述间隙，放松料斗至合适的位置。

(2) 板弹簧折断。打开外罩，检查弹簧，将可能折断的弹簧更换。

(3) 内部螺旋槽污染。用汽油或酒精对料斗内部螺旋槽污染进行清洗。

(4) 工件被油脂污染。清洗并干燥工件再输送。

**4. 工件前进速度不均匀**

有时也会出现振盘两侧工件前进速度不同、后面工件挤推前面工件的现象。主要是三根板弹簧振幅不等，振盘各部分振动加速度不一致造成的。影响振幅不等的原因可能为：电磁铁的气隙不均匀；板弹簧的材料性能及其尺寸不一致；板弹簧安装位置不对称；板弹簧连接处螺钉螺母松动；解决方法为分别检查板弹簧安装位置及连接螺钉、电磁铁的气隙等，若出现工件只跳不前进的现象，可能是振幅过大或弹簧倾角过大造成的。

**5. 工件被卡住堵塞**

工件在螺旋槽或输料槽的某个部位被卡住堵塞，导致后面的工件无法向前输送的情况，原因为工件尺寸可能超出正常范围，操作工人只要用专用的金属钩子拨动被卡住的工件，使其顺利通过即可。工件的送料堵塞现象是自动化装配生产中的一大难题，只有通过保证零件质量及尺寸一致性来解决。

在振盘制造过程中，各种选向机构、定向机构的调试与验证是反复进行的，因此它们并不是一次焊接到螺旋轨道上的，只有当实验效果达到设计要求后才最后将它们牢固地焊接好。

## 7.5　适合采用振盘送料的零件及工程实例

在实际工程中，哪些工件可以采用振盘自动送料呢？

以下是在实际工程中经过生产实践验证过的工件实例，读者可以将实际工件与图 7-25～图 7-28 所示图片资料进行比较，初步判断是否可以采用振盘来自动送料。如果相似或相近，原则上一般都可以实现。

图 7-25　振盘送料工件实例一

图 7-26　振盘送料工件实例二

图 7-27　振盘送料工件实例三

图 7-28　振盘送料工件实例四

以下给出工程中一些应用的例子(图7-29～图7-33),希望能帮助读者增加直观认识,当然,最好的方法是在自动化生产设备现场仔细观察实际的振盘结构及其工作情况,从中进行揣摩和总结。

图7-29 输送1号电池正极帽
(出料速度:≥180件/min)

图7-30 横向输送7号、5号电池钢壳
(出料速度:≥500件/min)

图7-31 输送螺钉(出料速度:≥150件/min)

图7-32 输送开关簧片
(出料速度:≥200件/min)

图7-33 振盘与直线送料器同时使用

对于某些非常简单的操作而言，相关的自动机器也非常简单，有些装配或操作直接在振盘的输料槽上就可以进行，如激光打标、切断等，图7-34为自动化散装电容剪角机，剪角操作直接在输料槽上进行。

图7-34　直接在输料槽上操作（自动化散装电容剪角机）

复杂情况下一台机器可能设计多个振盘分别输送不同的工件。既可以采用机械手将振盘输料槽末端的工件抓取后移送到输送线上的基础工件上完成装配，如图7-35、图7-36所示。也可以采用振盘通过输料槽直接将工件输送到间歇回转的转盘定位夹具上，如图7-37所示。

图7-35　采用振盘自动送料装置的自动化专机实例一

图7-36　采用振盘自动送料装置的自动化专机实例二

图 7-37 采用振盘自动送料装置的自动化专机实例三

## 7.6 如何设计零件使自动化装配更容易?

在采用自动化装配的产品设计中,通常需要遵循以下设计原则:

**1. 零件形状设计应考虑适合自动定向及自动送料**

在自动化工程中,振盘制造商经常会碰到这样的问题,由于产品设计工程师缺乏对自动化装配的了解,所设计的工件很难或无法实现振盘自动送料,但只要将零件形状稍加改动就会使振盘的设计方案变得非常简单,而零件这种形状上的改变对产品的功能并没有其他影响。所以工件形状的设计要精心考虑是否适合自动送料、自动定向及自动装配,如果不适合自动送料,可能使设备方案非常复杂或设备制造成本非常昂贵。下面以几个实例为例,说明如何考虑自动化装配的一般规律进行零件设计。

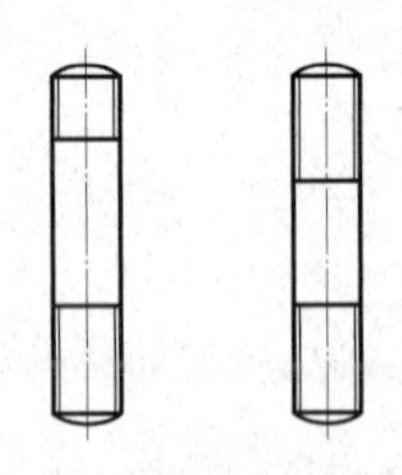

图 7-38 改进工件形状使其适合自动化装配实例一

**例 7-13** 图 7-38 为双头螺栓应用在自动化装配中的实例。原设计方案中工件为不对称形状,这在人工装配中可以很容易地识别和处理,但在自动化装配中这将会带来很大的困难。可能需要一个昂贵的视觉系统才能解决。改进为对称形状,自动定向及装配就简单多了。

**例 7-14** 螺钉连接是基本的装配方式大量应用在自动化装配中,必须进行特殊的形状设计,主要体现在螺钉头部的槽形与尾部的形状。

由于螺钉头部的槽形需要与螺钉旋扭工具(通常为气动螺丝批)的批头进行啮合,如果采用普通的槽形(例如"一"字槽),则在装配中批头不容易与螺钉头对准方向,所以用于自动化装配的螺钉头部槽形通常采用容易与批头对中的"十"字槽或梅花形槽。

由于螺钉的尾部需要与装配孔快速对中,如果采用图 7-39 中普通的平头尾端对中性就较差，需要对螺钉的外径进行控制；倒角头尾端对中性比平头尾端稍好；轧头尾端定位合理；如果采用锥形尾端、椭圆形尾端则使自动对中定位非常容易。所以用于自动化装配的螺钉大多采用轧头尾端，螺钉一旦插入孔中就很容易自动对中定位。

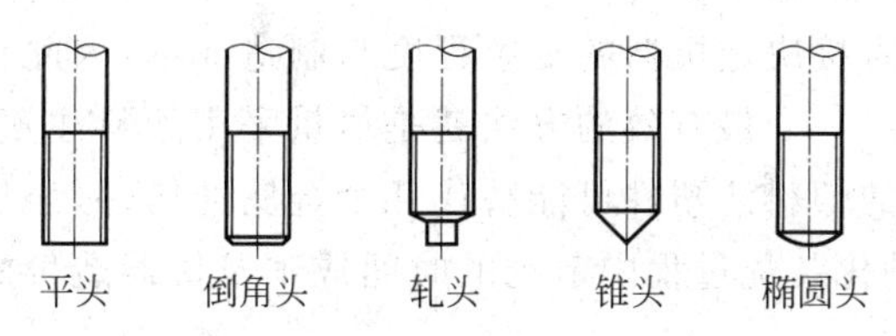


图 7-39　改进工件形状使其适合自动化装配实例二

**例 7-15**　图 7-40 所示工件为一种杯状薄壁冲压件，由于材料的厚度较薄，采用图 7-40(a)所示方案，工件在振盘自动定向及输送中很容易发生堆叠现象，只要在形状上稍加改动，如图 7-40(b)所示，就很容易避免这一问题，而这种改动并不影响产品的性能。

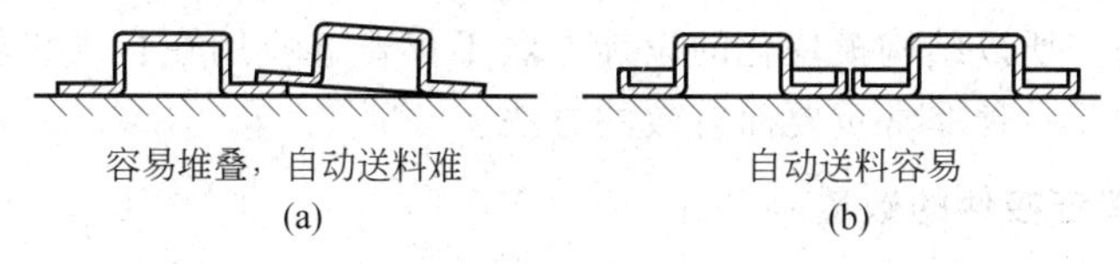


图 7-40　改进工件形状使其适合自动化装配实例三

**例 7-16**　图 7-41 为振盘自动送料过程中容易引起工件定向及输送困难的实例。只要对工件形状稍加改动，就很容易避免出现套接、缠结等问题，而这些改动也并不影响产品的性能。

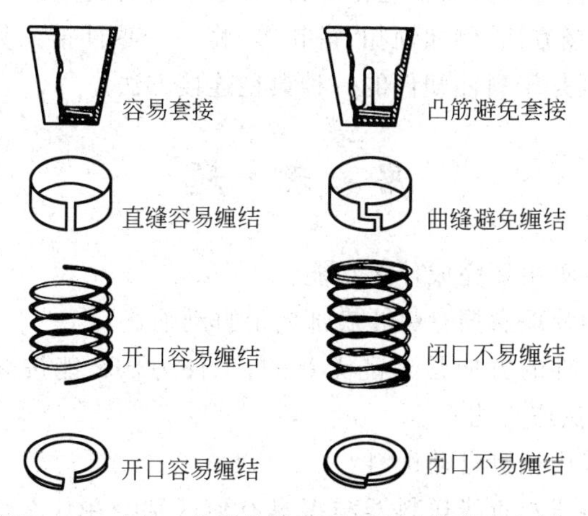


图 7-41　改进工件形状使其适合自动化装配实例四

### 2. 零件尺寸加工精度

在自动化装配中，如果工件的尺寸加工精度不高，尺寸分散，则在许多环节都会频繁出现各种问题，例如在振盘自动送料环节就会频繁出现工件在输料槽某些部位被卡住导致机器自动停机待料的现象。实践经验表明，这种现象更多出现在工件为冲压件时的情况，直接降低自动化专机的使用效率，造成不应有的经济损失。

此外偶尔还因为混入了其他类似的系列工件而造成上述停机现象，因此，不仅要求进行自动化装配的零件具有较高的尺寸精度，而且对生产管理也提出了更高的要求。

**3. 尽量减少零件的数量**

待装配零件的数量直接决定机器的复杂程度与制造成本，因此在进行产品设计时应该尽可能减少零件的数量。一个最有效的方法就是尽量采用塑料注塑件代替金属冲压件，因为一个几何形状较复杂的塑料注塑件可能替代几个金属冲压件，虽然塑料注塑件看上去模具的成本较高，但在自动化装配过程中节约的时间成本及机器造价的降低会产生更大的经济效益。

**4. 采用模块化的设计**

在自动化装配生产中，如果分散的单个零件越多，机器的机构会越复杂，而产品和机器的可靠性也因此而降低，相反，如果采用模块化的设计，每次装配的零件是在前面已装配完成的模块上进行的，则机器的结构将会大大简化，机器的可靠性会大幅提高，产品的可靠性也同样会大幅提高。所以结构模块化的设计方法不仅普遍应用在自动机器上，而且在产品的设计过程中同样是一种非常重要而有效的方法。

**5. 减少螺钉等连接件的数量**

在产品的设计过程中，采用螺钉、螺母、铆钉等连接件进行零件之间的连接是一种成本低廉的制造方法，这在手工装配生产中将会体现出明显的好处，但在自动化装配中，情况就不一样。

在自动化装配中，各种螺钉、螺母连接都需要采用振盘来自动送料，螺钉越多机器也更复杂，制造成本更高，所以通常要减少这种螺钉、螺母连接的数量，一种有效的替代方法就是采用各种快速的自动连接方法，例如锁扣、搭扣等，将一个零件推入另一零件的适当部位即可完成自动连接，这尤其是塑料注塑件的一种典型连接方法。

## 思　考　题

1. 在自动机器中振盘主要完成什么功能？

2. 为什么工件能连续地由振盘料斗底部向上自动输送？

3. 振盘料斗底部工件的方向是杂乱无章的，工件为什么能按规定的方向自动输送出来？一般采用了哪些方法或机构？

4. 哪些工件适合采用振盘自动送料？

5. 什么叫直线送料器？直线送料器与振盘有何区别？在什么情况下需要采用直线送料器？

6. 外部输料槽上的工件储备区如何实现始终存有一定数量的工件？

7. 自动机器设计中当采用振盘送料时，如何确定振盘的出料速度？

8. 在使用振盘的过程中，最容易出现哪些问题？如何排除？

9. 在振盘使用过程中，当出现在输料槽的某个位置工件被卡住导致后面的工件无法向前输送时如何解决？上述现象可能由什么原因引起？

# 第 8 章　解析自动机器辅助机构

在前面自动机器结构组成的学习中，我们已经知道自动机器主要由自动上下料机构、装配执行机构、定位机构、夹紧机构、分隔机构、换向机构等组成，除执行机构以外的其余部分我们都统称为辅助机构。

## 8.1　认识常用自动上下料机构

自动上下料机构

自动上下料机构种类繁多，下面给出几种最常用、最简单的自动上下料机构。

**1. 料仓送料装置**

所谓料仓送料装置就是一个竖直方向的料仓加上一个水平安装的气缸，气缸活塞杆和一个与工件等厚度的推板连接，气缸每次伸出时推板推出料仓最下方的一个工件，推板推出后，工件在重力作用下又自动下落。工件既可以是矩形工件，也可以是圆柱形工件。料仓上方必须有其他的供料装置给料仓供料。这是一种最简单的自动送料装置，如图 8-1 所示。

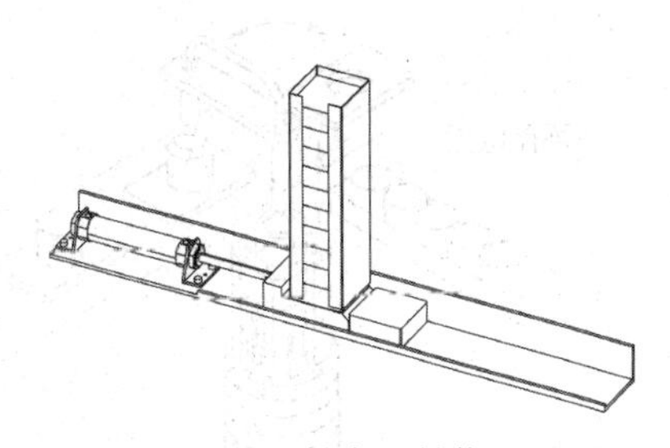
图 8-1　料仓送料装置

**2. 推板送料装置**

所谓推板送料装置就是气缸推动一块活动的推板，推板上有一个带缺口的定位孔，推板缩回时自动接纳一个工件，气缸推动推板运动到伸出位置时，机械手从该位置取走工件进行装配或加工。它通常是与振盘外部的输料槽连接使用的，输料槽里面的工件在振盘和直线送料器的驱动下自动进入推板定位孔中，如图 8-2 所示。也可以将工件定位孔设计在推板之外，如图 8-3 所示。

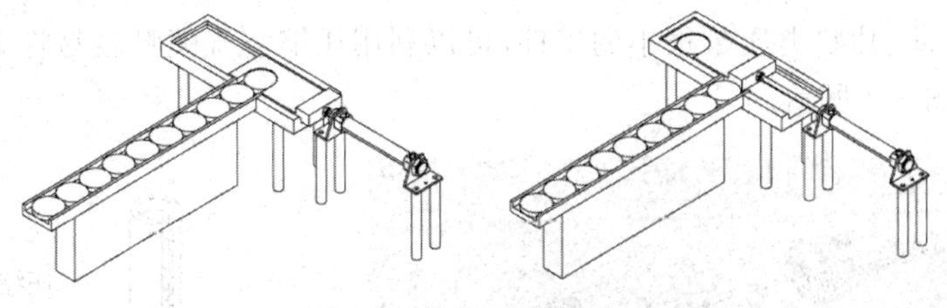
图 8-2　推板送料装置一

**3. 机械手上下料**

机械手既可以完成自动上料动作，也可以完成卸料动作，只是移送方向相反而已。例如从输送线上或振盘输料槽末端取料放入机器定位夹具中，也可以反过来从机器定位夹具中夹取已经完成装配或加工的工件放到输送线等其他位置，如图 8-4 所示。

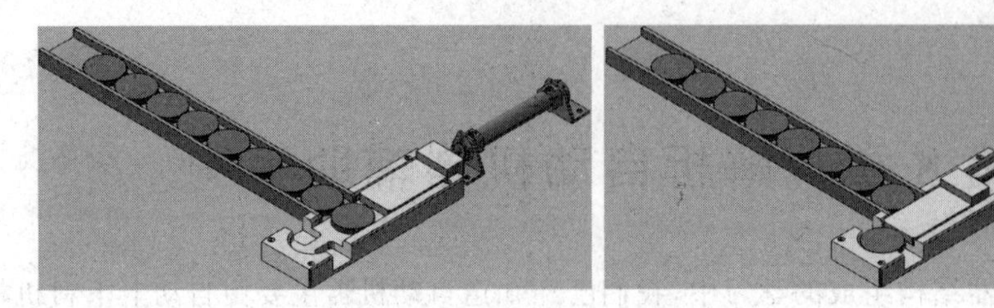

图 8-3　推板送料装置二

#### 4. 回转盘自动上料

利用一个带多个工件定位缺口的转盘，配合振盘输料槽就可以完成自动上料动作。由于振盘输料槽里的工件在直线送料器作用下始终会向前运动，输料槽对准转盘缺口时工件就自动进入转盘定位孔中，转盘转位过程中不影响其他工件，这其实和推板送料装置的原理是一样的，只是尺寸有差异，当回转盘半径无限大时就和推板一样了，如图 8-5 所示。

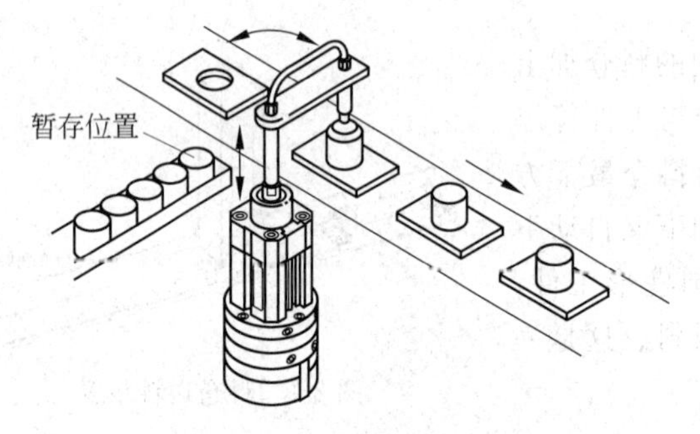


图 8-4　机械手自动上料

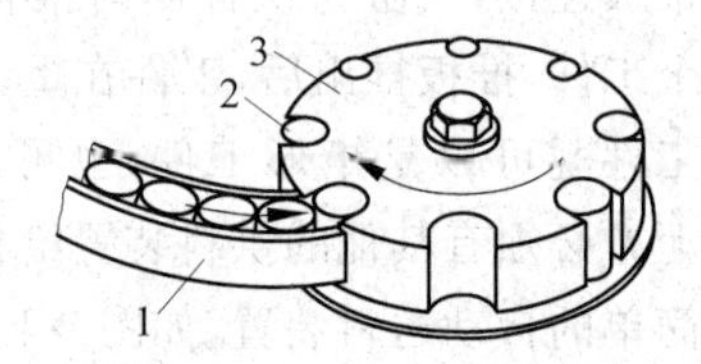


图 8-5　回转盘自动上料

1—输料槽；2—工件；3—回转盘

#### 5. 气缸卸料

利用气缸活塞杆的伸出动作将工件从定位夹具上推出滑落，完成最简单的卸料动作。如图 8-6 所示，下方的竖直气缸先将工件从定位孔中顶升，然后水平气缸伸出直接推出工件。

#### 6. 压缩空气喷嘴卸料

对于一些轻薄、片状类质量很小的工件，可以利用压缩空气喷嘴轻易将工件从定位夹具中吹出卸料，如图 8-7 所示。

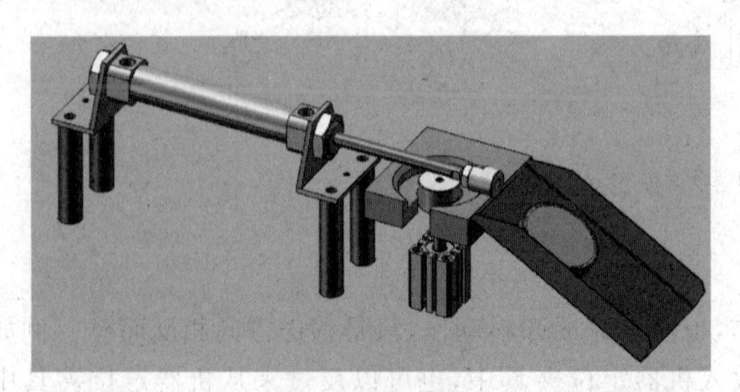

图 8-6　气缸卸料

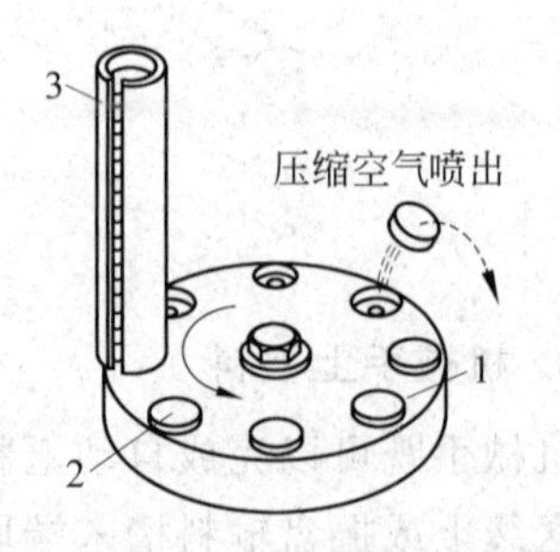


图 8-7　压缩空气喷嘴吹气卸料

1—回转盘；2—工件；3—料仓

### 7. 其他间歇送料机构

所谓间歇送料机构就是使等距离排列的工件以固定的行程、固定的节拍时间向前间歇输送，在停止的时间内完成一个或多个位置工件的装配或加工操作，这样既可以节省场地空间，又可以大幅提高机器的生产效率。图8-8就是由曲柄摇杆机构驱动的间歇送料机构，上方的一系列工件在拨杆的作用下，每次被同步地向前推动相同的距离。

图8-9为自动冲床中的带料间歇送料机构，材料每前进一个步距，冲床进行一次冲压加工。图8-10为电阻电容自动成型机实例，图8-11为接线端子自动压接机实例。

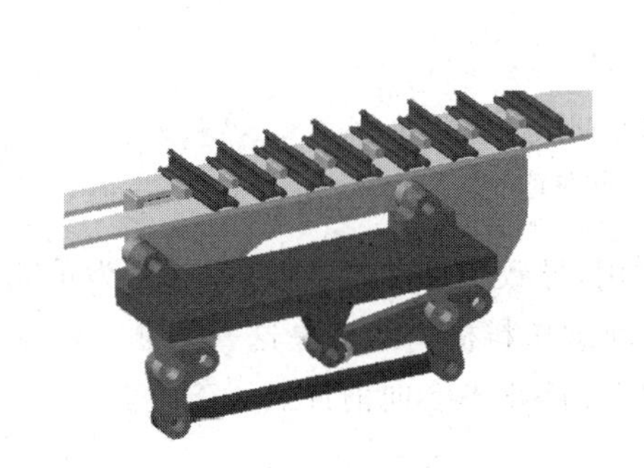

图8-8　由曲柄摇杆机构驱动的间歇送料机构

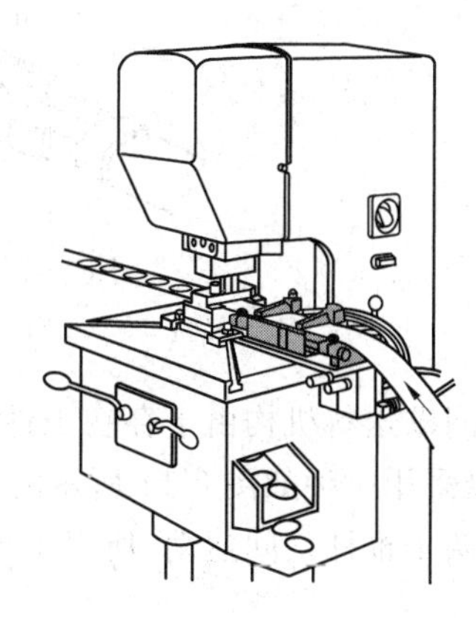

图8-9　自动冲床中的带料间歇送料机构

图8-10　电阻电容自动成型机间歇送料

图8-11　接线端子自动压接机间歇送料

图8-12为采用气缸驱动的棘轮机构实例，气缸通过棘轮机构驱动平顶链输送线的链轮单向间歇回转，从而带动平顶链作直线方向的间歇送料，平顶链每次移动的步距取决于气缸的工作行程及活塞杆在摇杆上的连接点位置。

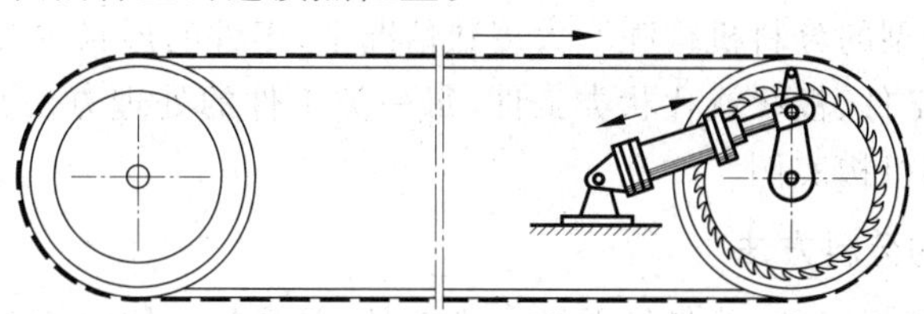

图8-12　气缸及棘轮机构驱动的平顶链间歇输送系统

棘爪机构实际上是棘轮机构的一种变形,其工作原理与棘轮机构类似,只不过棘轮机构一般实现的是圆周方向的间歇转动,而棘爪机构一般用于实现直线方向上的间歇运动。图8-13为一典型的棘爪间歇送料机构,每次棘爪3都推动工件前进同样的距离,返回时棘爪3被工件压下,棘爪上安装有一个扭转弹簧。

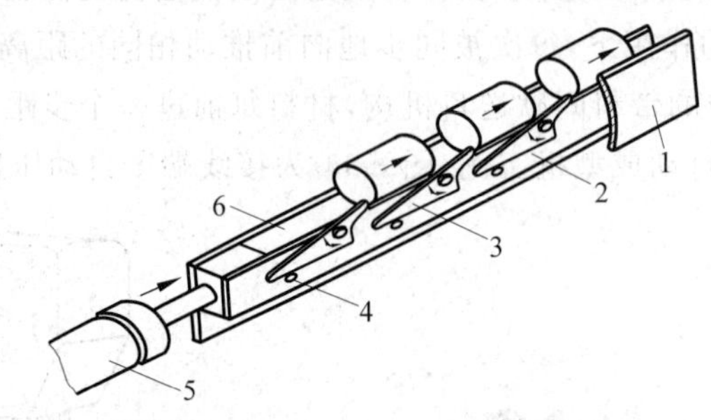


图8-13　典型的棘爪间歇送料机构

1—导轨;2—往复杆;3—棘爪;4—限位销;5—气缸;6—支承板

棘爪间歇送料机构由于存在工件的惯性作用,导致工件不容易准确定位,为了克服该缺点,也可以采用一种如图8-14所示的旋转推杆间歇送料机构来解决这一问题。由于工件是被约束在两个推杆之间运动,所以工件与推杆同步停止不会向前冲。

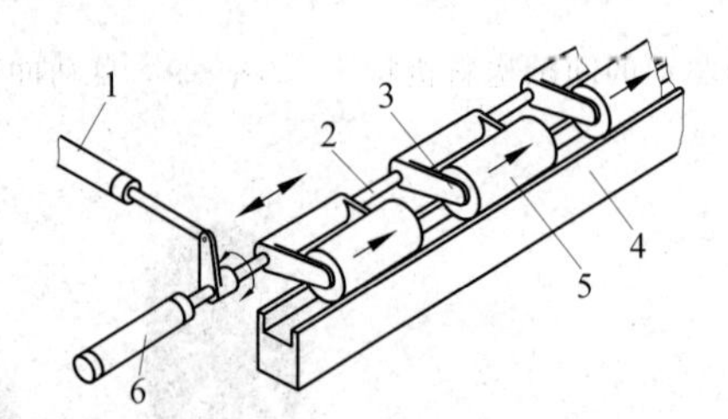


图8-14　旋转推杆间歇送料机构

1—摆动驱动气缸;2—推杆;3—摆动爪;4—导轨;5—工件;6—推料气缸

自动化分料机构

## 8.2　解析分料机构

**1. 工件的分隔**

在自动化输送与自动上下料中,经常会碰到以下问题:在输送线上,工件之间既可能是连续排列的,也可能是间隔排列的,对于连续排列的工件机械手可能无法抓取,这就需要对工件的位置进行处理,将连续排列的工件逐个放行,使工件分隔、错开放置。所以需要设计专门的分隔机构,也称分料机构。

工程上有哪些典型的分料机构呢?大多数情况下,工件的形状主要可以分为以下类型:圆柱类工件、矩形类工件、板状或片状类工件,每一类工件的处理方法是相似的。下面分别给出一些典型的分料机构实例。

**2. 圆柱形工件的分料方法**

圆柱形工件(或球形工件)是最简单的一类工件,其分料机构也相对比较简单,因圆柱形工件或球形工件紧密排列时,工件之间除接触点外仍存在较大的弧形空间,因此只要用一个薄的插片即可轻易将工件分开。

1）采用分料气缸分料

制造商专门设计开发了一种分料气缸，只需在气缸上加装两块片状挡片，使其能够顺利插入相邻的两个工件之间后即可直接使用。图 8-15 为日本 SMC 公司双手指 MIW 系列分料气缸，图 8-16 为应用实例。

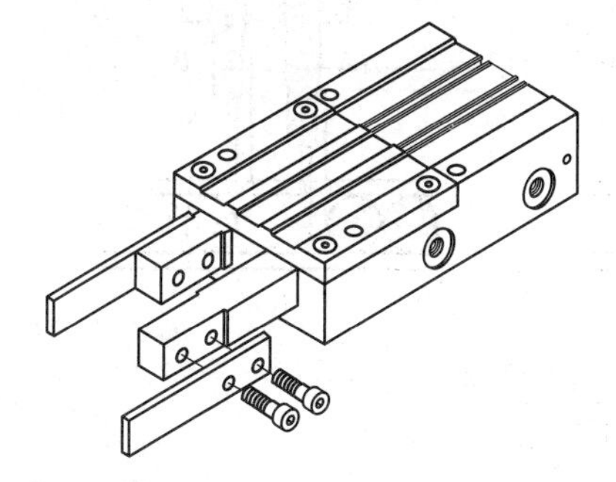

图 8-15　日本 SMC 公司 MIW 系列分料气缸

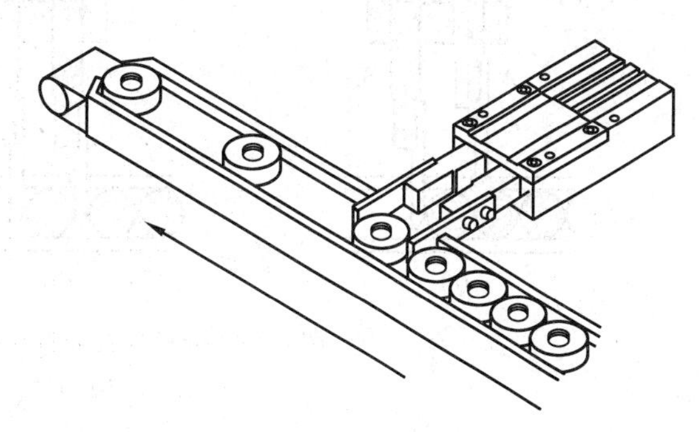

图 8-16　分料气缸应用实例

图 8-17 表示了该分料气缸的结构原理示意图。该气缸实际上是由两只同步联动的、动作相反的气缸组合而成的，两个气缸活塞杆分别驱动两只手指，在气路上保证两只气缸方向始终相反而且同步，一只气缸伸出（缩回），另一只气缸则必然缩回（伸出），而且通过一个锁定夹 3 将两只气缸的状态锁定。同时两只气缸的行程可以分别通过各自的行程调节器 2 进行调整。手指截面为矩形，伸出或缩回过程中不能转动，动作可靠。

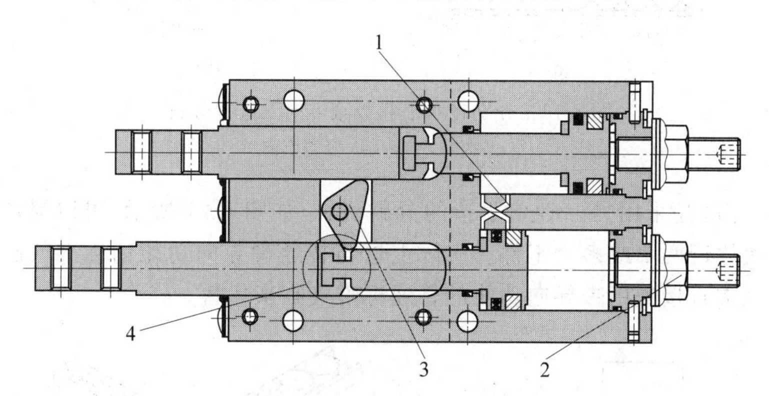


图 8-17　分料气缸结构原理示意图

1—空气通道；2—行程调节器；3—锁定夹；4—浮动接头

图 8-18 为动作过程示意图，箭头方向表示工件输送方向。

分料气缸既可以在水平方向上进行分隔，例如通常的皮带输送线、平顶链输送线、振盘外部的输料槽，也可以应用在竖直或倾斜方向上，例如倾斜或竖直的输料槽或料仓，如图 8-19 所示。

上面的分料气缸两只手指之间的距离较小，通常只能容纳一个工件，为了使分料气缸适应不同直径的工件，或者一次分隔两个或多个工件，和气动手指的夹板设计方法类似，需要对两个挡料杆间的实际距离进行适当放大或缩小，如图 8-20 所示。

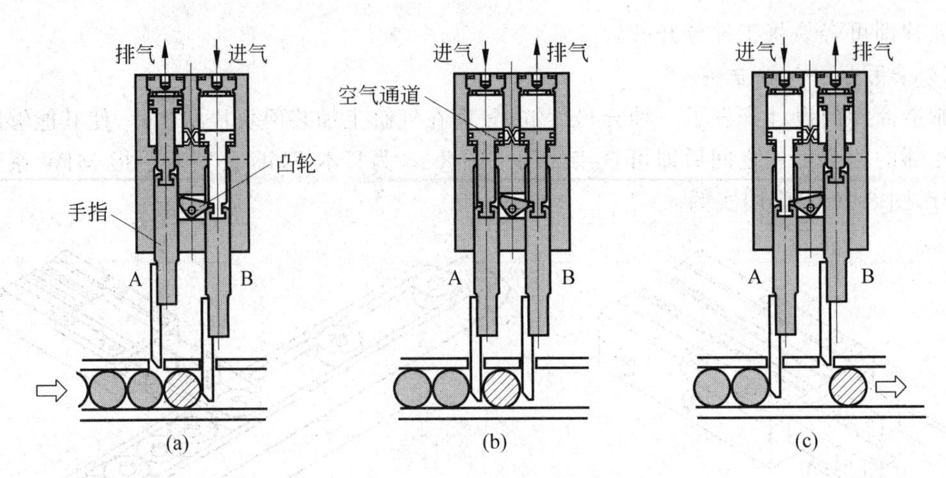


图 8-18 分料气缸分料动作过程示意图

(a) 插入；(b) 分隔；(c) 释放

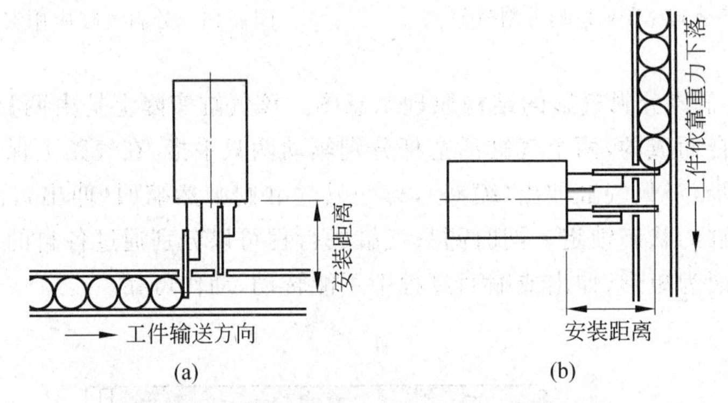


图 8-19 分别在水平和竖直方向上进行分料

(a) 水平方向；(b) 竖直方向

更灵活的方法是采用另一种单手指的分料气缸，如图 8-21 所示，可以灵活改变气缸的安装位置，一次放行两个或多个工件。实际上这与普通带导向功能的标准气缸已经没有什么区别，所以经常直接采用带导向功能的普通标准气缸来代替。

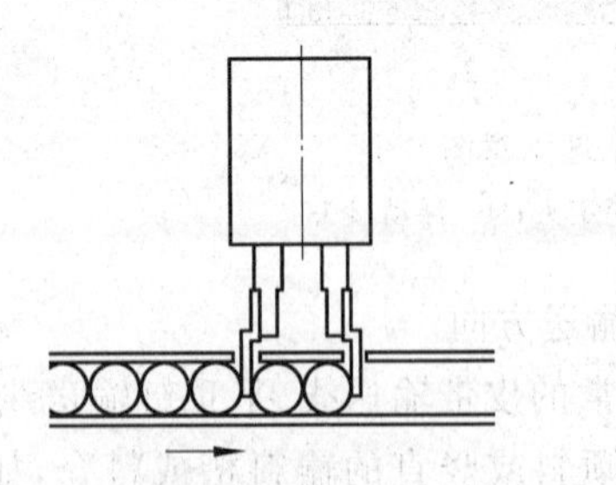

图 8-20 对分料气缸挡料杆之间的距离进行适当放大

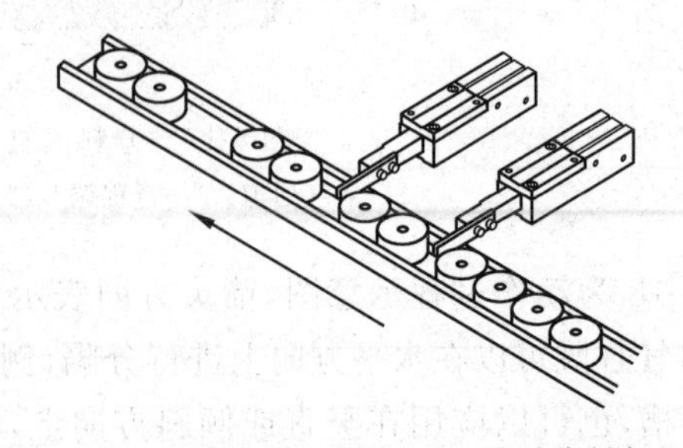

图 8-21 日本 SMC 公司 MIS 系列分料气缸一次放行多个工件

图 8-22 就是采用标准气缸对圆柱形工件进行分料时阻挡、放行时的状态，挡料杆既可以是片状的挡片，也可以是圆柱形的挡杆。

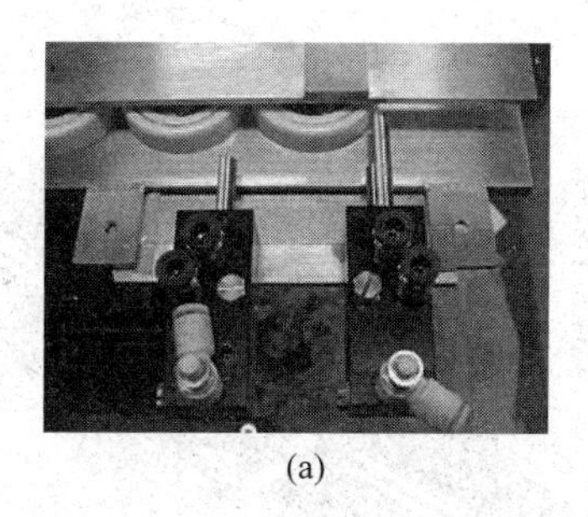
(a)

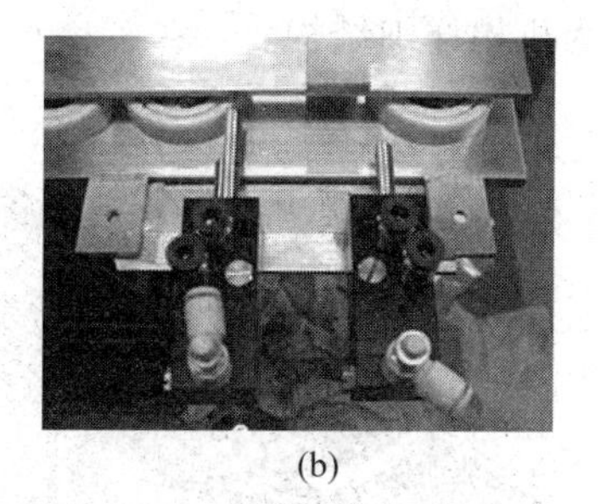
(b)

图 8-22　采用标准气缸对圆柱形工件进行分料实例

(a) 阻挡；(b) 放行

2) 采用分料机构分料

上述分料气缸经常需要在生产线上不同位置重复使用，为了进一步降低制造成本，经常采用一些设计巧妙、结构简单、成本低廉的分料机构。

图 8-23 就是一种圆柱形工件的典型分料机构，气缸每完成一个缩回、伸出循环，机构放行一个工件。由于只采用一只气缸，降低了制造成本。

气缸伸出时托住工件，同时在杠杆 5 作用下，上方相邻的工件被放松；气缸缩回时，最下方工件在重力作用下被释放下落，上方相邻的工件同步被夹住。该机构巧妙地利用了工件的自重，既可以是圆柱形工件，也可以是矩形工件，对圆柱形工件分料时夹头应设计成弧形，而对矩形工件分料时夹头应设计成平面形状。

图 8-24 为圆柱形工件的另一种分料机构，该机构采用了扇形轮，扇形轮在气缸驱动下每进行一次往复运动放行一个工件，图示状态为机构放行一个工件而将下一个工件阻挡住，结构简单，使用方便，成本低廉。

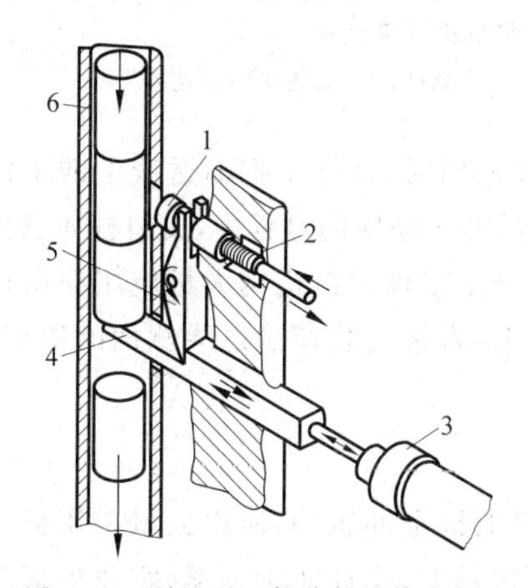


图 8-23　圆柱形工件分料机构实例一

1—夹头；2—压缩弹簧；3—气缸；4—挡杆；5—杠杆；6—料仓

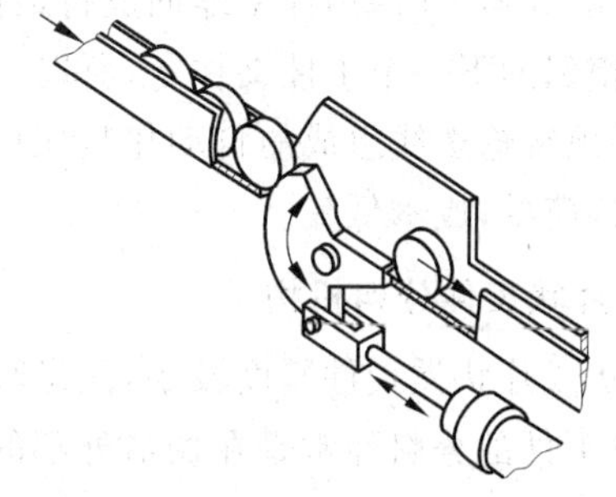

图 8-24　圆柱形工件分料机构实例二

### 3. 矩形工件的分料方法

矩形工件的分料比圆柱形工件更复杂。当矩形工件在输送线上输送时，工件经常是连续紧密排列，相邻的工件之间无空间间隔，机械手无法进行抓取，必须对工件进行分隔处理，让一个工件单独停留在暂存位置。图 8-25 为某自动化生产线上一种典型的矩形工件分料机构。图 8-26 为机构详细结构。

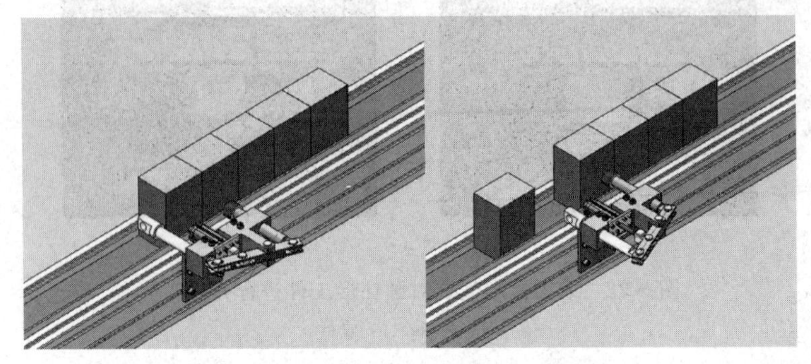

图 8-25 典型的矩形工件分料机构实例

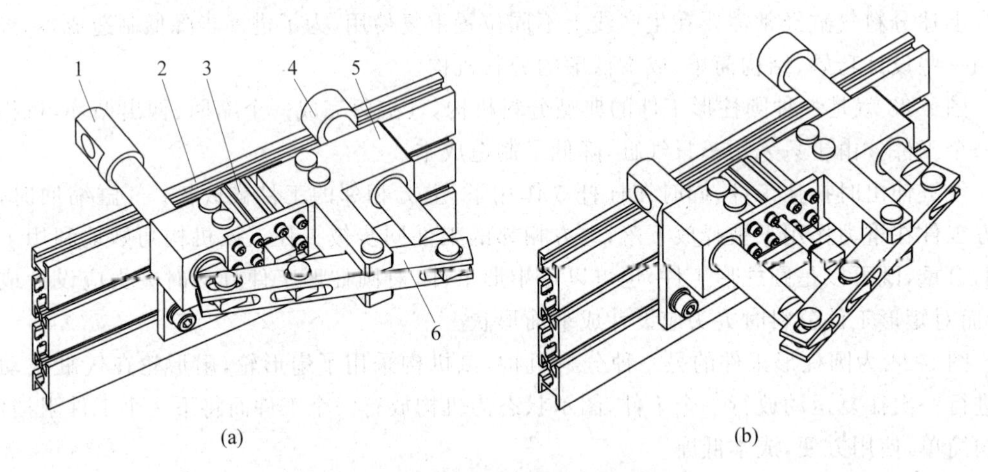


图 8-26 典型的矩形工件分料机构详细结构

1—挡料杆；2—铝型材机架；3—短行程气缸；4—夹料杆；5—安装座；6—连杆

该结构利用了杠杆原理，紧凑型 ADVU 气缸 3 缩回时，挡杆 1 把输送线上的工件全部挡住，气缸 3 伸出时，挡杆 1 缩回放行最前方工件，挡杆 1 缩回的过程中，夹料杆 4 已经提前把后方相邻的下一个工件夹住了，所以一次只放行一个工件。该机构大量应用在由皮带输送线、平顶链输送线组成的自动化装配检测生产线上，直接安装在输送线侧面的铝型材上，安装调整简单，成本低廉。

**4. 片状工件分料机构**

板状或片状类工件厚度较小，重量轻，例如通常的钣金冲压件，所以大量采用振盘来送料，此类工件的分料经常是在振盘外部的输料槽上进行的，设计非常灵活，需要根据具体工件的形状特点进行设计。下面举例说明。

如图 8-27 为英国 RANCO 公司某传感器自动化焊接专机上的分料机构实例。工件为直径 22 mm、材料厚度 0.07 mm 的不锈钢波纹圆片状冲压件，工件中央有一直径约 4 mm、高约 2 mm 的凸起部分，如图 8-27(c)所示，由振盘在水平状态下送出。工件在输料槽内是紧密排列的，在输料槽上设计了一个分料机构，逐个放行工件。图 8-27(a)为工件被阻挡的状态，图 8-27(b)为工件被放行的状态。在分料机构的前方设计有一个暂存工位，供机械手拾取工件后再送往机器焊接夹具。

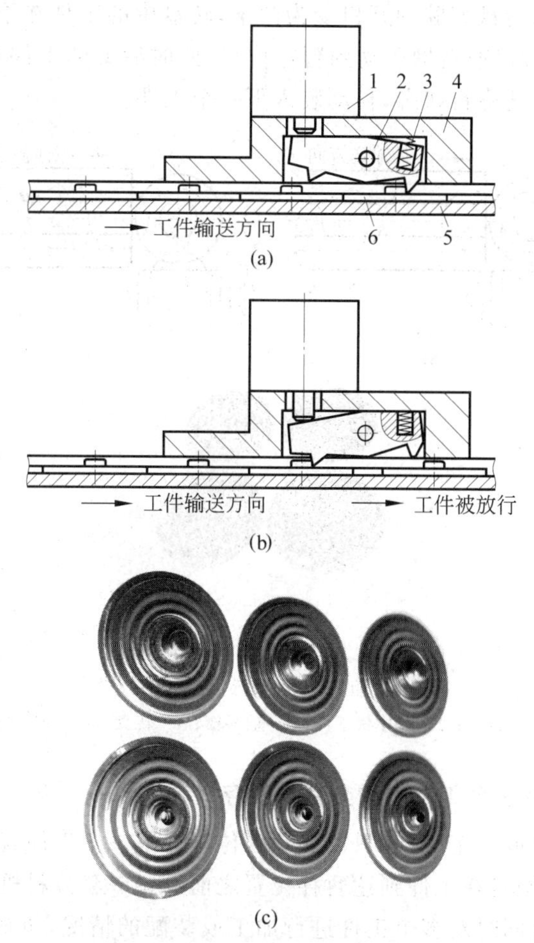


图8-27　片状工件分料机构实例一

(a) 阻挡；(b) 放行；(c) 工件

1—气缸；2—挡料爪；3—压缩弹簧；4—安装座；5—振盘输料槽；6—工件

机构巧妙地利用了工件上方的凸起部分，在输料槽的上方根据工件形状专门设计了一个特殊的、两端带倒钩的挡料爪2，挡料爪可以绕固定销转动，挡料爪的一端由安装在其上方的微型气缸1驱动，气缸缩回时，挡料爪前方钩子挡住全部工件；气缸伸出回时，挡料爪后方的钩子把相邻的下一个工件挡住，同时前方的钩子抬起放行前方的一个工件。

图8-28为英国RANCO公司某传感器自动化焊接专机上的另一个分料机构实例。工件为直径22 mm、材料厚度0.07 mm的不锈钢波纹圆片状冲压件，如图8-28(c)所示。与图8-27工件的区别是没有中央的凸起。工件也由振盘送料，但工件在输料槽中是竖直姿态。

该机构设计了一个特殊的转盘4，转盘由其背后的微型摆动气缸5驱动，转盘4转动角度为90°，转盘内设计有一特殊带开口的容纳工件的圆孔状型腔，当转盘位于图8-28(a)所示状态时，转盘型腔的开口方向刚好对准输料槽的方向，所以在输料槽内的工件能够顺利进入转盘内，同时后方的其他工件也被阻挡。

在转盘的下方设计有一个槽型输料槽3,当摆动气缸带动转盘顺时针方向转动90°回到图8-28(b)所示状态时,转盘型腔的开口变为向下,转盘中的工件在重力作用下自动落入下方的输料槽3中,并通过该输料槽运动到暂存位置,此时后方的工件被阻挡,然后转盘又逆时针方向再转动90°,回到待料状态,自动装入下一个工件。

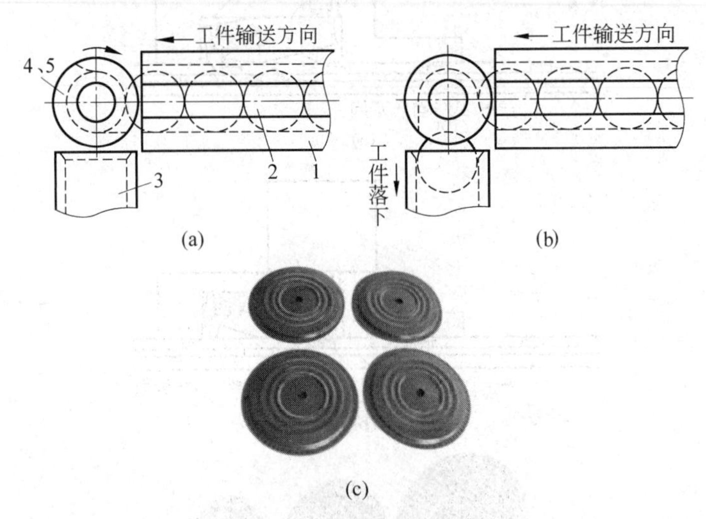


(c)

图8-28 片状工件分料机构实例二

(a) 阻挡;(b) 放行;(c) 工件

1—输料槽;2—圆片状工件;3—输料槽;4—转盘;5—摆动气缸

### 5. 机械手一次抓取多个工件时的分料与暂存

通常机械手一次抓取一个工件,只要在暂存位置保留一个工件就可以了,即只在输送线上设置一个暂存位置,同时在工件到达暂存位置之前设置一套分料机构。

但经常有一台专机同时对多个工件进行加工或装配的情况,机械手也相应一次抓取多个工件,在机械手末端同时设置多个气动手指,同时抓取或释放工件。图8-29为机械手一次抓取多个矩形工件的实例。

图8-29 机械手一次抓取多个工件的实例

在这种情况下,为了使机械手顺利一次同时抓取多个工件,必须保证以下条件:

- 依次设置多个暂存位置，各个暂存位置之间的间隔距离与机械手上各个气动手指之间的间隔距离相等；
- 设法使工件逐个依次输送到各个暂存位置，保证每个暂存位置上只存放一个工件。

为了满足上述条件，必须首先在输送线上机械手取料位置的前方设置一套如图8-26所示的分料机构逐个放行工件，然后在机械手各个气动手指对应的抓取位置依次设置多个挡块，由于工件需要逐个通行，这些挡块必须设计成活动的挡块，如图8-30所示。该机构也是连杆机构，气缸伸出时，挡杆伸出到输送线上方挡住工件，气缸缩回时挡杆缩回，放行工件。

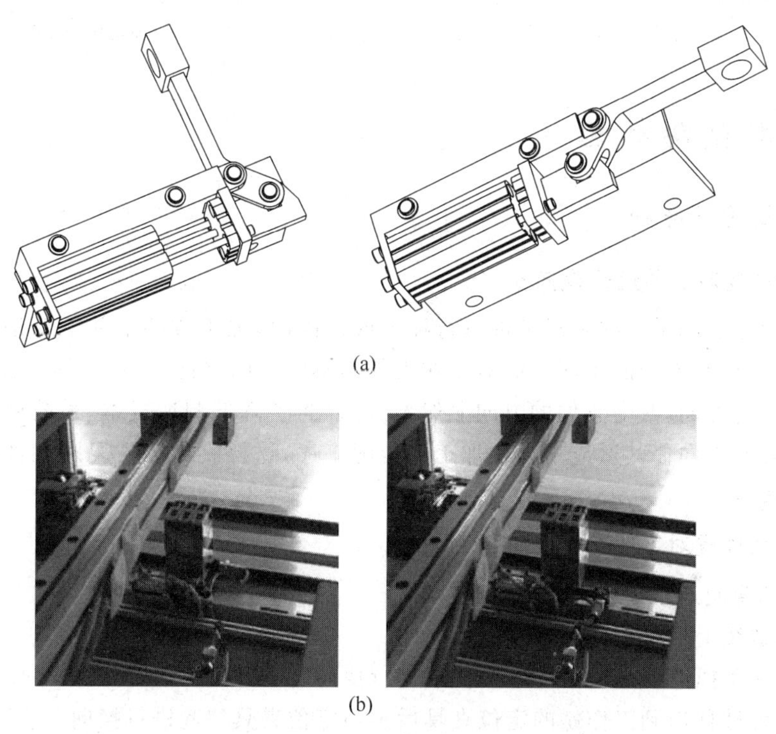

(a)

(b)

图8-30　机械手一次抓取四个工件时的挡料机构实例

(a) 示意图；(b) 实物图

### 6. 其他分料机构

图8-31为另一种连杆式分料机构，只要工件上带有台阶形状，无论圆柱形工件还是矩形工件都可以使用。气缸伸出时，挡杆挡住所有工件，气缸缩回时，后方挡杆挡住下一个工件，前方挡杆则同时放行前面的工件。

对于电器、开关、继电器行业，银触头的铆接是最典型的基本装配工序，图8-32为该类工件典型的自动分料机构。银触头由振盘自动送料，工件从振盘输料槽出口出来时都是紧密排列，而一次只能上料一只工件。在倾斜输料槽上方设计了一块轻薄的弹簧片4，下方设计了一块带孔的活动夹具3，夹具向前伸出时克服弹簧片阻力自动套入一个工件，后方的工件则被弹簧片阻挡。

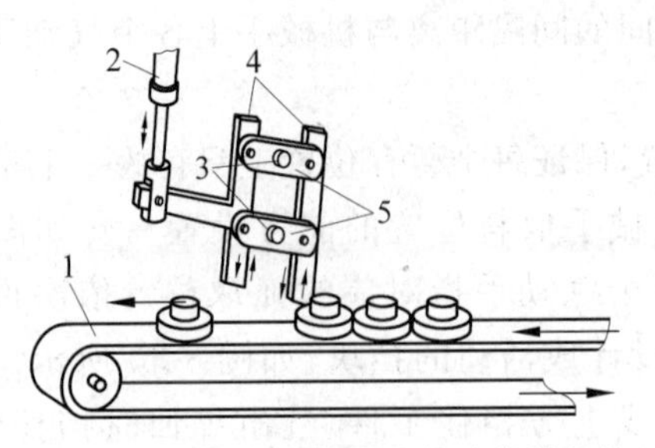


图 8-31　带台阶工件的连杆式分料机构

1—皮带输送线；2—气缸；3—固定铰链；4—挡杆；5—连杆

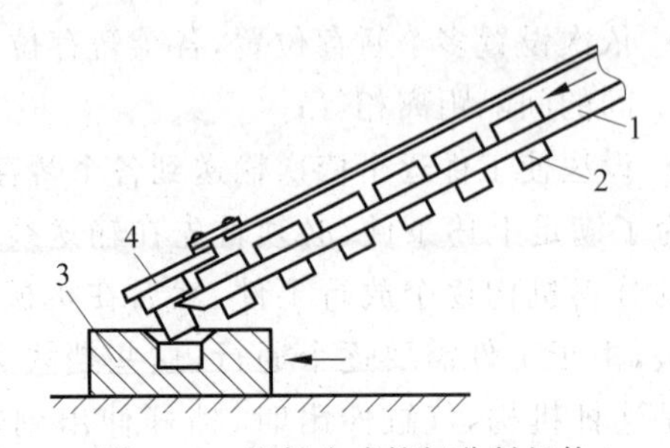


图 8-32　银触头或铆钉分料机构

1—输料槽；2—工件；3—夹具；4—弹簧片分料器

自动换向机构

## 8.3　解析换向机构

### 8.3.1　换向设计原则

**1. 为什么要对工件进行换向？**

在自动化专机和生产线上对工件进行加工或装配时，加工或装配并不总是在工件某个固定的表面进行的，不同的工序可能需要在工件的不同表面进行，由于刀具或装配执行机构通常是在固定的方向，改变它们的方向显然不合适，为了降低制造成本，最简单的方法就是改变工件的姿态方向使其适应不同的加工或装配工序，这样就可能需要对工件的姿态方向进行频繁的改变。

**2. 在什么位置对工件进行换向？**

对工件的换向通常在以下位置进行：

- 在输送线上机械手抓取之前进行换向；
- 在机械手抓取的过程中通过机械手进行换向；
- 在工件被移送到工作站的定位夹具后再与定位夹具一起进行换向。

设计原则：实际设计时首先要考虑尽可能减少工件换向的次数，减少换向机构数量，简化设备结构，降低设备成本。尽可能在输送线上进行换向，这样比较容易重复采用，降低制造成本。尽量避免在工件被移送到专机定位夹具中后换向，因为专机结构复杂，空间紧张，制造成本更高。在机械手抓取的过程中进行换向主要视工件形状而定，当工件在机械手上换向更容易时采用这种方案为最佳。

### 8.3.2　常用换向机构实例

**1. 由振盘改变工件方向**

对于一些由振盘送料的小型工件，如果需要改变姿态方向，首先考虑的就是由振盘制造商来完成，振盘螺旋轨道上的各种挡块、挡条、缺口、压缩空气喷嘴等就是专门完成各种定向动作的，振盘设计工程师就是改变工件方向的专家。图 8-33 是利用振盘出口输料槽来实现工件 180°翻转的实例。

**2. 夹具翻转或回转换向**

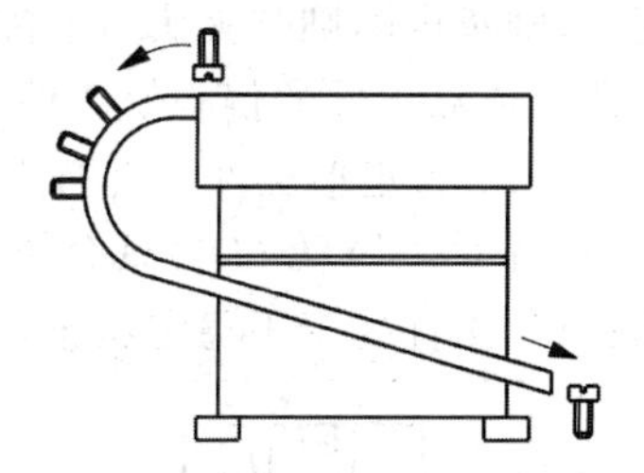

图 8-33　利用振盘出口输料槽来实现工件 180°翻转实例

图 8-34 为某自动化装配检测生产线上的气动夹具翻转机构实例，用于生产线上的自动点漆专机，工件在皮带输送线上以竖直的姿态方向放置并输送，自动点漆专机需要对工件侧面的调整螺钉进行点漆固定，由于工序操作通常都是按从上而下的方向进行，所以需要将工件连同定位夹具一起翻转 90°。图 8-34(a)为机械手将工件移送到夹具上的状态，图 8-34(b)为翻转 90°后准备进行点漆的状态。

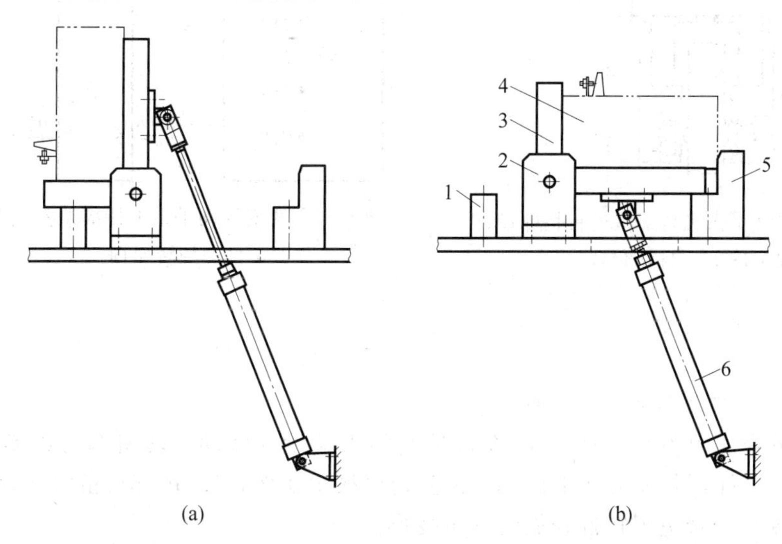


图 8-34　气动翻转机构实例

(a) 机构翻转前状态；(b) 机构翻转后状态

1—定位块 A；2—支架；3—翻转夹具；4—工件；5—定位块 B；6—气缸

机构在翻转时必须考虑工件是否会在重力的作用下落下或改变位置，所以经常需要考虑是否需要采用夹紧措施。在本例中通过将气缸缩回速度调整到较低时就可以避免工件的位置发生移动，从而省略了夹紧措施，气缸伸出速度就可以相对快些。

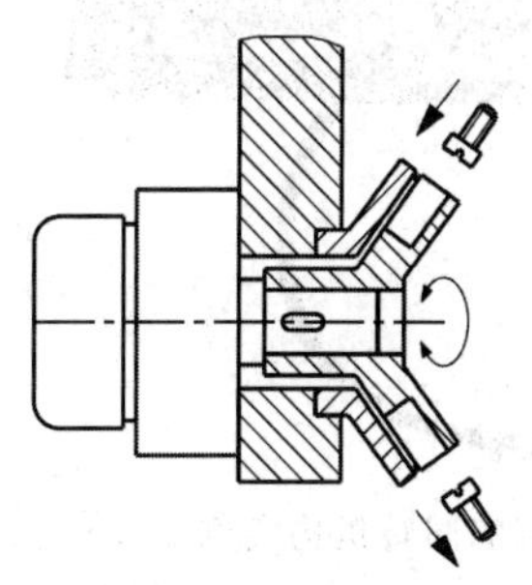

图 8-35　夹具旋转实现工件 180°换向实例

利用夹具的旋转也可以实现工件换向，图 8-35 为工件随夹具一起实现 180°换向实例。

**3. 通过机械手进行换向**

1) 通过改变机械手在工件上的夹持部位实现工件的自动翻转

在机械手末端采用气动手指时，有一种方法可以很容易地实现工件的自动翻转。只要改变气动手指在工件上的夹持部位，同时对气动手指两侧的夹块稍加改造，在气动手指两侧夹块上各加装一只微型深沟球轴承，轴承外圈与夹板配合,轴承内圈则与夹头过盈配合连接在一起,夹头相对手指夹板可以灵活自由转动,夹紧工件后依靠工件的偏心使工件自动翻转180°,图8-36为结构示意图。

图8-37为矩形工件上夹持点的选择方法示意图。在图8-37中,几何中心$A$点为重心位置,夹持$C(C')$、$D(D')$只会使工件发生一定偏转,夹持重心正下方的$B(B')$点时,由于重力作用,工件处于不稳定状态,会随活动手指夹块自动作180°翻转。

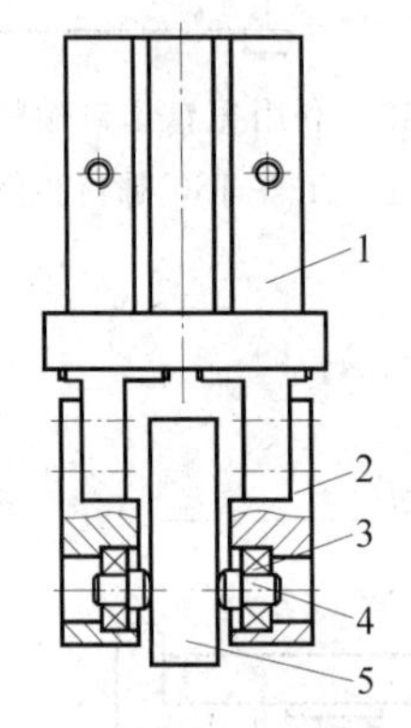


图8-36 对气动手指夹持部位进行特殊设计实现工件180°自动翻转

1—气动手指;2—夹块;3—深沟球轴承;4—夹头;5—矩形工件

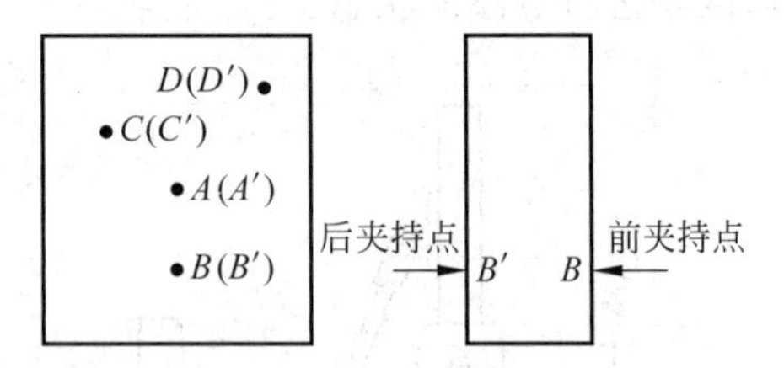


图8-37 改变气动手指夹持部位实现工件180°自动翻转原理

2) 在机械手末端进行90°翻转或回转

为了以更合适的姿态释放工件,在机械手的末端设计气动翻转机构可以实现工件90°翻转后再释放工件,图8-38为日本STAR公司机械手实例,气缸尾部铰链安装,推动吸盘支架安装座翻转90°,避免塑料件释放时发生变形。

如图8-39为注塑机摇臂式自动取料机械手末端的90°回转机构实例,目的是避免机械手释放工件时产生变形。只需要在机械手末端(吸盘或气动手指)的上方增加一只摆动气缸即可,是机械手上最典型的结构。

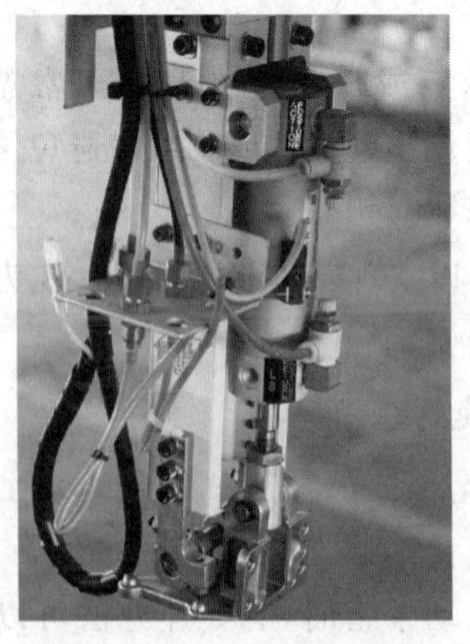

图8-38 日本STAR公司机械手末端实现工件90°翻转实例

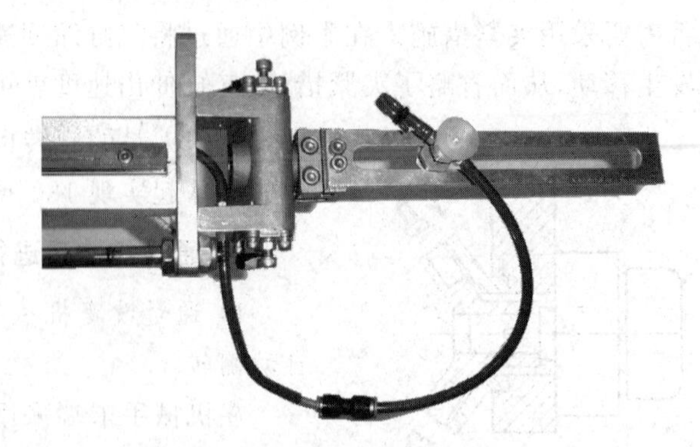

图8-39 机械手末端的回转机构实例

3）直接利用机械手进行换向

图 8-40 为用 FESTO 公司 DSL 直线-摆动复合运动气缸设计而成的机械手直接完成工件 180°换向。图 8-41 为同样的机械手将工件连同夹具同时顶升后回转 180°换向。图 8-42 为机械手移送工件同时完成 180°换向。图 8-43 为机械手将工件翻转 180°放回原位。

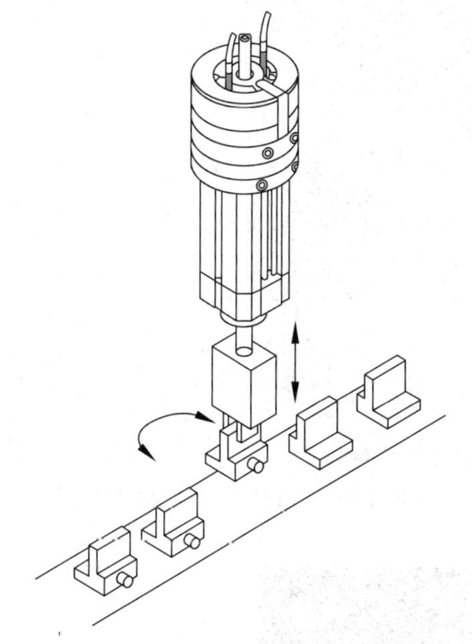

图 8-40　FESTO 公司 DSL 气缸组成的机械手完成工件 180°换向

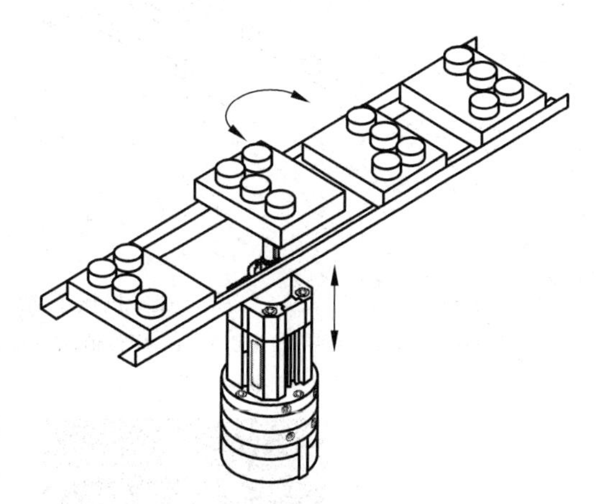

图 8-41　FESTO 公司 DSL 气缸完成工件顶升回转 180°换向

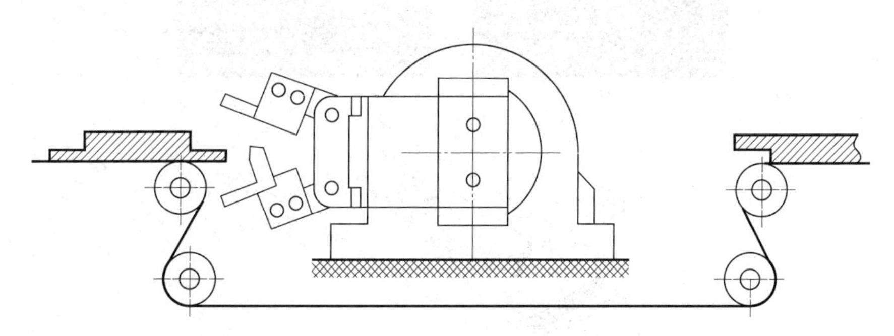

图 8-42　机械手移送工件同时完成 180°换向

**4. 在输送线上方设置挡块（或挡条）实现工件自动翻转**

对于具有一定高度而且重心较高的工件，巧妙地利用重力的作用，在输送线上方设置一个固定挡块（或挡条）实现工件的 90°自动翻转是最常用的设计方案。在工件正前方设置挡条，利用工件的运动惯性，也可实现工件的 90°偏转，如图 8-44 所示。

**5. 回转换向**

在自动机器设计中很多场合需要对工件进行部分或连续回转，下面举例说明。

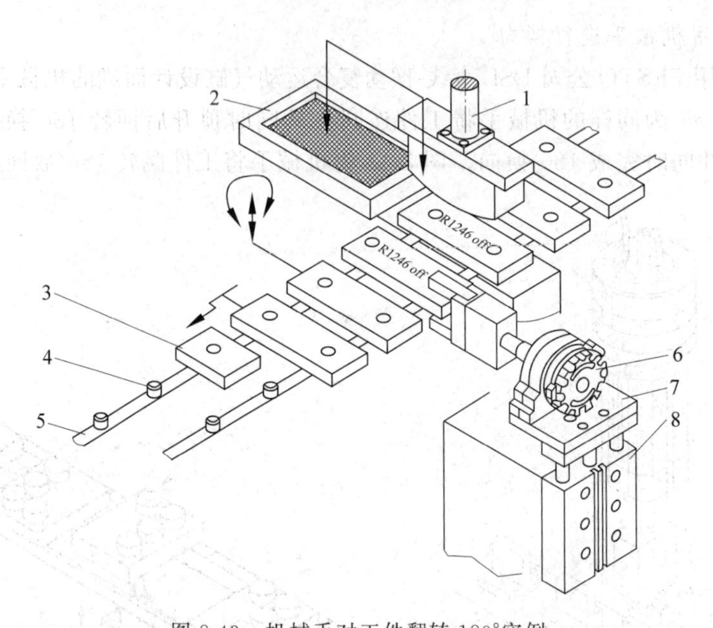


图 8-43 机械手对工件翻转 180°实例

1—移印头；2—染料；3—工件；4—定位销；5—输送线；6—DSR 气缸；7—连接板；8—DPZ 气缸

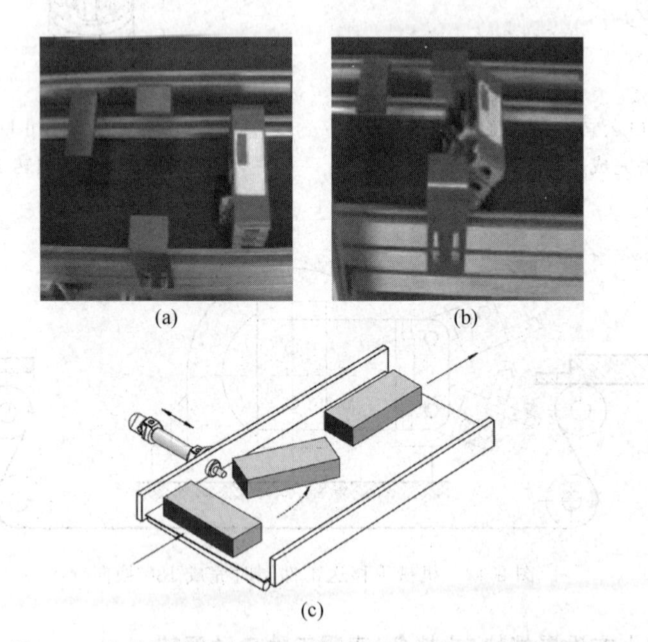

(a) (b)

(c)

图 8-44 在输送线上方或前方设置挡块实现工件的自动翻转

1) 对定位夹具及工件同时进行连续回转

回转类工件的自动环缝焊接(电弧焊接、激光焊接、氩弧焊接、等离子焊接等)、环形自动点胶就是最典型的情况，需要使工件连续回转 360°边回转边进行焊接点胶，夹具用电机驱动，充分利用电机的控制特性，启动、停止、回转角度都很容易精确控制。

图 8-45 为美国微热(WELDLOGIC)公司的精密环缝焊接设备，大量用于传感器等小型零件的环缝焊接，将回转类工件卧式安装并使工件绕水平轴线回转，微型氩弧焊枪作直线进

给运动至工件一定距离处，工件随夹具以很低的回转速度(0.1～60 r/min)回转，实际上这种情况与普通的车床卡盘类似。

工件还可以竖直安装并绕垂直轴回转。图 8-46 为工件与夹具连续回转环缝点胶实例。

图 8-45　美国 WELDLOGIC 公司的激光精密环缝焊接设备

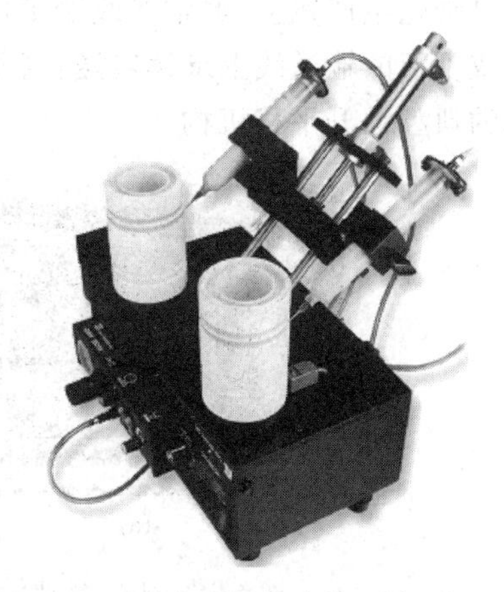

图 8-46　环形点胶操作中的回转机构实例

2) 倍速链输送线上的顶升旋转机构

由倍速链输送线组成的自动化生产线大量应用于各种制造行业，经常需要对工件的不同方向进行装配、检测等工序操作，由于工件是放置在专门的工装板上，工装板放置在倍速链上滚动运动，需要使工件回转 90°或 180°，经常采用一种标准的顶升旋转机构，如图 8-47 所示。

图 8-47　倍速链输送线上的典型顶升旋转机构

工装板直接放置在机构上方的托盘上，顶升机构安装在托盘的下方，在竖直方向上安装有驱动气缸及 4 根导柱/直线轴承导向装置，气缸伸出时，托盘向上顶升，将倍速链上的工装板(连同工件)顶升至高出输送链的高度脱离倍速链链条，然后旋转机构驱动托盘进行回转，回转动作完成后顶升气缸缩回，将工装板又放回到倍速链上。回转机构由水平方向的驱动气缸及齿轮齿条机构组成。

**6. 其他换向机构**

1) 两条输送线之间的顶升平移机构

在自动化生产线上,经常要改变工件的输送流向,例如从一条输送线上转移到另一条相互垂直或平行的输送线上继续输送,经常采用一种顶升平移机构。图 8-48 为用于倍速链输送线上的典型顶升平移机构。

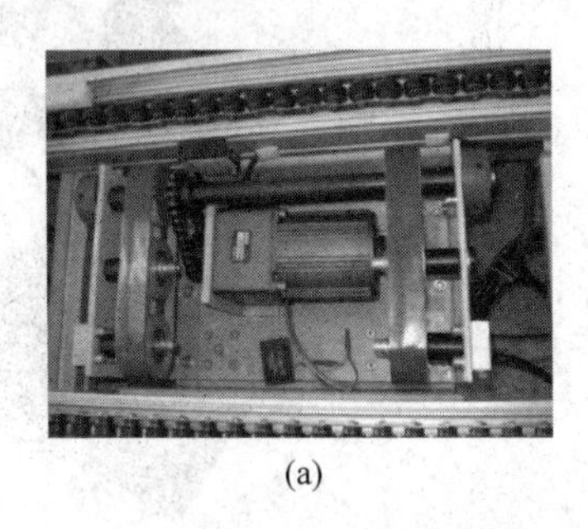
(a)

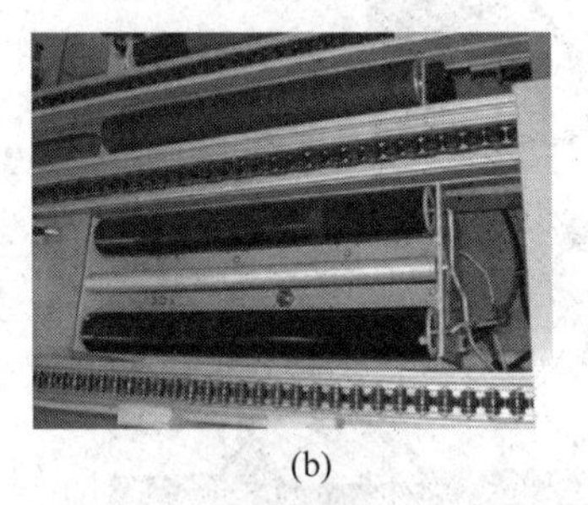
(b)

图 8-48 倍速链输送线上的典型顶升平移机构
(a) 皮带;(b) 滚筒

图 8-48(a)为由顶升气缸与皮带输送机构组成的顶升平移机构,顶升机构与图 8-47 实例相同,机构的上方为 2 条皮带输送机构。将工装板顶升脱离倍速链后再由皮带进行平移。图 8-48(b)为由顶升气缸与电动滚筒组成的顶升平移机构,工作过程两者类似。

2) 两条垂直输送线转弯连接部位的旋转变位机构

在自动生产线上,为了节省场地经常采用 L 形输送线,在转弯连接部位采用一种旋转变位机构,实现自动转弯。由于平顶链输送线本身可以实现转弯过渡,因此工程上主要是对皮带输送线和滚筒输送线进行变位。图 8-49 为滚筒输送线上的典型转角变位机构,在该变位段滚筒则是锥形的,滚筒内侧直径小于外侧直径,因此工件内侧的移动速度小于外侧的移动速度,自动逐步实现工件的 90°转弯。

图 8-49 滚筒输送线转角变位机构

图 8-50 为一种应用在小型皮带输送线上的转角变位机构,只需要在转角部位简单地设置一条弧形挡杆即可。在平顶链输送线上同样可以采用类似的结构,例如图 8-51、图 8-52。

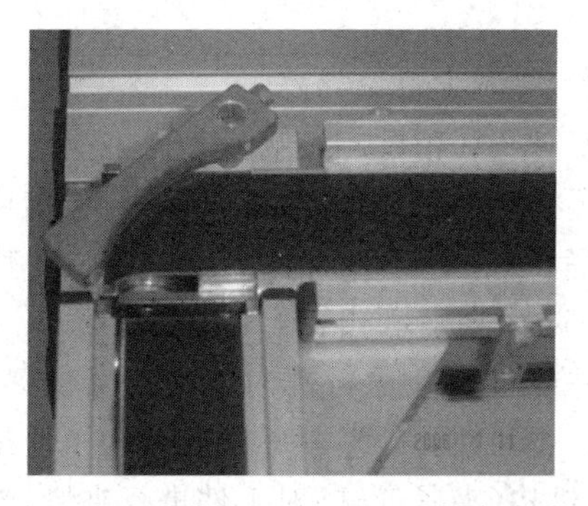

图 8-50　小型皮带输送线上的 90°转角变位机构

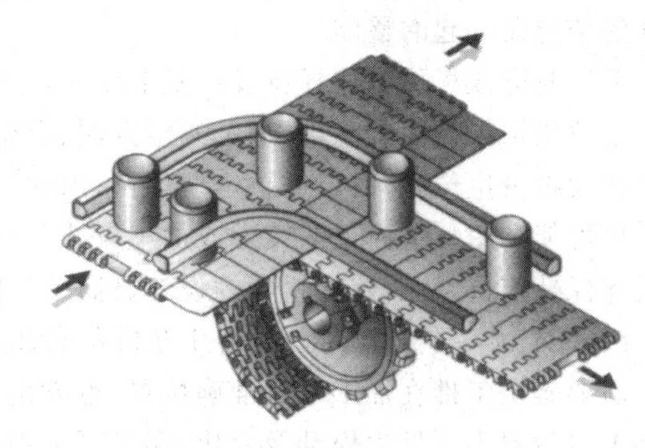

图 8-51　平顶链输送线上的 90°转角变位机构实例一

图 8-52　平顶链输送线上的 90°转角变位机构实例二

## 8.4　解析定位机构

定位机构

**1. 什么叫工件的定位?**

对工件的任何机械加工、装配等操作而言,都有一定的尺寸精度要求,工件必须以确定的姿态方向、在确定的空间位置上,而且在大批量生产中必须具有一致性、重复性。使工件快速确定空间位置的过程就叫定位。定位是进行各种加工、装配等操作的先决条件,没有定位,对工件的加工或装配就难以准确地进行,因此定位机构是自动机器结构的重要部分。

图 8-53 圆片状工件中央加工有一圆孔,要求圆形片状工件与下方工件的两个圆孔必须对正,如果用手工来完成这一工作,如图 8-53(a)所示,那将会非常困难,尤其当工件尺寸较小时更困难。如果采用图 8-53(b)所示的结构,在另一工件上预先设计加工一个与圆形片状工件外径相匹配的圆孔,就可以轻易地将工件放入孔中自动对正了。

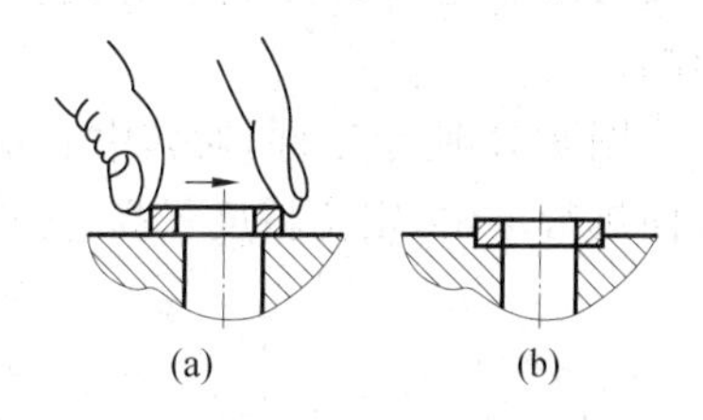


图 8-53　对圆片状工件进行定位实例

对工件定位的过程除了确定空间位置外,还确定工件的自由度。为了进行后续的加工或装配,工件在某些方向必须允许其自由运动,而在其他某些方向则禁止其自由运动,如果存在应该限制而未限制的自由度,通常称之为欠定位,是不允许的。也不能出现重复限制同一个自由度的情况,通常称之为过定位,也是不允许的,因为它人为地使机构复杂化了。有些自由度是由定位机构限制的,而有些自由度则是由夹紧机构限制的,所以定位与夹紧经常是紧密结合在一起的整体。

设计时应该尽可能选择将设计基准作为定位基准，以减少定位误差。

定位机构结构尽量简单、加工调整方便、定位误差对装配精度的影响最小。

在大批量生产中，由于需要定期更换，因此一般都将其设计成可以拆卸的模块化结构。

尽可能采用自上而下的装配或加工方式——金字塔式装配方法，利用工件重力的作用实现并保持定位状态，这样机器的设计最简单。图8-54为金字塔式装配方法的示意图。

图8-55为一个典型的自动钻孔专机示意图，工件经过料仓送料机构送到加工位置后，首先需要确定工件在加工时的准确位置，也就是定位，否则钻孔位置就不准确。为了使工件在加工时位置不会发生松动及变化，还需要采用夹紧机构（夹紧气缸）对工件进行夹紧，然后再进行钻孔加工，最后夹紧机构放松，卸料气缸将完成钻孔后的工件推出。工件的准确位置、左右方向就是靠前一个工件宽度及最左侧的挡板确定，前后方向就靠工件后方的挡板确定。

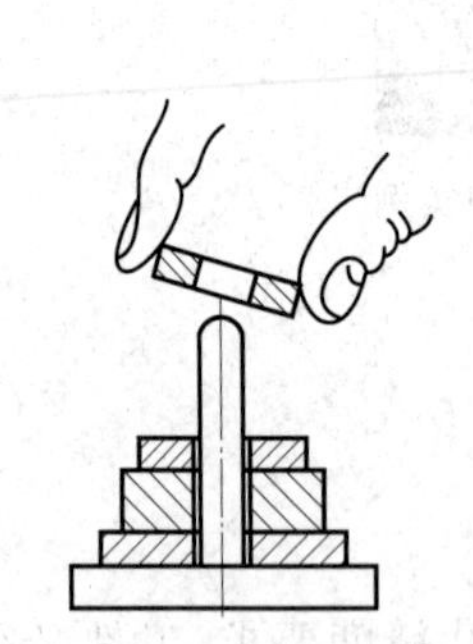

图8-54　金字塔式装配方法

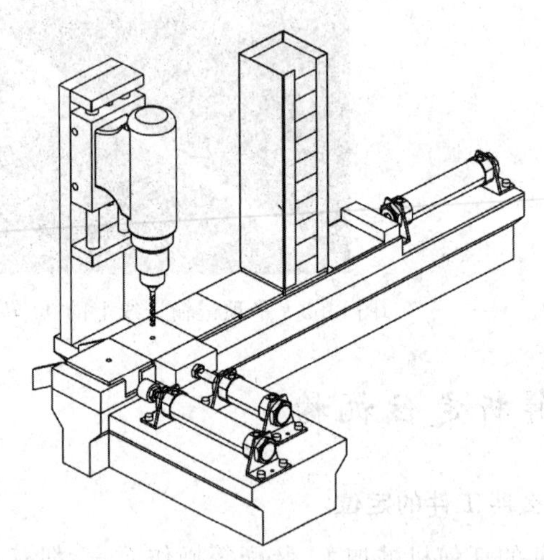

图8-55　典型的自动化钻孔专机示意图

如图8-56所示零件，在加工圆孔 $\phi C$ 的工序中，为了保证工件尺寸 $D$，必须以工件右端端面为基准进行定位，这样才能保证每次加工后都得到尺寸 $D$，而不受长度尺寸 $L$ 误差的影响。

图8-57所示工件，对其中心定位可以选择3个圆柱表面来实现，选择尺寸为 $\phi30$ 的圆柱面进行定位，定位精度最高，也就是要选择最精确的加工表面作为定位面。

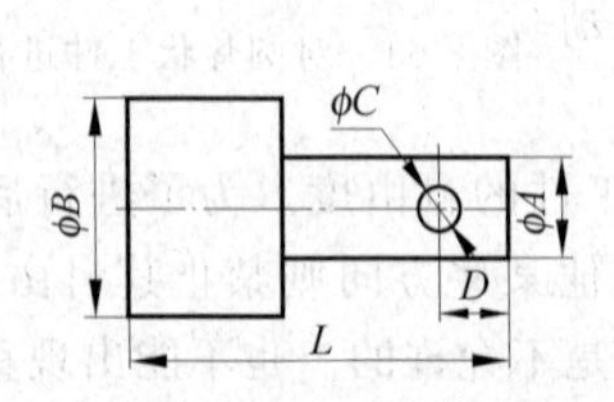


图8-56　对工件进行定位满足加工尺寸要求

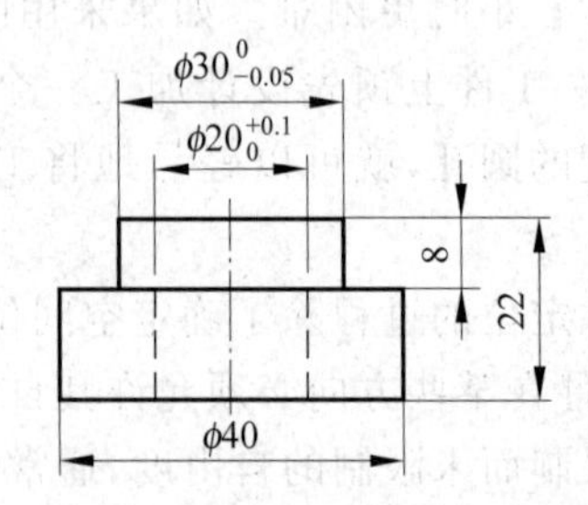


图8-57　选择更精确的表面对工件进行定位

对工件定位主要有以下三类方法：利用平面定位；利用工件轮廓定位；利用圆柱面定位。下面举例说明。

**2. 利用平面定位**

对于具有规则平面的工件，通常都简单、方便地采用平面来定位。

(1) 一个平整的平面可以采用 3 个具有相等高度的球状定位支承钉来定位。一个立方体可以通过 6 个定位钉来限制沿 $X$、$Y$、$Z$ 轴的全部移动及绕 $X$、$Y$、$Z$ 轴的全部转动。

(2) 粗糙而不平整的平面或倾斜的平面需要采用 3 个可调高度的球状定位支承钉来定位。

(3) 机加工过的平面可以采用端部为平面的垫块或定位支承钉来定位。

(4) 为了防止工件在工序操作(例如机加工)过程中产生振动和变形，有必要采用附加的可调支承。调整可调支承所需要的力必须最小，以免使工件位置发生变化或抬高工件。

(5) 为了避免工件上的毛刺及尘埃影响工件的定位，在定位夹具上工件的转角部位应设计足够的避空空间。

**3. 利用工件轮廓定位**

对于没有规则平面或圆柱面的工件，通常利用工件的轮廓面来定位。也就是采用一个具有与工件相同的轮廓、周边配合间隙都相同的定位板来定位，这是一种较粗略的定位方法，如图 8-58 所示。

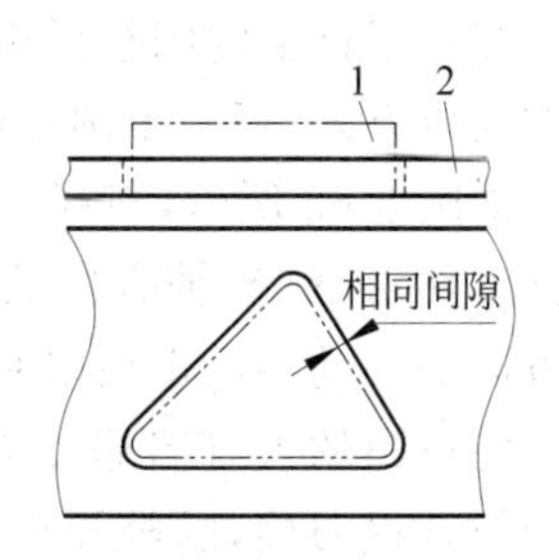


图 8-58　利用工件轮廓定位
1—工件；2—定位板

定位板既可以采用工件全部的轮廓，如图 8-59(a)所示，也可以与工件的部分轮廓相匹配，如图 8-59(b)所示。定位板的高度必须低于工件的高度，以保证机械手手指或人工能够方便地取出工件，对于厚度较薄的板材冲压件，需要设计专用的卸料槽 4，方便工人用工具拨出工件。定位板位置调整完毕后采用定位销固定，并通过螺钉与夹具底板连接固定。

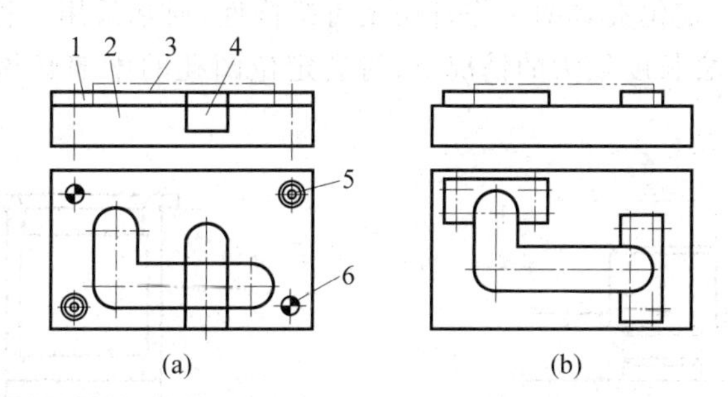


图 8-59　利用定位板对工件轮廓进行定位
(a) 全部轮廓定位；(b) 部分轮廓定位
1—定位板；2—夹具底板；3—工件；4—卸料槽；5—螺钉；6—定位销

还可以采用定位销来对工件轮廓或圆柱形工件进行定位，在工件轮廓的适当部位设置定位销，如图 8-60 所示。

如图 8-61 所示，当不同批次工件的尺寸 $F$ 有一定变化时，采用一种可以转动调整的偏心定位销 3 来定位，使定位机构适应工件尺寸上的变化。

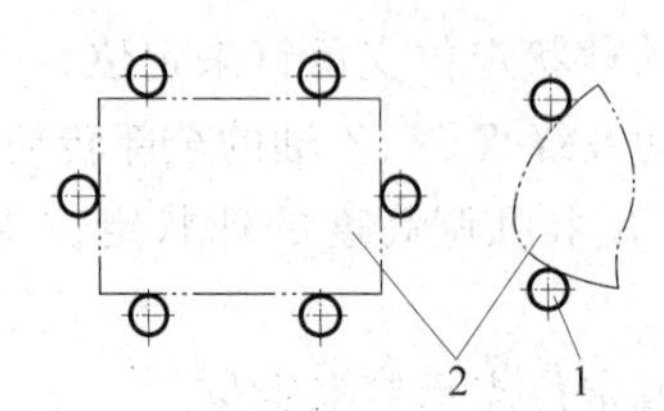


图 8-60 利用定位销对工件轮廓定位

1—工件；2—定位销

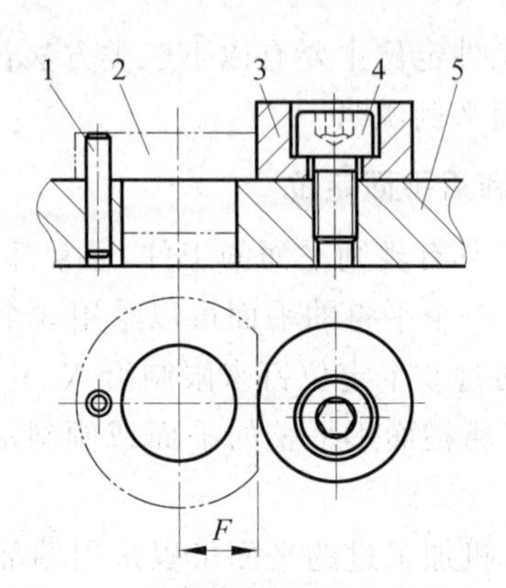


图 8-61 利用可调偏心定位销对尺寸有变化的工件进行定位

1—定位销；2—工件；3—可调偏心定位销；4—螺钉；5—夹具底板

**4. 利用圆柱面定位**

利用工件上的圆柱面进行定位是轴类、管类、套筒类工件或带圆孔的工件最常用、最方便的定位方式，当一个圆柱通过端面及中心定位后，它就只能转动，其他运动全部被约束。

如图 8-62 所示，当利用工件的内圆柱孔进行定位时，只要将工件放入配套的定位销中，这样工件沿 $X$、$Y$ 轴方向的移动及绕 $X$、$Y$ 轴的转动都被限制，当从上方进行夹紧后，沿 $Z$ 轴方向的移动最后也被限制。

定位销的入口端部必须设计倒角以方便工件顺利放入定位销中，在定位销下方的根部必须设计退刀槽，以避开孔边毛刺的影响，定位销通过紧配合固定在底板上。单独的一个定位销还不能限制工件绕定位中心的转动运动，还需要设计第二个定位结构，例如采用两个圆柱销来定位，两个销钉之间的距离要设计得尽可能远。

如图 8-63 所示，当需要对工件的外圆柱面进行定位时，只要将工件放入专门设计的定位孔中即可。为了提高定位夹具的工作寿命及可维修性，通常采用一种衬套，衬套孔口必须设计足够的倒角，在衬套长度较大的情况下，衬套定位圆孔的中部必须避开工件，方便工件快速装卸。

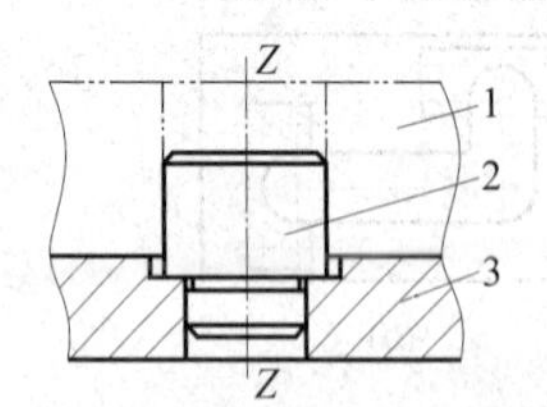


图 8-62 利用圆柱销对工件的内圆柱孔进行定位

1—工件；2—定位销；3—夹具底板

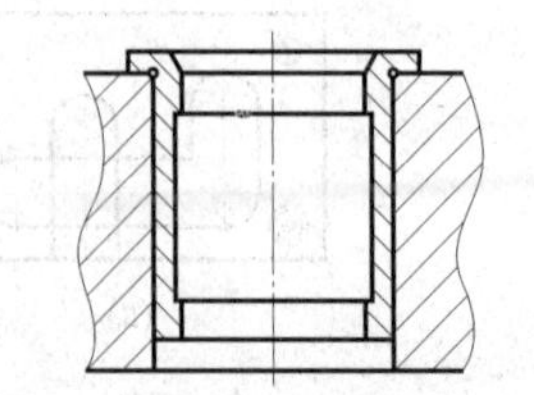

图 8-63 利用圆柱孔对工件的外圆柱面进行定位

V 形槽也大量用于对外圆柱面进行定位，如图 8-64 所示，将工件外圆柱面紧靠 V 形槽的两侧，工件的中心就确定了。这种固定的 V 形槽只用于粗略的定位，通常用螺钉及定位销与夹具连接固定在一起。

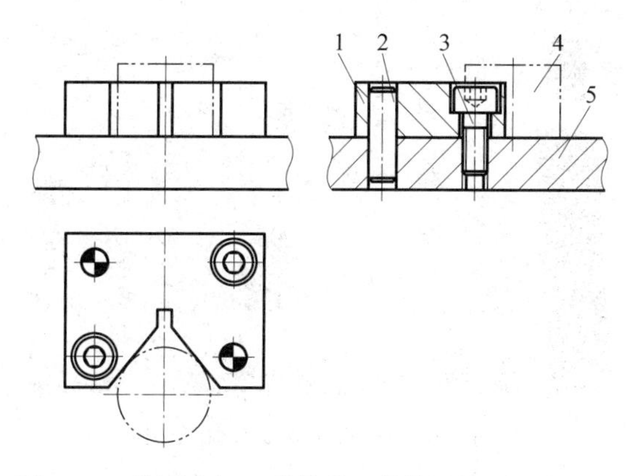


图 8-64　利用固定 V 形槽对工件外圆柱面进行定位
1—V 形槽；2—定位销；3—螺钉；4—工件；5—夹具底板

V 形槽必须安装在正确的方向，以保证即使工件尺寸发生变化也不影响定位精度。

以圆柱形工件的钻孔加工为例，如图 8-65 所示，当需要在垂直于工件轴心的位置上钻一个孔时，必须将 V 形槽安装在竖直方向，如图 8-65(a)所示，当工件直径存在差异时也能够保证加工出的孔垂直通过工件中心。如果如图 8-65(b)所示将 V 形槽安装在水平方向时钻出的孔就会偏离工件中心位置。

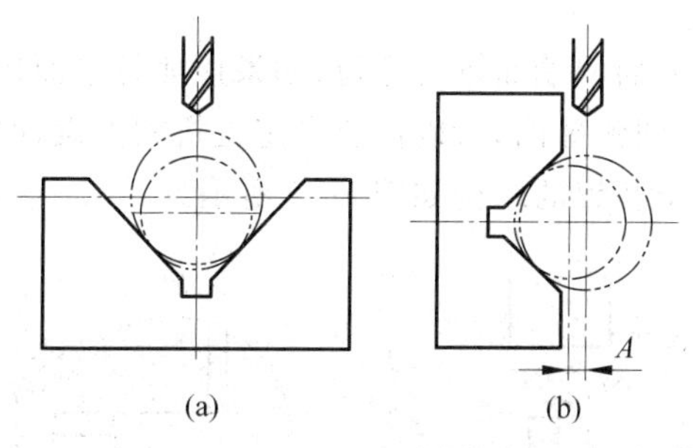


图 8-65　V 形槽的正确安装方向
(a) 竖直方向；(b) 水平方向

### 5. 典型定位案例分析

在继电器、开关、仪表、传感器等行业，大量采用了各种银触头，银触头的铆接是上述产品制造过程中重要的工序之一。银触头一般是由紫铜基体材料与银合金材料复合而成，都具有较低的硬度，便于铆接时材料的变形。图 8-66 为各种银触头实例，图 8-67 为银触头在工程上的部分应用实例。图 8-68 为典型的铆钉型银触头零件尺寸。

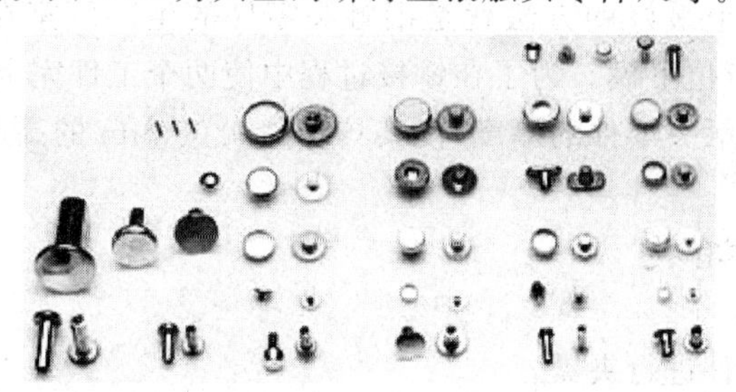

图 8-66　常用银触头形状实例

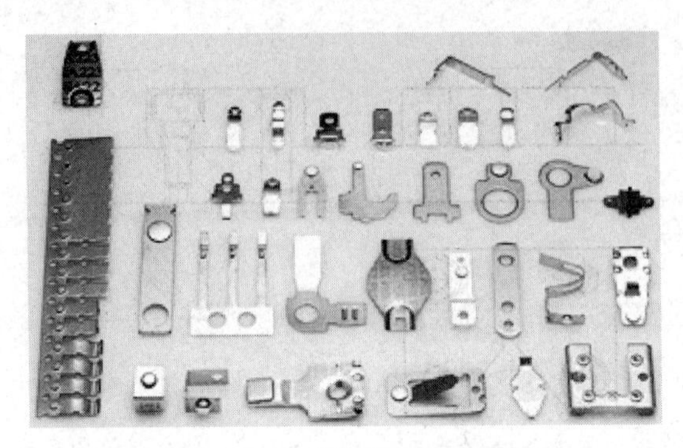

图 8-67 典型银触头应用实例

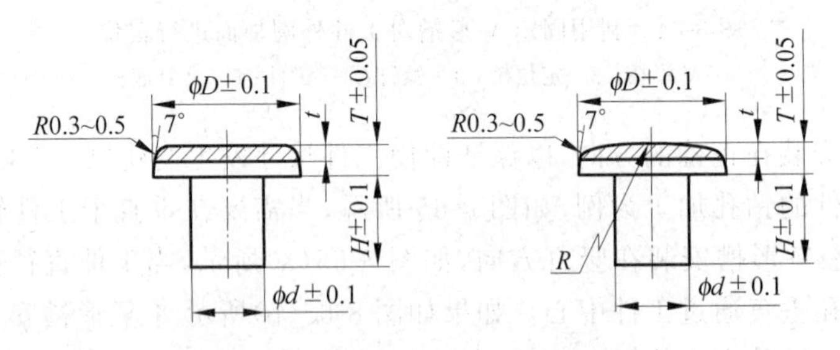


图 8-68 典型的铆钉型银触头结构

很显然需要用零件的大面积端面进行定位，如果该面是平面形状，就用平面来定位。以球形触头为例，大端端面是圆弧球面，所以需要在定位机构上设计加工一个与该曲面在形状上吻合的曲面来定位。定位装置的结构如图 8-69 所示。

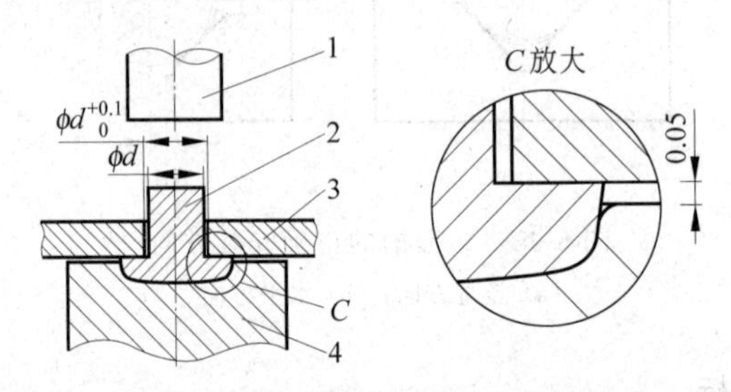


图 8-69 典型的球面铆钉型银触头定位机构示意图

1—铆接上模；2—工件 A(银触头)；3—工件 B；4—铆接下模

为此，必须根据工件的特殊形状设计一个专用的铆接下模，曲面形状要与工件完全吻合，同时还要具有较高的光洁度而且不损坏工件表面。这既是定位机构的设计要点，也是制造工艺上的难点。工程上最好的方法就是银触头零件的生产厂家在制造银触头零件的同时，配套加工出相应的定位下模。为了在铆接过程中使两个工件完全贴紧，铆接下模的定位孔深度应该适当低于银触头零件的厚度，使其具有约 0.05 mm 的高度差。

自动夹紧机构

## 8.5 解析夹紧机构

哪些情况需要对工件进行夹紧？

最典型的需要夹紧的场合有：钻孔等机械加工会产生附加扭矩；螺钉螺母装配也会产

生附加扭矩；焊接、铆接等工序需要工件保持准确的固定位置，否则工件位置会发生变化，影响装配或加工精度。

哪些气缸系列常用于夹紧机构？

因为气动夹紧机构结构简单、成本低廉、安装调整方便，所以通常首先考虑采用气动夹具机构。在要求安装空间紧凑、行程较小的场合，最适合的就是FESTO公司的紧凑型气缸(ADVU系列、ADVUL系列)或SMC公司的短行程气缸或薄型气缸(CQ2系列、CQS系列)。在需要大夹紧力的场合，通常采用FESTO公司的DNC、DNG、DSBC、DSBG系列气缸。

如何控制夹紧力的大小？

夹紧机构夹紧力的大小是通过选定气缸的合适缸径及调整气缸压缩空气进气压力来保证的，首先根据需要的夹紧力选择合适缸径的气缸，某些对夹紧力要求非常精确的特殊工序操作(例如传感器电阻焊接)，可以通过精确调节气缸的压缩空气进气压力来保证。

下面给出常用夹紧机构实例。

### 1. 气缸伸出直接夹紧工件

图8-70为某自动化钻孔铰孔专机结构示意图，将工件移送到定位夹具上后，夹紧气缸首先向下夹紧工件，然后钻孔驱动单元向下进给钻孔后返回，工作台驱动气缸伸出，带动工作台移动到铰孔工位，铰孔驱动单元向下进给再返回，完成铰孔动作，工作台驱动气缸缩回，使工件及定位夹具返回到钻孔工位，最后夹紧气缸缩回，将工件放松，完成一个工作循环。

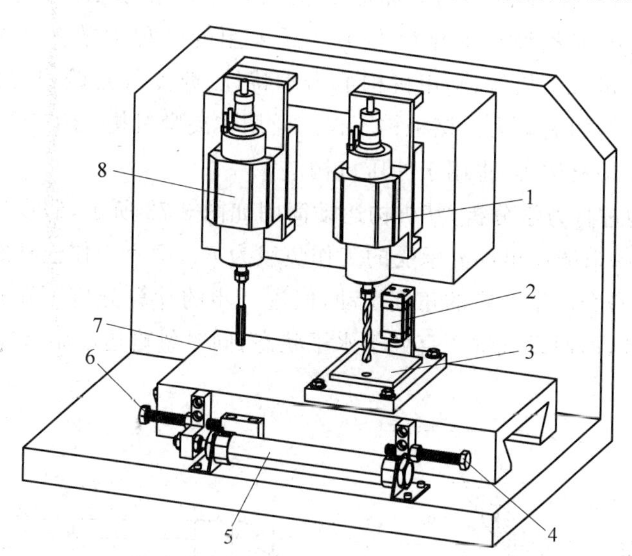


图8-70　某自动化钻孔铰孔专机上的气动夹紧机构实例

1—钻孔驱动单元；2—夹紧气缸；3—工件；4—右行程调整螺钉；5—变位气缸；6—左行程调整螺钉；7—工作台；8—铰孔驱动单元

### 2. 通过连杆机构改变夹紧力的方向、作用点或夹紧力的大小

由于工件的形状、大小、需要夹紧的部位、夹紧方向经常各不相同，受到夹紧方向、夹紧部位、气缸安装空间等因素的限制，经常需要改变夹紧力的方向、作用点或作用力的大小，所以需要根据实际情况灵活地设计夹紧机构，采用连杆机构就是最常用的方法之一。图8-71为几种典型的气动夹紧机构。

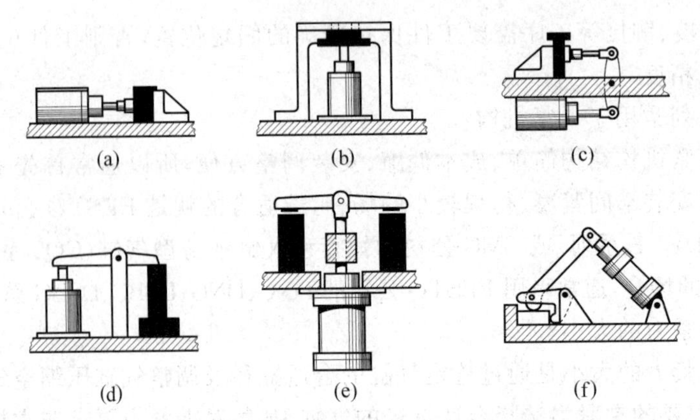


图 8-71　几种典型的气动夹紧机构

(a)、(b) 普通的水平方向及竖直方向夹紧；(c)、(d) 通过一个杠杆机构改变气缸作用力方向对工作夹紧；
(e) 将气缸安装在工件的下方使气缸缩回时对工件夹紧，可以节省结构空间；
(f) 属于偏心夹紧机构，气缸缩回时对工件在两个方向夹紧

在自动机器的夹紧或铆接机构中，在需要较大输出力的场合，如果简单采用大直径的气缸，不仅气缸体积笨重，气缸使用时耗气量大，气缸的采购成本和使用成本高，而且即使采用最大直径的气缸(如 SMC 公司 CS1 系列最大缸径 300 mm)，气缸的输出工作力也是非常有限的，但非常遗憾的是国内企业目前大都是按这种简单、原始的低效结构进行设计制造的。

图 8-72 为欧美国家各种自动化机器中广泛采用的一种力放大机构，在国外被称为"toggle-lever mechanisms"机构，利用机构的力学特性，改变气缸输出力的方向、力的作用点，同时大幅提高机构的输出力。该机构不仅广泛用作夹紧机构，还广泛用于自动化装配中的各种铆接机构、压印机构等，也用于冲压机构。

对图 8-72 机构进行力学分析，其机构运动简图如图 8-73 所示，假设气缸在标准工作气压下的输出力为 $F_0$，末端输出部分承受的工作负载为 $F_S$，两个工作连杆之间的夹角为 $\theta$，气缸在运动过程中缸身会产生一定的角度摆动，但进一步的计算分析可知其角度变化和影响很小，可以忽略不计，而假设气缸一直处于水平状态，同时忽略运动副摩擦力的影响。

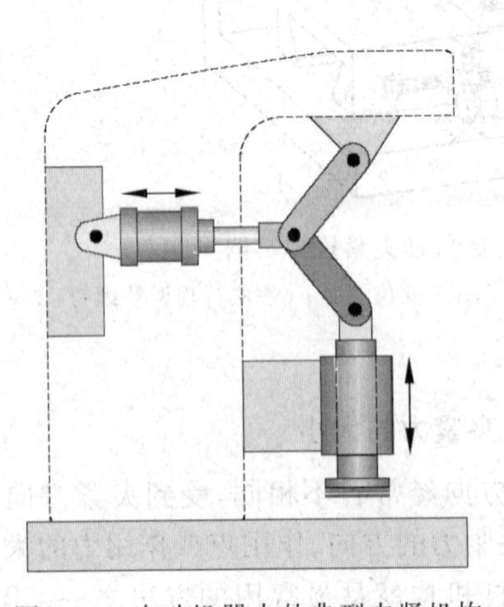

图 8-72　自动机器中的典型夹紧机构

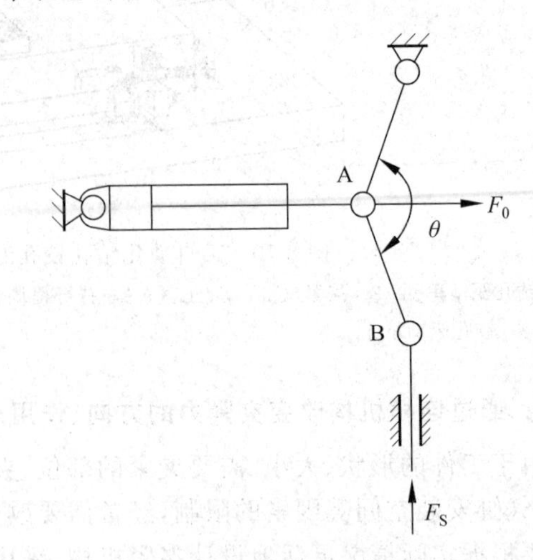


图 8-73　机构运动简图

分别以活动铰链 A、B 为对象进行受力分析，根据力的平衡原理，可以得出在 $\theta$ 的任一位置，工作负载 $F_S$ 为

$$F_S = \frac{F_0}{2}\tan\frac{\theta}{2} \tag{8-1}$$

如果将机构的输出力与气缸的输入力定义为机构的力学放大系数 $K$，则可以得出

$$K = \frac{F_S}{F_0} = \frac{1}{2}\tan\frac{\theta}{2} \tag{8-2}$$

根据不同的角度 $\theta$，可以得出机构的力学放大系数 $K$ 随 $\theta$ 变化的规律如图 8-74 所示。

从图 8-74 可以看出，当角度 $\theta$ 变大时，机构输出力 $F_S$ 迅速变大，当角度 $\theta$ 接近于 180°时，机构输出力理论上达到无穷大。因此我们在设计、调整机器时将工作位置设计调整到角度 $\theta$ 接近于 180°时机构可以获得最高的工作效率。实际设计时还需要考虑机构结构尺寸、材料应具有足够的刚度，气缸工作时还要考虑气缸的负载率（例如不要超过 70%）。

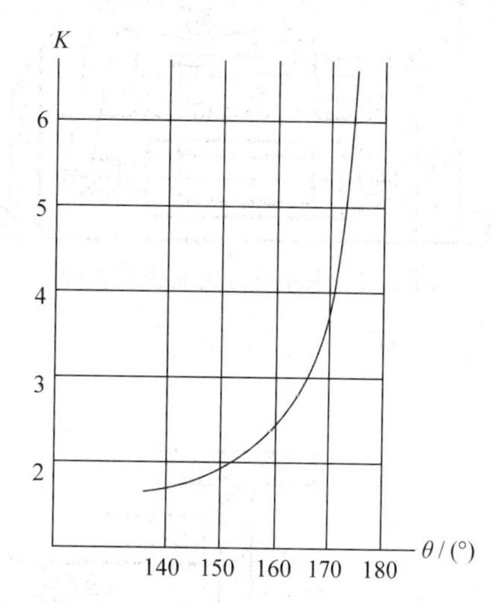

图 8-74　机构力学放大系数变化规律

图 8-72 机构中包含了一种非常重要的力学设计方法，为了使机构尽可能紧凑，占用的空间最小，降低成本，不希望或不能采用大缸径的气缸，经常通过采用连杆机构对气缸的输出力进行放大，采用一只普通尺寸缸径的气缸就可以使机构获得很大的工作输出力，不仅减小了机构占用的空间，更有效地降低了机器的制造成本和使用成本，欧美国家的各种自动化机器设备普遍利用了这种力学原理，读者可以进一步参考相关资料进行深入学习。

图 8-75～图 8-79 为采用相同原理的类似应用实例，读者对这些机构的工作原理进行数学和力学分析，思考在怎样的情况下可以获得理想的工作效果，这些经过了长期生产使用验证的成熟案例可以直接用于实际项目的设计。

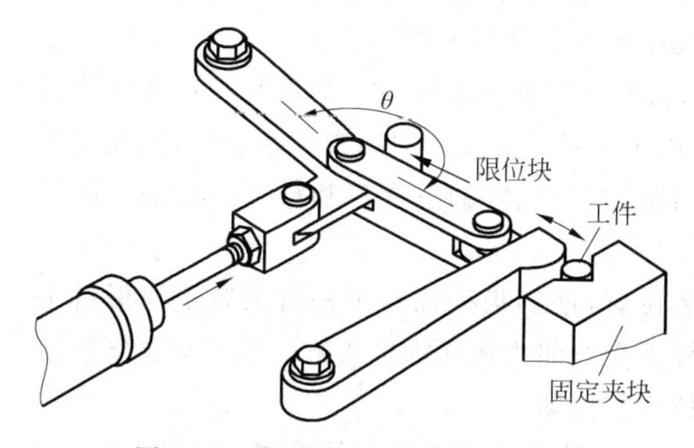

图 8-75　典型气动夹紧机构实例一

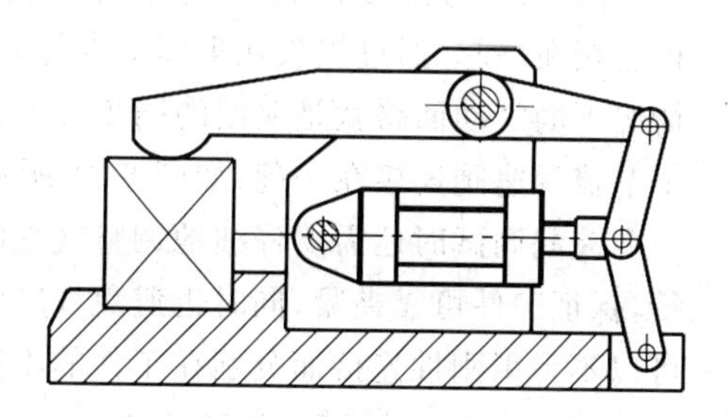
图 8-76　典型气动夹紧机构实例二

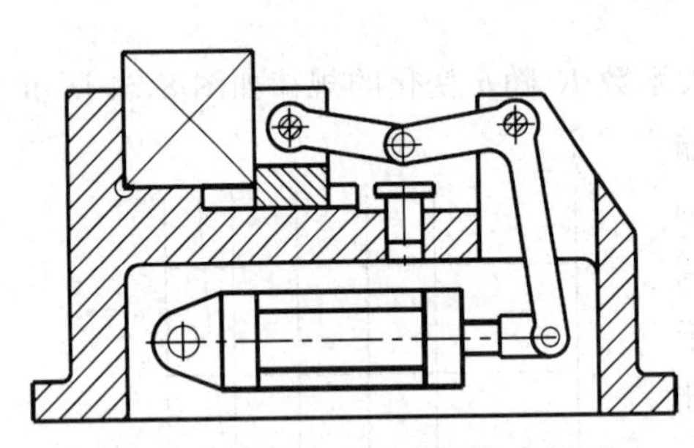

图 8-77 典型气动夹紧机构实例三

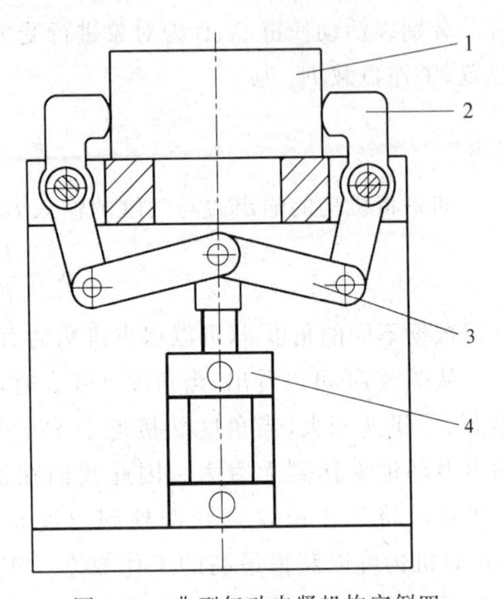


图 8-78 典型气动夹紧机构实例四

1—工件；2—夹紧杆；3—连杆；4—紧凑型气缸

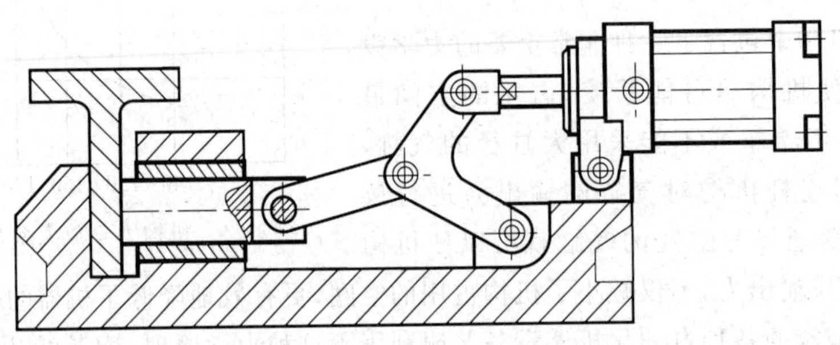

图 8-79 典型气动夹紧机构实例五

### 3. 工件较宽时的夹紧

对于宽度不大的普通工件，一般采用一只气缸单点或小平面就可以实现可靠夹紧，但经常会碰到一些较长或较宽的工件，仅靠一只气缸在单点夹紧是不可靠的，这种情况下必须采用两只(或多只)气缸加上具有一定宽度的挡板在平面上进行夹紧。

图 8-80 为较长工件的气动夹紧机构实例，将两个气缸活塞杆与一个具有一定宽度的挡板连接在一起，通过挡板在平面上进行夹紧。由于两只气缸工作时需要同步动作，因此这种情况下的气动回路就是典型的同步气动控制回路，两只气缸的进气口和排气口分别与同一个节流调速阀连接在一起，如图 8-81 所示。

装配调试时还需要仔细地调整气缸的安装位置，使挡板平面与工件待夹紧平面保持平行，保证工件可靠夹紧，同时也避免气缸活塞杆承受弯曲力矩而损坏气缸。当然夹紧气缸也可以不采用刚性连接而分别在工件的不同部位进行夹紧。

当工件长度较长和宽度较宽时，从两侧对工件用挡板进行夹紧也是常用的方式，图 8-82 就是这种从两侧用挡板进行夹紧的例子。两侧的夹头和气缸都采用铰链安装方式，这样气缸活塞杆末端的运动轨迹为弧形，保证气缸活塞杆能够自由活动。

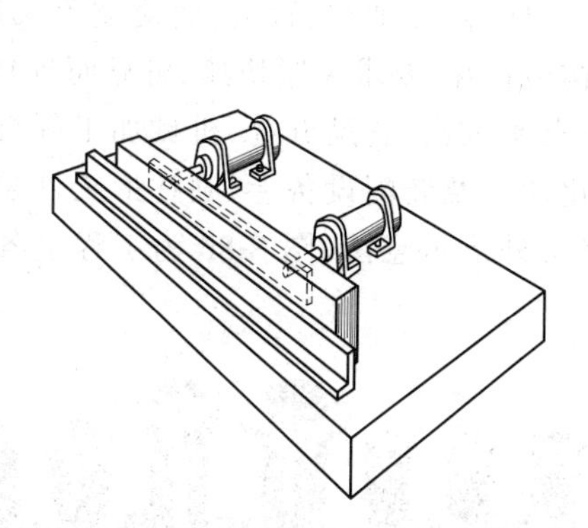
图 8-80 适合于长工件的气动夹紧机构

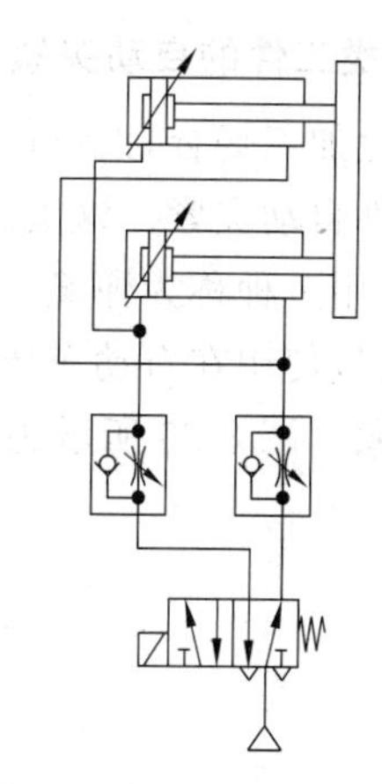
图 8-81 同步气动控制回路

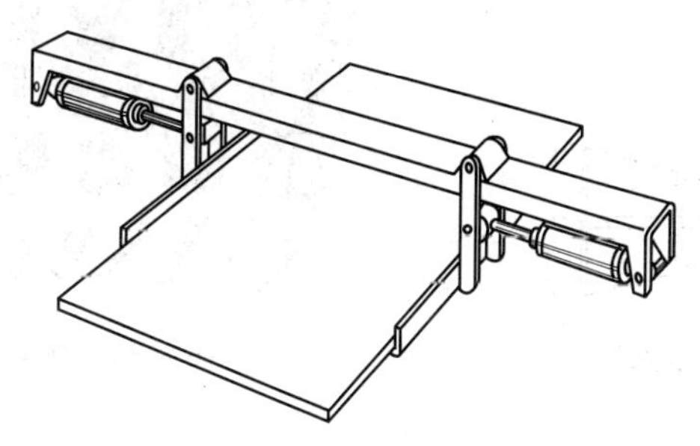
图 8-82 从工件两侧用挡板进行夹紧

**4. 自对中夹紧**

在很多场合需要夹紧机构自动找正工件的中心,消除工件尺寸变化带来的影响,即当工件尺寸发生变化时夹紧机构能够使工件总是处于夹紧机构的中心。图 8-83 为典型的矩形工件自对中夹紧机构,它可以将工件尺寸的变化均匀地分配到夹紧机构的两侧。

自对中夹紧机构最典型的例子就是圆柱形工件的夹紧,圆柱形工件的中心是对工件进行加工或装配时的定位基准,必须保证工件的中心在需要的位置。由于工件的外径尺寸具有一定的分散性,采用图 8-84 所示的自对中夹紧机构就能够消除工件外径尺寸误差的影响。

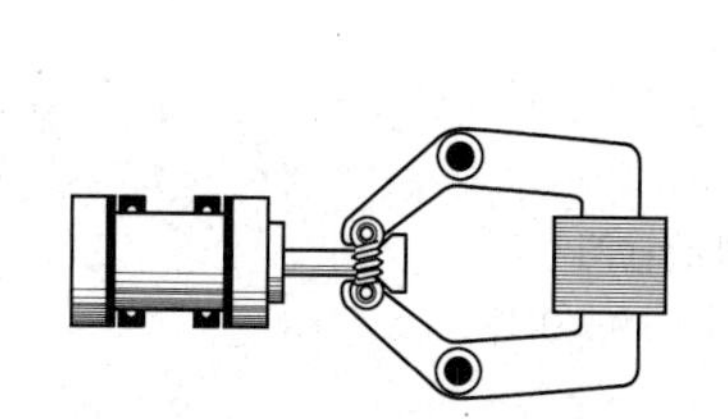
图 8-83 矩形工件自对中夹紧机构实例

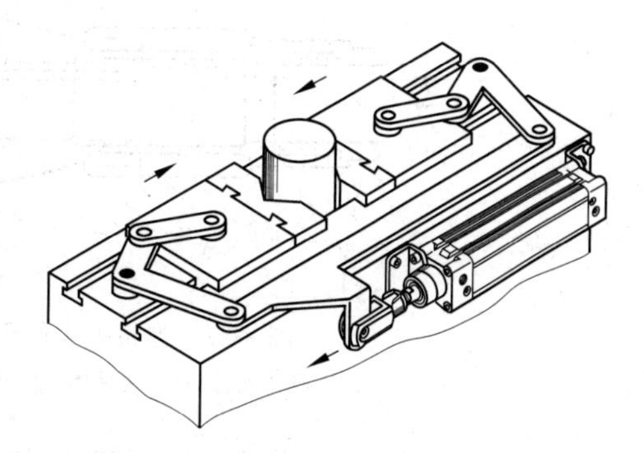
图 8-84 圆柱形工件的自对中夹紧机构实例

**5. 轴套类工件的自动夹紧机构**

在自动化加工场合,大量使用各种回转类工件,例如轴类、管类、套筒类等工件,需要在加工前将工件自动夹紧。这类工件的夹紧机构最特殊,要求夹紧快速、可靠而且具有自对中性能,通常采用一种称为弹簧夹头的典型自动夹紧机构,它是五金、机械加工等行业的标准夹具之一,大量使用在自动车床、铣床等自动化加工及装配设备上,圆柱形工件是其中最简单的夹紧对象。图8-85所示为典型的弹簧夹头外形示意图,图8-86为工程上各种形状的弹簧夹头。

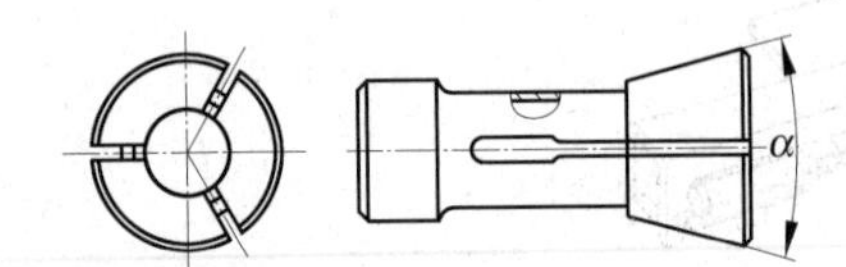


图8-85 弹簧夹头外形示意图

图8-86 弹簧夹头的一般形状

弹簧夹头是一种典型的自动定心夹紧装置,它同时对工件实现定位与夹紧。通过对工件的外圆进行定位,在外圆上夹紧。如图8-85所示,在弹簧夹头上通常沿纵向加工出3~4条切槽,使其在径向具有较小的刚度(一定的弹性),并在头部设计有具有一定角度$\alpha$的锥头,工件则放入弹簧夹头的中心孔中。

弹簧夹头在使用时必须与夹具体及操作元件装配在一起才能使用,图8-87所示为弹簧夹头使用结构原理示意图。弹簧夹头受拉后产生径向弹性变形夹紧工件,外加拉力取消后弹性变形消失,孔径变大,放松工件。一般采用气缸驱动,将气缸的拉力作用在弹簧夹头尾端,由于其工作行程很小,所以夹紧放松动作都非常快。

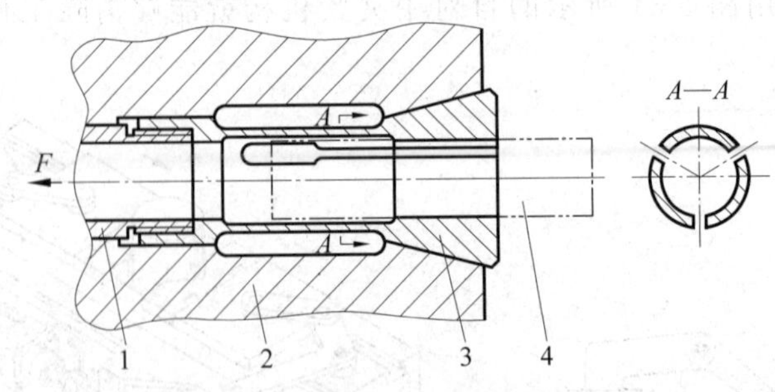


图8-87 弹簧夹头使用原理示意图

1—操作元件;2—夹具体;3—弹簧夹头;4—工件

弹簧夹头具有以下突出的特点:结构简单,使用安装方便;能够对工件进行精确定位、快速夹紧、快速放松;不仅适用于待加工或装配的工件,还适用于机床的刀具(如铣刀、钻头等)；在不损害工件的前提下具有较高的重复精度；可以消除工件的尺寸误差对定位的影响。

弹簧夹头是一种标准的通用夹具，既可以直接从供应商处采购，也可以自行加工。目前市场上还有一种专门设计制造的带弹簧夹头的气动夹紧部件，将专用气缸与弹簧夹头集成在一起，用户只要接入压缩空气即可以使用，如图 8-88 所示，图 8-89 为内部结构图。

图 8-88　采用弹簧夹头的气动快速夹紧机构

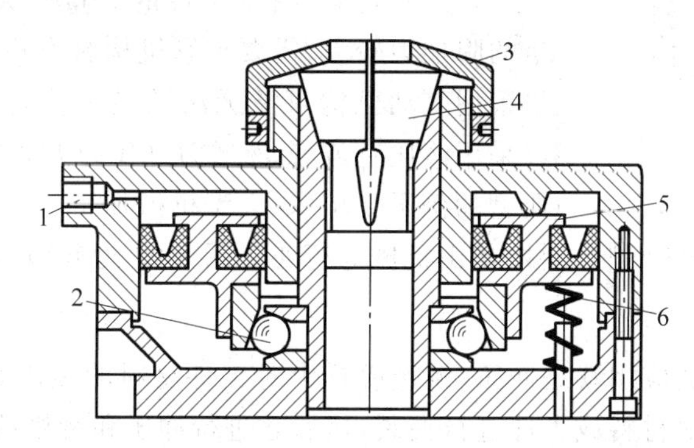


图 8-89　采用弹簧夹头的气动快速夹紧机构结构图

1—气嘴；2—滚珠；3—外套；4—弹簧夹头；5—活塞；6—复位弹簧

**6．斜楔夹紧机构**

斜楔夹紧机构是利用斜面楔紧的原理来夹紧工件的，它是夹紧机构中最基本的形式，很多夹紧机构都是在此基础上发展起来的。斜楔夹紧机构的原理如图 8-90 所示，其中图 8-90(a)为采用斜楔直接夹紧工件，图 8-90(b)为斜楔通过过渡件间接夹紧工件。

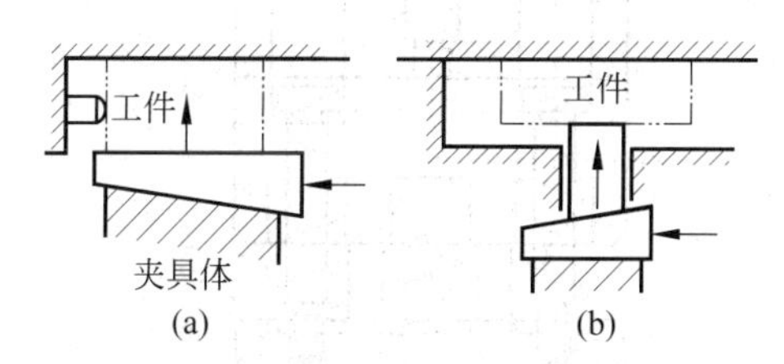


图 8-90　斜楔夹紧机构工作原理示意图

(a) 直接夹紧；(b) 通过过渡件夹紧

斜楔夹紧机构结构紧凑，占用空间少，夹紧可靠，成本低廉，因而在自动化设备中应用非常广泛。图 8-91 为几种典型的斜楔夹紧机构。

斜楔夹紧机构的主要优点之一是改变作用力的方向和作用点，使机构占用空间减少到

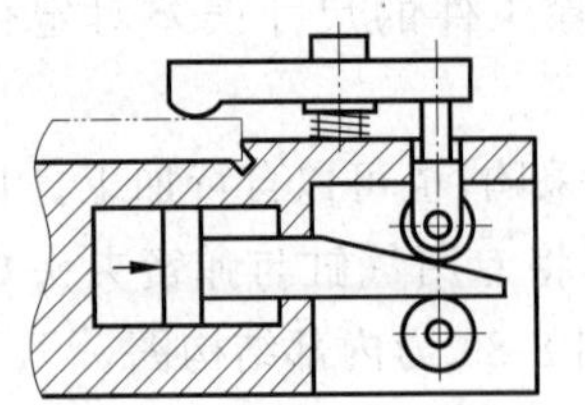
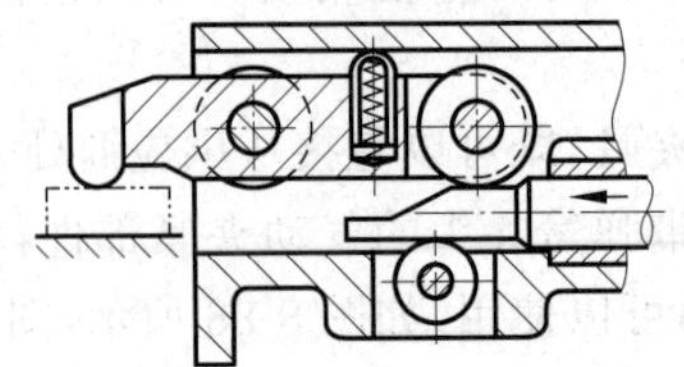
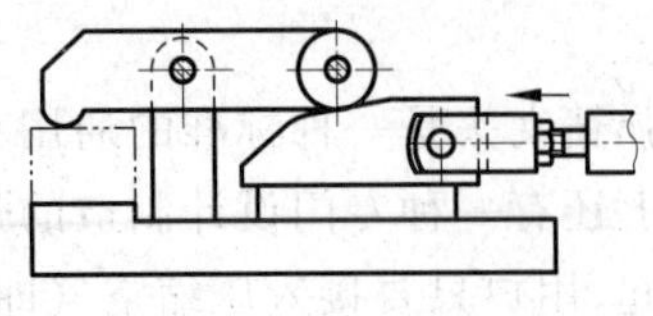

图 8-91　典型的斜楔夹紧机构实例

最小。大多数情况都采用气缸驱动。由于需要行程小,因此只需要较小行程的气缸。此外,斜楔夹紧机构可以对输出力进行放大,因而采用较小缸径的气缸就可以获得较大的夹紧力。为了提高增力倍数,减小摩擦损失,斜楔与传力连杆之间经常直接采用微型滚动轴承接触。

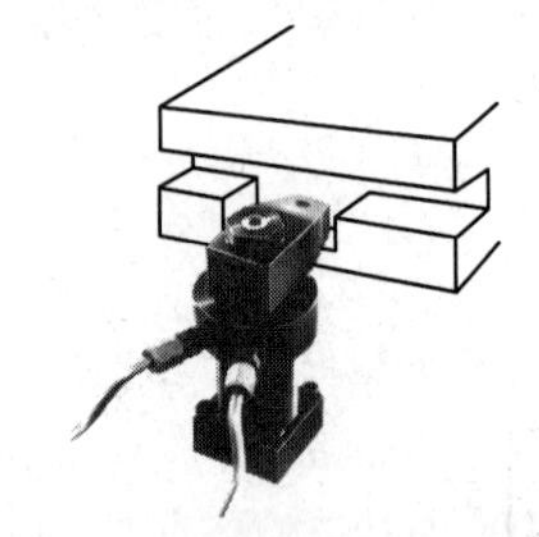

图 8-92　液压夹紧机构实例

**7. 液压夹紧机构**

在某些行业,由于工件的质量较大或者加工装配中产生的附加力较大,需要夹紧机构具有更大的输出夹紧力,如果采用气动机构可能无法满足工艺要求,这种情况下就可以采用液压缸或气-液增力缸作为夹紧机构的驱动元件。最典型的例子如机床、大型机械加工、注塑机、压铸机、建筑机械、矿山机械等行业。图 8-92 为典型的液压夹紧机构实例。

**8. 弹簧夹紧机构**

弹簧夹紧最典型的应用就是冲压、铆接模具中对工件材料的预压紧机构。因冲压和铆接过程中都必须首先对材料或工件进行夹紧,然后才进行冲压和铆接动作,防止材料及工件移位。

图 8-93 为英国 RANCO 公司某控制开关自动铆接专机铆接模具的上模结构,其中就采用了典型的弹簧预压紧机构,该铆接模具用于某电器部件的自动化装配检测生产线。

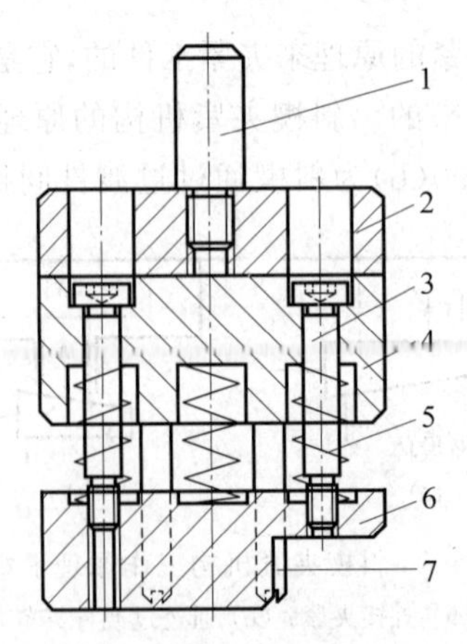


图 8-93　英国 RANCO 公司某自动铆接模具中的弹簧预压机构

1—模柄；2—连接板 A；3—导柱；4—连接板 B；5—预压压缩弹簧；6—压紧块；7—铆接刀具

铆接模具的预压紧机构通常较简单,铆接过程一般是首先将工件人工或自动(例如振盘)送入下模的定位夹具中,由模具下模对工件进行定位及支承,然后模具上模在竖直方向从上往下对工件施加压力完成铆接工序。在铆接过程中必须防止工件发生移动,因为空间狭小,通常直接在模具上模中设计弹簧预压机构,利用压缩弹簧的压力将工件从上往下夹紧。在上模下行的过程中,首先是压紧块6接触工件,预压压缩弹簧5逐渐被压缩,并将弹簧的压力通过压紧块6将待铆接的工件从上往下预先夹紧,模具上模继续向下运动时铆接刀具才接触工件进行铆接操作。模具上模返回过程中,弹簧变形恢复,自动使工件与模具上模脱离。

从图8-93还可以看出,铆接模具也是一种模块化的结构,当刀具磨损至无法满足使用要求时,只要将刀具拆下更换就可以,不需要将整个部件报废,既降低了使用成本,又方便快速维修。

**9. 各种手动或自动快速夹具**

除在机械加工及自动化装配行业大量使用气动夹紧机构外,还有一些行业大量采用人工操作或自动操作的快速夹紧夹具,对工件或产品进行快速夹紧。图8-94、图8-95为美国DE-STA-CO公司的部分手动及气动快速夹具。

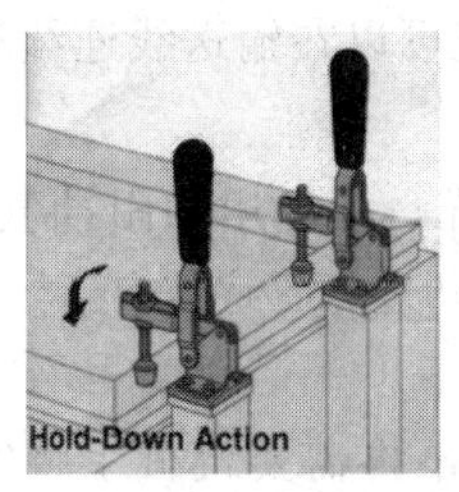

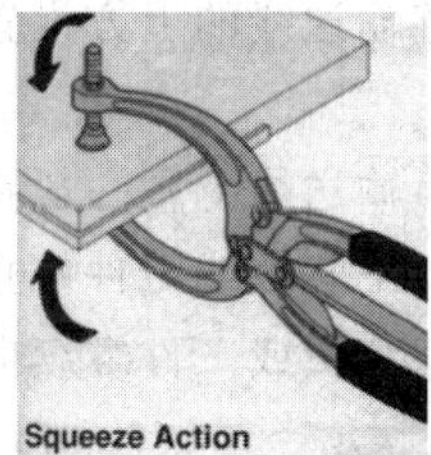

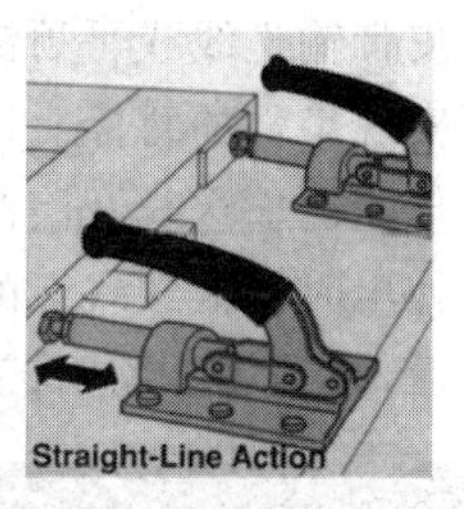


图8-94　美国DE-STA-CO公司的部分手动快速夹具

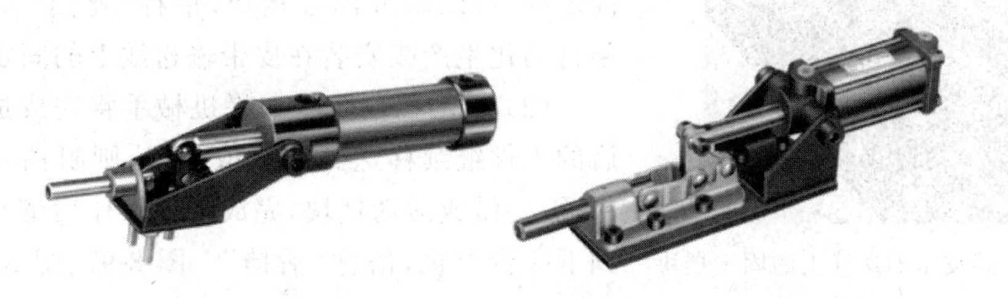

图8-95　美国DE-STA-CO公司的部分气动快速夹具

这些快速夹具巧妙地应用了著名的四连杆机构死点原理,具有以下特点:

- 夹紧快速:放松快,开口空间大,不妨碍装卸工件;
- 力放大倍数高:施以很小的作用力就可以获得最大的夹紧力;
- 自锁性能好:足以承受加工工件时产生的附加力,对夹紧状态进行自锁;
- 体积小、操作轻巧方便;
- 制造成本低廉。

上述快速夹具既有用于手动操作的手动夹紧系列,也有用于自动操作的气动及液压驱动系列,其中手动夹紧系列广泛应用在各种对夹紧力要求不高的场合,例如五金、电子、汽车、自行车、家具等行业的装配、检测、焊接,也广泛应用于木材加工、塑料加工行业(如粘胶、钻孔、切割、研磨时的夹具),而气动及液压驱动系列广泛应用于制造行业中的机械加工工序,例如钻孔、铣削、磨削、测试、安装等。

自动阻挡机构

## 8.6 阻挡与暂存

**1. 为什么要对工件进行阻挡暂停?**

虽然有些简单工序不必让工件停止,可以在工件输送过程中进行,例如喷码打标、条码贴标,但大多数情况下,必须在工件处于停止状态才可以进行,例如激光打标。很多工序操作对定位都有较严格的要求,而且经常还需要对工件进行夹紧,不适合在输送线上进行,必须在自动化专机上进行,典型的做法就是使用上下料机械手将工件从输送线上抓取后移送到专机上的定位夹具上进行工序操作,工序完成后又将工件送回输送线。但机械手不能抓取运动中的工件,必须使工件在输送线上某一固定位置停留下来,所以必须在输送线上设计一系列的阻挡机构,使工件在需要的位置停留下来,这一过程就是工件的阻挡与暂存。

**2. 对工件阻挡暂停的方法**

在皮带输送线或平顶链输送线的上方设置一个挡块或挡条就可以在输送线连续运行的情况下实现工件的暂停。

在倍速链输送线及滚筒输送线上则一般在输送线的中央设置一种专用的阻挡气缸,阻挡气缸伸出时使输送线上的工装板或工件停止运动,供人工或自动进行工序操作,当工序操作完成后,阻挡气缸缩回,工装板或工件继续向前运动。

图8-96 某皮带输送线上的固定挡块

(1) 固定挡块——如果不再需要机械手将完成加工或装配后的工件移送到原抓取位置,则阻挡可以是固定的,可以做成固定挡块,俗称"死挡"。图8-96为某自动化生产线安装在皮带输送线上的固定挡块。

(2) 活动挡块——如果机械手将完成加工或装配后的工件继续移送到原抓取位置,则阻挡只能是暂时的,需要做成活动挡块,完成工序操作后继续放行输送到下一台专机,俗称"活挡"。图8-97、图8-98为某自动化生产线安装在皮带输送线上方的活动挡块。

图8-97 某自动化生产线安装在皮带输送线上的活动挡块一

从图8-98可以看出,该活动挡块实际上就是采用FESTO公司ADVUL气缸驱动的连杆机构,气缸伸出时挡杆挡住工件,气缸缩回时挡杆放行工件,气缸本身具有导向功能,结构简单,成本低廉。

图8-99为某自动化生产线使用摆动气缸当做活动挡块对食品包装盒进行阻挡的实例,这样设计显然成本较高。

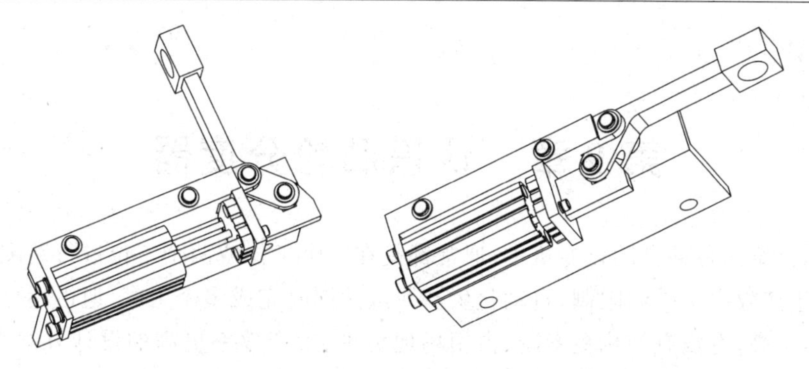

图 8-98　某自动化生产线安装在皮带输送线上的活动挡块二

图 8-99　某自动化生产线使用摆动气缸当做活动挡块实例

总结：活动挡块、固定挡块通常是需要一起搭配使用的。因为自动化专机为了提高效率经常一次同时对几个工件进行加工装配，需要几个工件间隔地依次在不同位置暂停，所以阻挡机构还必须与本章的分料机构同时使用，分料机构确保工件在前方逐个放行，然后后方的活动挡块才可以依次挡住一个工件，如前面图 8-29 中的实例。

## 思　考　题

1. 当机械手需要在输送线上一次同时抓取多个工件时，如何进行工件的分隔与暂存？
2. 如何在水平输送线上用最简单的方法对圆柱形工件进行分隔？
3. 如何在水平输送线上对矩形工件进行分隔？
4. 如何对材料厚度较小的片状工件进行分隔？
5. 什么叫工件的换向？为什么需要对工件进行换向？
6. 什么叫定位机构？在自动化装配或加工过程中为什么要对工件进行定位？
7. 在设计定位机构时，应该如何选择限制工件的自由度？为什么要避免过定位和欠定位？
8. 在设计定位机构时，如何选定定位基准？
9. 夹紧机构结构上普遍应用了力学放大原理，请以图 8-75～图 8-79 所示机构为例进行分析说明。
10. 为什么需要对工件进行阻挡暂存？通常采用哪些方法实现工件的暂存？

# 第9章　认识凸轮分度器

在前面介绍的各种自动化专机中，通常都是在一个工位或两个工位进行装配或加工，既占用场地，生产效率又受到限制，自动化生产线虽然同时完成多个工序，但占用更大场地，设备投资成本又高，有没有结构更紧凑、占用场地更少、生产效率更高的设计方案呢？凸轮分度器就是为满足这样的需求设计制造的。

凸轮分度器
结构原理

## 9.1　解析凸轮分度器结构原理

### 1. 凸轮分度器的功能

凸轮分度器也称为凸轮分割器，它属于一种高精度回转分度装置，其外部包括两根互相垂直的轴，一根为输入轴，由电机驱动，另一根为输出轴(法兰)，用于安装工件及定位夹具等负载的转盘就安装在输出轴上。图9-1为日本三共(SANKYO)公司某系列已经装配好电机及减速器的凸轮分度器。

图9-1　日本三共(SANKYO)公司某系列凸轮分度器

槽轮机构、棘轮机构通常只应用在对输送精度及装配精度要求不高的一般场合，但凸轮分度器是一种专业化的、高精度的回转分度间歇输送装置，是一种为适应高速自动化、高精度生产装配场合而专门设计开发的自动机器核心部件，广泛应用于半导体芯片、电子、电器、五金、轻工、食品、饮料等各种行业的自动化生产与装配。图9-2为采用凸轮分度器的自动化装配专机实例。

### 2. 性能特点

(1) 高速化。凸轮分度器转位速度高，可以大幅缩短节拍时间，提高机器的生产效率。

(2) 定位精度高。凸轮分度器的分度精度几乎是最高的，能够满足各种高精度装配。

(3) 高刚性。凸轮分度器除提供高精度转位分度外，还同时具有高刚性，能支承装配中的各种负载而不产生超过允许值以外的变形。

图 9-2 采用凸轮分度器的自动化专机实例

(4) 根据使用需要能得到灵活的转位时间与停顿时间比。不同的使用场合产品装配或加工所需要的工艺时间各不相同,同一台机器上不同工位所需要的工艺时间也各不相同,凸轮分度器能得到灵活的转位时间与停顿时间比,可以满足各种工艺条件下的转位分度要求,使用方便。

(5) 简化机器设计制造。凸轮分度器是一种标准化的自动机器转位分度部件,能直接采购,用户只要在其输出轴上设计安装好转盘及定位夹具即可使用,大大简化了机器的设计及制造过程。

(6) 免维护、长寿命。采用高级润滑脂或润滑油进行润滑,维护简单,只需定期更换合适的润滑油或润滑脂,10 万工作小时以内都无需进行维修。

(7) 价格昂贵。凸轮分度器作为目前精度最高的分度机构,价格较为昂贵,占了机器成本的主要部分。它涉及金属材料、精密加工、热处理等多个行业学科知识与经验。

**3. 凸轮分度器内部结构**

凸轮分度器是利用空间凸轮机构的原理进行工作的,图 9-3 为表示凸轮分度器的原始结构模型。手柄转动带动空间凸轮转动时,凸轮的轮廓曲面推动一系列滚子,滚子带动输出转盘转动,并实现有一定转位时间/停顿时间比的分度旋转运动。

图 9-3 凸轮分度器运动原理模型

凸轮分度器的外部有两根轴,一根为输入轴,另一根为输出轴(通常为安装法兰),输入轴由电机直接或通过皮带驱动,输出轴则与作为负载的转盘或链轮连接在一起,带动转盘旋转。图 9-4 表示了常用的两种类型凸轮分度器内部结构,其中图 9-4(a)为蜗杆式凸轮转位机构,图 9-4(b)为圆柱式凸轮转位机构。图 9-5 为蜗杆凸轮分度器内部结构。

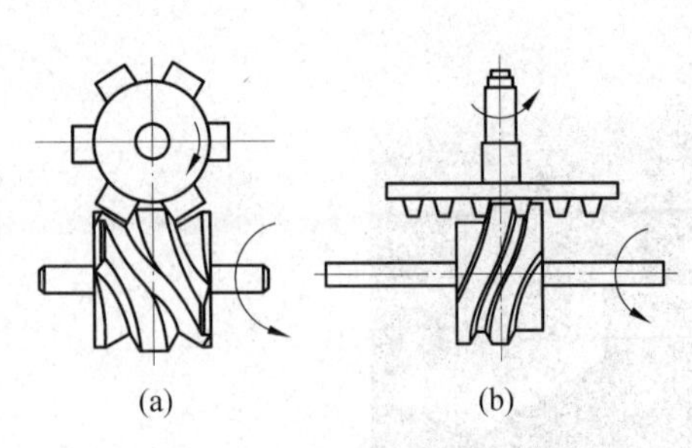


图 9-4 凸轮分度器结构类型
(a) 蜗杆式凸轮；(b) 圆柱式凸轮

图 9-5 蜗杆式凸轮分度器内部结构

**4. 凸轮分度器工作过程**

下面以最常用的蜗杆式凸轮分度器为例说明。

(1) 电机驱动系统带动凸轮分度器的输入轴连续转动，蜗杆凸轮与分度器输入轴同步转动。输出端为一个输出轴或法兰，输出轴内部实际就是一个转盘，转盘的端面上均匀分布着圆柱形或圆锥形滚子，蜗杆凸轮的轮廓曲面与上述圆柱形或圆锥形滚子切向接触，驱动转盘转位或停止。当蜗杆凸轮轮廓曲面具有升程时，转盘就被驱动旋转，当蜗杆凸轮轮廓曲面没有升程时，转盘就停止转动。所以输出轴是转动一个角度然后停止一段时间。

(2) 输入轴连续转动一周(360°)为一个周期，输出轴对应地完成一个循环动作，即转位时间和停顿时间两部分，两部分时间之和与输入轴转动一周的时间相等，上述一个工作周期也就对应机器的一个循环节拍时间。

**5. 凸轮分度器工作循环**

凸轮分度器的工作循环方式主要有如图 9-6 所示的两种：转位分度循环、摆动循环。

图 9-6(a)为工程上最典型而且大量采用的转位分度循环，箭头表示转位过程，黑点表示分度器停止一段时间，通常所说的凸轮分度器就是指这种产品，本章主要对这种产品进行介绍。

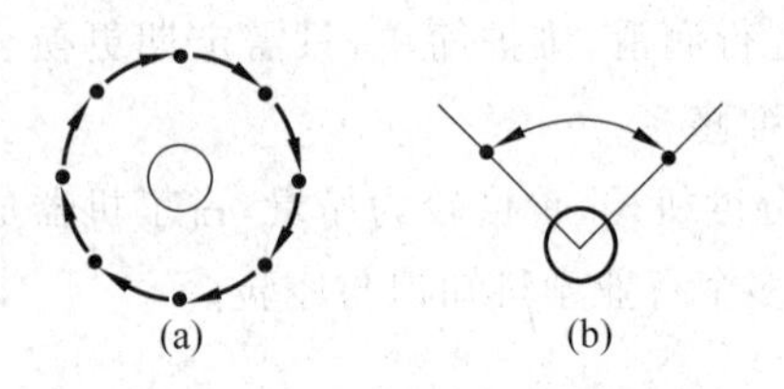


图 9-6 凸轮分度器工作循环示意图
(a) 转位分度循环；(b) 摆动循环

1) 转位及停顿的意义

分度器每次转动一个固定的角度，大小等于两个工位之间的角度，因此转位动作实际上就是使自动化专机转盘上的定位夹具及工件按固定方向依次交换一个操作位置。而停顿动作实际上就是使自动化专机转盘各工位上方或侧面的各种操作执行机构同时对所在工位的工件进行装配、加工、检测等工序操作。

当转盘旋转一周(360°)后，所有工位上的工件都依次经过了机器上全部执行机构的各种装配、加工、检测等工序操作，也就由第一个工位上料开始的原始工件变成经最后一个工位卸料的成品或半成品。

2) 工位数

凸轮分度器标准的工位数一般为 2、3、4、5、6、8、10、12、15、16、20、24、32，一般都选用标准的工位数。

图 9-6(b)为摆动循环，箭头表示输出轴往复摆动过程，黑点表示分度器停止一段时间，

在摆动的起点及终点，输出轴作上下往复运动。它实际上是普通凸轮分度器的衍生产品，它的运动过程和图6-43所示摆动式机械手是一模一样的，这就是自动化装配中典型的“pick & place”运动循环。图9-7为这种产品的外形实例。

图9-7 摆动循环驱动器外形

气动机械手气缸的工作寿命是有限的，优点是结构简单、价格低廉，但这种摆动驱动器在结构上是由内部精密凸轮来实现的，具有免维护、长寿命特点，但价格比气动机械手更昂贵，在要求高速、高精度、长寿命的使用场合是最好的选择。

## 9.2 凸轮分度器应用案例

凸轮分度器使用案例

凸轮分度器作为自动机器核心部件，大量使用在各种自动化装配专机、自动化生产线上，下面分别举例进行说明。需要说明的是，凸轮分度器的优势主要是大负载的分度场合，对于某些小负载的间歇驱动(例如线材间歇送料)使用电机驱动就完全可以完成，使用凸轮分度器只是一种参考方案而已。

### 1. 转盘式多工位自动化专机

在凸轮分度器的基础上，只要再完成以下工作就可以组成一台完整的自动化装配专机：

(1) 在凸轮分度器的输出轴上设计安装回转盘；

(2) 在转盘上设计安装特定的定位夹具；

(3) 在转盘各工位上方(或转盘外侧)设置各种执行机构(如机械加工、铆接、焊接、装配、标示等装置)；

(4) 在需要添加零件的工位附近设置自动上料装置(如振盘、机械手等)；

(5) 在卸料工位设置自动卸料装置(如机械手等)；

(6) 设计传感器及PLC控制系统。

图9-8即为采用凸轮分度器的8工位自动化专机，电机经过减速器后直接驱动分度器输入轴，而转盘则安装固定在分度器的输出法兰上，结构紧凑，安装方便。

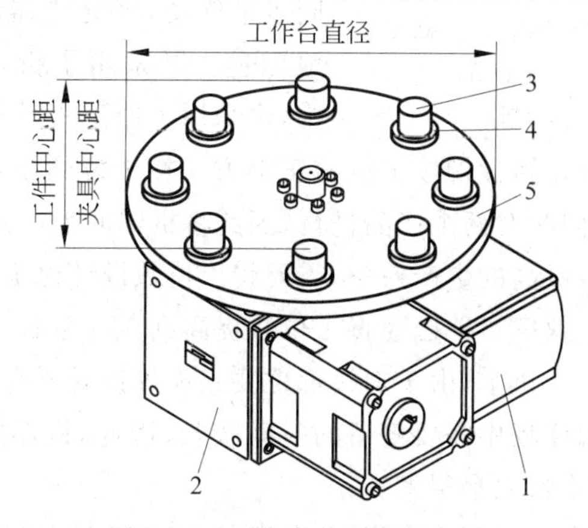


图9-8 8工位自动化专机实例

1—电机及减速器；2—凸轮分度器；3—工件；4—定位夹具；5—转盘

图9-9为采用凸轮分度器的4工位自动化专机示意图,图中在2个工位上分别有2台机器人进行零件装配。

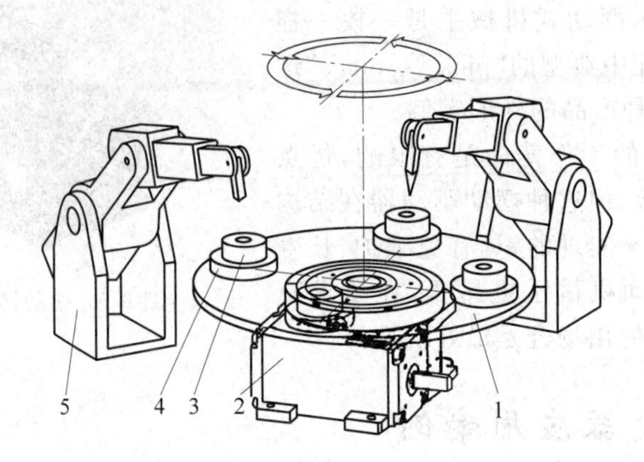


图9-9　采用凸轮分度器的4工位自动化专机示意图

1—转盘;2—凸轮分度器;3—工件;4—定位夹具;5—工业机器人

图9-10为8工位自动化专机分度装置示意图,电机通过同步带或V形皮带及皮带轮驱动减速器,减速器再与凸轮分度器输入轴连接装在一起,这样可以很灵活地设计凸轮分度器输入轴的转速,因为输入轴的转速决定了凸轮分度器的节拍时间,所以可以更方便地调整凸轮分度器的节拍时间。

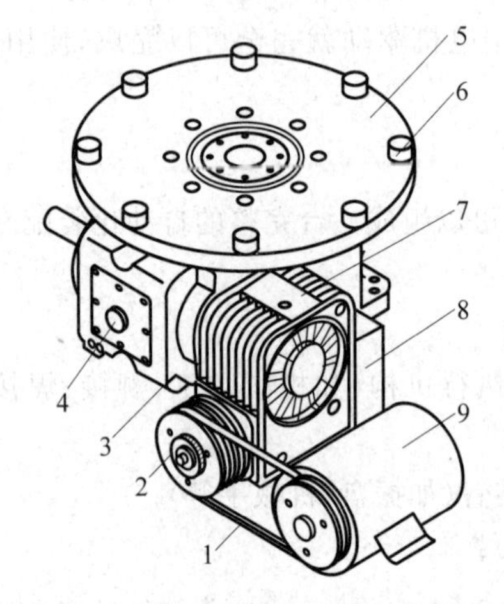


图9-10　采用同步带或V形皮带驱动的凸轮分度器实例

1—同步带或V形皮带;2—同步带轮或V形带轮;3—电磁离合器;4—凸轮分度器;5—转盘;6—定位夹具及工件;7—减速器;8—电磁制动器;9—电机

在上述实例中,专机的工位数是根据产品的装配工序数量来选定的,工位上方的执行机构也是根据产品的装配工艺专门设计的,定位夹具和自动上下料装置也是根据产品或零件的形状尺寸专门设计的。

在图9-11所示的例子中,凸轮分度器采用同步带传动,因此机器的工作节拍可以很方便地调整。既采用了机械手1作为自动上料机构,也采用了振盘6对某零件自动上料,作为执行机构的铆接机构5设置在转盘铆接工位的正上方。在工位的设计上,一个工位设计两套定位夹具,每次装配都是同时对两个产品进行,因此将机器的生产效率提高了1倍。

在某些生产场合需要极高的生产效率,需要将工位数设计得很大。例如大型的啤酒、饮料灌装专机为了提高生产效率目前已经将工位数提高到190左右。又例如在某些电器部件的大型多工位热风软钎焊专机上,由于焊接部位要完成焊接需要有预热、焊接、保温等过程,工件在转盘上方的热风温度场中需要停留的时间较长,因此,机器的工位数多达数十个,转盘的直径也很大,转盘的重量也会很大。

转盘的直径越大,转盘的质量和负载也就越大,要驱动转盘转动就需要更大的驱动扭矩。为了尽可能减小凸轮分度器的负载，在这种场合一般都设计成中空转盘，以减轻转盘的质量，如图9-12所示。

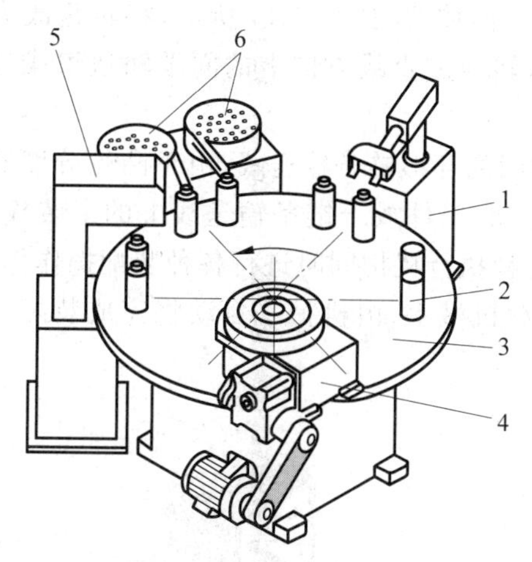


图9-11　由凸轮分度器组成的自动化装配专机
1—机械手；2—工件及定位夹具；3—转盘；
4—凸轮分度器；5—装配铆接机构；6—振盘

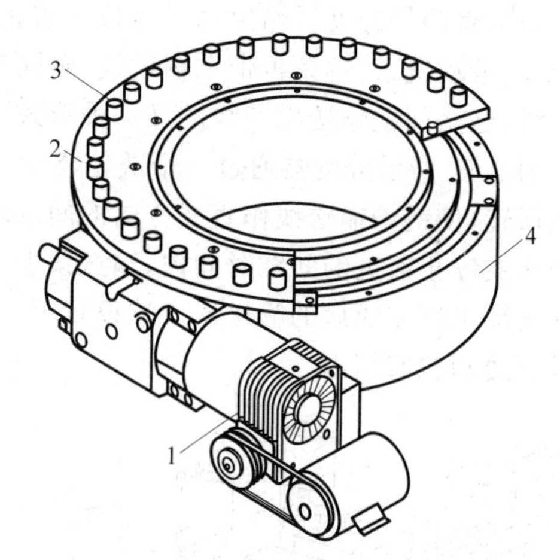


图9-12　采用大直径中空转盘的回转分度装置实例
1—减速器；2—大型中空转盘；
3—定位夹具及工件；4—凸轮分度器

**2. 组成自动化生产线**

凸轮分度器不仅大量应用于自动化专机，完成各种机械加工、装配、铆接、焊接、检测、标示等工序操作，还可以很灵活地组成各种自动化生产线的间歇输送系统。主要有两种方式：

(1) 利用凸轮分度器驱动链条输送线或皮带输送线使输送线作间歇输送；

(2) 采用凸轮分度器的自动化专机与各种输送线组合成自动生产线。

如果将转盘改为链轮或皮带轮，与链条或皮带配合后，就可以实现链条(链条需要与放置工件的工装板相连)或皮带的间隙输送，实际上就是利用凸轮分度器将其圆周方向上的回转间歇运动转换为直线方向上的间歇输送，图9-13～图9-15就是这种应用实例。

在图9-13中，将分度器的输出轴水平放置，将转盘改为链轮，链轮带动链条，链条再带动链条上的夹具作直线方向上的间歇输送。在输送线的各工位上，可以根据产品的工艺需

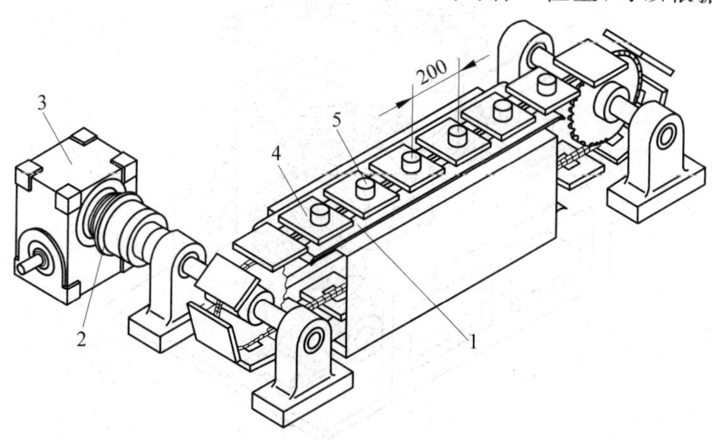


图9-13　使用凸轮分度器的自动生产线实例一
1—链条输送线；2—离合器；3—凸轮分度器；4—工装板；5—工件

要依次安排不同的工序，增加相应的执行机构，就组成了自动生产线，这也是自动生产线的典型形式之一。

如果将凸轮分度器输出轴仍然按一般的竖直方向放置，如图 9-14 所示，将转盘改为链轮，链轮带动链条，链条再带动输送线，则同样可以转换成直线方向上的间歇输送组成自动生产线，这是间歇输送生产线的又一种形式。

图 9-15 所示分度器通过一个链轮驱动一条封闭的环形链条输送线，由于凸轮分度器的间歇回转，使链条输送线作直线方向的间歇输送运动，工件放于链条输送线上的工装板上，在输送线停止前进的间歇时间内，输送线上方的各种执行机构同时进行各种装配操作作业。而在全部工序完成后的输送线末端设置了一台移载机械手，由机械手自动将完成装配后的工件移送到包装箱内。

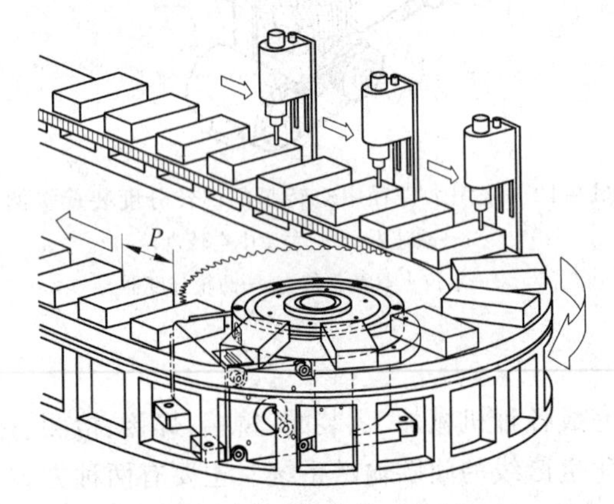


图 9-14 使用凸轮分度器的自动生产线实例二

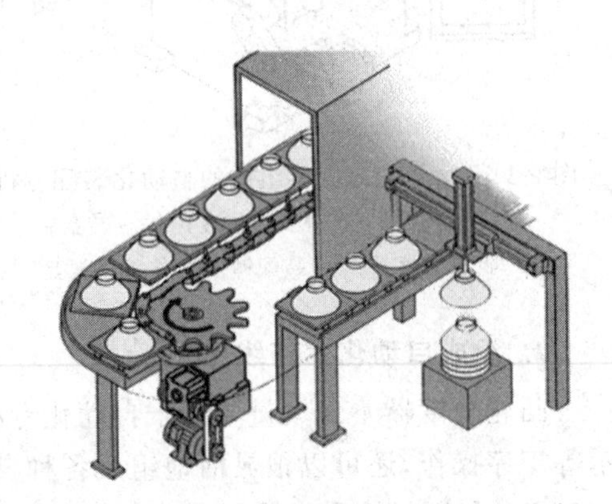

图 9-15 使用凸轮分度器的自动生产线实例三

图 9-16 中，在一台采用分度器的自动化专机基础上，只要使用一台摆动驱动器，将专机上已经完成装配、加工、检测等操作的工件从转盘上卸下放到皮带输送线上，流向下一道操

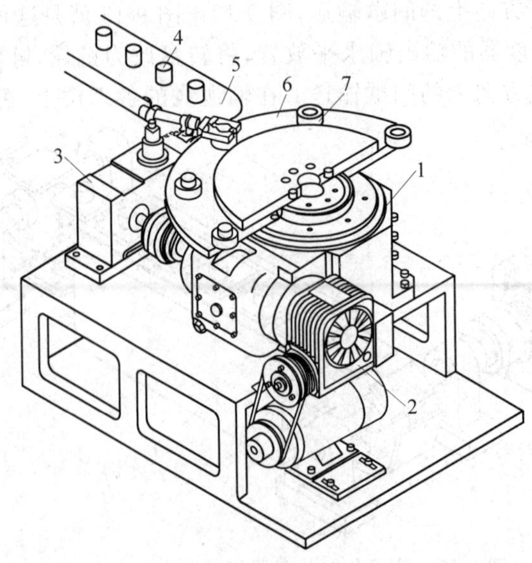


图 9-16 使用凸轮分度器的自动生产线实例四

1—凸轮分度器；2—减速器；3—摆动驱动器；4—工件；5—皮带输送线；6—转盘；7—定位夹具

作工序，这样就组成了一条典型的自动化生产线。在摆动驱动器手臂的尾部装上气动手指夹取工件后就变成了一台机械手。由于摆动驱动器与间歇回转分度器由同一台电机同时驱动，所以两者之间能够形成严格同步的动作协调关系。

图 9-17 为一个用于自动化包装生产线的实例。电机通过同步带、减速器再驱动凸轮分度器。工件从左方的输送线上自动输送至转盘的定位槽内，转盘在凸轮分度器的驱动下旋转 90°后作一停留，工件在辅助机构的作用下被推入后方输送线上已经输送到位的包装箱内，最后包装箱连同工件一起又被推料机构横向推移到右侧第三条输送线上，完成部分包装工序。

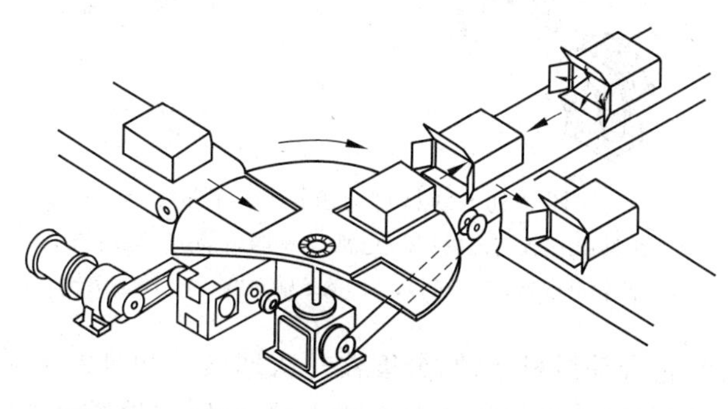

图 9-17　凸轮分度器用于自动化包装生产线实例

### 3. 自动化间歇送料机构

凸轮分度器还可以用于组成自动化间歇送料机构，最典型的应用实例就是如图 9-18 所示的大型冲床自动送料机构。当然这样的间歇送料也完全可以使用电机驱动来实现，降低成本。

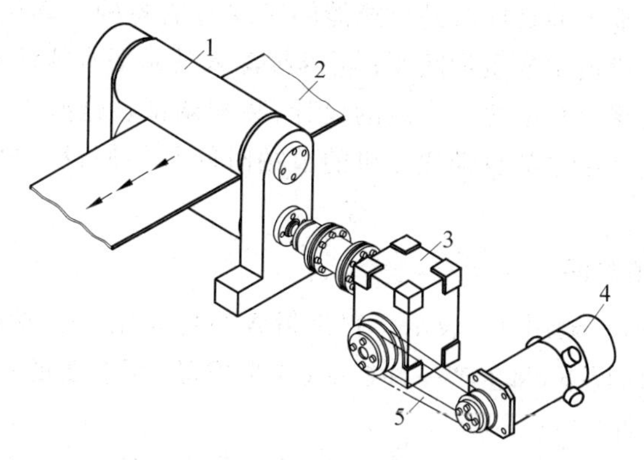


图 9-18　冲床自动送料机构

1—驱动滚筒；2—金属带料；3—凸轮分度器；4—电机；5—同步带

在自动化冲压过程中，金属带料的送料是一个典型的间歇输送过程，当冲床完成一个冲压动作后，带料需要自动向前输送一个步距。在带料宽度较小时，通常采用一种廉价的靠压缩空气驱动的带料间歇送料装置。当带料宽度较大时使用凸轮分度器就是一种很好的选择。凸轮分度器间歇驱动一对滚筒，使金属带料实现间歇输送。

在自动化装配或加工设备中还广泛使用凸轮分度器进行带料或线材的间歇输送。

图 9-19 所示为一线材自动送料分切机构实例。设备功能为将成卷的线材经过校直，自动分切成固定长度的线材，然后将其放于链条输送线的定位夹具上继续向前输送。

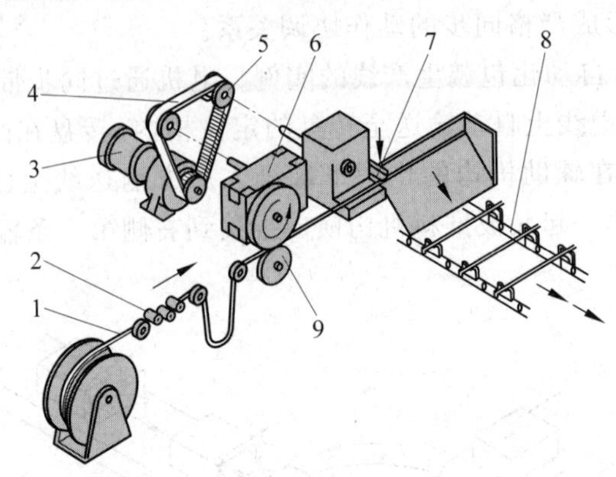


图 9-19　线材自动送料分切机构

1—线材；2—校直滚轮；3—电机；4—同步带；5—张紧轮；6—凸轮分度器；7—切刀；8—链条输送线；9—驱动滚轮

分度器驱动一对滚轮带动线材运动，分度器每次回转的角度及驱动滚轮的直径直接决定了线材输送长度，分度器停顿时间供切刀切断线材，所以这种场合采用的凸轮分度器具有较长的转位时间及较短的停顿时间。同时，用于输送线材的链条输送线也是间歇输送，其节拍应与线材的输送、分切周期相对应，以保持分切与输送两部分动作节奏的严格一致。

凸轮分度器节拍时间与选型

## 9.3　解析凸轮分度器节拍时间

学习凸轮分度器最基本的目标就是要求能够对现有的各种自动机器进行深入分析，解决实际生产中出现的一般技术或质量问题；再继续深入就是要求能够利用这种自动机器核心部件进行各种自动机器及自动化生产线的设计、装配调试。这些工作都必须首先了解分度器的节拍时间。下面介绍这类自动化专机的节拍时间是如何设计出来的，为分度器的选型打好基础。

**1. 凸轮分度器节拍时间**

节拍时间简称节拍，一般用 $T_C$ 表示。它是指各种自动化专机或自动化生产线在正常连续工作、稳定运行的前提下，每生产一件产品(或半成品)所需要的周期时间间隔，单位为min/件(min/cycle)、s/件(s/cycle)。

自动化专机(或生产线)的节拍时间由两部分组成：一部分为工艺操作时间，用于执行机构完成各种加工、装配、检测等工序操作；另一部分为辅助生产时间，用于各种辅助机构完成上下料、换向、夹紧等辅助操作，如果装配工序需要的时间长(短)，则节拍时间就长(短)。

在此类自动化专机中，由于转盘、凸轮分度器、各工位的操作是同步运动或停顿的，所以转盘的运动周期实际上也就是凸轮分度器的运动周期。

转盘(或分度器)每完成一个转位＋停顿动作循环的时间，即为一个节拍时间，这一时间也就是这种自动化专机每生产一件产品的周期时间，因此，这类自动化专机的节拍时间就等于输出轴(转盘)的一个循环时间,即 1 个转位时间+1 个停顿时间。

$$T_C = T_h + T_0 \tag{9-1}$$

式中,$T_C$ 为节拍时间,s/件;$T_h$ 为转位时间,s;$T_0$ 为停顿时间,s。

分析:显然,在转位时间一定的情况下,机器的节拍时间应该根据各工位中需要工序操作时间最长的工位来决定,只要该工位能够在转盘停顿时间内完成工序操作,其他工位的工序操作也都可以在该时间内完成。所以有

$$T_0 \geqslant \max(T_{si}) \tag{9-2}$$

式中,$T_{si}$ 为自动化专机中各工位所需要的工序操作时间,$i=1,2,3,\cdots,n$,$n$ 为工位数;$T_0$ 为停顿时间,s。

**2. 生产效率**

生产效率与节拍时间是两个相关的概念,表示的都是设备的生产能力。生产效率是指专机(或生产线)在正常连续工作、稳定运行的前提下,每单位时间内所能完成产品(或半成品)的件数,一般用 $R_P$ 表示,单位为件/h(cycles/h)、件/min(cycles/min)。

节拍时间 $T_C$ 与生产效率 $R_P$ 的相互关系为

$$T_C = \frac{1}{R_P} \tag{9-3}$$

**例 9-1**　若机器的节拍时间为 3 s/件,计算机器的生产效率为多少件/h?

**解**:机器的生产效率为 60/3=20 件/min,或 1200 件/h。

## 9.4　解析凸轮分度器选型

**1. 分度角与停止角**

凸轮分度器有两根轴,一根为输入轴,由电机驱动作连续转动,另一根为输出轴,带动分度器上方的转盘作时转时停的间歇回转运动。输入轴每旋转一周(360°),输出轴就完成 1 个转位动作+1 个停顿时间,构成一个工作循环。

为了准确描述凸轮分度器的工作原理,假设将输入轴旋转 1 周的角度 360°分为两部分,一部分对应输出轴转位的时间,工程上称之为分度角,另一部分对应输出轴停顿的时间,工程上称之为停止角。分度角、停止角之和为 360°。即

$$\text{分度角} + \text{停止角} = 360^\circ \tag{9-4}$$

分析:分度角一旦确定,停止角实际上也就确定了,因此描述凸轮分度器的分度特性时使用分度角就足够了,一般只定义分度角,选型时也只选择分度角。进一步的分析可知,分度角的大小实际上决定了分度器输出轴转位、停顿两个动作时间的比值。如果分度角为 120°,则停止角为 240°,与此对应,如果分度器的转位时间为 1 s,则其停顿时间为 2 s,总节拍为 3 s,以此类推。

**2. 分度器选型主要步骤**

(1) 选定分度器系列及工位数。

首先根据使用经验和供应商的推荐选用最常用的系列,然后在其中选择合适的工位数,其中应包括 1 个上料工位、1 个卸料工位,再加上各工序操作需要的工位数量,在制造商规

格中选择不低于上述工位数且最接近的工位数。

例如表9-1为日本三共(SANKYO)公司ECO系列凸轮分度器的工位数及分度角标准。

**表9-1 日本三共公司ECO系列凸轮分度器的标准分度角**

| 工位数 \ 分度角 | 90° | 120° | 150° | 180° | 210° | 240° | 270° | 300° | 330° |
|---|---|---|---|---|---|---|---|---|---|
| 2 | — | — | — | — | — | — | ○ | ○ | ○ |
| 3 | — | — | ○ | ○ | ○ | ○ | ○ | ○ | ○ |
| 4 | — | ○ | ○ | ○ | ○ | ○ | ○ | ○ | ○ |
| 6 | ○ | ○ | ○ | ○ | ○ | ○ | ○ | ○ | ○ |
| 8 | ○ | ○ | ○ | ○ | ○ | ○ | ○ | ○ | ○ |
| 12 | ○ | ○ | ○ | ○ | ○ | ○ | ○ | ○ | ○ |

注：符号"○"表示有标准产品,"—"表示无标准产品。

(2) 确定转盘停顿时间。

每个工位工序操作内容和操作时间各不相同,但必有一个工位需要的操作时间最长,选型设计时转盘的停顿时间要求不少于这个时间。当然进行工序安排时各工位的工序操作时间要尽可能均衡,这样机器的效率才更高。

(3) 选定凸轮分度器的分度角。

从前面的分析可知,分度角实际上对应的是分度器的转位时间,在自动化装配生产中,当然都希望节拍时间(转位时间+停顿时间)尽可能短,这样机器的生产效率也就是单位时间内机器完成的产品数量就更高。凸轮分度器的分度角越小,它的转位时间就越短(转位速度就越快),所以通常情况下希望分度角尽可能小,但如后面所述,选择较小的分度角也是有条件的,需要考虑实际的负载情况。

选择分度角的原则为：凸轮分度器的转位速度必须与转盘的质量、负载、转盘直径相适应,在此条件下,尽可能选择较小的分度角。

转盘直径越大、质量越大,转盘的转动惯量也越大,转盘转动时的惯性扭矩也越大,因此转盘的转位速度应越小(转位时间越长),因而需要选择较大的分度角,所以一般大型的转盘都选择270°的分度角。

小型的转盘直径较小,重量较轻,允许较短的转位时间,所以可以选择较小的分度角。一般选择120°或180°的分度角,90°的分度角较少选用。

(4) 计算负载扭矩。

需要分别计算启动时的加速扭矩(等于总转动惯量与角加速度乘积)、转位时可能存在的摩擦扭矩(例如组成生产线)、转位时可能存在的工作扭矩(例如转位时仍然有负载在工作)。选择分度器输出扭矩时,应在计算上述总负载扭矩后,按1.5～2倍安全系数选取。

(5) 根据负载扭矩计算结果选定凸轮分度器型号。

(6) 计算分度器输入轴所需扭矩。

(7) 计算分度器输入轴所需功率及电机选型。

凸轮分度器的计算选型是一个非常复杂的过程，特别是负载扭矩的计算，这里不做详细介绍，读者可以进一步阅读制造商的样本资料。

## 9.5　解析采用凸轮分度器机器的调整检测与使用维护

采用凸轮分度器机器的调整检测与使用维护

凸轮分度器作为高精度的标准分度部件，它们从制造商出厂时就具有较高的精度和良好的性能，但要保证此类自动化专机能够达到预期的设计效果，例如真空元件的高精度精密焊接等就必须保证足够的装配精度和稳定性等，仅仅有高精度的分度器是远远不够的，还必须注意很多配套部分的设计、装配环节。以下是部分经验总结。

### 1. 高精度装配场合机器精度要求及检测方法

当机器装配好回转转盘、定位夹具、执行机构后，需要保证在每一个工位的工件空间位置具有重复性，也就是说每一个工位的工件在半径方向、高度方向、圆周方向都一致，如图 9-20 所示。

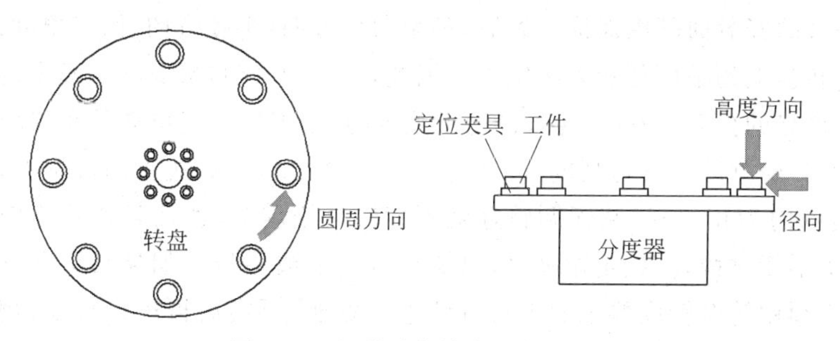


图 9-20　机器最终精度要求示意图

要检测上述各项误差，需要对工位和夹具逐一编号，然后使用专用的磁力表座和百分表、千分表对每个工位打表测量，图 9-21 为常用的检测工具，图 9-22 为使用杠杆百分表打表测量分度器法兰盘高度误差。

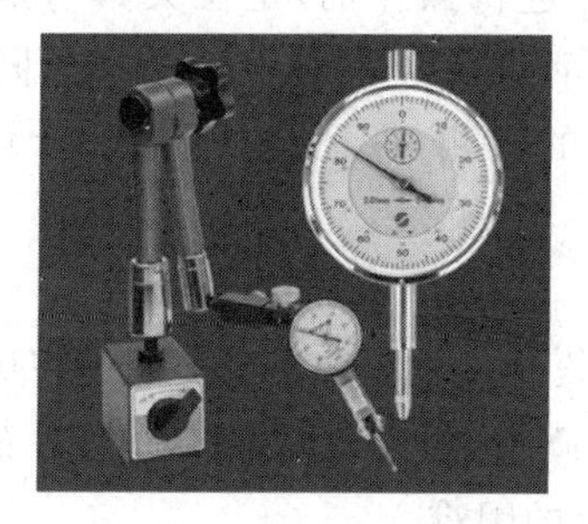

图 9-21　误差检测工具

图 9-22　使用杠杆百分表打表测量分度器法兰盘高度误差

### 2. 影响机器最终精度的主要因素

根据分析可以知道，以下因素将直接影响最终的精度：

- 转盘的精度（平面度、静态精度、动态精度）；
- 转盘上定位夹具的位置精度；

- 定位夹具的尺寸精度与重复性；
- 执行机构的重复精度；
- 机器的刚性(在加工过程中，存在铆接、冲压等外力时有影响)。

1) 转盘的精度

转盘的精度同样是决定转盘上工件最终定位精度的重要环节，为了尽可能减小误差，必须首先保证转盘装配定位基准面与夹具安装面的平行度。

转盘在与凸轮分度器安装时是靠下方的平面定位的，而工件定位夹具是安装在转盘上方的平面，必须对该平行度误差对加工或装配精度带来的影响进行计算和评估，分析并确定最大允许多大的平面度误差。装配调试完成后，转盘转位时转盘上方的夹具安装平面应保证在一个平面内运动，必须用打表的方法对**各工位夹具安装定位面高度**进行检测：将磁力表座固定在机器的机座上，将百分表的表头紧贴在夹具安装面，开动凸轮分度器，边转位边观察百分表的指针，指针跳动量应该在允许的范围内。

2) 转盘上定位夹具的位置精度

各工位夹具的安装面高度保证一致后，剩余两个方向(半径方向、回转角度方向)的定位就依靠夹具在转盘上的平面位置来决定了。因此，一方面，定位夹具在转盘上的装配安装孔位置应该保证严格的公差；另一方面，也是更关键的，各工位的定位夹具在装配后要通过打表逐一进行检测，检测的方法与高度方向类似。如图9-20所示，边检测边调整，直到误差减小到允许的范围内为止，一旦装配调整好就不能轻易松动夹具，而且还要定期打表检测检查，在使用中更不能碰撞转盘、定位夹具，以免夹具变形或错位。如果某个夹具损坏或精度不符合要求，必须用符合精度要求的夹具备件进行更换，更换后再进行打表检测，直到符合要求为止。

3) 定位夹具的尺寸精度与重复性

在其他不需要分度变位的自动化专机上，定位夹具与执行机构是固定的对应位置关系，只要将夹具与执行机构的相对位置调整好就行。但在此类回转自动化专机上，由于存在工位的不断变换，后一工位是在前一工位的基础上进行操作的，定位夹具与执行机构始终交替转换使用，因此设计此类自动机器时，一般都一次性将使用的夹具连同夹具维修备件加工出来，并对夹具重要的定位尺寸进行严格的检测，保证夹具重复性，不合格的夹具禁止使用。

4) 执行机构的重复工作精度

各工位上执行机构的重复工作精度也是影响机器最终精度的重要环节。因为在执行机构的设计中，一般都采用高精度的标准导向部件，行程的调整也可以非常精确，相对而言执行机构的重复工作精度比较容易保证，一般不存在技术上的困难。

**例9-2**　图9-23、图9-24为英国RANCO公司的某真空元件自动化焊接实例，其中图9-23所示为焊接前的工件形状，为两片基本对称的不锈钢膜片，由一对膜片沿周边激光焊接后成为一种真空膜盒。膜片直径22 mm，材料厚度0.07 mm。上述激光焊接是在由凸轮分度器驱动的12工位自动化专机上完成的，专机同时完成的工序包括上下膜片自动上料、上下夹具自动夹紧、激光焊接、焊接泄漏真空检查、成品分拣、卸料等工序。图9-24所示为膜盒焊接过程示意图。

图9-23 英国RANCO公司某不锈钢弹性膜片

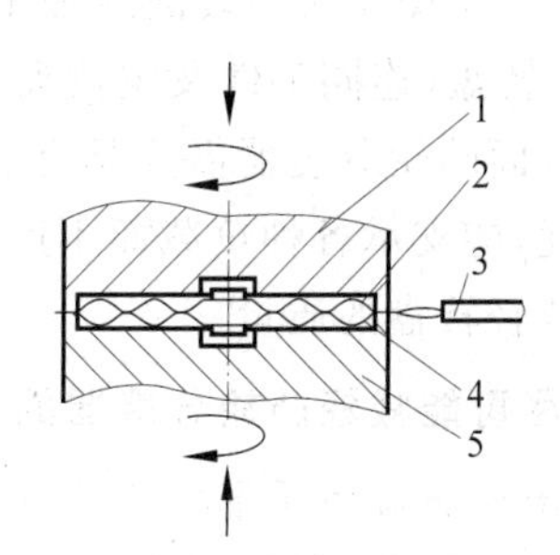


图9-24 英国RANCO公司某不锈钢弹性膜盒焊接示意图

1—上夹具；2—上膜片；3—激光束；4—下膜片；5—下夹具

在焊接过程中，膜片的定位与夹紧是依靠上下一对夹具来实现的，由于被焊接工件的材料极薄，焊接时产生的高温会使材料性质发生变化，导致产品性能达不到设计要求，所以需要焊接时热影响区非常小，因此夹具采用了一种具有极高导热性能的铜合金材料，夹具夹紧后工件仅露出需要焊接的周边外沿部分。夹具在电机驱动下带动膜盒边回转360°边焊接，完成焊接过程。为了保证焊接区域的高温与热量尽可能通过夹具进行传导散热，不仅要求上下夹具具有良好的同轴度，而且还要求上下夹具的端面具有良好的平行度，保证夹具将工件夹紧后能消除工件与夹具之间的间隙，使焊接产生的热量尽可能被夹具吸收。

为了达到上述工艺要求，在设计及装配、使用环节该公司采取的措施如下：

(1) 设计时从夹具、转盘的安装定位孔等环节保证上下夹具夹紧后夹具端面周边具有严密的贴合，不允许倾斜、局部接触不良、错位等致命缺陷。因此不仅要求夹具端面具有良好的平面度，而且夹具工作端面与安装基准具有良好的平行度。

(2) 由于机器的运行状态会发生一定的变化，所以每天机器开工生产前都要对夹具的状态进行认真的检测，检测的方法为用一种专用的复写纸当作模拟工件放在夹具之间逐一对每对夹具进行夹紧检测，如果复写纸背面圆形的痕迹非常均匀，则可以认为该对夹具的平行度符合要求，否则需要查明原因并调整或更换夹具。

(3) 由于夹具端面的工作面积很小，加上铜合金材料的硬度有限，因此夹具极容易碰伤，所以机器在使用过程中或者夹具的保存过程中都需要相应的保护措施，防止碰伤夹具。

(4) 为了保证夹具的及时更换，夹具的加工是一次性加工一定数量，逐一检测合格后进行妥善保存。

(5) 由于焊接部位的高度也是非常敏感的因素，所以每一个工位上工件的高度要具有严格的重复性，因此在每一个工位上，夹具的高度同样需要进行严格的调整和检测，否则焊接激光束与工件在高度方向上的相对位置就不具备重复性，焊接出来的产品就达不到要求。

**3. 刚度设计**

此类机器凸轮分度器在工作时可能需要承受以下负载：

(1) 转盘的重量；

(2) 工件及定位夹具的重量;

(3) 工序操作时因装配或加工产生的附加力(如铆接、钻孔、夹紧等);

(4) 转盘(连同工件及定位夹具)启动与停止时因惯性产生的正负两种加速扭矩。

一方面凸轮分度器需要具有足够的刚性,另一方面在设计转盘时也要保证转盘具有足够的刚度,能支承各种负载而不产生超过允许值以外的变形,保证转盘刚度的同时,还必须尽可能减轻转盘的质量。

**4. 尽可能减轻凸轮分度器的负载**

1) 减轻转盘的质量

对于中小型直径的转盘,工程上一般都采用较轻的铝合金材料,这样可以最大限度地减轻转盘的质量,有时还在转盘上均布地开设多个圆孔,以进一步减轻转盘质量,同时还必须保证结构的刚度。

一种方法为采用中空的结构,将转盘中间部分挖空,如图9-12所示。另一种方法为采用由钢板组成的焊接结构,在较薄的钢板上沿径向焊接多道加强筋,既降低了转盘的厚度,减轻了转盘的质量,又保证了转盘具有足够的刚度。这是工程上常采用的方法,当然,这样的焊接结构还需要进行稳定性处理。

2) 减轻夹具的质量

此类机器广泛采用铝合金材料加工各种定位夹具。

3) 减轻转盘转动时的加速扭矩

转盘的质量(包括工件与夹具的总质量)越大、转盘的直径越大,则转盘的转动惯量越大。在启动加速度一定时产生的加速扭矩也就越大。

转盘的转位速度越高(转位时间越短),即启动加速度就越大,转盘启动时产生的加速扭矩也越大,这种加速扭矩将增加凸轮分度器的负载扭矩,为了保证凸轮分度器正常工作并充分发挥它的性能,设计时要尽可能降低这种加速扭矩。具体的方法为:①尽可能减小转盘直径;②选择合适的转位速度。

提高转位速度实际上就是提高了启动加速度,增加了加速扭矩,所以小直径的转盘才能有较高的转位速度(较小的分度角),大型转盘就要选择较大的分度角,即降低转盘的转位速度。

4) 选用安全附件

为了确保分度器的使用安全,可以在输出轴的后方安装一种称为"扭矩限制器"的安全附件,扭矩限制器的扭矩可以根据情况设定到合适的数值。它实际上是分度器的一种保险装置,保护机器防止由于某些无法预期原因而导致的过载损害,使机器处于正常安全的工作状态。

**5. 安装调整与使用维护**

凸轮分度器是高精度的分度装置,如果使用不当会缩短其使用寿命,并导致整台自动化设备的性能下降,因此在使用凸轮分度器时,要在充分了解其性能的基础上,掌握正确的装配方法。

1) 注意安装基础

分度器安装面应平整,如果安装面有碰伤、毛刺、残留油漆,应该用油石将其打磨清除干净，然后在安装面上涂上润滑脂或防锈油后再安装。由于凸轮分度器在工作过程中需要承受较大的工作负载，所以安装基础需要牢固、可靠。

2）工作环境

凸轮分度器的标准工作环境温度一般为0～40℃，使用环境湿度较大时应采取相应的防锈措施。

3）输入轴的连接

输入轴上一般设计有键槽，当键槽位置对准输出轴方向时就是分度器分度角的基准位置。键连接的主要作用为决定分度器分度角的起始位置及承受传动过程中的冲击负荷。正常运转时一般不依靠键连接来传递扭矩，而采用其他的连接措施，例如采用专用的胀紧套连接。

4）输出轴的连接

由于输出轴将承受分度器工作过程中启动、停止正负两种加速扭矩的作用，又需要较高的刚性来维持定位精度，不允许产生回转抖动现象，所以输出轴一般都为大法兰盘设计，能够在负载下保证转盘的转位精度而且容易安装。

为了保证转盘及定位夹具的定位精度，在加工转盘时应将其中心孔孔径略加大0.1～0.2 mm，安装时可以在径向及回转方向移动转盘使转盘与分度器同心后再紧固，必要时嵌入定位销。紧固螺钉时应按厂家推荐的扭矩进行。

5）轴向对准

轴连接中的轴向对准非常重要，锁紧连接部分时，不可留下任何间隙。

6）试运转

此类机器一般都由许多复杂的部件与机构组成，如果分度器安装完成后立即进行试运转，就很容易产生故障，甚至损坏分度器。因此每次在连接主要的部件或机构时，应用手动方式转动分度器检查是否有干涉的部分。试运转时也应先手动，检查转动是否顺畅，然后再用实际电机动力驱动运转，检查是否有异常声音、振动、温度变换、漏油等不良现象。

7）润滑

润滑具有减少运动部位摩擦、冷却、防锈等多方面作用，如果润滑油选择不当会对分度器的精度及寿命产生不利影响，润滑油的黏度也会影响分度器的转速，因此一般采用厂家推荐牌号及黏度的润滑油。禁止将不同品牌的润滑油混合使用。

8）维护保养

随着使用时间的推移，输入、输出部分的尺寸间隙会加大，这是正常现象，要定期进行检查与调整。润滑油的油量太多时会造成温度上升、漏油等现象，要保持适当的油量。在运转时间较长的场合，润滑油每运转3000 h应更换一次，在运转时间较少的场合，一般1～2年也要更换一次，更换润滑油时禁止带入杂质灰尘。

### 6. 凸轮分度器专业制造商

作为自动机器的核心分度部件，凸轮分度器需要向专业的制造商订购。国内从事凸轮分度器的研究起步较晚，目前只有少数企业能够少量生产低档产品，国内市场主要被日本、中国台湾地区的品牌所垄断。主要制造商有：日本三共（SANKYO）、日本CKD、意大利CDS、台湾德士（DEX）、台湾潭子（TANZU）等，其中日本三共具有50多年的研究、开发、生产凸轮分度器的历史，为该行业的世界一流制造商。

## 思 考 题

1. 凸轮分度器在自动机器中主要完成什么功能?

2. 凸轮分度器主要有哪些运动循环模式?

3. 如何采用凸轮分度器组成一台自动化专机?需要哪些机构或部件?

4. 采用凸轮分度器组成的回转分度类自动化专机是如何工作的?简述这种自动化专机的工作过程。

5. 什么叫采用凸轮分度器组成的自动化专机的节拍时间?节拍时间的单位一般是什么?该节拍由哪些部分组成?

6. 什么叫凸轮分度器的分度角?假设某凸轮分度器的分度角为210°,请问在其一个工作循环中转位时间与停顿时间之间是什么关系?

7. 假设两台凸轮分度器分度角分别为90°、330°,请问其工作节拍及使用场合有何区别?

8. 如何设计转盘的停顿时间?

9. 如何选择凸轮分度器的工位数量?

10. 在采用凸轮分度器组成的自动化装配专机中,如何保证每一个工位在装配操作时工件位置的一致性?在设计上从哪些环节去保证?

11. 在加工、装配调试转盘时主要应保证哪些关键要求?

12. 在使用分度器时主要应注意哪些事项?

# 第 10 章　解析直线导轨

在自动机器行业，直线运动是各种机构最基本、最简单、制造成本最低的运动形式，大量的机器结构都是由这些直线运动模块组成的。在机床行业，大量的运动都是直线运动机构实现的，例如数控机床、车床、铣床等，其中刀架的进给运动、工作台的进给运动等，都采用了直线运动。大量使用在各种设备上的精密 $X$-$Y$ 工作台，也是由 $X$、$Y$ 两个方向的直线运动组合而成。各种上下料机械手，也大量由直线运动组成。直线导轨是组成直线运动系统的重要部件。

## 10.1　解析直线导轨结构原理

直线导轨结构原理

20 世纪 80 年代以前的机床及自动机器上，通常都要专门设计加工各种专用的导轨，最常用的导轨形状如图 10-1 所示，其中图 10-1(a)为平导轨，图 10-1(b)为圆柱形导轨，图 10-1(c)为燕尾槽导轨，图 10 1(d)为 V 形导轨。

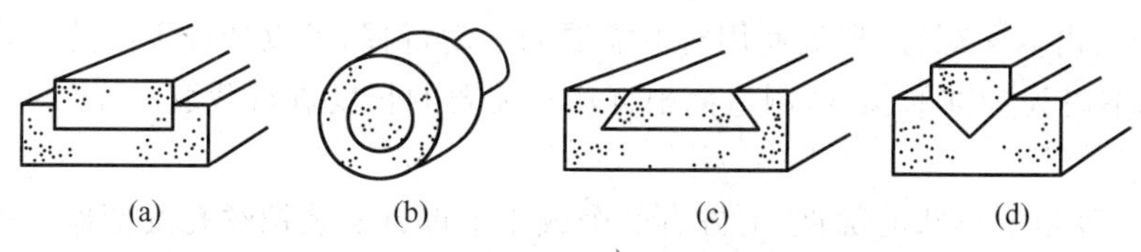


图 10-1　各种形式的机械加工导轨

(a) 平导轨；(b) 圆柱形导轨；(c) 燕尾槽导轨；(d) V 形导轨

这些机械加工导轨通用性差、制造成本高(需要经过一系列的精密加工、热处理等工序)、制造周期长、精度难以保证。20 世纪 90 年代后，国外厂家先后开发出一种标准化程度高、通用性好、互换性强、精度高、成本低的标准导向部件，将给自动机器的设计、制造带来极大的方便，缩短设计制造周期，降低设计和制造成本，如图 10-2 所示。

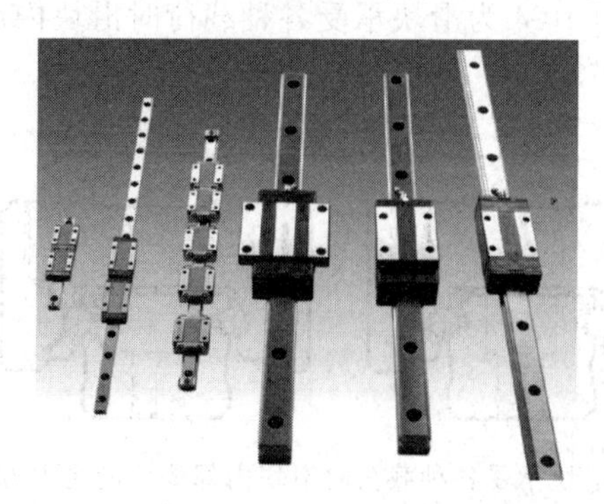

图 10-2　标准直线导轨

**1. 结构原理**

直线导轨也称为线性滑轨，其内部既有采用滚珠作为承载元件的，也有采用滚柱作为承载元件，后者精度更高、承载能力更大，本章只介绍采用滚珠的直线导轨。从外形上，它实际上就是由能相对运动的导轨(或轨道)与滑块两大部分组成，如果解剖其内部结构则如图10-3所示。主要由以下部分组成：

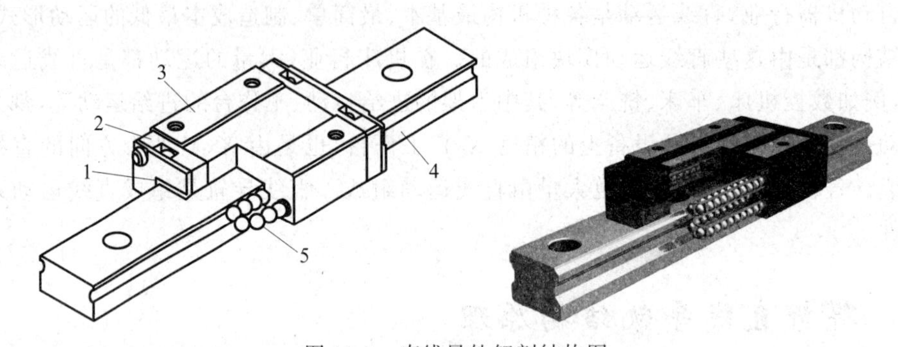


图10-3　直线导轨解剖结构图

1—侧端防尘盖；2—端盖；3—滑块；4—导轨；5—滚珠

1) 导轨

导轨是一种长条形的元件，一般将其安装固定在基准面上，导轨上均布有一系列螺钉安装孔，用于安装内六角螺钉，根据使用时所需要的运动行程，可以选择不同的导轨长度，最长可达4 m，制造时为标准的长度，制造商根据用户需要的长度进行裁取。

2) 滑块

滑块为一种矩形形状的部件，上方有2个或4个螺钉安装螺纹孔及精加工过的装配面，用于安装负载(即各种执行机构)。根据负载的形状、大小、有无偏心等使用条件，可以选择1个、2个或3个滑块与导轨配套使用。

3) 滚珠

在滑块内部有一系列的钢制滚珠，一侧为一组，共两组。滚珠分别与滑块及导轨接触，滑块相对导轨的运动就是依靠滚珠的连续滚动来实现的，负载(压力及可能的力矩)首先传递到滑块，再通过滚珠传递给导轨，最后由导轨传递给基础安装面，滚珠在机构中起到重要的运动传递及承载作用。图10-4为滑块承受各种载荷时滑块内部滚珠的受力方向示意图。

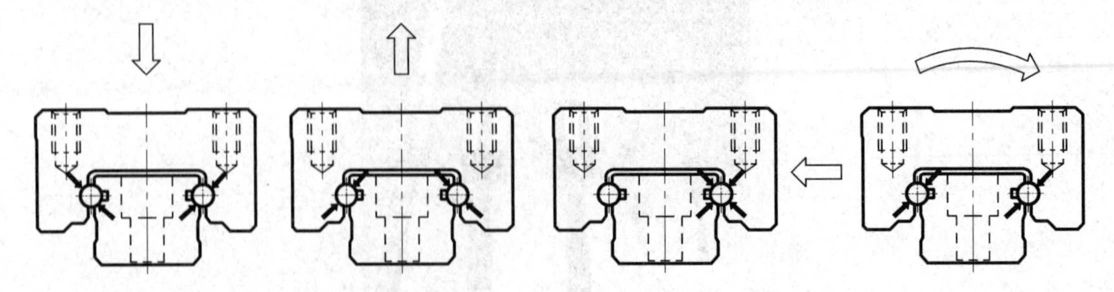

图10-4　滑块承受各种载荷时滑块内部滚珠的受力方向示意图

4) 端盖

端盖的作用为固定滚珠，使滚珠能形成一个循环回路。

5）防尘盖

防尘盖属于保护件，防尘盖的作用就是防止灰尘进入滑块内部，保证机构的精度。

6）装配面与装配基准面

直线导轨在使用时有 4 个重要的平面：2 个装配面及 2 个侧面定位基准面，如图 10-5 所示。

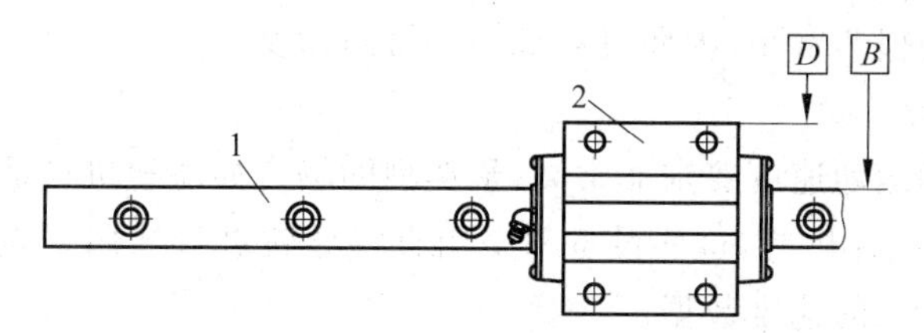


图 10-5　直线导轨装配面与装配基准面

1—导轨；2—滑块

在图 10-5 中，2 个装配面指滑块的上方平面及导轨的下方平面，分别用于安装负载（例如工作台）及固定导轨，而 2 个装配基准面（$D$、$B$）则分别用于在装配时确定负载及导轨的方向，属于宽度方向装配定位基准。为了方便识别装配基准面，各制造商在装配基准面上都刻上了特殊的符号。这 4 个平面在制造中都经过了精密的磨削加工，只要保证机器安装基础的精度及正确安装就可以使负载在需要的方向进行稳定的高精度直线运动。

**2. 直线导轨的特点**

1）运动阻力非常小

如果将直线导轨副沿横向剖开，截面如图 10-6 所示。导轨、滑块都是以圆弧面与滚珠接触，滚珠可以在导轨、滑块间实现无间隙的滚动运动。

由图 10-7 可知，滚动运动的摩擦力远远小于滑动运动的摩擦力，所以直线导轨的滚动摩擦力很小，这是与传统滑动导轨最大的区别，也是直线导轨的最大优点。

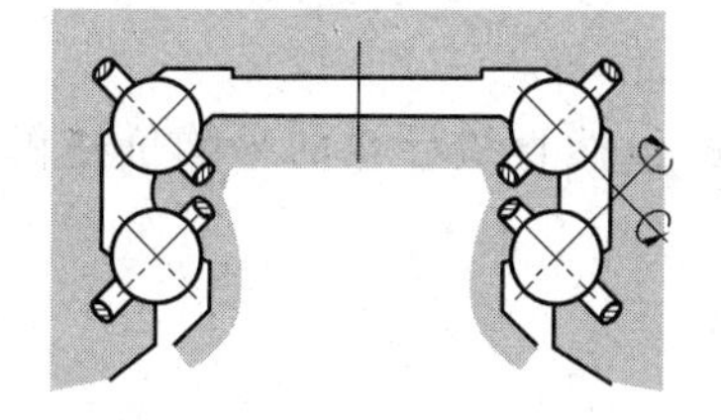

图 10-6　直线导轨剖面典型构造图

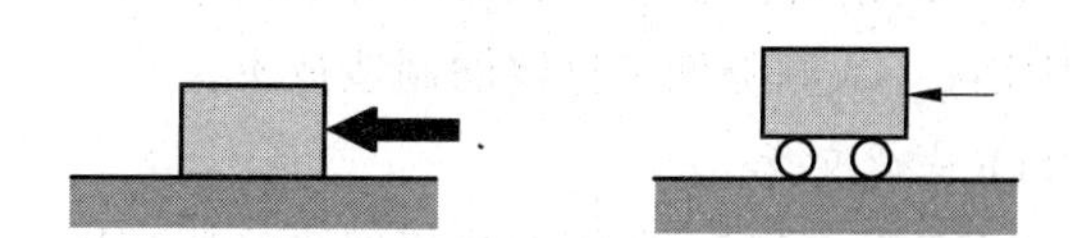

图 10-7　滚动摩擦力远远小于滑动摩擦力

2）运动精度高

由于导轨本身具有较高的刚度，即使将其安装在较粗糙的安装面上（如铣床加工出来的平面），滚珠的弹性变形仍然能部分吸收安装面的平面度误差，获得较高的运动精度，因此它能为各种执行机构提供高精度的导向。

3）定位精度高

由于采用滚珠滚动导向，滚珠几乎不产生空转运动，因而可以达到很高的定位精度。

4）多个方向同时具有高刚度

机构运动时有些是单一的上下方向重量负载，有些负载存在偏心的场合则会产生一定的弯矩负载,直线导轨内部圆弧沟槽的结构正好能适应这一刚度需要,能够承受来自上下、左右等各种不同方向的负载。

5) 容许负荷大

高刚度设计,能承受的容许负荷大,即使是重载的场合也能正常长期运行。

6) 能长期维持高精度

由于滚动运动磨损非常小,因而可以长期维持高精度。

7) 可以高速运动

很多自动机器的运动速度要求非常高,最典型的场合如注塑机自动取料机械手、电子制造业中的SMT高速贴片机等,这些设备都采用直线导轨进行导向。表10-1为直线导轨在部分高速度应用场合下的速度数据。

**表10-1 直线导轨高速使用实例**

| 使用设备 | 使用部位 | 运行速度/(m/s) |
|---|---|---|
| X-Y工作台 | X-Y轴 | 2.3 |
| 搬运机器人 | 物品移动部位 | 4.2 |
| 检测装置 | 被检测物品移动部位 | 5.0 |
| 注塑机 | 自动取料机械手 | 2.2 |
| 试验设备 | X轴 | 5.0 |

8) 维护保养简单

基本不需要专门维护,只需要定期添加润滑油或润滑脂就可以了。

9) 能耗低

由于滚珠运动阻力大幅降低,因而可以大幅节省能源。例如在大型平面磨床上,如果将原机加工导轨改为直线导轨,则驱动力可以降低为原来的约1/10,消耗的电力也可以降低为原来的约1/10,润滑油消耗量可以降低为原来的约1/16。

10) 性价比高

由于采用专业化生产,大幅简化机器设计制造过程,虽然直线导轨的采购价格仍然较高,但实际上大幅降低了机器的制造成本。

11) 快速交货

由于是标准化生产,因此可以实现快速交货。

正是由于直线导轨具有上述一系列优点,使用直线导轨可以简化机器设计与制造,大幅降低机器总成本,极容易实现机器高精度,大幅提高机器生产效率,维护简单。

## 10.2 直线导轨选型

直线导轨是一种标准化导向部件,使用非常灵活,读者需要掌握如何根据各种具体的使用条件来选择直线导轨合适的使用方式及型号规格。这一节介绍相对运动方式、导轨系列、公称尺寸、导轨长度、滑块数量、导轨数量,后面再介绍安装方向、预紧力等级、精度等级、典型装配结构形式等。

**1. 如何选择相对运动方式？**

与气缸的使用情况类似，直线导轨有两种不同的运动方式：

1）导轨固定-滑块运动

这是一种大量使用的方式，将导轨安装在某一固定不动的结构上（如机架），将负载即执行机构（如机械手的抓取装置、机加工刀架、检测模块等）直接通过内六角螺钉安装固定在滑块上方，驱动机构（如气缸）推动滑块运动。图10-8就是这种运动方式应用实例，注意在本例中气缸的运动方式为活塞杆固定而缸体运动。

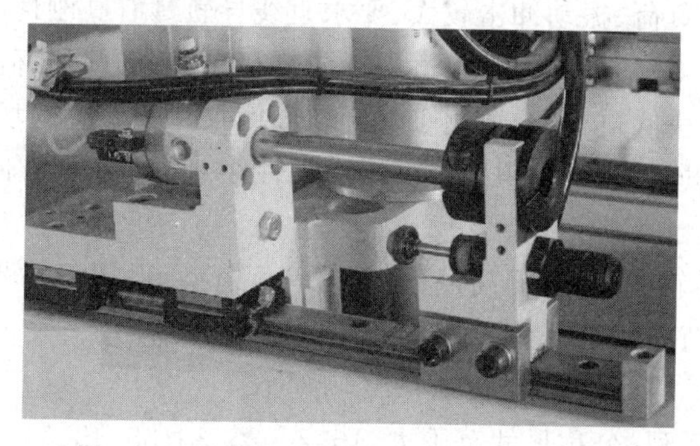

图10-8　导轨固定-滑块带动负载运动实例

2）滑块固定-导轨运动

将滑块安装在一固定不动的结构上，将负载直接安装在导轨上，由导轨带动负载往复直线运动。这种方式较少使用，主要用在负载工作行程较长（导轨相应较长）、机器上又缺少足够长的安装空间时，既解决了安装空间的困难，又满足了大行程的需要。

如注塑机自动取料机械手中，手臂在竖直方向的运动行程较大（一般为600～1200 mm），而结构上没有也不允许有那样长的固定基础用来安装很长的导轨，因此将滑块固定在机架上，滑块固定，让导轨连同执行机构（手臂抓取机构）上下运动，如图10-9所示。

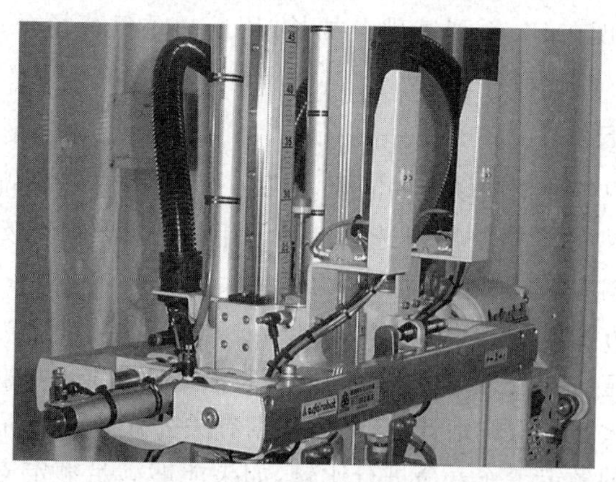

图10-9　滑块固定-导轨带动负载运动实例

**2. 如何选择导轨系列？**

在不同的使用场合载荷情况各不相同，使用要求也不一样，有轻型载荷、普通载荷、重型载荷等区别；因为空间的原因有些场合对导轨的总高度尺寸很敏感，希望具有较小的高度，等等,因此在不同的场合需要导轨在某一方面具有不同的性能。为了满足各种场合的需要,制造商设计制造了多种系列。下面以部分典型制造商的产品为例说明如何选择合适的导轨系列。

1) 日本THK公司

THK公司的产品系列规格繁多,典型的系列如下。

SSR系列:径向负荷型,能够承受较大的径向负荷(沿滑块厚度方向的负荷)及横向负荷,适用于载荷主要为径向载荷、要求装配高度低、体积小的场合;

SNR/SNS系列:高刚性型,其中SNR系列为径向负荷型,SNS系列为4方向等负荷型,用于重负荷或超重负荷、振动冲击较大、要求直线导轨具有高刚性的场合;

HSR/SHS系列:4方向等负荷型,适用于同时存在多个方向载荷的场合;

SHW系列:宽滑块低重心型,适用于对导轨高度尺寸较敏感的场合;

SRS系列:小体积轻量型,体积小、重量轻、惯性小、低高度、4方向等负荷,适用于对体积及重量都敏感的场合;

HRW系列:宽导轨宽滑块、低高度、4方向等负荷型,适用于对导轨高度尺寸较敏感、同时存在多个方向载荷的场合。

2) 韩国太敬公司

SBG系列:通用系列,公称尺寸范围大,15、20、25、30、35、45、55、65,适用于大多数对空间尺寸没有特别限制的各种场合;

SBS系列:承载能力与SBG系列相同,但高度尺寸比SBG系列更小的小型导轨,公称尺寸范围为15、20、25、30、35,适用于对高度尺寸较敏感但载荷又较大的场合;

SBM系列:不锈钢系列,滑块及导轨全部采用不锈钢材料制造,用于需要耐腐蚀及半导体制造等特殊场合。

除上述系列外,太敬公司还提供多种系列的滑块,如FL、FLL、SL、SLL、FV等,FL系列滑块为重载荷型,用于重载荷场合;FLL系列滑块为超重载荷型,滑块长度在FL系列基础上加长,用于超重载荷场合;SL系列滑块为重负荷型,用于重负荷场合;SLL系列滑块为超重负荷型,滑块长度在SL系列基础上加长,用于超重负荷场合;FV系列滑块为超短滑块,用于对长度尺寸特别敏感的场合。

**3. 如何选择公称尺寸?**

为了满足不同用户各种不同场合的需要,对同一系列的直线导轨制造商按公称尺寸的大小设计制造了一系列的规格供用户选用。最常用的公称尺寸系列为15、20、25、30、35、45、55、65。公称尺寸越大,表示导轨负载能力也越大。

公称尺寸的选择方法如下:

根据经验初步选定一种公称尺寸,在此基础上根据使用条件(如负载重量、速度、加速度、行程等)对负载的大小进行详细计算,然后根据有关公式计算出所选导轨的额定寿命,将寿命计算结果与期望的额定工作寿命进行比较,如果能够满足额定寿命要求则该系列及公称尺寸符合要求,否则需要重新选定具有更大公称尺寸的导轨进行核算。关于负载及额定寿命的详细计算方法,读者可以参考制造商的有关资料。

**4. 如何选择导轨长度?**

导轨长度是根据负载的运动行程来选择设计的,负载运动行程越大,所要求的导轨长度也越长，一般是在确定负载需要的运动行程后再选择导轨的长度，但导轨的长度值也不是任意决定的，只能在制造商的长度系列中进行选择。

长度选用的原则：在满足需要运动行程的前提下按厂家规定的标准长度选取，这与气缸的行程选择方法类似。

导轨在制造商出厂时是按较长的长度生产的，销售时根据用户需要的长度进行裁取。导轨上按一定的孔距设计了一系列的内六角螺钉安装孔，导轨裁取后剩下的部分还要求能方便地裁取，尽量节省材料。导轨的长度计算原理如图 10-10 所示。

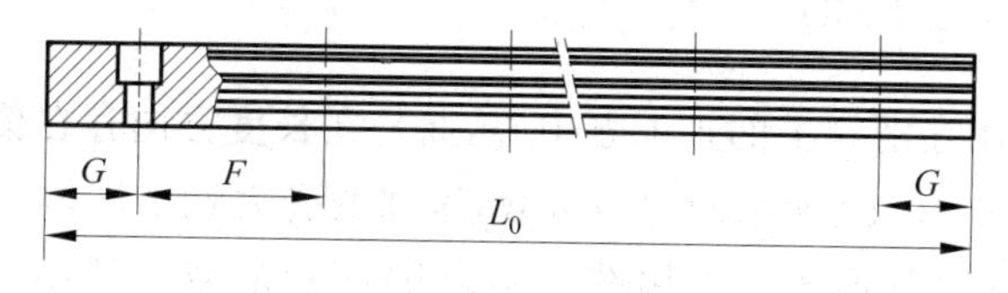


图 10-10　导轨长度组成示意图

根据图 10-10，设计导轨长度时按以下公式进行计算：

$$L_0 = NF + 2G \tag{10-1}$$

式中，$L_0$ 为导轨长度，mm；$F$ 为导轨上的螺钉孔中心距，mm；$N$ 为导轨上螺钉孔最小中心距的数量；$G$ 为导轨两端距第一个螺钉孔的距离，mm。

为了方便用户，制造商也按上述规则设计了一系列的标准长度直接供用户选择。表 10-2 为韩国太敬公司导轨的长度规格。

**表 10-2　韩国太敬公司 SBG 系列导轨标准长度**　　mm

| 规格 | SBG15<br>SBS15 | SBG20<br>SBS20 | SBG25<br>SBS25 | SBG30<br>SBS30 | SBG35<br>SBS35 | SBG45 | SBG55 | SBF65 |
|---|---|---|---|---|---|---|---|---|
| 标准长度 | 160 | 280 | 220 | 280 | 280 | 570 | 780 | 1270 |
| | 220 | 340 | 280 | 440 | 440 | 880 | 900 | 1570 |
| | 260 | 460 | 340 | 600 | 600 | 1095 | 1020 | 2020 |
| | 460 | 640 | 460 | 760 | 760 | 1200 | 1140 | 2470 |
| | 640 | 820 | 640 | 1000 | 1000 | 1410 | 1260 | 2620 |
| | 820 | 1000 | 820 | 1240 | 1240 | 1620 | 1380 | 2920 |
| | 1000 | 1240 | 1000 | 1480 | 1480 | 1830 | 1500 | 3000 |
| | 1240 | 1480 | 1240 | 1640 | 1640 | 2040 | 1620 | |
| | 1480 | 1600 | 1480 | 1800 | 1800 | 2250 | 1740 | |
| | 2200 | 1840 | 1600 | 2040 | 2040 | 2460 | 1860 | |
| | | 2080 | 1840 | 2200 | 2200 | 3000 | 1980 | |
| | | 3000 | 2080 | 2520 | 2520 | | 2220 | |
| | | | 2200 | 3000 | 2840 | | 2580 | |
| | | | 2500 | | 3000 | | 3000 | |
| | | | 3000 | | | | | |
| F | 60 | 60 | 60 | 80 | 80 | 105 | 120 | 150 |
| G | 20 | 20 | 20 | 20 | 20 | 22.5 | 30 | 35 |
| 最大长度 | 3000 | 4000 | 4000 | 4000 | 4000 | 4000 | 4000 | 3300 |

**5. 如何决定采用单滑块还是双滑块?**

采用单滑块还是双滑块,完全取决于负载的大小、负载分布面积,原则是尽可能使滑块受力均匀、尽量避免产生对滑块寿命不利的力矩负载,确保工作寿命最长、运动最平稳,成本最低。

图10-11所示为一根导轨上装配单滑块、双滑块的两种使用方法。其中虚线部分表示滑块上方安装的工作台。由于滑块的制造成本在整个直线导轨副的成本中占比很大,采用双滑块其价格比单滑块几乎成倍提高,因此采用单滑块组合能满足使用要求时就不必采用昂贵的双滑块组合。

如果负载不是作用在滑块上的正上方中心,而是在**长度方向存在偏心**,那么这种偏心负载就会对滑块产生如图10-12所示的力矩负载,滚珠的受力就不均匀,这对滑块的工作寿命是非常不利的,如果我们在导轨上采用图10-11(b)所示的双滑块结构就可以消除这种偏心,因而也消除了力矩负载,保证了滑块的寿命,运动也更平稳。

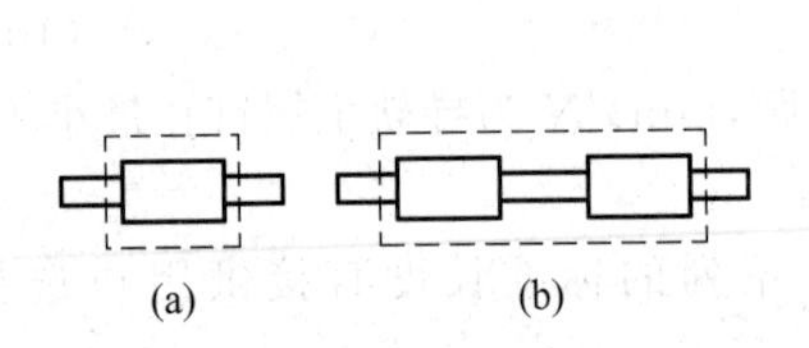


图10-11　单滑块结构与双滑块结构
(a) 单滑块结构;(b) 双滑块结构

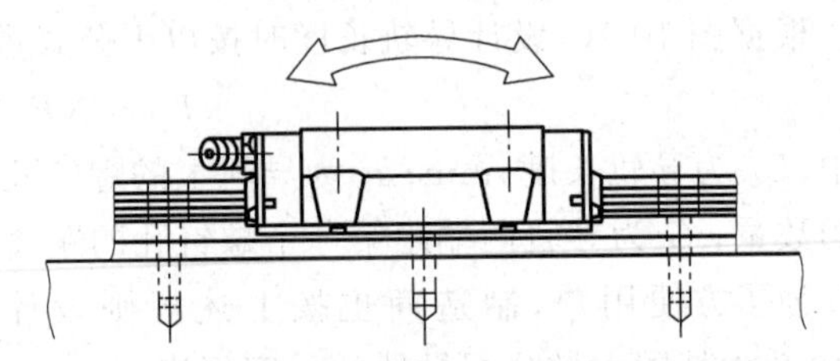

图10-12　因为偏心负载产生滑块长度方向的力矩

除偏心负载外,负载加减速运动时的惯性力也会产生与上述影响类似的力矩载荷。当径向载荷较大但结构空间(例如高度尺寸)又非常敏感时,为了保证机构的寿命,采用双滑块结构可以适当减小导轨的公称尺寸。

**6. 如何选择采用单导轨、双导轨或三根导轨?**

图10-13为使用单导轨、多导轨的各种情况示意图,其中图10-13(a)为单导轨单滑块结构,图10-13 (b)为双导轨单滑块结构,图10-13(c)为双导轨双滑块结构,图10-13(d)为三导轨双滑块结构。

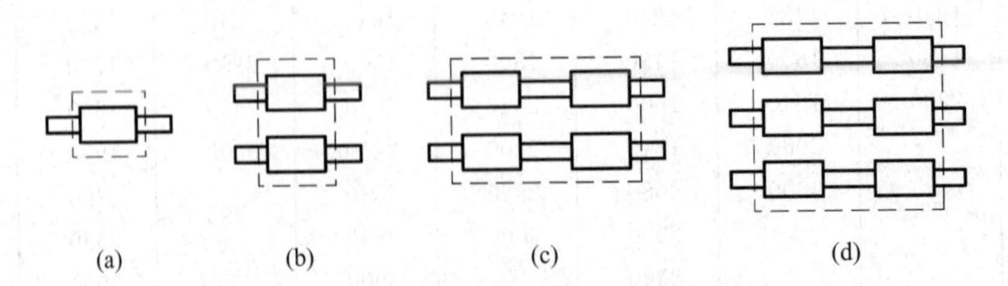


图10-13　不同导轨数量使用情况示意图
(a) 单导轨单滑块;(b) 双导轨单滑块;(c) 双导轨双滑块;(d) 三导轨双滑块

采用单导轨还是双导轨甚至三根导轨,分析方法也是类似的,完全取决于负载的大小、负载分布面积,原则是尽可能使滑块受力均匀,尽量避免产生对滑块寿命不利的力矩负载,确保工作寿命最长，运动最平稳，成本最低。

如果负载不是作用在滑块上的正上方中心，而是在**宽度方向存在偏心**，那么这种偏心负载就会对滑块产生如图 10-14 所示的力矩负载，这对滑块的工作寿命也是非常不利的，如果我们在导轨上采用图 10-13(b)、图 10-13(c)所示的双导轨结构就可以消除这种偏心，因而也消除了力矩负载，保证了滑块的寿命，运动也更平稳。

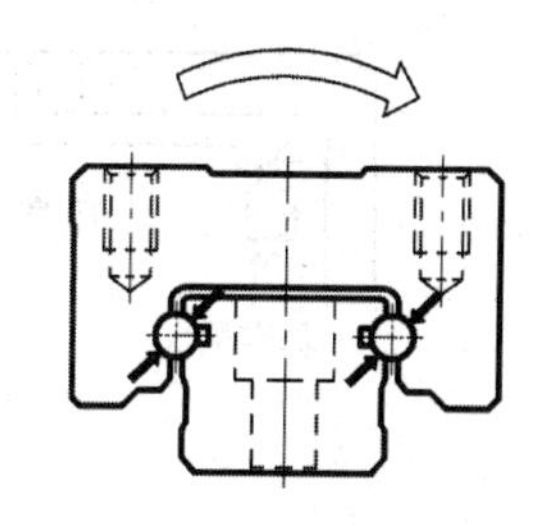

图 10-14　因为偏心负载产生滑块宽度方向的力矩

使用双导轨时成本将是使用单导轨的两倍，使用三根导轨时成本将更高，在使用单导轨能满足使用要求的场合就没有必要使用双导轨组合，除上述存在偏心负载的情况外，当工作台沿滑块宽度方向尺寸较大时，为了使运动机构处于最佳平衡状态，也必须使用双导轨结构。

## 10.3　解析直线导轨安装方向与安装结构

直线导轨安装方向

### 1. 导轨安装方式

根据使用部位的结构空间情况，导轨的安装有以下非常灵活的安装方式：水平平面上安装、竖直平面上安装、倾斜平面上安装。

1) 水平平面上平行安装

这是直线导轨**最大量采用的方式**，大量使用在各种自动机器上，图 10-15(a)所示为导轨固定滑块运动的方式。也可以采用将滑块固定，采用导轨活动的方式，如图 10-15(b)所示。这两种情况下，滑块承受的都是径向负载。

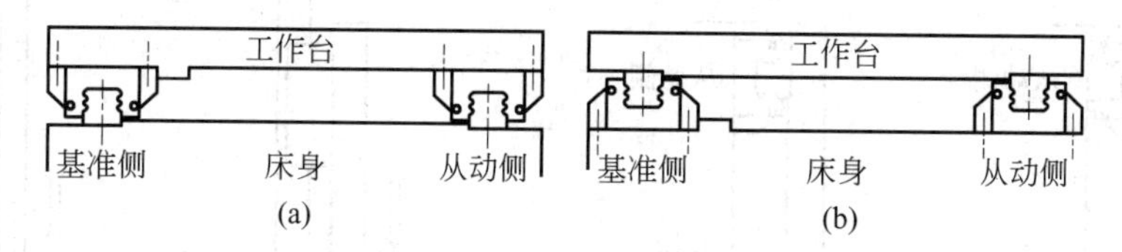


图 10-15　在水平平面上安装导轨

(a) 导轨固定滑块运动；(b) 滑块固定导轨运动

也有另外一种情况，床身在上方，作为执行机构的负载只能安装在床身的下方，即将图 10-15(a)、图 10-15(b)倒过来安装，这样滑块承受的是反径向负载，**应尽量避免采用**。

2) 在两个竖直平面上平行安装

如果要求负载在水平方向运动，但结构上又因为高度方向尺寸受到限制，没有空间让导轨安装在水平面内，就可以考虑将导轨安装在安装基础的外侧侧面，采用导轨固定、滑块运动的方式，如图 10-16(a)所示，也可以采用滑块固定、导轨运动的方式，如图 10-16(b)所示。

在如图 10-16 所示的竖直平面上安装导轨时，由于两侧导轨安装平面之间的距离必须形成一个封闭的尺寸链，所以在其中一侧(通常在从动侧)的滑块与负载(或安装基础)之间要设计一个垫片，用于形成封闭尺寸链，该垫片的厚度需要在装配时调整配做。

这两种安装方式都难以进行高精度装配，而直线导轨的工作寿命对安装精度又比较敏感，因此通常情况下**不推荐优先采用**。

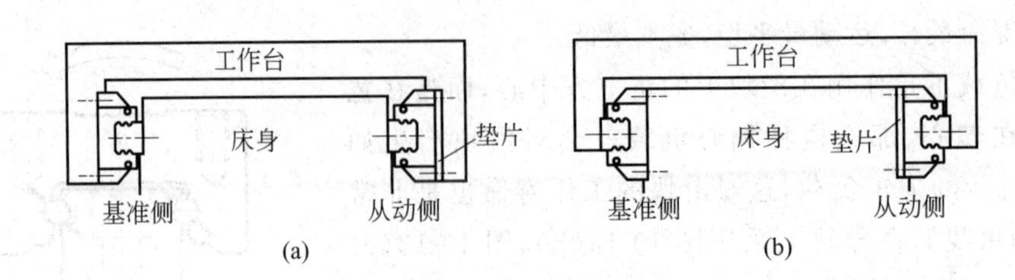


图 10-16 在竖直平面上安装导轨

(a) 导轨固定滑块运动；(b) 滑块固定导轨运动

3) 在同一竖直平面上水平平行安装

当负载在水平方向运动时，有时导轨并不是安装在水平面上，而将两根导轨在竖直平面上平行安装使用，如图 10-17 所示。同样既可以采用导轨固定、滑块运动的方式，如图 10-17(a) 所示，也可以采用滑块固定、导轨运动的方式，如图 10-17(b)所示。这两种安装方式容易进行高精度装配，因此**通常大量采用**，尤其应用在各种机械手沿水平方向运动的手臂上。

4) 在同一竖直平面上下安装

有些情况下，负载要求在竖直方向运动，例如在竖直方向上取料的机械手手臂、垂直提升机构、三坐标机械手等，如图 10-18 所示。如果负载的宽度较小，采用单根导轨就可以了，否则可能需要采用两根导轨平行使用，这就相当于在图 10-17 中将导轨沿竖直方向安装。

在提升机构中，如果负载的工作行程较大，导轨的长度也较长，安装基础可能没有足够的长度用于安装导轨，这时可以采用将滑块固定、导轨运动的方式，简化结构，如图 10-18(b)所示。在这种场合，滑块所承受的负载显然较小，直线导轨主要起导向作用，因而通常导轨的公称尺寸可以更小。

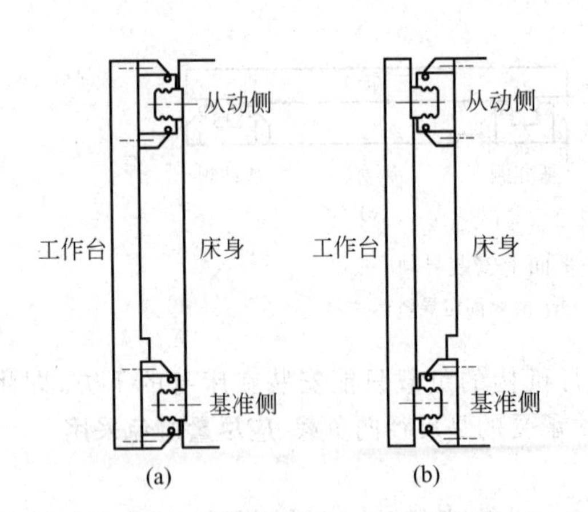


图 10-17 导轨在竖直平面上平行安装

(a) 导轨固定滑块运动；(b) 滑块固定导轨运动

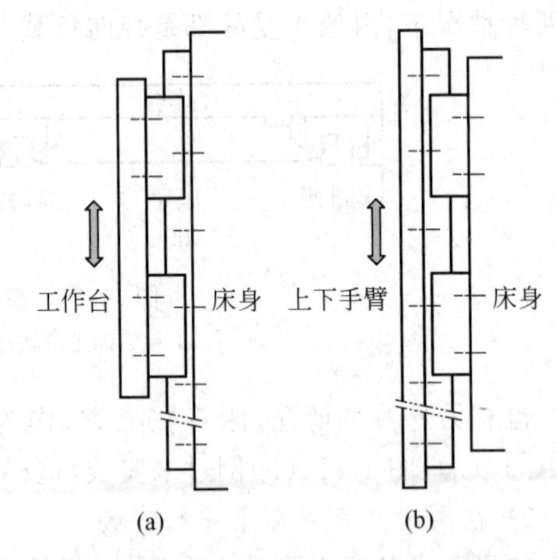


图 10-18 导轨在竖直平面上上下安装

(a) 导轨固定滑块运动；(b) 滑块固定导轨运动

这两种安装方式容易进行高精度装配，**大量采用**，但装配时需要注意防止滑块与导轨脱落分离掉下，通常都需要在机构上设计防落机构(例如挡块)。广泛应用在各种机械手的上下运动手臂上。

5) 在两个水平面上平行安装

有些情况下，工作台位于竖直方向，但工作台沿厚度方向的尺寸受到限制，希望尽可能紧凑，这种情况下可以将导轨分别安装在两个不同的水平面内，最大限度地减小工作台沿厚度方向的尺寸，如图 10-19 所示。

与前面介绍的安装方式类似，既可以采用导轨固定、滑块运动的方式，如图 10-19(a)所示，也可以采用滑块固定、导轨运动的方式，如图 10-19(b)所示。

这两种安装方式由于导轨及滑块都不在一个平面内，所以难以进行高精度装配，同时，**从动侧的滑块在安装时需要配做垫片**，因此通常情况下**不推荐优先采用**。

6) 在倾斜平面上安装

有时候负载既不是在水平面上运动，也不是在竖直平面上运动，而是在一个倾斜的平面上运动，这种情况下，也允许直接将导轨安装在倾斜平面上，如图 10-20 所示。这种安装方式容易进行高精度装配，**大量采用**。

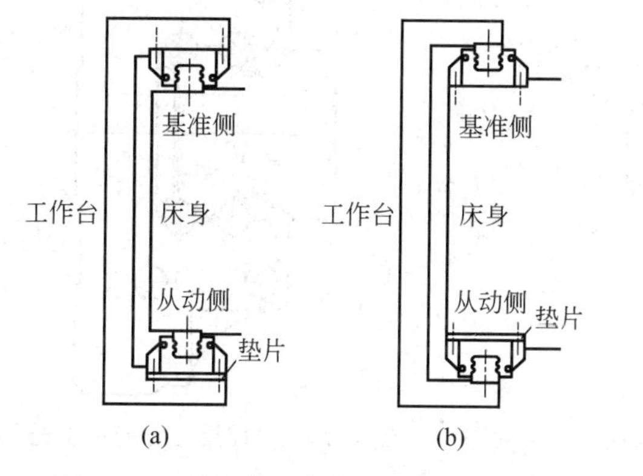


图 10-19　导轨在两个水平面上平行安装
(a) 导轨固定滑块运动；(b) 滑块固定导轨运动

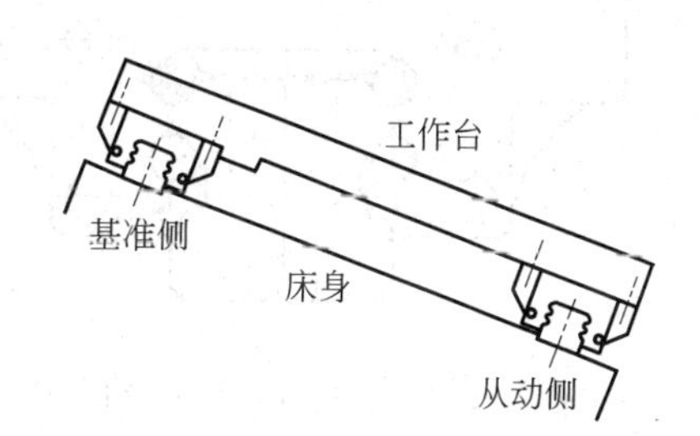


图 10-20　在倾斜平面内安装导轨

导轨的安装方式主要根据负载的运动方向、尺寸大小、结构空间等方面进行考虑，在上述各种安装方式中，有些为较常用而且容易安装的方式，而有些则具有一定的难度，在装配时需要一定的技巧。

**2. 负载方向、承载能力及如何选择最佳安装方向**

直线导轨可以在很多方向进行安装使用，但不同方向使用时滑块承受的负载(力、力矩)、滚珠的受力方向也不同，因而滑块的承载能力、寿命也会不同(由于滑块是受力薄弱环节，直线导轨的寿命也就是滑块的寿命)。滑块在使用时可能受到的载荷有：垂直于滑块上方安装面的压缩载荷通常称为**径向载荷**，与此方向相反的载荷通常称为**反径向载荷**，与滑块上方安装面平行的载荷通常称为**横向载荷**，如图 10-21 所示。

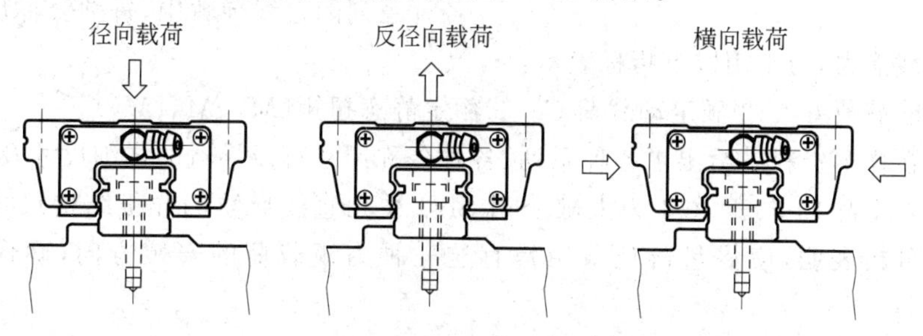


图 10-21　直线导轨承受的径向载荷及横向载荷

上面三种安装方式滑块寿命有何区别呢?

首先,在设计时应该尽可能选择最佳的受力方向——径向载荷,如图10-22所示,该方向承载能力最高,滑块最不容易产生变形,寿命最长,**优先选用**。

当滑块如图10-23所示在竖直面上安装时,主要是上方的滚珠受力,下方的滚珠基本不受力,典型的不对称结构,横向载荷,不利于滑块寿命,**应尽量避免**。

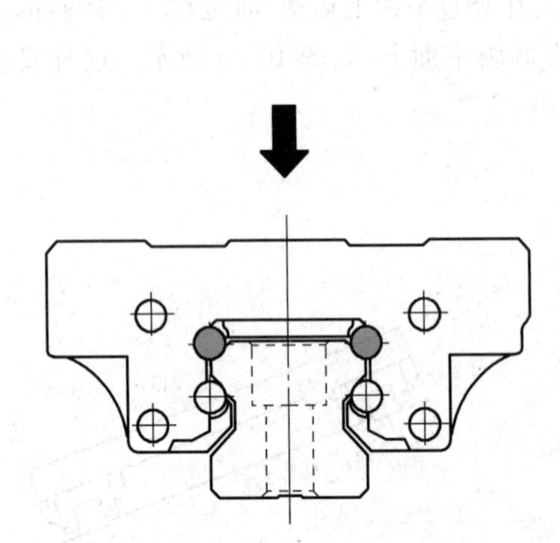

图10-22 最佳受力方向(径向载荷)优先采用

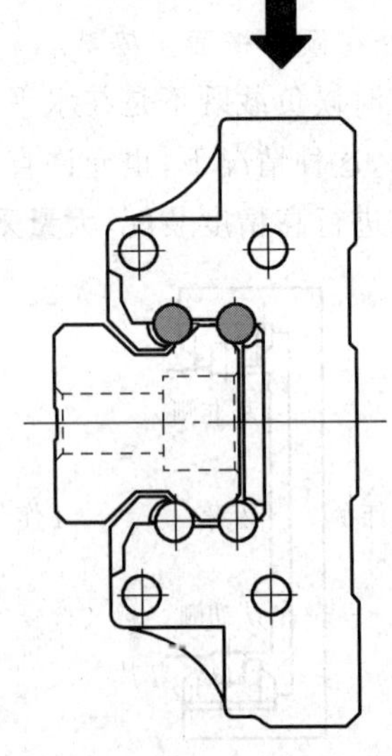

图10-23 次佳受力方向尽量避免

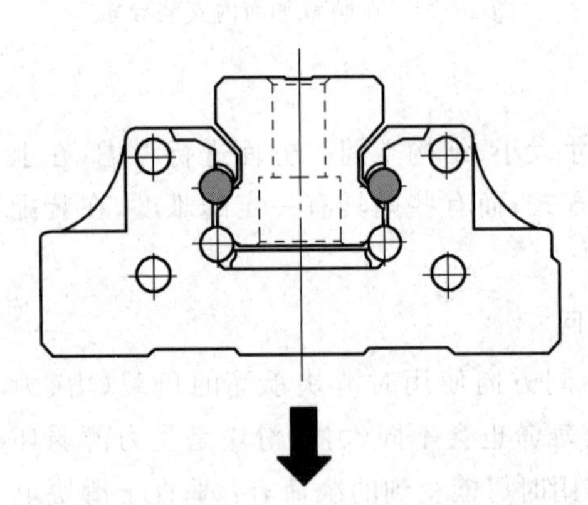

图10-24 不利的受力方向(反径向载荷)尽量避免

当滑块承受图10-24所示的反径向载荷时,由于滑块是一种开口结构,这时滑块的受力方向刚好是滑块刚性最差(最容易产生变形)的方向,也就是滑块精度最容易下降的方向,所以**应尽量避免**。

我们将最佳受力方向和不利的受力方向进行对比,如图10-25所示,由于滚珠及滑块的受力方向不同,滑块在不同方向的刚性不同,图10-25(a)精度保持能力最高,寿命最长;图10-25(b)精度最容易下降,寿命最短,**应尽量避免**。

除上述载荷外,机构运行时还可能受到三个不同方向的**力矩载荷**,如图10-26所示。

各种系列的直线导轨中,每种公称尺寸都对应有确定的承载能力,通常用以下指标表示:

①额定静载荷 $C_0$;②额定动载荷 $C$;③额定静态扭矩($M_A$、$M_B$、$M_C$)。

制造商在样本资料中给出了各种系列、各种公称尺寸直线导轨的详细尺寸及性能参数,例如图10-27及表10-3、表10-4为太敬公司SBG系列直线导轨的详细结构尺寸及承载能力。后面的分析表明,应尽量避免采用具有这三种力矩载荷的安装方向,确保导轨工作寿命。

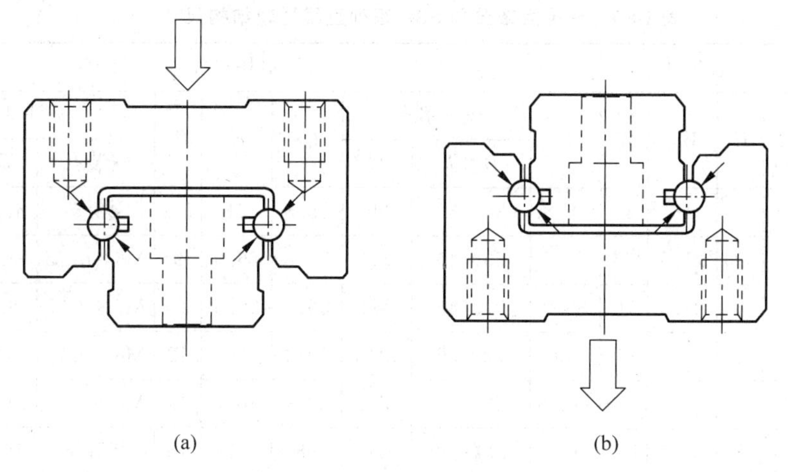


图 10-25　受力方向效果对比

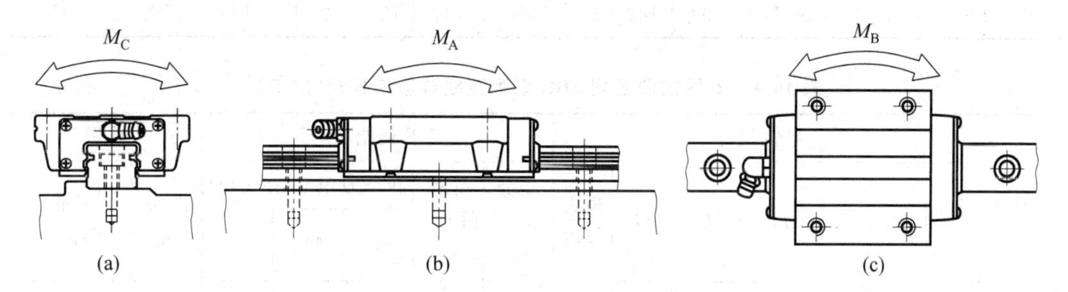


图 10-26　直线导轨承受的力矩载荷

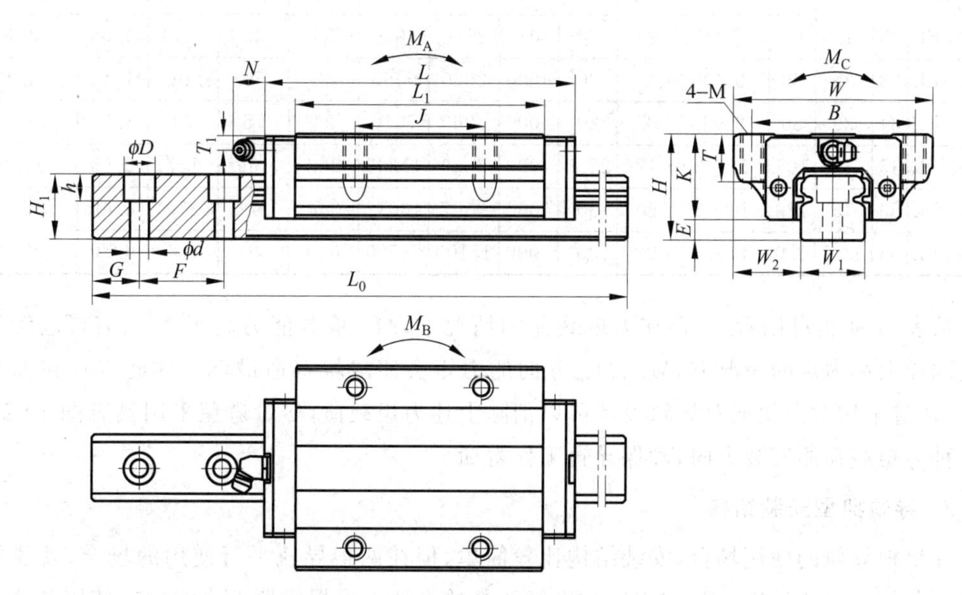


图 10-27　韩国太敬公司 SBG 系列直线导轨结构尺寸示意图

**表 10-3　韩国太敬公司 SBG 系列直线导轨结构尺寸(一)**　mm

| 型号 | 安装尺寸 | | | | 滑块尺寸 | | | | | | | | |
|---|---|---|---|---|---|---|---|---|---|---|---|---|---|
| | $H$ | $E$ | $W_2$ | $W$ | $L$ | 安装孔位 | | $L_1$ | $K$ | $T$ | 注油栓 | | |
| | | | | | | $B\times J$ | $M$ | | | | 安装孔 | $T_1$ | $N$ |
| SBG15FL | 24 | 3 | 16 | 47 | 58.8 | 38×30 | M5 | 38.8 | 21 | 7.2 | $\phi$3.5 | 4.25 | 5 |
| SBG20FL | 30 | 3.5 | 21.5 | 63 | 77.2 | 53×40 | M6 | 50.8 | 26.5 | 9 | M6×0.75 | 5.5 | 10.5 |
| SBG25FL | 36 | 5 | 23.5 | 70 | 86.9 | 57×45 | M8 | 59.5 | 29.5 | 10 | M6×0.75 | 6.8 | 10.5 |
| SBG30FL | 42 | 6 | 31 | 90 | 99 | 72×52 | M10 | 70.4 | 36 | 12 | M6×0.75 | 8.5 | 10.5 |
| SBG35FL | 48 | 7.5 | 33 | 100 | 111.6 | 82×62 | M10 | 80.4 | 40.5 | 13 | M6×0.75 | 9.5 | 10.5 |
| SBG45FL | 60 | 8 | 37.5 | 120 | 140 | 100×80 | M12 | 98 | 52 | 15 | PT1/8 | 10.5 | 15 |
| SBG55FL | 70 | 10.5 | 43.5 | 140 | 164 | 116×95 | M14 | 118 | 59.5 | 17 | PT1/8 | 12 | 15 |
| SBG65FL | 90 | 17.5 | 53.5 | 170 | 193 | 142×110 | M16 | 147 | 72.5 | 23 | PT1/8 | 15 | 15 |

**表 10-4　韩国太敬公司 SBG 系列直线导轨结构尺寸(二)**　mm

| 型号 | 导轨尺寸 | | | | | | 承载能力 | | | | | 质量 | |
|---|---|---|---|---|---|---|---|---|---|---|---|---|---|
| | $W_1$ | $H_1$ | $F$ | $d\times D\times h$ | $G$ | 最大长度 | 动载荷 $C$/kg | 静载荷 $C_0$/kg | 静态力矩/(kgf·m) | | | 滑块/kg | 导轨/(kg/m) |
| | | | | | | | | | $M_C$ | $M_A$ | $M_B$ | | |
| SBG15FL | 15 | 15 | 60 | 4.5×7.5×5.3 | 20 | 3000 | 850 | 1370 | 7 | 5 | 5 | 0.18 | 1.45 |
| SBG20FL | 20 | 17.5 | 60 | 6×9.5×8.5 | 20 | 4000 | 1450 | 2560 | 22 | 18 | 18 | 0.42 | 2.20 |
| SBG25FL | 23 | 21.8 | 60 | 7×11×9 | 20 | 4000 | 2140 | 4000 | 36 | 32 | 31 | 0.58 | 3.10 |
| SBG30FL | 28 | 25 | 80 | 9×14×12 | 20 | 4000 | 2980 | 5490 | 60 | 50 | 49 | 1.10 | 4.45 |
| SBG35FL | 34 | 29 | 80 | 9×14×12 | 20 | 4000 | 3960 | 7010 | 96 | 75 | 73 | 1.57 | 6.40 |
| SBG45FL | 45 | 38 | 105 | 14×20×17 | 22.5 | 4000 | 6290 | 11292 | 202 | 159 | 157 | 2.96 | 11.25 |
| SBG55FL | 53 | 45 | 120 | 16×23×20 | 30 | 4000 | 9307 | 16012 | 344 | 274 | 270 | 4.49 | 15.25 |
| SBG65FL | 63 | 58.5 | 150 | 18×26×22 | 35 | 3000 | 15100 | 24500 | 629 | 495 | 484 | 6.70 | 23.90 |

从表 10-4 也可以看出,存在力矩载荷的情况下,$M_C$ 承载能力高于 $M_A$、$M_B$,也就是说承受同样大小力矩的情况下,$M_A$、$M_B$ 方向的力矩会使滑块寿命最低。因此当存在偏心负载时,通过采用双滑块或双导轨设计可以消除上述力矩载荷,尽量避免采用具有图 10-26 所示三种力矩载荷的安装方向,确保导轨工作寿命。

### 3. 导轨典型安装结构

在单根导轨的使用场合,安装结构比较简单,但在两根导轨平行使用的场合,就需要根据使用条件对直线导轨安装结构形式进行认真的设计。根据机器上直线导轨使用部位的结构空间情况及使用要求,直线导轨主要有以下三种典型的装配结构形式,读者可以根据实际情况进行选用。

1）无振动冲击、一般用途场合的装配结构

在无振动冲击、一般精度与刚度场合，典型的装配结构如图10-28所示。

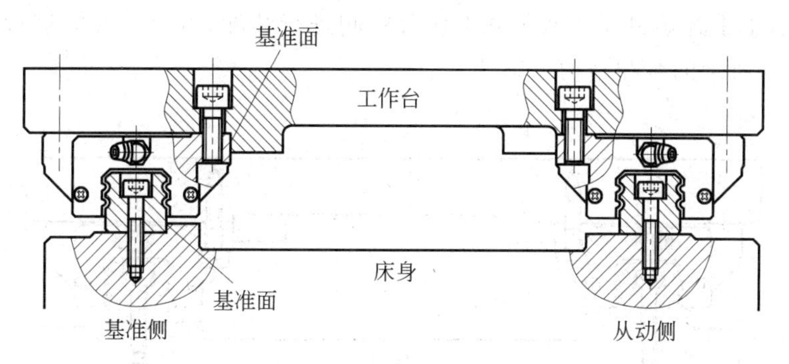


图10-28　无振动冲击、一般用途场合的装配结构

这种方式是最普通的双导轨装配方式，设计及安装要点如下：

在机器安装基础上，在基准侧导轨的安装基础上设计加工一个侧面定位基准面，使基准侧导轨的装配基准面贴紧该定位基准面安装，从动侧导轨的方向则以基准侧导轨为基准进行打表找正。

在负载工作台上，在工作台与基准侧滑块安装的一侧也设计加工一个宽度定位基准面，使基准侧滑块的装配基准面贴紧该定位基准面安装固定，从动侧滑块则直接用螺钉与负载工作台固定。

由于使用时无冲击与振动，一般用途场合下对精度与刚度也无特殊要求，所以从动侧的导轨及滑块都没有设计侧面定位及夹紧结构。

2）机器有振动冲击而且要求高精度与高刚度时的装配结构

在某些场合，不仅机器工作时存在振动、冲击，而且要求负载的直线运动同时具有高精度与高刚度，这种场合通常采用图10-29所示的装配结构。

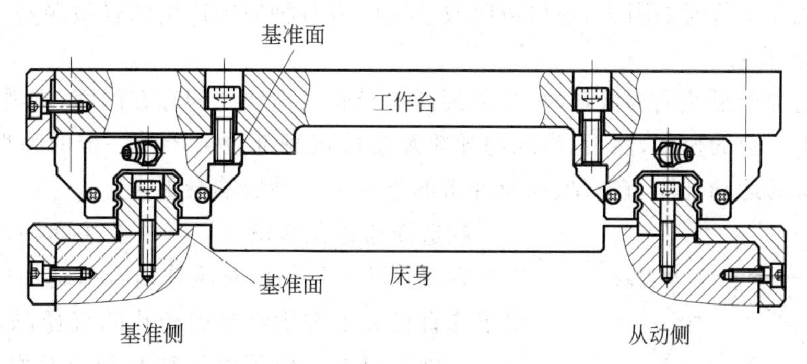


图10-29　机器有振动冲击而且要求高精度与高刚度时的装配结构

在图10-29中，在机器安装基础上，主动侧及从动侧导轨装配部位都设计有定位基准面，导轨基准侧面贴紧该定位基准面安装固定后都通过侧板将导轨夹紧固定。

在负载工作台上，工作台在与基准侧滑块安装的一侧也设计加工一个宽度定位基准面，基准侧滑块的基准面贴紧该定位基准面安装固定后，再在侧面通过侧板将滑块夹紧固定。

从动侧滑块直接与工作台通过螺钉连接固定，没有设计侧面定位及夹紧结构。

3) 从负载工作台上无法固定或拆卸滑块时的装配结构

在图 10-28、图 10-29 中,负载工作台与直线导轨滑块的螺钉装配都是从工作台一侧进行的,有些场合下上述螺钉无法从负载工作台一侧进行装配,需要反方向进行装配,这时通常采用图 10-30 所示的装配结构。

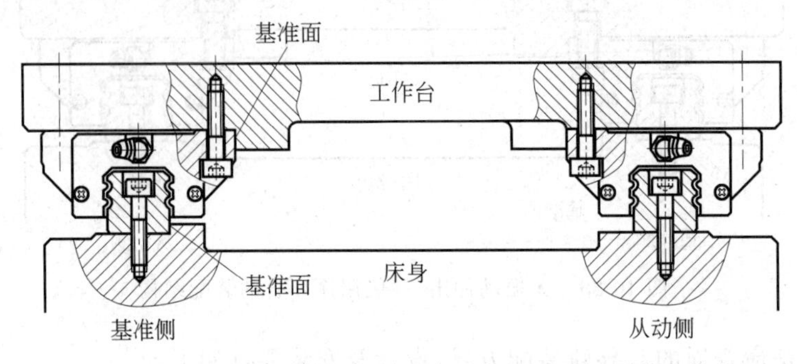


图 10-30 从负载工作台上无法固定或拆卸滑块时的装配结构

在图 10-30 中,在机器安装基础上,在主动侧导轨安装部位设计一个侧面定位基准面,在负载工作台上,主动侧及从动侧各设计加工一个滑块装配定位基准面,工作台与滑块之间的紧固螺钉从滑块一侧下方装入。

直线导轨的预紧与精度等级

## 10.4 解析直线导轨预紧及精度等级

### 1. 导轨预紧及预紧力等级选择

1) 径向间隙

当负载较小、希望获得轻巧的直线运动而且不要求很高的精度时,直线导轨内可以采用间隙结构,允许滑块在厚度方向上作轻微的移动,这种间隙称为径向间隙。间隙结构不仅降低了直线导轨在运行时的阻力,还可以吸收装配时因各种原因产生的轻微误差。

2) 预紧及效果

当负载施加于滑块内的滚珠时,如果滚珠与导轨及滑块之间存在间隙,则滑块与导轨之间首先会产生一定的位移,然后,滚珠与导轨及滑块接触部位会产生一定的弹性变形,这样就降低了负载的运动精度,在有振动及冲击的条件下这种影响会更大。

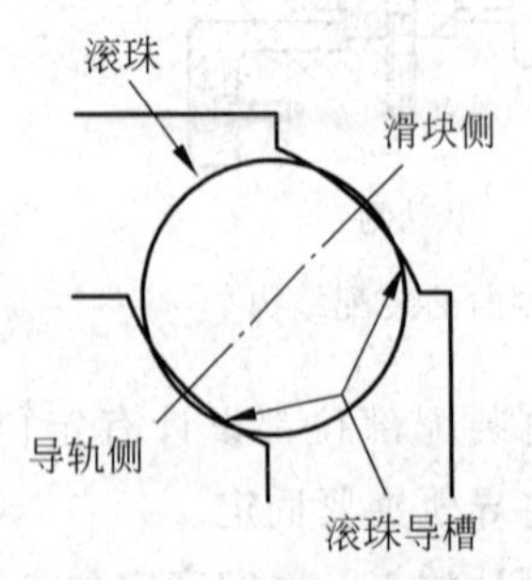


图 10-31 导轨预紧原理示意图(滚珠直径大于导槽直径)

制造商通过预紧就可以解决上述问题,所谓预紧是指当直线导轨出厂前就对滚珠结合部施加内应力,或者说滚珠直径大于沟槽组成的槽孔的直径,如图 10-31 所示。这种内应力不仅消除滚珠与导轨及滑块之间的间隙,而且还使滚珠与导轨及滑块接触部位预先产生一定的弹性变形,外部施加给滑块的载荷被内应力吸收缓冲,减小了弹性变形,因而提高了直线导轨的刚度,即提高了机构的承载能力,这种结构通常也称为负间隙结构。

图 10-32 为预紧效果对比。图 10-32(a)为有预紧情

况，滚珠承受负载后下方的滚珠也没有产生间隙。图 10-32(b)为没有预紧情况，滚珠承受负载后下方的滚珠产生了间隙或间隙更大。

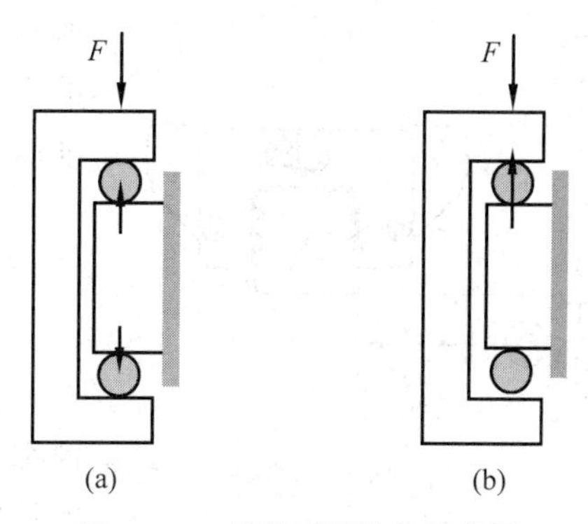

图 10-32　导轨预紧效果示意图
(a) 有预紧；(b) 无预紧

3) 预紧力等级

为了满足不同使用条件的需要，制造商设计了各种不同的预紧力等级供用户选用。各公司的预紧力等级代号稍有区别。

日本 NSK 公司直线导轨提供的预紧力等级为：微间隙(ZT、Z0)、微预紧(Z1、ZZ)、小预紧(Z2)、中预紧(Z3)、重预紧(Z4)。

日本 THK 公司直线导轨提供的预紧力等级为：普通间隙(无记号)、轻预紧($C_1$)、中等预紧($C_0$)。

日本 IKO 公司直线导轨提供的预紧力等级为：最大间隙($T_C$)、零或极小间隙($T_0$)、零或极小预紧(无记号)、轻度预紧($T_1$)、中等预紧($T_2$)、重度预紧($T_3$)。

韩国太敬公司直线导轨提供的预紧力等级为：普通预紧($K_1$)、轻度预紧($K_2$)、重度预紧($K_3$)。

预紧力等级的常用选择方法见表 10-5。

**表 10-5　直线导轨预紧力等级选用方法**

| 预紧力等级 | 使用条件 | 等级代号 | 应用实例 |
|---|---|---|---|
| 间隙 | 振动、冲击小<br>要求阻力小、运动极轻快 | NSK 公司 ZT、Z0<br>IKO 公司 $T_C$、$T_0$<br>THK 公司无记号<br>太敬公司 $K_1$ | 包装设备<br>焊接设备<br>换刀装置<br>供料设备 |
| 轻预紧 | 负荷轻<br>振动、冲击小<br>运动轻巧又要求精度高 | NSK 公司 Z1、Z2、ZZ<br>IKO 公司 $T_1$<br>THK 公司 $C_1$<br>太敬公司 $K_2$ | 磨床工作台进给轴<br>NC 车床<br>一般机械的工作轴 |
| 中等预紧 | 中等振动、冲击<br>中等负荷<br>有附加扭矩载荷及倾斜载荷 | NSK 公司 Z3<br>IKO 公司 $T_2$<br>THK 公司 $C_0$ | 机器人<br>高速供料设备<br>精密 X-Y 工作台<br>线路板打孔机 |
| 重度预紧 | 较大振动、冲击<br>重载荷<br>高刚度 | NSK 公司 Z4<br>IKO 公司 $T_3$<br>太敬公司 $K_3$ | 加工中心<br>切削机床的工作轴<br>磨床砂轮架进给轴<br>铣床 |

需要注意的是，需要高刚度时，过大的预紧力会使滚珠与导轨及滑块之间产生过大的应力，这也是缩短直线导轨工作寿命的主要因素，因此选择合适的预紧等级对保证直线导轨的正常工作寿命非常重要。

**2. 导轨精度等级及选择**

在使用直线导轨的场合，直线导轨的运动精度直接决定了负载的运动精度。如图 10-33

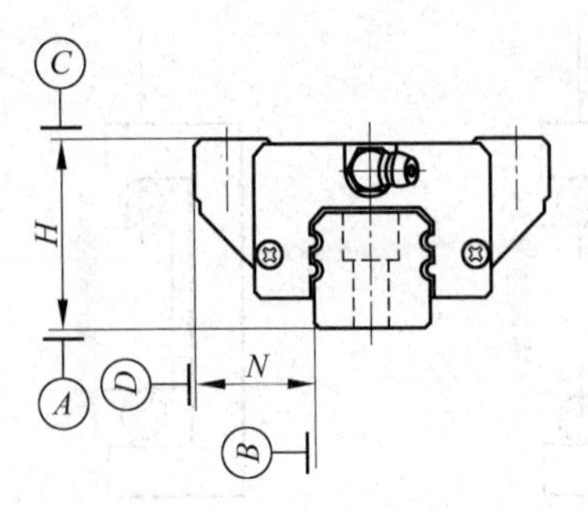

图 10-33 直线导轨的运动误差示意图

所示，$B$、$D$ 分别为导轨及滑块沿宽度方向的装配定位基准面，$A$、$C$ 分别为导轨及滑块沿高度方向的装配定位基准面。直线导轨的运动精度主要分为以下几项：

- 总高度尺寸 $H$ 误差；
- 滑块宽度方向尺寸 $N$ 误差；
- 同一导轨的各个滑块上尺寸 $H$ 及 $N$ 的最大偏差。

为了满足各种使用场合不同运动精度的需要，各制造商都提供不同精度等级的直线导轨供用户选用，各制造商的精度等级代号及允许公差值稍有区别。

例如韩国太敬公司直线导轨提供的精度等级为：普通精度(N)、高精度(H)、精密级(P)。日本THK公司直线导轨提供的精度等级为：普通精度(无记号)、高精度(H)、精密级(P)、超精密级(SP)、超超精密级(UP)。日本IKO公司直线导轨提供的精度等级代号与THK公司完全相同，但具体允许公差值需要查阅制造商的详细资料。表10-6为日本IKO公司各精度等级的允许公差值。

**表 10-6 日本 IKO 公司直线导轨各精度等级的允许公差值** mm

| 项目＼等级 | 普通精度(无记号) | 高精度(H) | 精密级(P) | 超精密级(SP) | 超超精密级(UP) |
|---|---|---|---|---|---|
| $H$ 误差 | ±0.080 | ±0.040 | ±0.020 | ±0.010 | ±0.008 |
| $N$ 误差 | ±0.100 | ±0.050 | ±0.025 | ±0.015 | ±0.010 |
| 同一导轨的各个滑块上尺寸 $H$ 的最大偏差 | 0.025 | 0.015 | 0.007 | 0.005 | 0.003 |
| 同一导轨的各个滑块上尺寸 $N$ 的最大偏差 | 0.030 | 0.020 | 0.010 | 0.007 | 0.003 |

虽然精度等级越高，允许公差值越小，但制造成本及价格也越高，所以根据使用要求选用够用的精度等级就可以了，没有必要选用过高的精度等级。

例如普通的搬运设备、焊接设备、木工设备等通常选用普通精度及H等级；NC钻床、激光加工设备、冲压设备、机械手、电子装配设备等通常选用H及P等级；磨床、坐标镗床、检测设备、三坐标测量仪等通常选用SP及UP等级。读者可以参考制造商提供的参考资料进行精度等级的选定。

直线导轨安装调整

## 10.5 解析直线导轨安装调整与使用维护

### 1. 基本装配要求

直线导轨属于精密部件，安装后必须保证部件处于正常的工作状态，因此在安装时必须严格遵守相关的装配操作规范，装配操作的要点主要为：

1）导轨的平行度

两根或三根导轨平行使用时，必须严格保证导轨之间的平行度，或者说，必须保证平行使用的各条导轨之间的平行度误差不超过或调整到规定的范围内，如图10-34所示。

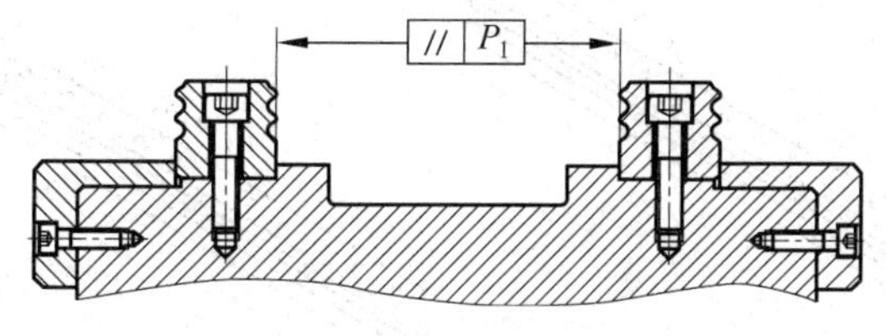


图10-34 导轨间的平行度

如果不能严格保证导轨之间的平行度，则机构在工作时会对滚珠产生额外的载荷，导轨及滚珠的工作温度就会上升，加剧导轨及滚珠磨损，轻则使滑块的运行变得不灵活，重则会出现卡死现象。导轨的长度越大，允许的平行度最大误差也越大，通常允许的平行度最大误差为0.030～0.060 mm。

2) 导轨等高

两根或三根导轨平行使用时，在整个导轨长度范围内，导轨必须保证具有相同的高度，或者说，必须保证平行使用的各条导轨之间的高度误差不超过规定的范围，如图10-35所示。

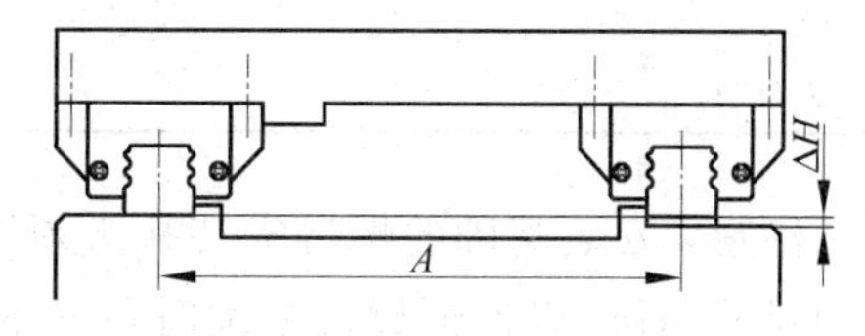


图10-35 导轨的高度差

如果平行使用的导轨高度不一致，同样会使部分滚珠增加额外的载荷，加剧导轨及滚珠磨损，使滑块的运行变得不灵活，因此必须使导轨高度等高，所以两根(或三根)导轨平行使用时，导轨的安装基础面是通过一次装夹定位一次加工出来的，保证导轨的安装基础面在一个平面上，或将误差控制在允许的范围内。如果导轨的长度很长，通常就需要采用大行程的加工机床(平面铣床、平面磨床)来加工导轨安装基础面。

3) 螺钉的拧紧次序及扭力大小

拧紧螺钉时主要要掌握螺钉拧紧的次序及拧紧扭矩，如果随意地拧紧螺钉，有可能使导轨发生轻微的变形弯曲，为了防止或减小导轨内部产生新的应力及变形，螺钉拧紧的次序推荐采用两种方法：

方法一：使待安装的导轨及导轨的定位基准侧面都位于安装者的左侧，将导轨侧面基准贴紧安装基础上的装配定位基准面，用夹紧夹具将导轨从侧面夹紧，首先从中间开始，右手使用扭矩扳手拧紧螺钉，并交替依次向两端延伸，如图10-36(a)所示。

方法二：其他要求与方法一相同，不同之处为首先从操作者的最远端开始依次向近端拧紧螺钉，如图10-36(b)所示，这样拧紧螺钉的旋转力就可以产生一个使导轨压向左侧基准面的压力，使导轨基准面与安装基础基准面充分贴紧。

采用上述两种紧固次序可以使导轨安装时产生的变形最小。

通常在导轨装配过程中不是一次将螺钉拧紧的，而是先将导轨初步固定，最后再按规定的扭矩及规定的次序依次、逐步拧紧螺钉。

除按规定的次序拧紧及分步拧紧外，螺钉的拧紧还必须按制造商规定的扭矩用扭矩扳手进行。扭矩的大小视安装面的材料、螺钉的直径大小而异。例如表10-7为韩国太敬公司推荐的螺钉紧固扭矩数据。

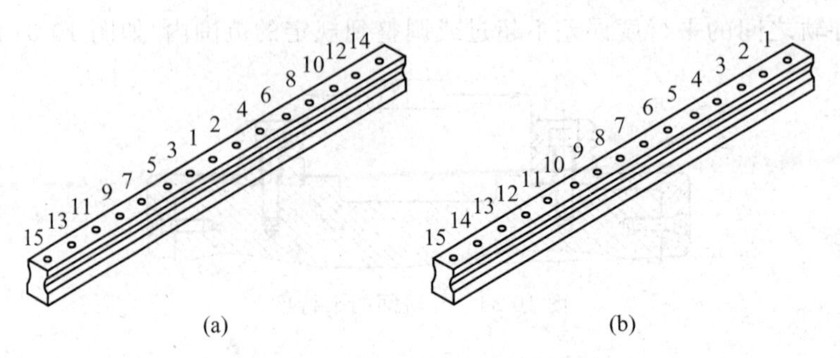


图 10-36 导轨上螺钉的拧紧顺序

**表 10-7 韩国太敬公司推荐的螺钉紧固扭矩** kgf·cm

| 螺 栓 | M3 | M4 | M5 | M6 | M8 | M12 | M14 | M20 |
|---|---|---|---|---|---|---|---|---|
| 扭紧力矩(钢) | 20 | 40 | 80 | 130 | 300 | 1203 | 1600 | 3896 |
| 扭紧力矩(铸铁) | 13 | 28 | 60 | 94 | 205 | 800 | 1071 | 2601 |
| 扭紧力矩(铝合金) | 10 | 21 | 45 | 70 | 150 | 600 | 800 | 1948 |

注意：安装基础的螺钉安装孔必须按所选用导轨的螺钉孔距进行设计并保证足够的中心距尺寸精度，以保证螺钉装配时不发生结构干涉。

4）螺钉的防松

螺钉及垫圈在装配前必须清洗干净，在有振动冲击的场合，直线导轨在装配时还必须考虑防松措施。通常的防松措施除在螺钉装配时采用弹性垫圈外，装配时还必须在螺钉螺纹尾部涂布螺丝胶水，防止螺钉松动。

根据螺钉使用部位的区别，分别采用低强度、中强度或高强度的螺丝胶水。通常大型基础结构的螺钉采用高强度胶水，经常需要拆卸更换的部分采用低强度胶水。螺丝胶水通常为厌氧胶水，装配后一般 24 h 内自然固化，固化后即具有一定的强度，防止各螺钉在使用时发生松动，使用非常简单方便。美国乐泰公司、3M 公司等都有各种系列的螺丝紧固胶水。

5）多段导轨的连接装配

单根导轨的最大长度通常为 3～4 m，在有些情况下，当工作台的行程很大或导轨长度很大时，采用单根导轨在制造、运输方向都存在困难，通常采用拼接的方法来解决。制造商会按用户要求将各段导轨的端面进行磨削加工并打上编号，如图 10-37 所示，安装时只要将相同编号的端面连接起来即可获得长度较长的导轨，同时保证各种精度要求。

在多段导轨的连接装配过程中，除编号不得弄错外，另一个重要的问题就是装配时如何将多段导轨严格对齐。

如果导轨装配时是依靠侧面定位基准来定位（例如平行使用的基准侧导轨），则采用图 10-38 所示的方法，先将导轨用夹紧工具在各连接处夹紧，使导轨侧面装配基准面紧贴着定位基准面，然后再按规定的方法依次固定各个位置的螺钉。

如果导轨在安装时没有侧面定位基准面定位（例如平行使用的从动侧导轨），则通常在导轨连接处两侧圆弧槽内各使用一根量棒，用夹具将量棒与导轨夹紧即可将导轨位置校直，然后再按规定的方法依次固定各个位置的螺钉，如图 10-39 所示。量棒必须经过磨削加工从而达到很高的直线度，否则量棒的直线度误差又会复制到导轨上。

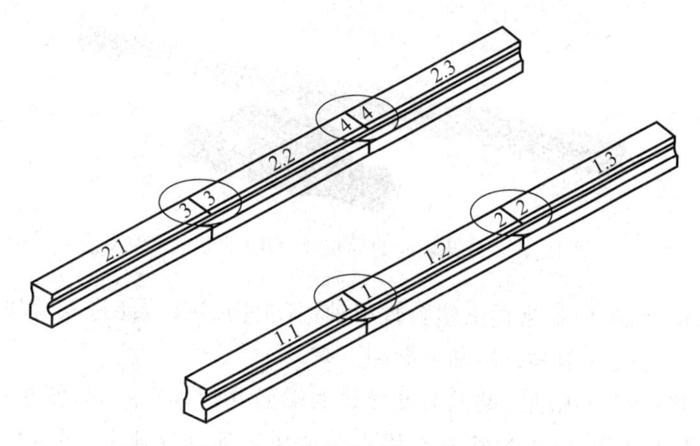


图 10-37　多段导轨的连接装配

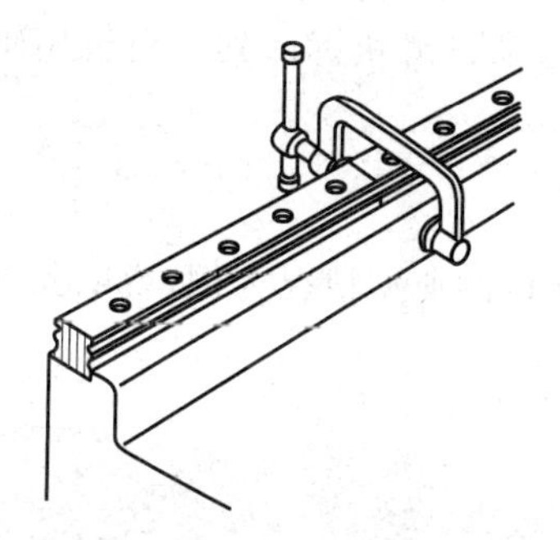

图 10-38　导轨连接使用装配时的对齐(基准侧)

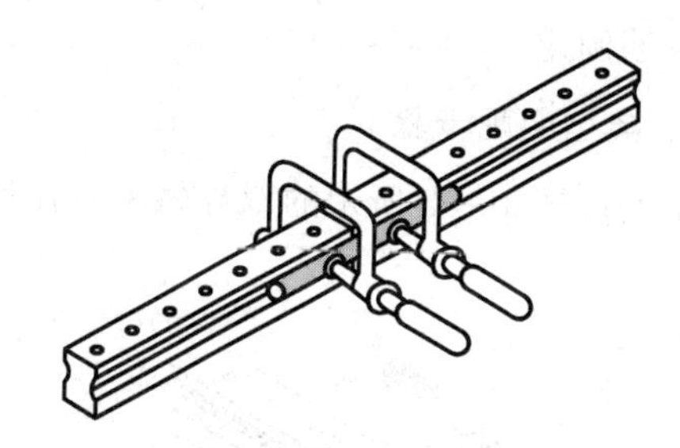

图 10-39　导轨连接使用装配时的对齐(从动侧)

6) 预紧级产品与非预紧级产品的装配

预紧级产品也称为非互换性产品,非预紧级产品也称为互换性产品。

(1) 预紧级产品滑块的拆卸与装配

注意:直线导轨属于精密部件,滑块在出厂时都经过制造商的检测与精密调整,用户在运输、储存及安装过程中一般不能将滑块取出,因为这样会很容易使滑块内的滚珠脱落,使灰尘进入滑块内部,降低部件精度甚至损坏部件。如确需要使滑块脱离导轨,需要在制造商指导下采用专用的暂用导轨轴进行,而且要严格按滑块原来的位置与方向装回,虽然通常制造商在滑块上都作有编号及箭头标记,但在多导轨、多滑块的使用场合仍然很容易搞错哪个滑块与哪根导轨配合,需要特别注意。

在机构设计上,也需要在导轨的两端设计必要的挡块,防止使用过程中滑块从导轨上脱落。

(2) 非预紧级产品滑块的拆卸与装配

非预紧产品的精度及刚性要求更低,通常既可以将滑块装配在导轨上后供应,也可以将导轨与滑块分开包装供应,因此也称为互换性产品。为了缩短供货周期,部分制造商对导轨及滑块分开进行库存,供应时也分开包装,这种情况下滑块通常是安装在一根塑料暂用导轨轴(假轨)上的,如图 10-40 所示。

分开包装供应的滑块通常都用橡皮筋固定在塑料暂用轴上,虽然滑块内部设计有放置

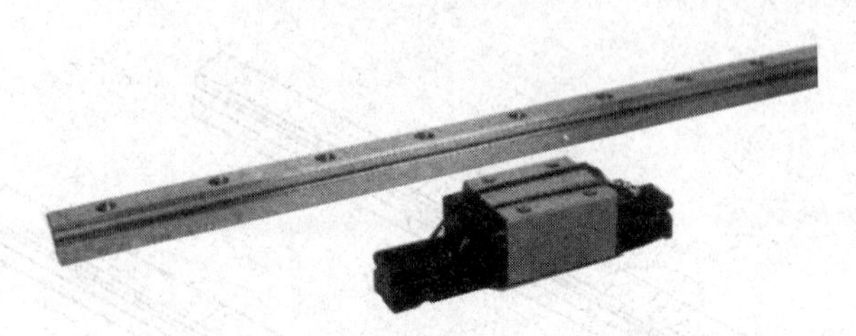

图 10-40 分开供应的导轨及滑块(非预紧产品)

滚珠脱落的滚珠保持器,但如果拆下塑料暂用轴,灰尘仍然有可能进入滑块内部,所以在安装滑块前也不要将滑块从塑料暂用轴上拆卸下来。

装配时首先将塑料暂用轴的端面对准导轨的端面并紧挨在一起,使塑料暂用轴与导轨在一条直线上,用手仔细、慢慢地移动滑块直至滑块运动到导轨上,再拿掉塑料暂用轴,如图 10-41 所示。

当使用过程中需要对上述导轨进行拆卸时,也要反过来将滑块拆卸到塑料暂用轴上再用橡皮筋固定。

**2. 典型装配步骤**

下面以图 10-42 所示的双导轨平行使用、单侧基准定位的典型情况为例,说明其详细安装步骤。

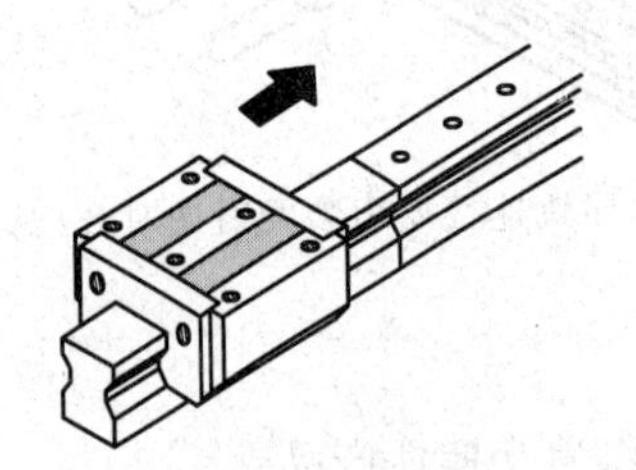

图 10-41 分开供应的导轨及滑块(非预紧级产品)装配方法

图 10-42 双导轨平行使用、单侧基准定位

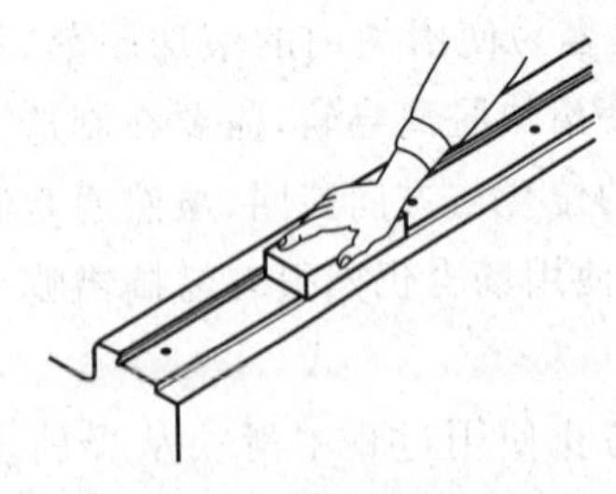

图 10-43 装配面的清洁

1) 装配面与装配基准面的清洁

如图 10-43 所示,用油石清理导轨装配面与装配基准面的毛刺,并用干净的布将装配面与装配基准面上的油污、灰尘擦拭干净。

用干净的布将导轨装配面(底面)及侧面装配基准面的防锈油或灰尘擦净,涂上低黏度的碇子油。

2) 导轨的初步固定

将基准侧导轨及从动侧导轨轻轻安放到安装基础的装配面上,如图 10-44 所示,旋入螺钉(先不拧紧)。注意一定要先确认两根导轨的安装基准侧面,制造商一般都在该侧面上作有专门的标记。

注意:螺钉装配时应仔细检查是否有干涉情况发生,否则应及时查明原因,不得在有干涉的情况下强行安装螺钉,否则会损失导轨的精度。

3）固定基准侧导轨

通过夹紧夹具将基准侧导轨的安装基准侧面紧靠在安装基础的定位基准面上，如图10-45所示。再按照图10-36所示的次序用扭矩扳手用规定的扭矩逐个拧紧螺钉。

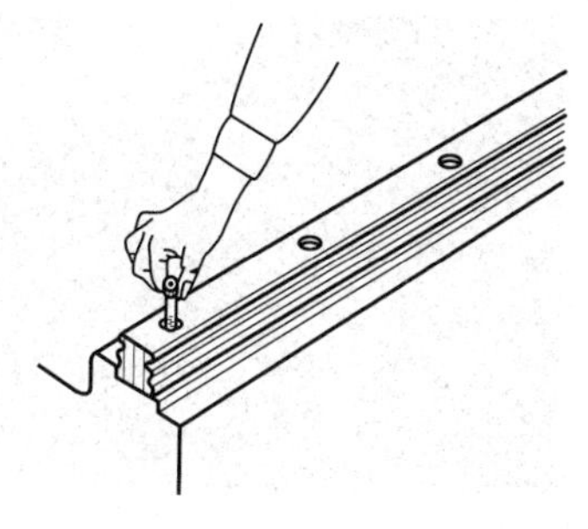
图10-44　导轨的初步固定

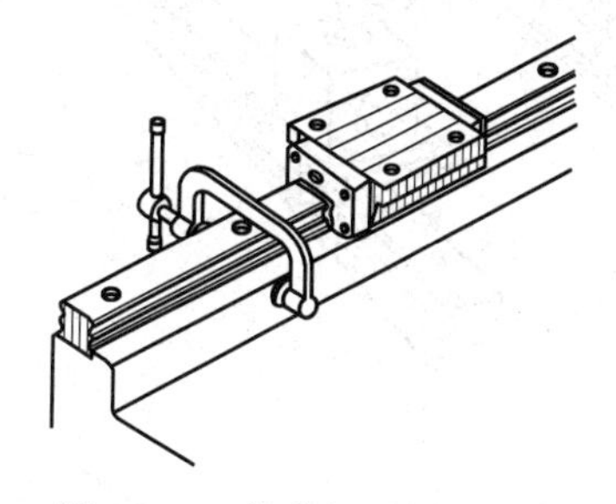
图10-45　基准侧导轨的固定

4）暂时固定基准侧及从动侧导轨的全部滑块

将负载工作台按螺钉安装孔位置对准各滑块后，将负载工作台轻巧地放在滑块上，然后用螺钉将负载工作台暂时固定(先不拧紧)。

5）固定基准侧导轨的全部滑块

将基准侧导轨各滑块的装配基准面贴紧在负载工作台的定位基准面上，用扭矩扳手按规定的扭矩将基准侧导轨各滑块的螺钉拧紧。注意拧紧螺钉时要交叉进行。

6）固定从动侧导轨的一个滑块

用扭矩扳手将从动侧导轨的其中一个滑块用螺钉拧紧，另外一个滑块的螺钉先不拧紧，如图10-46所示。

7）根据基准侧导轨打表找正从动侧导轨位置

移动负载工作台，使直线导轨运动基本顺畅，然后将百分表座固定在工作台上，百分表表头贴紧在从动侧导轨的侧面基准面上(注意确认该基准面)，在全长度上边移动工作台边用测力计测定移动工作台所需要的轴向拖动力，同时观察百分表指针的跳动情况并用塑料锤轻轻敲击从动侧导轨阻滞点的一侧调整从动侧导轨的方向，直到百分表指针的跳动量为零或达到预期的范围、移动工作台所需要的轴向拖动力最小为止，百分表指针的跳动量也就是两根导轨的平行度误差。图10-47、图10-48所示为未安装工作台时对导轨进行打表找正过程，此时百分表座直接吸附在主动侧导轨的一个滑块上方。

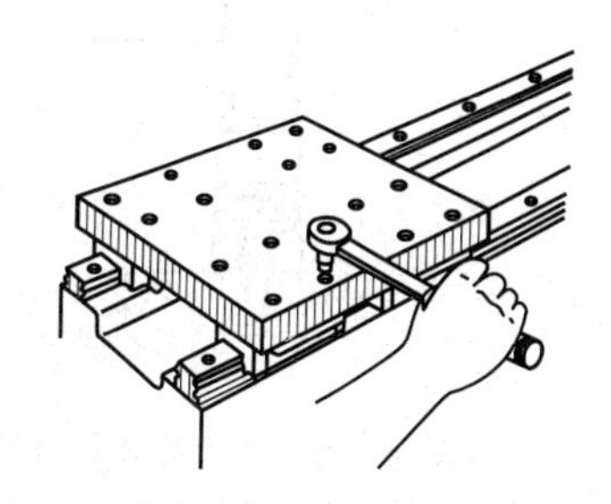
图10-46　滑块的固定

8）固定从动侧导轨

完成从动侧导轨的打表找正后，再按图10-36所示的次序逐个拧紧从动侧导轨的螺钉。

9）固定从动侧导轨剩下的滑块

反复移动工作台，确认运动顺畅时，最后用扭矩扳手拧紧从动侧导轨剩下的一个滑块。

10）确认检查是否运动畅顺

反复移动工作台，观察工作台移动是否非常畅顺？阻力是否非常小？如果发现不畅顺一定是平行度有问题，应松开螺钉重新进行检查安装。

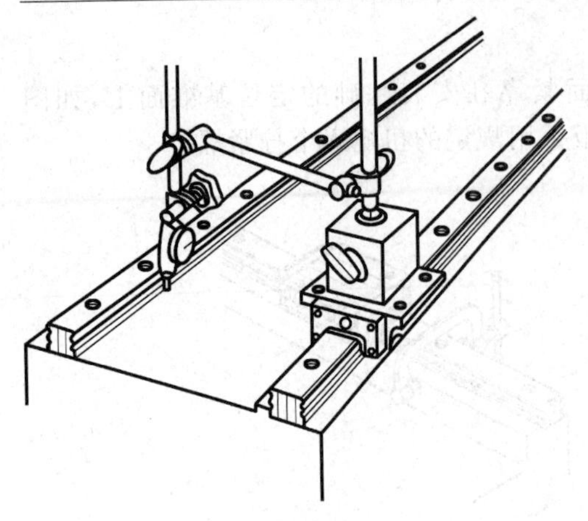

图 10-47　从动侧导轨打表找正示意图

图 10-48　从动侧导轨打表找正实例

11）埋栓安装与打磨

用塑料小锤将导轨上螺钉安装孔内的埋栓逐个轻轻敲入孔内，直到埋栓的上方与导轨面为同一平面为止。敲击埋栓时必须在锤子与埋栓之间放入一块塑料垫块，防止损伤导轨表面，如图 10-49 所示。安装完埋栓后再用油石打磨导轨表面防止埋栓高出导轨表面，如图 10-50 所示。

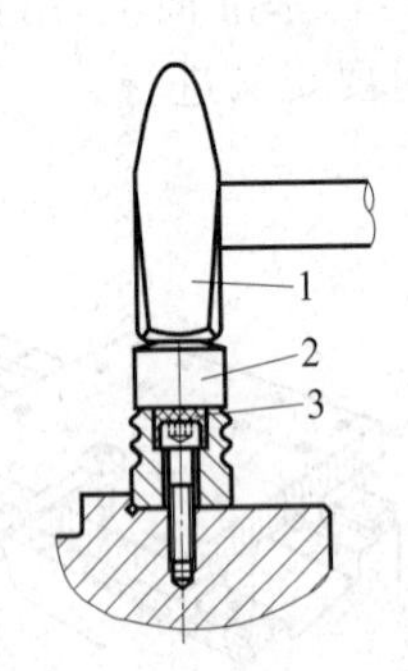


图 10-49　埋栓的装配方法

1—锤子；2—塑料垫块；3—埋栓

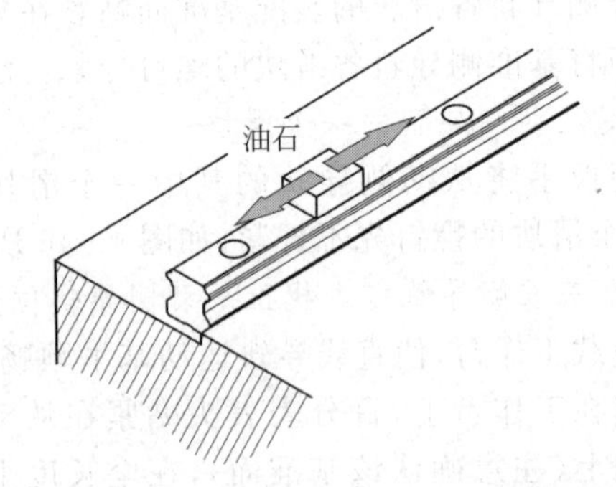


图 10-50　用油石打磨导轨表面防止埋栓高出导轨

此外，图 10-29 所示的双导轨平行使用、双侧基准定位安装方式一般用于机床等具有重载荷(尤其是具有横向载荷)的场合，同时还必须在侧面对导轨进行夹紧固定，防止导轨在宽度方向发生松动，提高导轨的安装刚性。采用这种装配形式时，在装配之前就必须采用百分表打表的方法对两侧导轨的侧面基准、底面基准分别进行测试，确认其平行度误差在制造商推荐的允许值范围内后再进行安装。安装第二根导轨时也不再需要打表，除此之外，其余的安装步骤是相同的。

### 3. 直线导轨的使用维护

直线导轨保养维护

1）存放

直线导轨属于精密部件，如果以不当的方式存放，有可能引起直线导轨的弯曲变形，所以通常要将导轨放置在水平位置，在导轨下方进行多点支撑，不能倾斜放置。在存放及运输过程中必须轻拿轻放，在使用过程中也不能承受非工作外力的撞击。存放时保留制造商的原始防潮防尘包装，如图 10-51 所示。

2）防尘

在制造过程中，制造商都在滑块的两端设计有标准的防尘结构（防尘盖），如果有特殊需要，可以在导轨螺钉安装孔中使用一种由合成树脂制造的埋栓，如图 10-52 所示，或者在导轨上使用专用的油封板，如图 10-53 所示。在某些特殊的场合（例如含有大量的粉尘、灰尘、切屑、沙尘等），就必须采用波纹套管或伸缩护罩将导轨全部封住，如图 10-54 所示。

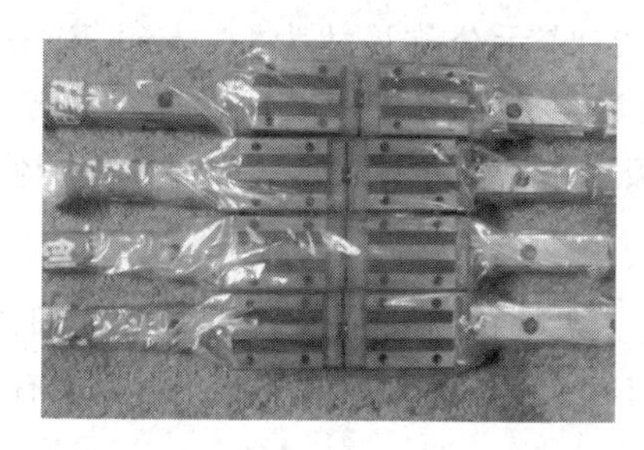

图 10-51　保留原始防潮防尘包装

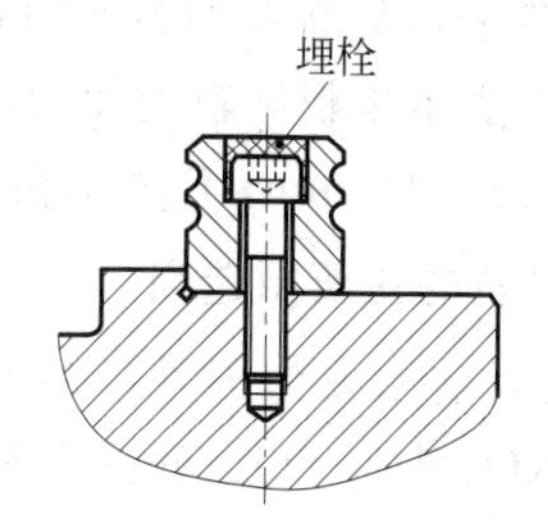


图 10-52　埋栓结构

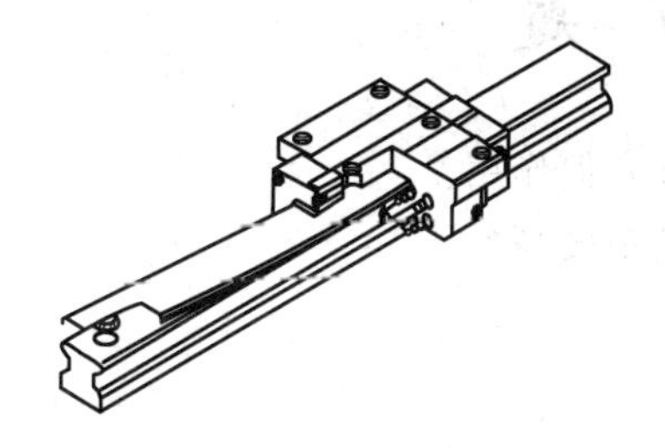

图 10-53　导轨上专用油封板

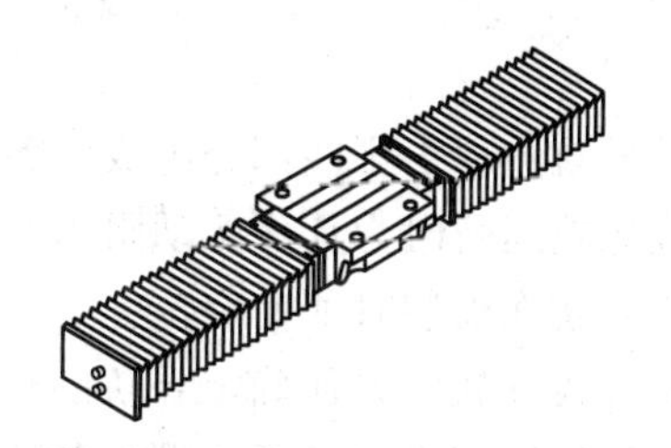

图 10-54　波纹套管

3）润滑

直线导轨的维护比较简单，主要的维护工作为定期进行润滑。通常的润滑方法是定期（如每个月一次）在导轨表面涂上一层润滑脂，滑块内部的润滑通过专用的润滑脂补充枪施加，如图 1-55 所示。润滑脂补充的频率主要按实际使用的运行距离确定，一般情况下每运行 100 km 的距离后需要补充润滑脂。一般用锂基润滑脂，也可以按直线导轨制造商推荐的牌号采购。

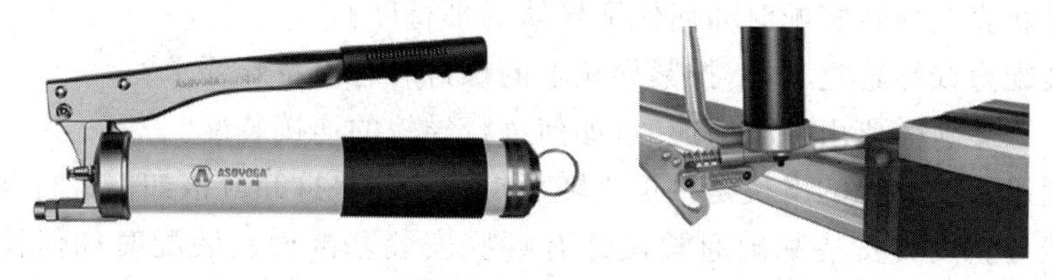


图 10-55　润滑脂补充枪及对滑块加注润滑脂

除采用润滑脂进行润滑外，还可以采用润滑油来润滑，但对于像机床这样要求重负荷、高刚性、高速度的场合，一般都推荐使用润滑脂来润滑。

**4. 直线导轨型号代号**

直线导轨的选型与气动元件的选型一样，其详细的系列、参数等都是用一组由符号和数字组成的代号表示的，各个制造商的型号命名方法有很多类似之处。按制造商规定的型号命名方法写成序号即可直接向厂家订购。

型号命名实例：

例如选定韩国太敬公司SBG系列、公称尺寸为25、重载荷型滑块系列(FL)、导轨长度为1000 mm、预紧等级为普通预紧(K1)、精度等级为精密级(P)、单根导轨上使用2个滑块、2根导轨平行使用，则最后代号为“SBG25—FL—2—K1—1000—P—Ⅱ”。

其中，SBG表示导轨系列为通用系列；25表示公称尺寸为25 mm；FL表示滑块系列为重载荷型；2表示单根导轨上使用的滑块数量为2；K1表示预紧等级为普通预紧；1000表示导轨长度为1000 mm；P表示精度等级为精密级；Ⅱ表示2根导轨平行使用。

**5. 直线导轨的主要制造商**

直线导轨目前主要为国外产品所垄断。主要的制造商有：德国RK、日本NSK、日本THK、日本IKO、日本TSK、韩国太敬(TAIJING)。此外，中国台湾地区也有部分制造商，如ABBA、HIWIN等。

## 思　考　题

1. 直线导轨主要由哪些部分组成？各部分有何作用？
2. 直线导轨运行时为什么运动阻力小而且精度高？
3. 直线导轨在安装时如何定位？
4. 订购直线导轨时如何确定导轨的长度？
5. 直线导轨运行时可以承受哪些载荷？
6. 如何决定在同一根导轨上所需要采用滑块的数量？
7. 如何决定采用单导轨或双导轨？
8. 直线导轨主要有哪些安装方式？
9. 在无振动冲击、一般用途场合下双导轨直线导轨采用怎样的装配结构？
10. 在有振动冲击且要求高精度与高刚度时，双导轨直线导轨采用怎样的装配结构较合适？
11. 从负载工作台上无法固定或拆卸滑块时，双导轨直线导轨采用怎样的装配结构较合适？
12. 直线导轨的型号“SBG25—FLL—2—K2—1640—P—Ⅱ”代表什么意义？
13. 双导轨直线导轨装配时如何保证导轨的平行度？
14. 在装配直线导轨过程中，拧紧导轨上的螺钉时有何特殊要求？
15. 当一条导轨需要由多段组成时，如何进行导轨的连接装配？
16. 预紧级直线导轨的滑块是否可以随意拆卸？如果拆卸应该如何进行并注意什么？
17. 直线导轨及其安装基础通常设计有哪些安装基准面？装配时如何使用上述安装基准？
18. 使用双导轨时，如果安装基础上没有或只有一个安装基准面，如何保证两根导轨之间的平行度？
19. 直线导轨在存放及使用时需要注意哪些事项？

# 第 11 章　解析直线轴承

直线导轨是一种非常理想的导向部件，除具有高精度外，还能同时在多个方向提供较高的刚度，大大方便了机器的设计与制造，但缺点是价格昂贵，使用较多时在机器总成本中占比较大。事实上，自动机器也有很多场合负载较小，希望有一种刚性要求不高、价格低廉的导向部件。直线轴承（也称为线性衬套）就是这样诞生的，它是一种最廉价的导向部件。

## 11.1　解析直线轴承结构原理

直线轴承
结构原理

### 1. 直线轴承的用途

国外早在 20 世纪 80 年代就已经把直线轴承大量使用在各种机器设备上。图 11-1 为直线轴承在注塑机自动取料机械手中的应用实例，手臂在水平方向的直线运动就是通过两根直线轴/直线轴承进行导向的。

图 11-1　直线轴承在机械手中的应用实例

直线轴承除广泛应用于各种自动机器外，还大量应用于机械手、机床、电子制造设备、视频加工设备、包装设备、医疗设备、健身器材、家具制造等行业。图 11-2 为一种健身器材倒蹬机上采用直线轴/直线轴承进行导向的实例。图 11-3 为一种精密运动平台应用实例。

图 11-2　直线轴承用于健身器材倒蹬机实例

图 11-3　直线轴承用于精密运动平台实例

### 2. 直线轴承的结构系列

直线轴承是一种与直线轴配合起来使用的直线导向部件，为了满足在不同场合下性能及安装方式的需要，制造商设计制造了各种不同的结构系列，最基本的结构系列如图 11-4 所示。其中图 11-4(a)为标准型，图 11-4(b)为间隙调整型，图 11-4(c)为开放型，图 11-4(d)

为法兰型,图 11-4(e)为由开放型直线轴承与轴承座、支撑轴组成的滑动单元。

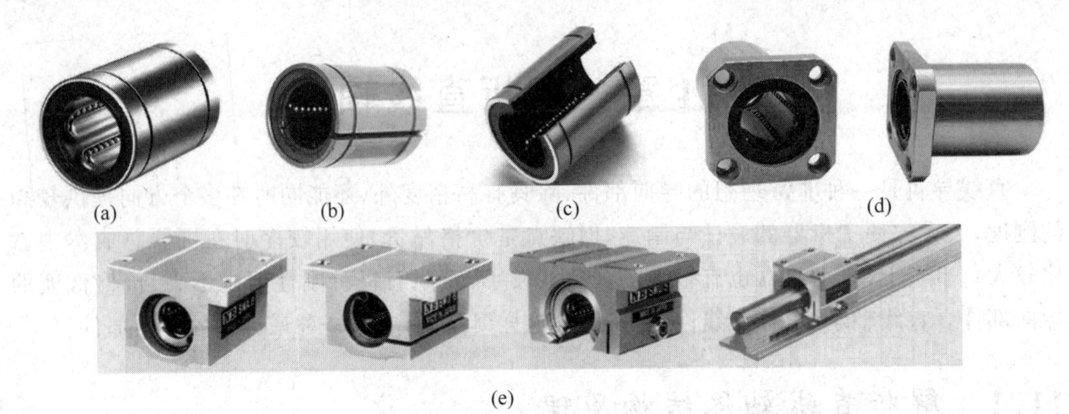

图 11-4 直线轴承的结构形式

(a) 标准型;(b) 间隙调整型;(c) 开放型;(d) 法兰型;(e) 滑动单元

每种结构系列都设计有各种公称尺寸规格,读者只要从制造商的产品系列中选定最适合的系列及规格、设计合适的安装方式即可,选定的公称尺寸规格还要求能达到设计寿命。

**3. 直线轴承的结构及工作原理**

下面以标准型直线轴承为例说明其典型结构。标准型直线轴承的内部结构如图 11-5 和图 11-6 所示。

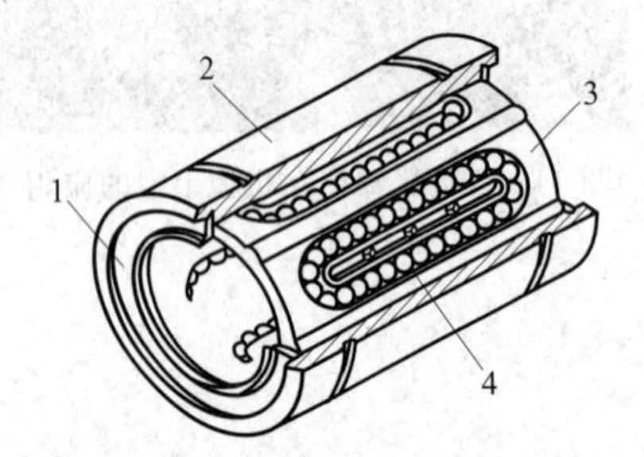


图 11-5 直线轴承结构示意图一

1—橡胶密封圈;2—外筒;3—滚珠保持器;4—滚珠

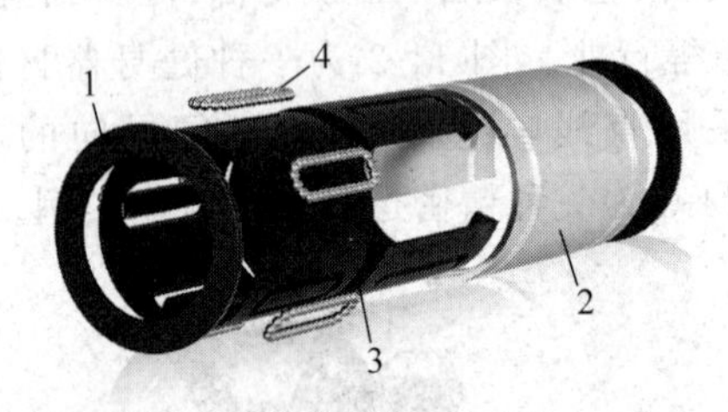


图 11-6 直线轴承结构示意图二

1—密封圈;2—外壳;3—保持架;4—滚珠

各部分作用如下:

(1) 外筒:支承及安装固定用元件。

(2) 滚珠保持器:用于固定滚珠及实现滚珠的运动循环。

(3) 滚珠:导向元件,通过滚珠与直线轴的滚动运动,提供高精度的导向功能,而且运动阻力极小。滚珠在保持器内形成多路循环,每一路循环的滚珠中由于各滚珠沿轴承径向的深度不同,又分为承载滚珠与非承载滚珠,如图 11-7 所示。

(4) 橡胶密封圈:防止灰尘进入轴承内部,保护部件精度。

(5) 直线轴:配套元件,实际上起导轨作用,直线轴必须具有足够的硬度,直线轴承必须与直线轴配合起来才能使用。

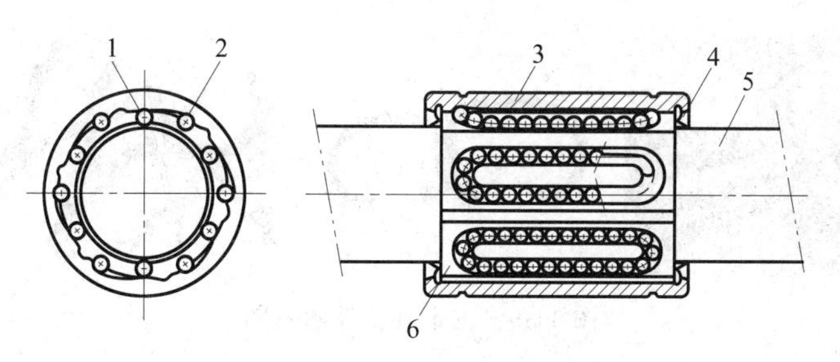


图 11-7　直线轴承结构示意图三

1—承载滚珠列；2—非承载滚珠列；3—外筒；4—密封盖；5—直线轴；6—滚珠保持器

**4. 直线轴承特点**

直线轴承由于其特殊结构，因而具有以下特点：

（1）精度稍低于直线导轨。

（2）由于采用点接触方式进行滚动运动，运动阻力非常小，可以应用于高速直线运动场合。

（3）互换性好。直线轴与直线轴承可以互换。

（4）承载能力大大低于直线导轨而且只能承受径向载荷。由于直线轴承内部滚珠以点接触的方式进行滚动运动并传递载荷，所以直线导轨滚珠承载能力约为直线轴承内滚珠承载能力的 13 倍，工作寿命相差更大。

（5）价格低廉，远远低于直线导轨，是成本最低的直线导向部件。

（6）安装方便，占用空间小，可以在任何方向使用，便于自动化装备的高度集成。

（7）维护简单，只要定期添加润滑油或润滑脂即可。

因此，在一些需要直线导向但负载又较小的场合，直线轴承成为替代直线导轨的最佳设计方案。

## 11.2　解析直线轴承使用方法

直线轴承使用方法

根据使用场合结构空间的大小、装配基础结构形状、工作方向等因素的区别，可以灵活地选用不同的直线轴承系列及相应的安装方式。

**1. 标准型直线轴承安装方式**

1）内卡环安装方式

内卡环安装方式是标准型直线轴承的基本装配方式之一，在装配基础的装配孔中加工有两道弹性挡圈安装沟槽，直线轴承装配在装配孔中后，用专用弹性挡圈钳将孔用弹性挡圈安装在直线轴承两端的槽内进行轴向定位，占用的空间最小，如图 11-8、图 11-9 所示。

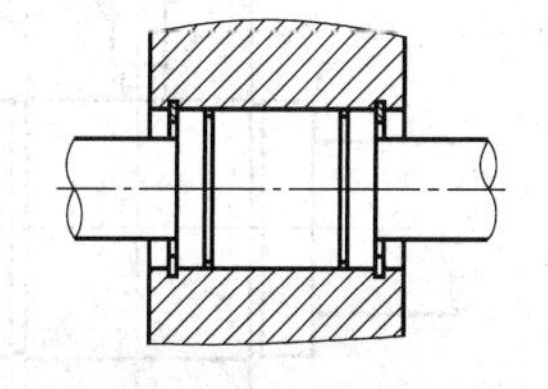

图 11-8　内卡环安装方式

2）外卡环安装方式

外卡环安装方式是采用专用弹性挡圈钳将轴用弹性挡圈安装到装配基础的外侧，如图 11-10、图 11-11 所示。该方式简单方便，但直线轴承有一部分外露在装配基础外，用于安装基础厚度不太大的场合。

图 11-9　内卡环安装示意图

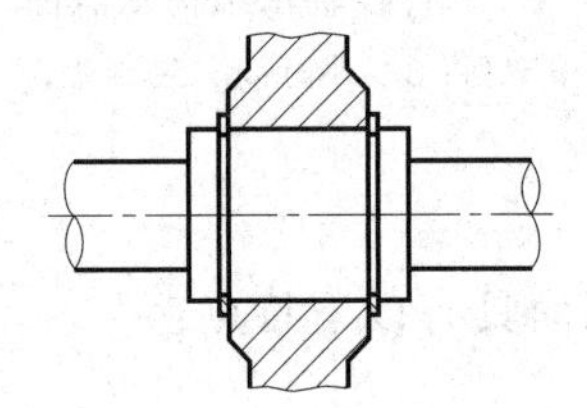

图 11-10　外卡环安装方式

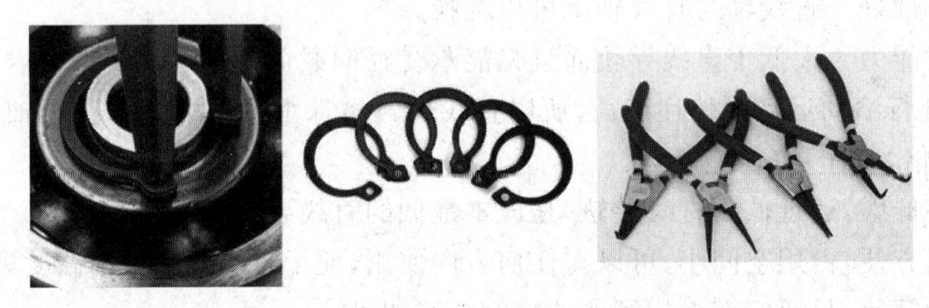

图 11-11　外卡环安装方式

不允许对基本型在外圈上使用止动螺钉来固定,因为这样会导致轴承外圈变形,如图 11-12 所示。

3) 固定板安装方式

在轴承两端加装固定板对直线轴承限位并固定,如图 11-13 所示。由于轴向负载极小,因此实际工程中经常采用普通的螺钉加上平垫圈安装在轴承的两端外侧,代替固定板对直线轴承进行轴向定位,简化结构设计。

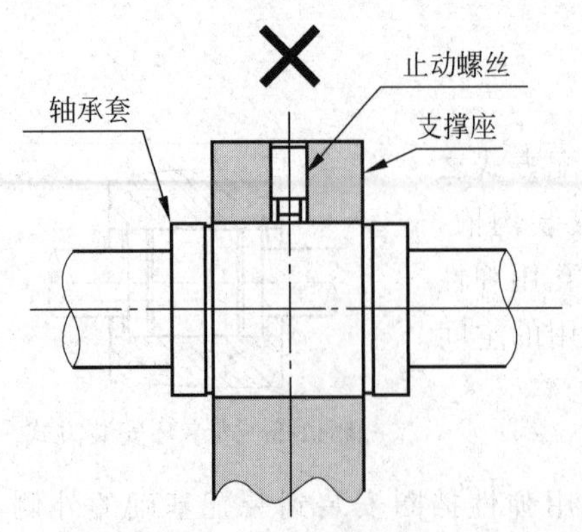


图 11-12　不允许对基本型在外圈上使用止动螺钉来固定

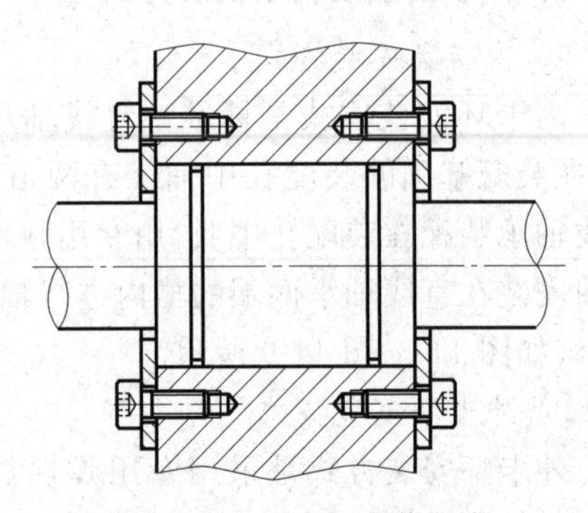

图 11-13　固定板安装方式

**2. 法兰型直线轴承安装方式**

法兰型直线轴承直接安装，用螺钉将直线轴承的法兰固定在装配基础上即可，不需要其他的安装附件，结构紧凑，刚性较高，高精度。根据使用场合载荷的方向及结构空间，设计时可以选用图 11-14(a)、图 11-14(b)、图 11-14(c)所示的三种不同结构。

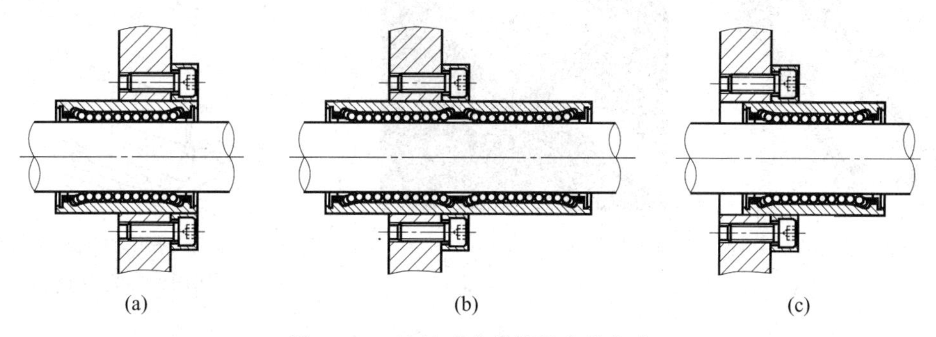


图 11-14　法兰型直线轴承安装方式

由于标准型及法兰型直线轴承孔径是固定的，因而直线轴承与直线轴之间都采用间隙配合，而且配合间隙不能调整。正常情况下该间隙为 10 μm 左右，这种情况下直线轴承的刚性最低。如果既想利用直线轴承的低廉成本，又要求它尽可能具有更高的刚性，必须与直线导轨一样对直线轴承进行预紧，这种场合就需要采用下面的间隙调整型或开放型直线轴承。

**3. 间隙调整型直线轴承安装方式**

间隙调整型直线轴承设计有一条纵向的开口，只要将其安装在一个可以调节直径的圆孔内，通过使轴承在径向产生一定的弹性变形即可调整直线轴与直线轴承之间的配合间隙，通常用于需要很小配合间隙或需要提高直线轴承的刚度、对直线轴承进行预紧的场合，其安装方式如图 11-15 所示。

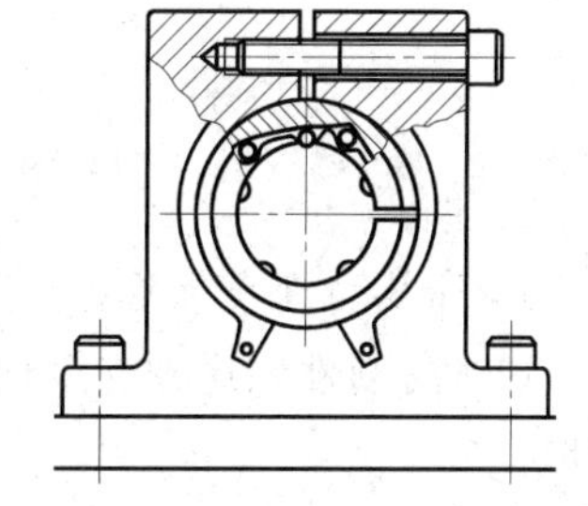

图 11-15　间隙调整型安装方式

注意：在使用间隙调整型直线轴承时，预紧螺钉断缝与轴承的开口之间应该错开 90°，这样在紧固螺钉时才能够使轴承产生均匀的弹性变形。还要注意不能使轴承产生过大的预紧力，否则轴承外筒、滚珠、直线轴的接触部位会产生过大的变形，缩短轴承的使用寿命，通常在预紧后使配合间隙维持在零或轻微的预紧状态。

**4. 滑动单元的安装**

滑动单元本身就是制造商为用户在采用标准型及法兰型都不方便安装的情况下专门设计制造的，滑动单元不仅将直线轴承安装好后提供给用户，而且还包括了安装结构，用户直接通过螺钉将负载滑块与滑动单元连接在一起就完成了安装，如图 11-16 所示。

**5. 开放型直线轴承安装方式**

由于普通直线轴的刚性有限，在某些大载荷、长行程的场合，直线轴会产生一定的弯曲变形，降低机构的寿命。为了解决上述问题，制造商设计制造了一种特殊的支撑轴，如图 11-17

所示,配合采用开放型直线轴承的滑动单元一起使用,就可以使直线轴的支撑刚性大幅提高并能够实现较大的工作行程。如图11-18所示。

图11-16　滑动单元的安装

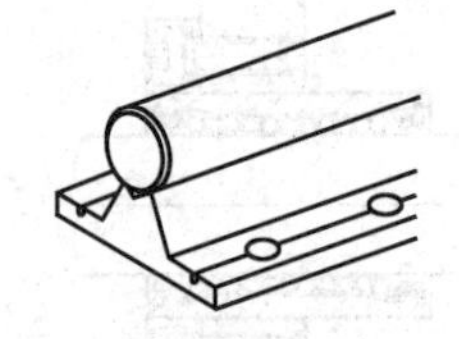

图11-17　与开放型直线轴承配合使用的特殊支撑轴

图11-18　开放型直线轴承组成的滑动单元

1) 开放型直线轴承特点

(1) 高刚性。这种支撑轴最大的优点是高刚性,保证直线轴避免产生通常容易产生的变形。

(2) 低成本。结构简单,这是一种性价比最高的直线运动系统,性能已经与直线导轨相差无几。

(3) 结构紧凑、整体高度低。轴承座及支撑底座采用铝合金材料,所以能够大幅降低机构的重量,较低的安装高度特别适合于非常紧凑的机构设计。

(4) 特别适用于大行程、大负载使用场合。支撑底座通常最大长度可达2000 mm,直线轴的最大长度可达2000～4500 mm,可以使用多段支撑底座支撑较长的直线轴。

(5) 可以调整间隙及预紧。通过在轴承座上设计调整机构,可以调整直线轴与轴承之间的配合间隙,必要时还可以进行预紧,进一步提高机构的刚性。

2) 开放型直线轴承安装方式

图11-19为两种典型的安装方式示意图,直线轴承装配在一个轴承座内组成滑动单元,在轴承座的下方或侧面设计一个开口结构,当调整螺钉旋紧时,轴承座在开口处的部分由于厚度较小而产生弹性变形,向内侧挤压或收紧轴承外筒,减小轴承与支撑轴之间的配合间隙

乃至产生预紧。

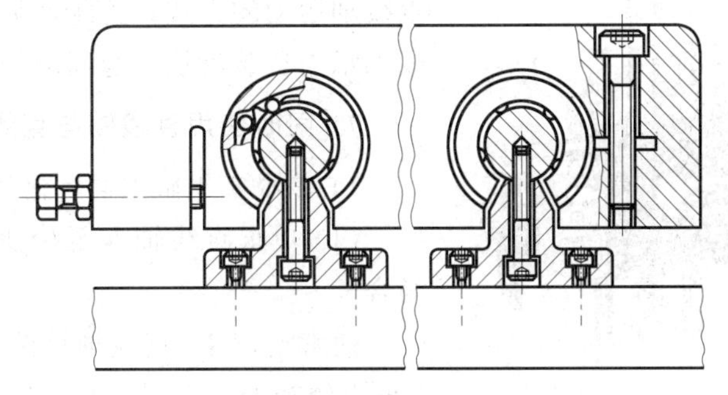

图 11-19　开放型直线轴承的两种典型安装方式

注意：由于轴承的特殊结构，通常在图 11-19 所示的轴承在上、支撑底座在下的安装方式下使用，而且轴承主要承受垂直向下的径向载荷。

如果按与图 11-19 相反的方向（即使直线轴承开口方向向上）使用，如图 11-20 所示，直线轴承就处于悬挂状态而且轴承开放部位承受负载，直线轴承的承载能力大幅降低，通常**应避免这样使用。**

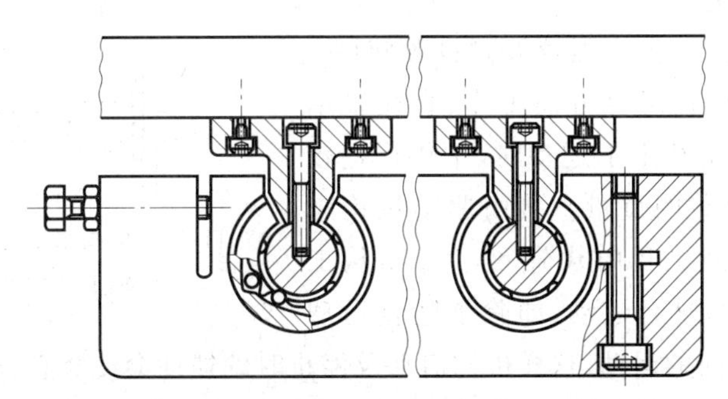

图 11-20　开放型直线轴承应避免采用的安装方式

### 6. 直线轴与直线轴承的相对运动方式

1）直线轴固定、直线轴承与负载滑块往复直线运动

通常情况下都采用这种使用方式，如图 11-21 所示。图 11-1 所示实例也是采用这种使用方式。

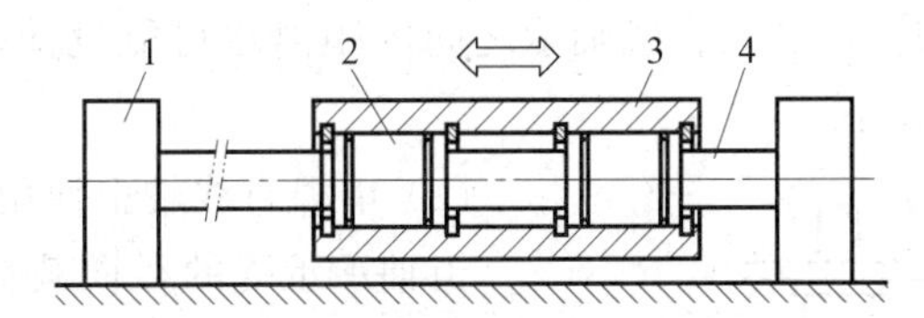


图 11-21　直线轴固定、直线轴承与负载滑块一起往复直线运动

1—支架；2—直线轴承；3—工作台；4—直线轴

2）直线轴承固定、直线轴带动负载往复运动

某些情况下直线轴承固定、直线轴带动负载一起运动反而更方便。图 11-22 为典型的直线驱动单元，广泛应用在各种移载机械手上，水平及竖直方向的运动由气缸驱动，直线轴

图 11-22 直线轴承固定、负载与直线轴往复直线运动
1—直线轴；2—直线轴承

承导向，其中手臂的水平运动采用直线轴承固定、直线轴运动的方式；竖直运动采用直线轴固定、直线轴承与负载滑块一起运动的方式。

**7. 同时使用直线轴与直线轴承的数量**

1）单根直线轴上同时使用直线轴承的数量

(1) 单根直线轴上至少使用 2 只直线轴承的场合

通常情况下，直线轴承至少是成对使用的，即 1 根直线轴上至少同时间隔使用 2 只直线轴承，典型的情况例如机构水平方向工作且工作行程较大时，如图 11-23 所示，直线轴及负载的重量都成为直线轴承的径向载荷。如果单根直线轴上只使用单只直线轴承时，负载的重量会对直线轴承产生弯曲力矩载荷，轴承内部分滚珠将承受很大的局部载荷，长期在这种状态下工作会造成滚珠的非正常磨损，从而降低直线轴承的使用寿命，所以要同时使用 2 只直线轴承，使机构受力均衡，运动平稳。

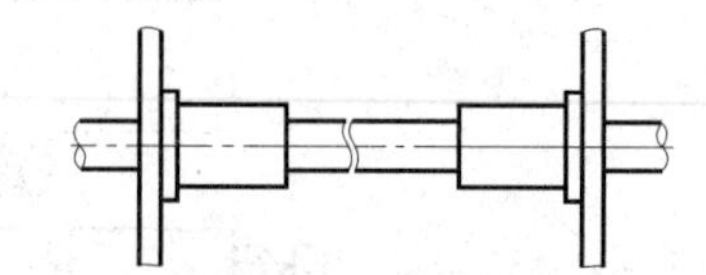

图 11-23 机构水平方向工作时单根直线轴上使用 2 只直线轴承示意图

竖直方向工作且工作行程较大时也要使用 2 只直线轴承。当机构在竖直方向工作、直线轴承固定、直线轴及负载滑块上下运动时，工作行程较大，虽然直线轴及负载的重量直接由驱动机构来承担，不直接成为轴承的径向载荷，但由于机构工作时经常是多方向的复合运动，即除了竖直运动外，通常还有水平方向的运动，这样机构启动及停止时的惯性会使竖直方向的直线轴及负载产生惯性摆动，这种惯性冲击同样会给直线轴承带来较大的径向冲击载荷，使轴承内部分滚珠承受很大的局部载荷，因此在这种场合也同样要同时采用 2 只直线轴承。

分析：单根轴上同时采用了 2 只直线轴承后，由于承受载荷的滚珠数量加大，降低了单个轴承或滚珠的负载，同时使长度方向上各个滚珠承受的载荷更均匀，确保轴承的寿命，尤其在有瞬时冲击载荷时更需要采用这样的设计，提高整个机构的刚性。此外，由于直线轴与直线轴承之间通常为间隙配合，这种配合间隙在运动负载(例如机械手手臂)的末端会产生误差放大效应，设计时需要使 2 只直线轴承之间的距离尽可能设计得大些，距离越大，上述误差放大效应的影响就越小。

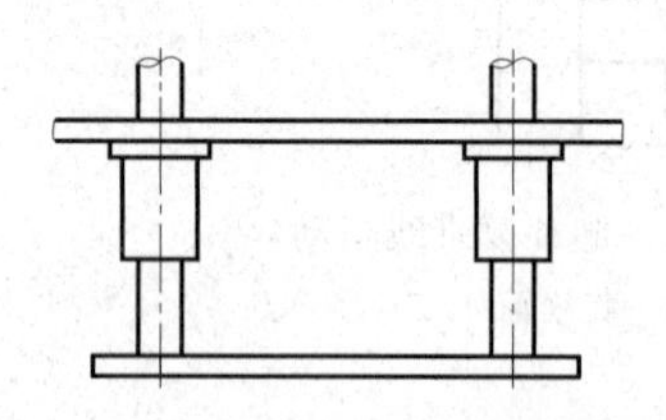

图 11-24 机构竖直方向工作时单根直线轴上使用单只直线轴承示意图

(2) 单根直线轴上使用单只直线轴承的场合

当轴承承受的径向载荷较小或不承受径向载荷、机构工作行程也较小时就可以在单根轴上只采用单只直线轴承，例如机构竖直方向提升负载而且工作行程与直线轴承的长度相比较小时就可以采用这样的结构，如图 11-24 所示。当机构在水平方向工作且工作行程较小时，如果径向载荷较小，也

可以考虑采用这样的结构。

(3) 单根直线轴上使用单只直线轴承但希望提高刚性及承载能力的场合

在某些场合，因为种种原因，既希望在单根直线轴上只采用单只直线轴承，简化结构，但又希望提高导向结构的刚性及轴承的承载能力，为了满足这种需要，制造商专门设计制造了一种**加长型直线轴承系列**，这种系列轴承的内部沿长度方向安装有 2 套或 3 套滚珠保持器，因而长度也约加长为原来的 2 倍或 3 倍。承载滚珠数目增大，承载能力几乎成倍增大，特别适用于需要承受力矩的场合。图 11-25 所示为标准型加长系列直线轴承。

图 11-25　标准型加长系列直线轴承

(4) 工作行程较大时单根直线轴上使用直线轴承的数目

如果工作行程较大，在只使用单根直线轴的情况下，必须安装 2 只直线轴承；在 2 根直线轴平行使用的情况下，必须至少在 1 根直线轴上安装两只直线轴承。目的是为了避免滚珠承受过大应力缩短轴承的使用寿命，同时使机构运行更平稳，降低摩擦阻力。

2) 同时使用直线轴的数量

大多数直线运动系统都必须使负载在固定不变的方向作直线运动，也不允许转动，2 根直线轴平行安装就是最简单的方法，但这样制造成本提高。

(1) 使用单根直线轴

由于直线轴的加工精度较高，制造成本也较高，尤其是工作行程较大时必须使用大长度的直线轴，为了降低设备的制造成本，在某些使用要求不高的场合下应尽量减少直线轴的数量，尽量使用单根直线轴。最简单的一种方法就是将 1 只作为驱动部件的直线运动气缸与 1 根直线轴平行使用，借助气缸的作用限制直线轴的转动。图 11-26 为注塑机自动取料机械手上的类似结构实例，手臂采用直线轴承固定、直线轴及负载上下运动的方式。

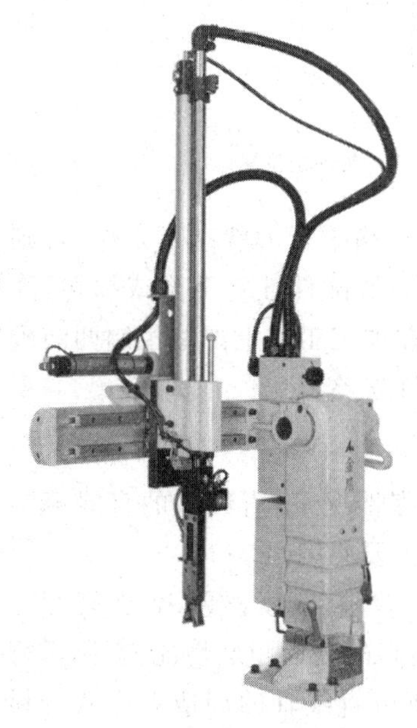

图 11-26　单根直线轴与气缸同时平行使用实例

(2) 2 根或多根直线轴平行使用

在部分对负载的运动精度要求非常高的场合(如精密进给装置等)，需要同时平行使用 2 根直线轴，限制负载的相对转动，除了可以进一步提高负载的直线运动导向精度外，还可以提高机构的支承刚度，当然直线轴承的使用数量也提高了 1 倍。图 11-1、图 11-2、图 11-3、图 11-22、图 11-24 都属于这种类型。当运动负载的结构尺寸较大，尤其在有振动冲击时，为了提高负载运动的平稳性，甚至有必要同时平行使用 3 根或 4 根直线轴。

**8. 配合公差**

1) 直线轴承与直线轴的配合

对于标准型及法兰型，直线轴承与直线轴的配合通常为间隙配合，其中直线轴承的内径制造公差已经在制造商的样本资料中给出，而直线轴外径在普通精度要求下一般按 g6 精度制造，在较高精度的精密配合情况下按 h6 或 h5 精度制造。

对于间隙调整型及开放型，直线轴承与直线轴的配合可以调整到极小间隙甚至零间隙，再进一步预紧时变成负间隙。

2) 直线轴承外筒与轴承座装配孔的配合

直线轴承外筒与轴承座装配孔的配合一般采用间隙配合，其中直线轴承外筒一般采用负公差，而轴承座装配孔孔径一般按H7加工，少数小间隙情况下按J7、J6加工。

**9. 轴承座装配孔的设计**

弹性挡圈选用孔用弹性挡圈GB/T 893.1—1986、轴用弹性挡圈GB/T 894.1—1986，弹性挡圈安装沟槽尺寸也按上述标准推荐的尺寸进行设计。如果是法兰型直线轴承必须设计相配合的螺纹孔。在轴承座装配孔的设计加工中，必须注意以下两点：

(1) 装配在同一根直线轴上的轴承装配孔应设计为一个孔，制造时一次加工而成，这样才能严格保证两轴承装配孔的同心度。在一个装配孔内的两只轴承之间可以用专用的轴承调整环隔开，如图11-27所示。

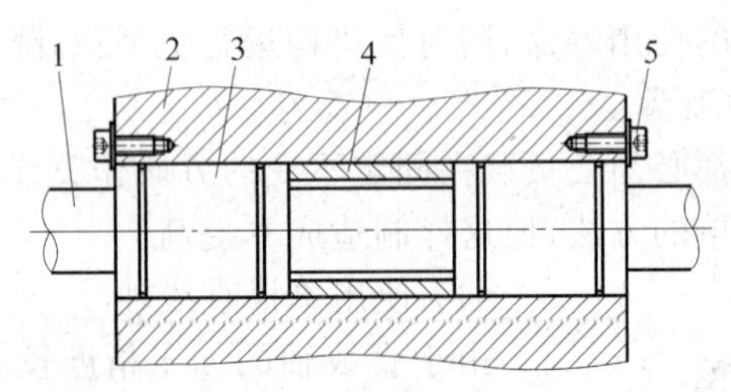


图11-27 一个装配孔内的两只轴承安装方法

1—直线轴；2—轴承安装座；3—直线轴承；4—调整环；5—轴向定位螺钉

(2) 当两根直线轴平行使用时，必须保证两根直线轴在严格平行的状态下工作，否则会出现机构运动不顺畅、摩擦阻力加大甚至机构卡死的情况，导致部件性能下降或损坏，降低直线轴承使用寿命，因此在设计加工轴承座装配孔时，必须在加工工艺上严格控制两装配孔的平行度公差。通常制造商都规定了这种平行度的最大允许误差。

**10. 直线轴的设计**

直线轴必须具有足够的精度及性能，实践经验表面，很多情况下，直线轴的直线度误差过大及表面硬度偏低是导致这种直线运动系统性能失效的主要原因。

直线轴的主要技术要求及性能体现为外径公差、圆度误差、直线度误差、表面硬度与硬化层深度、表面粗糙度。还需要具有很低的表面粗糙度及很高的表面耐磨性能，否则运行一段时间直线轴表面磨损后运动系统的精度就会大幅下降，所以直线轴的制造无论从材料到加工工艺都有非常严格的要求，其制造需要高精度的加工设备及特殊的制造工艺，所以一般都向专业制造商订购。图11-28为与直线轴承配合的各种直线轴，既有实心轴，也有空心轴。

图11-28 与直线轴承配合的各种直线实心轴、空心轴

1) 直线轴订购技术要求

订购直线轴时需要明确的内容及一般技术要求如下。

- 材质：一般用具有较高耐磨性能的高碳铬轴承钢。

- 长度：根据使用场合的工作行程，尽量选用供应商标准的长度系列。
- 公称直径及公差：公称直径选用标准系列，直径公差在普通精度要求下一般按 g6 精度制造，在较高精度的精密配合情况下按 h6 或 h5 精度制造。
- 硬度：HRC58～64 以上。
- 硬化层深度：0.8～2.5 mm。
- 直线度误差：50 μm/300 mm。
- 表面粗糙度：*Ra*1.5 μm。

2）需要使用空心直线轴的场合

在工程上，如果将直线轴与负载设计装配在一起作为运动部件，则直线轴本身的重量也成为负载的一部分，对机构运动性能会带来直接的影响，增加了无效负载、加大了启动及停止时的惯性冲击载荷，这时如果将实心轴设计为空心轴，可以减轻直线轴的重量。

使用空心直线轴的好处为：降低气缸或电机的载荷，提高机构的负载能力；降低机构启动停止时的惯性负载；方便压缩空气气管布管及电线走线，减少使用塑料拖链及拖管，使机器结构简化。

## 11.3　直线轴承选型

直线轴承选型

### 1. 直线轴承的承载能力与载荷方向

1）直线轴承的承载能力

与直线导轨一样，直线轴承的承载能力同样采用两个参数来表示，这就是额定静载荷、额定动载荷。

（1）额定静载荷

额定静载荷表示一种径向静载荷，在此径向静载荷作用下，使滚珠和滚道分别产生的永久变形的总和约为滚珠直径的 0.0001 倍。通常用 $C_0$ 表示，单位为 N。

注意：在考虑安全系数(即静安全系数)后，在最大载荷作用下，滚珠承受的载荷不能超过额定静载荷，即使是强冲击下的载荷峰值也不能超过此额定载荷，这也是直线轴承选型的条件之一。如果承受过大的载荷或冲击，滚珠和滚道会产生局部的永久变形，这种永久变形除会降低轴承性能外，还会使滚珠产生早期破损，缩短轴承的使用寿命。

在确定直线轴承的额定静载荷时，如果能确定直线轴承所受载荷方向与滚珠相对位置关系时，需要对轴承额定静载荷进行修正(见表 11-1)，得出实际的额定静载荷，否则就必须按轴承额定静载荷的最小值来计算。

（2）额定动载荷

额定动载荷表示一批相同的直线轴承在相同的条件下运行时，与额定寿命 50 km 相对应的一个大小方向都不变的载荷。通常用 $C$ 表示，单位为 N。

注意：额定动载荷是决定直线轴承额定寿命的重要参数，在进行直线轴承的选型时，寿命校核是确定选型是否正确的重要条件。

在确定轴承的额定动载荷时，如果能确定轴承所受载荷方向与滚珠相对位置关系时，需要对轴承额定动载荷进行修正(见表 11-1)，得出实际的额定动载荷，否则就必须按轴承额定动载荷的最小值来计算。

2）影响直线轴承承载能力的因素

（1）轴承结构

虽然直线轴承在外形上是对称结构，但内部圆周方向滚珠的列数有不同的规格，通常的规格有4列、5列、6列，小公称尺寸规格的直线轴承通常为4列，而大公称尺寸规格的直线轴承通常为5列、6列，公称尺寸越大，滚珠列数也越多。滚珠列数越多，直线轴承的承载能力也相应越大。对于加长系列的直线轴承，由于在长度方向增加了滚珠列数，其承载能力也相应提高。

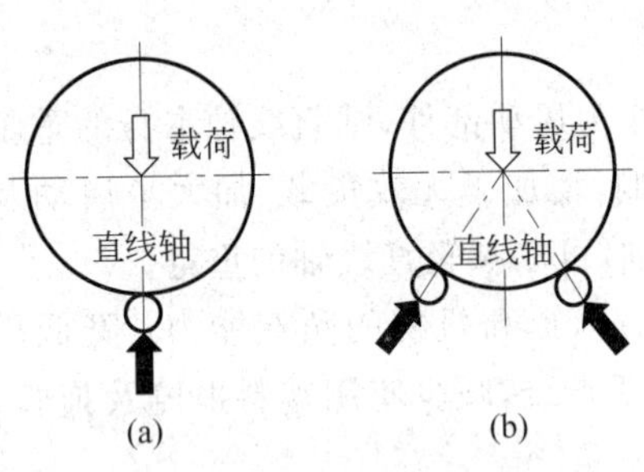


图 11-29 轴承的载荷方向与承载能力
（a）最小承载能力方向；（b）最大承载能力方向

（2）载荷方向

直线轴承的承载能力还与轴承的安装方向也直接相关，即在其他条件相同的前提下，轴承位于不同的安装方向时其承载能力也会明显不同。如果轴承的安装方向为径向，载荷由一列滚珠直接承受时轴承的承载能力最小，如图11-29(a)所示；如果轴承的安装方向为径向，载荷均匀作用在两列滚珠上时轴承的承载能力最大，如图11-29(b)所示。

因此，为了表示轴承在不同方向上的承载能力，某些制造商在样本资料中直接给出了上述两种方向上的最大与最小承载能力（额定静载荷、额定动载荷），例如日本IKO公司。大多数制造商通常只给出了图11-28(a)所示方向上的最小承载能力，然后根据轴承实际安装方向及载荷方向，对轴承的承载能力进行修正。根据滚珠的受力结构及力学分析计算，当滚珠列数不同时直线轴承最大承载能力方向上额定静载荷、额定动载荷的修正系数见表11-1，用户在设计计算时需要根据实际情况进行修正。

**表 11-1 直线轴承最大承载能力方向上承载能力修正系数**

| 滚珠列数 | 载荷方向 | 额定静载荷修正系数 | 额定动载荷修正系数 |
|---|---|---|---|
| 4 | | 1.41 | 1.20 |
| 5 | | 1.46 | 1.25 |
| 6 | | 1.28 | 1.09 |

**2. 直线轴承选型步骤**

1）选定直线轴承系列及安装方式

根据实际使用场合的使用条件及使用要求，选择最适合的轴承系列。

（1）标准型系列

标准型系列通常情况下都可以考虑使用，这种系列基本不占用额外的结构空间，而且安装简单。

（2）法兰型系列

当安装基础不具备足够的厚度来安装标准型直线轴承时，例如安装基础为厚度较小的板式结构时，采用法兰型直线轴承就非常合适。根据结构空间的要求，可以选择圆法兰或矩形法兰、端面法兰或中间法兰等不同的系列形式。由于标准型、法兰型不能调整间隙及预紧，因此都不能用于要求导向间隙极小或要求通过预紧使直线轴承具有更高刚性的场合。

（3）间隙调整型系列

在需要非常精确的导向或需要更高的刚性时需要选择这种系列。

（4）滑动单元

当在结构上标准型及法兰型都不方便进行安装连接时，采用这种滑动单元就成为最简单、最方便的结构。

（5）开放型系列

在要求具有高刚性、高承载能力、大行程、重载荷、低成本的场合，最适合选择开放型系列。

选定轴承系列后，再根据使用条件选定合适的安装方式。

2）选定直线轴承的数量及布置形式

根据机构工作方向（水平方向或竖直方向）、行程大小、载荷大小、空间尺寸等使用条件决定使用直线轴的数量、每根轴上同时使用轴承的数量、每根轴上轴承之间的距离。设计时应使平行使用的直线轴之间的距离尽可能大、装配在同一根直线轴上的直线轴承之间的距离尽可能大。

3）初步选定直线轴承的公称尺寸

由于直线轴承的公称尺寸直接决定其承载能力及使用寿命，因此公称尺寸是根据机构的设计寿命来计算选定的。根据使用条件及以往的经验，通常先选定一种公称尺寸，接下来进行轴承载荷及寿命的计算，如果该公称尺寸的直线轴承能够满足使用寿命要求则可以选用，否则需要重新选定更大的公称尺寸，再重复进行寿命校核。直线轴承最常用的公称尺寸系列为6、8、10、12、13、16、20、25、30。

4）载荷计算

为了计算并校核直线轴承的工作寿命，需要对轴承进行编号，按最恶劣的工作条件，对作用在每只直线轴承上的平均工作载荷分别进行详细计算，整个机构的额定工作寿命实际上为各直线轴承额定工作寿命中的最小值。直线轴承的平均工作载荷通常用$P_C$表示。

5）静安全系数校核

对于各种规格的直线轴承，虽然制造商都提供了额定静载荷及额定动载荷，但考虑到振动、冲击或启动停止时因为惯性力产生的过载，在实际选用时，还必须具有足够的安全余量，这种安全余量与直线导轨一样采用静安全系数表示。表11-2为典型情况下直线轴承静安全系数通常必须达到的最小值。

$$f_S=\frac{C_0}{P} \tag{11-1}$$

式中，$f_S$为静安全系数；$C_0$为实际额定静载荷（需要根据载荷方向及轴承内滚珠的位置进行修正），N；$P$为轴承承受的最大工作载荷，N。

表 11-2 静安全系数的最小值

| 使用条件 | $f_s$ | 使用条件 | $f_s$ |
|---|---|---|---|
| 直线轴的偏差与振动较小时 | 1～3 | 有振动冲击负荷时 | 3～5 |
| 有压力载荷导致产生弹性变形时 | 2～4 | | |

进行直线轴承的选型时，静安全系数的校核标准为：实际计算出的静安全系数必须不小于制造商推荐的最小值，否则就需要选用更大的公称尺寸。

6) 直线轴承额定寿命计算及校核

完成直线轴承工作载荷计算并进行静安全系数校核后，就可以对系统中每只直线轴承的预期额定寿命进行计算了，计算方法为

$$L = 50 \times \left(\frac{f_H f_T f_C}{f_W} \times \frac{C}{P_C}\right)^3 \tag{11-2}$$

式中：$L$ 为用行走距离表示的直线轴承预期额定寿命，km；$C$ 为额定动载荷，N；$P_C$ 为直线轴承的平均工作载荷计算值，N；$f_H$ 为硬度系数；$f_T$ 为温度系数；$f_C$ 为接触系数；$f_W$ 为载荷系数。

上述各修正系数中，硬度系数、温度系数与直线导轨的相关参数是相同的，接触系数取决于单根直线轴上安装的轴承数目，按表 11-3 确定，载荷系数取决于机构的运动速度及振动冲击程度，按表 11-4 确定。

表 11-3 接触系数的选取范围

| 单根轴上安装的轴承数目 | 接触系数 $f_C$ | 单根轴上安装的轴承数目 | 接触系数 $f_C$ |
|---|---|---|---|
| 1 | 1.00 | 4 | 0.66 |
| 2 | 0.81 | 5 | 0.61 |
| 3 | 0.72 | | |

表 11-4 载荷系数 $f_W$ 的选取范围

| 冲击及振动情况 | 运动速度/(m/min) | $f_W$ |
|---|---|---|
| 外部无冲击振动 | 低速($V \leqslant 15$) | 1.0～1.5 |
| 有冲击振动 | 中速($15 < V \leqslant 60$) | 1.5～2.0 |
| 有冲击振动 | 高速($V > 60$) | 2.0～3.5 |

式(11-2)为用行走距离表示的直线轴承预期额定寿命，通常情况下用工作时间表示直线轴承的预期额定寿命更直观，当直线轴承的工作行程及往复运动频率确定后，接下来就可以计算出用工作时间表示的直线轴承预期额定寿命：

$$L_h = \frac{L \times 10^6}{2 \times S \times n_1 \times 60} \tag{11-3}$$

式中，$L_h$ 为用工作时间表示的直线轴承预期额定寿命，h；$L$ 为用行走距离表示的直线轴承预期额定寿命，km；$S$ 为工作行程长度，mm；$n_1$ 为直线轴承每分钟运动往复次数，次/min。

注意：上述计算是在初步选定轴承系列及公称尺寸的基础上进行的，如果计算结果表明该系列及公称尺寸的直线轴承能够满足设计寿命要求则可以选用，否则需要重新选定更

大的公称尺寸，再重复进行额定寿命校核，直到能够满足设计寿命要求为止。

7）精度

直线轴承的尺寸按标准进行制造，各尺寸的公差都在制造商的样本目录中给出，其中间隙调整型及开放型轴承的尺寸公差只适用于未开口前的状态。

8）确定型号代号及结构尺寸

在选用直线轴承时，与直线导轨的选型一样，其详细的系列、参数、型号等都是用一组由符号和数字组成的代号表示的，将上述各项选定的内容按供应商规定的型号命名方法写成序号即可以直接向厂家订购。下面以韩国太敬公司的直线轴承为例，用一个实例说明其型号表示方法。

型号命名实例：

型号为“LM30UUOP”的直线轴承所表示的意义为：

LM：直线轴承系列代号；30：公称尺寸（加 L 时表示加长型）；UU：两端密封（U 为单面密封、无符号为无密封）；OP：开放型（AJ 为间隙调整型、无符号为标准型）。

**3. 直线轴承选型实例**

**例 11-1**　某直线运动系统用于在水平方向移送负载，除负载滑块及工件的重量外，没有其他外部负载，如图 11-30 所示。采用两根直线轴，每根直线轴上等距离安装 2 只直线轴承，工作台及上方工件的总重量为 $W=800$ N，重力作用点位于工作台的中心，工作台每分钟往复运动次数 $n_1=30$，行程长度 $S=200$ mm，无惯性负载，环境温度为 100℃以下，轴承最小硬度 HRC60，设计额定寿命为 5000 h。以韩国太敬公司的产品为例，选定合适的轴承型号。

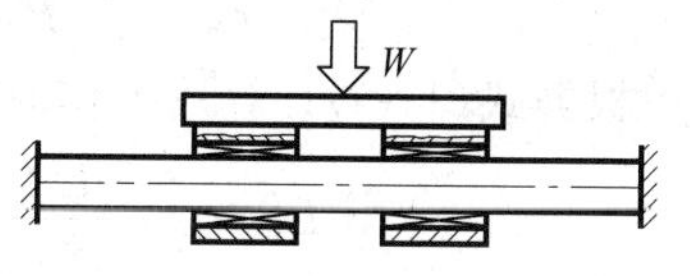


图 11-30　某采用直线轴承导向的直线运动系统

**解**：(1) 选择轴承系列及安装方式。

根据图 11-30 所示使用条件，选用标准型系列即可，采用内卡环安装方式。

(2) 初选轴承公称尺寸。

根据以往经验，初步选用公称尺寸为 20 的型号 LM20UU，查阅制造商的样本资料得最小额定静载荷 $C_0=1370$ N，最小额定动载荷 $C=882$ N，滚珠列数为 4 列。

(3) 工作载荷计算。

由于机构为对称结构，重力作用点位于工作台的中心，负载由 4 只直线轴承均匀分担，所以每一只直线轴承承受的平均工作载荷为

$$P_C=\frac{W}{4}=\frac{800}{4}=200(\text{N})$$

(4) 静安全系数校核。

由于机构工作时无惯性负载，所以直线轴承最大工作载荷 $P$ 等于平均工作载荷 $P_C$。根据滚珠列数，装配时按轴承最大承载能力方向进行安装，查阅表 11-1 得额定静载荷、额定动载荷修正系数分别为 1.41、1.20，因此实际承载能力为

实际额定静载荷 $C_0=1370\times1.41=1931.7(\text{N})$

额定动载荷 $C=882\times1.20=1058.4(\mathrm{N})$

根据式(11-1)得

$$f_S=\frac{C_0}{P}=\frac{1931.7}{200}=9.66$$

静安全系数计算结果大于表 11-2 所示最小值,符合要求。

(5) 额定寿命计算及校核。

根据使用条件,对相关参数确定如下:

轴承最小硬度 HRC60,根据制造商样本提供的曲线(略),取硬度系数 $f_H=1$;

环境温度为 100℃以下,根据制造商样本提供的曲线(略),取温度系数 $f_T=1$;

单根直线轴上使用的直线轴承数目为 2,根据表 11-3,取接触系数 $f_C=0.81$;

机构运动时无冲击振动,根据表 11-4,取载荷系数 $f_W=1$。

根据式(11-2)计算用行走距离表示的额定寿命为

$$L=50\times\left(\frac{f_H f_T f_C}{f_W}\times\frac{C}{P_C}\right)^3=50\times\left(\frac{1\times1\times0.81}{1}\times\frac{1058.4}{200}\right)^3\approx3938(\mathrm{km})$$

根据式(11-3)计算用工作时间表示的额定寿命为

$$L_h=\frac{L\times10^6}{2\times S\times n_1\times60}=\frac{3938\times10^6}{2\times200\times30\times60}\approx5470(\mathrm{h})$$

计算结果证明所选型号能够满足设计额定寿命为 5000 h 的要求。

直线轴承安装调整与维护

## 11.4 解析直线轴承安装调整与使用维护

直线轴承属于精密部件,在运输、储存和安装时还必须严格遵守相关的操作规范。

### 1. 直线轴承的装配调整

在安装和使用过程中,一般要注意以下安装要点:

(1) 直线轴端面及轴承座装配孔必须设计加工出倒角,并进行曲毛刺处理,方便装配。

(2) 装配前要将轴承外筒及轴承座装配孔擦干净,用弹性挡圈专用钳放入一只弹性卡圈,轴承安装到位后再放入另一只弹性卡圈。

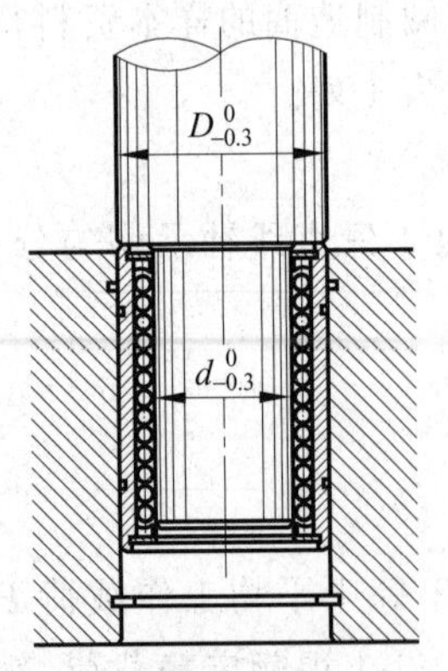


图 11-31 直线轴承装配用专用辅具结构示意图

(3) 在圆孔中装入直线轴承时应使用专用的辅具进行。图 11-31 为专用辅具结构示意图,辅具小端外径小于轴承内径,辅具大端外径小于轴承外径。轴承装入时必须通过轴承外筒而不是密封盖和滚珠保持器来传递轴向压力,避免直接敲击直线轴承的端面或密封盖,应使用缓冲垫通过专用辅具轻轻地敲击装入。

(4) 装入直线轴时,直线轴应对准孔中心慢慢装入,不允许出现倾斜,如果在倾斜状态强制安装进去,就会导致滚珠保持架变形,这经常是导致滚珠脱落的原因,如图 11-32 所示。

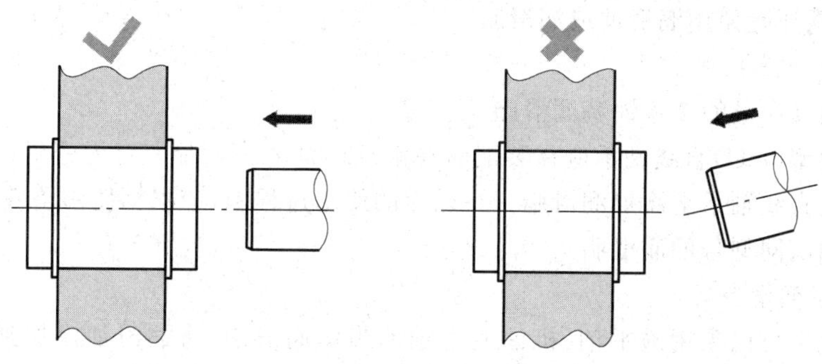

图 11-32　直线轴承装配时不允许出现倾斜

（5）装配时使直线轴承均匀承受载荷，1 根直线轴上尽量间隔使用 2 只或多只直线轴承，尤其在承受力矩载荷时更需要这样设计，而且在设计时尽可能让轴承之间的距离最大，使机构受力均衡、运动平稳。

（6）2 根直线轴平行使用时，应先装配 1 根轴及配合的直线轴承，然后再以此轴为基准调整另 1 根直线轴上直线轴承的位置，确保 2 根直线轴之间的平行度，使负载滑块能够在两根直线轴上顺畅运动。

（7）装配间隙调整型直线轴承时，注意直线轴承纵向开口方向必须与预紧螺钉断缝方位错开 90°，这样可以使直线轴承产生均匀的变形。调整间隙时应该在无载荷的情况下进行，首先将直线轴放松到能自由转动状态，然后边调整预紧螺钉，边轻轻转动直线轴，直到感觉轴的转动有些费力了就立即停止预紧，这时的配合间隙就是零或轻微的预压状态。通常情况下，直线轴可以轻松地手动旋转时直线轴与直线轴承之间的配合间隙大约为 0～10 $\mu$m。

（8）由于直线轴承的滚珠在圆周方向不同的位置时具有不同的承载能力，装配时应该使载荷均匀作用在两列滚珠上，这样可以使轴承获得最大的承载能力。

（9）普通的直线轴承不适合旋转运动，因此禁止如图 11-33 所示在直线轴装入直线轴承后旋转直线轴承或直线轴，否则会由于滚珠的滑动导致直线轴受损。如果机构在直线往复运动的同时还需要进行旋转运动，则需要使用另一类型专用的导向部件——旋转直线轴承，读者可以参考制造商的样本资料。

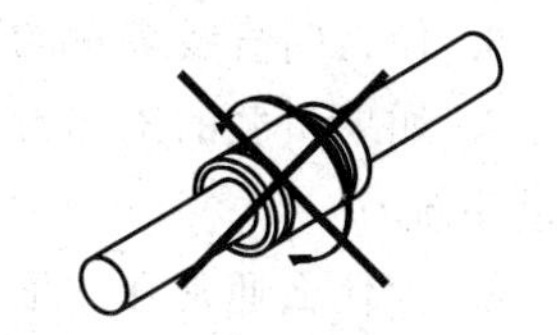

图 11-33　禁止在直线轴装入直线轴承后旋转轴承或直线轴

（10）将直线轴装入直线轴承后，禁止撬动、硬物敲击直线轴，这样极容易使直线轴表面出现压痕导致直线轴损坏。

（11）避免使用布类和短纤维之类的东西，因为布类和短纤维容易混进杂质；拿取直线轴承时要戴橡胶手套，否则手上的汗液会导致生锈，在雨季和夏季尤其要注意防锈；存放时要保留供应商的原始防潮密封包装，如图 11-34 所示。

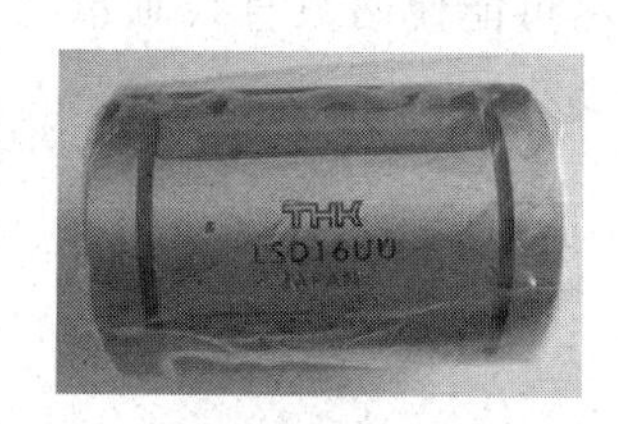


图 11-34　保留制造商防潮包装

**2. 直线轴承的使用维护**

直线轴承属于精密部件，除需要轻拿轻放外，在使用中还应注意不能承受非工作外力的撞击。虽然可以在无润滑状态下使用,但通常还是使用润滑油或润滑脂。

1) 当使用润滑脂时

推荐使用高质量的2号锂基润滑脂。

两端密封型(UU)直线轴承应在装配前在滚珠内加入润滑脂;对无密封盖的直线轴承应在装配后在直线轴承上涂加润滑脂。在以后的使用过程中,应根据使用条件,以适当的时间间隔定期加满同型号的润滑脂。

2) 当使用润滑油时

一般情况下可以采用透平油、机油或主轴油当作润滑油,将润滑油涂加到直线轴表面上。在以后的使用过程中,应根据使用条件,以适当的时间间隔定期涂加同型号的润滑油。

**3. 直线轴承的主要制造商**

由于直线轴承与直线导轨一样都属于最基本的导向部件,大多数制造商都同时生产制造直线轴承与直线导轨,所以从直线导轨的制造商那里就可以直接获得直线轴承的相关信息,在此不再赘述。

## 思 考 题

1. 直线轴承与直线导轨相比有哪些优缺点?
2. 通常情况下直线轴承有哪些结构系列? 如何选择?
3. 直线轴承在使用时是否所有的滚珠都承受载荷?
4. 标准型直线轴承具有哪些安装方式?
5. 间隙调整型直线轴承如何安装? 安装时应该注意什么?
6. 什么叫直线轴承的预紧? 如何预紧?
7. 如果负载的工作行程很大而且属于重载荷,请问应如何设计采用直线轴承的直线运动系统?
8. 为什么通常在一根直线轴上要同时使用2只直线轴承?
9. 在1根直线轴上同时使用2只直线轴承时,如何设计轴承的装配孔? 如何设计两只直线轴承的位置? 为什么?
10. 直线轴承的承载能力是否具有方向性? 在什么方向承载能力最小? 在什么方向承载能力最大?
11. 直线轴承的型号都采用代号表示,代号为"LM30UUAJ"的直线轴承表示什么意义?
12. 当两根直线轴平行使用时,装配时应注意哪些事项?
13. 为什么1根直线轴上使用2只直线轴承时,在设计时应尽可能使两只直线轴承之间的距离最大?
14. 直线轴承在装配时需要注意哪些事项?

# 第12章　解析滚珠丝杠

自动机器上大量采用普通气缸组成的气动机构，但气缸的特点是只能在两点间往返运动，无法在任意位置停留，运动速度一旦调整好后就固定下来，无法实现灵活的变速。在某些特殊场合，例如需要在任意位置停留、速度随时可以进行灵活调整，这样的要求是普通气缸无法实现的，需要采用自动机器的另一种重要标准化部件——滚珠丝杠才能实现。

## 12.1　解析滚珠丝杠结构原理

滚珠丝杠
结构原理

### 1. 滚珠丝杠的用途

图12-1为典型的滚珠丝杠外形图。滚珠丝杠作为一种高精度的传动部件，大量应用在数控机床、自动化加工中心、电子精密机械进给机构、伺服机械手、工业装配机器人、半导体生产设备、食品加工与包装设备、医疗设备等各种领域。图12-2为用于数控机床中的各种进给系统示意图，图12-3为用于各种精密进给机构的 $X$-$Y$ 工作台。

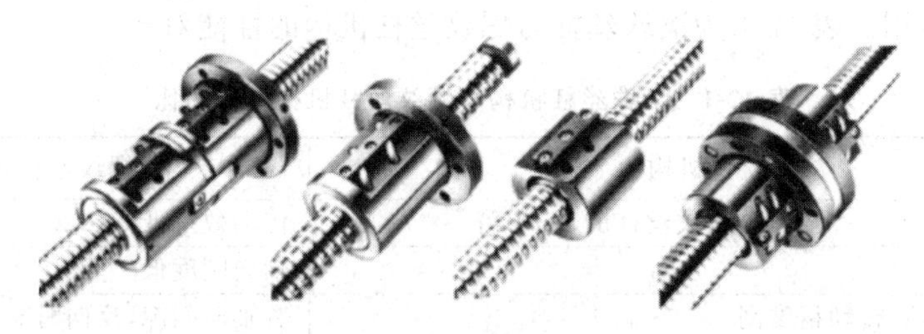

图12-1　典型的滚珠丝杠

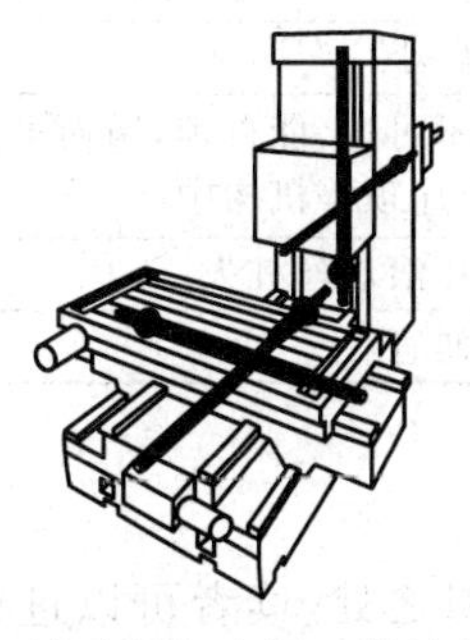

图12-2　滚珠丝杠应用于数控机床中的各种进给系统示意图

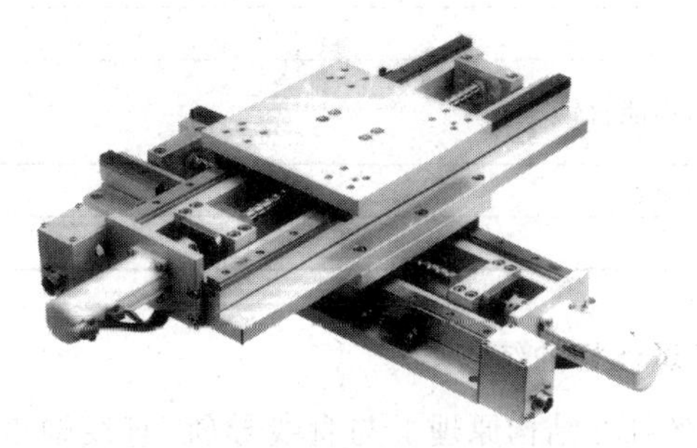

图12-3　滚珠丝杠应用于各种精密进给 $X$-$Y$ 工作台

### 2. 滚珠丝杠的优点

(1) 驱动扭矩小。滚珠丝杠运行时，滚珠沿丝杠与螺母共同组成的螺旋滚道作滚动运动，运动阻力极小，只需要很小的驱动功率。

(2) 运动可逆。不仅可以将丝杠的旋转运动转换为螺母(及负载滑块)的直线运动,也可以很容易地将螺母的直线运转换为丝杠的旋转运动。因此丝杠在竖直方向使用时,应增加制动装置。

(3) 高精度。滚珠丝杠从加工、组装、检测等环节都经过严格的控制,属于高精度的传动机构,加上运行时发热较少,可以实现很高的传动精度,使负载精确定位。

(4) 能微量进给。由于滚珠为滚动运动,启动扭矩极小,不会出现如滑动运动中容易出现的低速蠕动或爬行现象,所以能实现高精度微量进给,最小进给量可达0.1 μm。

(5) 高刚性。通过对滚珠丝杠施加预压,可以使轴向间隙为零或零以下(负间隙),从而获得高刚性。

(6) 能高速进给。由于可以制造成较大的导程,传动效率高,发热低,因而能实现高速进给。在保证低于滚珠丝杠临界转速的前提下,大导程滚珠丝杠可以实现100 m/min甚至更高的进给速度。

(7) 传动效率高。滚珠丝杠可以获得最高达98%的机械传动效率。

(8) 使用寿命长。由于螺母及丝杠的硬度均达到HRC58~HRC62,滚珠硬度达到HRC62~HRC66,而且采用滚动运动,几乎在没有磨损的状态下运行,因而可以达到较长的使用寿命。

滚珠丝杠的缺点为价格较贵,但由于具有上述一系列的突出优点,因而仍然在工程上得到了极广泛的应用。表12-1为滚珠丝杠与螺纹丝杠机构的性能对比。

**表12-1 滚珠丝杠机构与螺纹丝杠机构性能对比**

| 滚珠丝杠机构 | 螺纹丝杠机构 |
| --- | --- |
| 传动效率高,$\eta=92\%\sim98\%$,是螺纹丝杠的2~4倍 | 传动效率低,$\eta=20\%\sim40\%$ |
| 轴向刚度高 | 轴向刚度低 |
| 可以消除轴向间隙,传动精度高 | 有轴向间隙,反向时有空行程误差 |
| 摩擦阻力小,启动力矩小,传动灵敏,同步性好,低速时不易爬行 | 摩擦阻力大,低速可能出现爬行 |
| 导程大 | 导程较小 |
| 运动可逆,不能自锁 | 运动不可逆,能自锁,因而可用于压力机、千斤顶等机构中 |
| 磨损小,寿命长 | 磨损比滚珠丝杠大 |
| 价格较贵 | 价格便宜 |

### 3. 滚珠丝杠的结构

滚珠丝杠在结构原理上与直线导轨、直线轴承有很多相似之处,读者可以进行对比学习。如果将滚珠丝杠沿纵向剖开,它主要由丝杠、螺母、滚珠、滚珠回流管、防尘片等部分组成,其内部结构如图12-4所示。各部分作用如下:

1) 丝杠

丝杠属于转动部件,是一种直线度非常高、上面加工有半圆形螺旋槽的螺纹轴,半圆形螺旋槽是滚珠滚动的滚道。它具有很高的硬度,通常在表面淬火后再进行磨削加工,保证具有优良的耐磨性能。丝杠的转动由电机直接(联轴器)或间接(同步带、齿轮)驱动的。

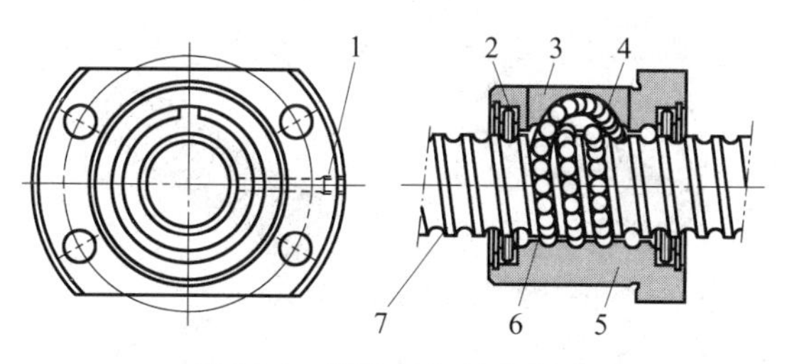


图 12-4　滚珠丝杠结构组成

1—油孔；2—曲折式防尘片；3—树脂；4—滚珠回流管；5—螺母；6—滚珠；7—丝杠

2）螺母

螺母是用来固定负载的部件，其作用类似于直线导轨机构的滑块，将所需要移动的各种负载（例如工作台）与螺母连接在一起。螺母内部加工有与丝杠类似的半圆形滚道，而且设计有供滚珠循环运动的回流管，螺母是滚珠丝杠的核心部件，滚珠丝杠的性能与质量很大程度上依赖于螺母。

3）防尘片

防尘片的作用为防止外部污染物进入螺母内部（图 12-5），如果在使用时污染物（例如灰尘、碎屑、金属渣等）进入螺母，可能会使滚珠丝杠运动副严重磨损，降低机构的运动精度及使用寿命。

4）滚珠

滚珠作为承载体的一部分，直接承受载荷，同时又作为中间传动元件，以滚动的方式传递运动。如图 12-6 所示，丝杠与螺母上的两个半圆形螺旋槽组成截面为圆形的螺旋滚道，丝杠转动时，滚珠在螺旋滚道内向前滚动，驱动螺母直线运动。为了防止滚珠从螺母的另一端跑出来并循环利用滚珠，滚珠在丝杠上滚过数圈后，通过回流管又逐个返回到丝杠与螺母之间的滚道，构成一个闭合的循环回路，往复循环。

图 12-5　螺母端部的防尘片

图 12-6　滚珠和内部沟槽

5）油孔

定期加注润滑油或润滑脂，油孔供加注润滑油或润滑脂用。

滚珠丝杠通常必须与直线导轨或直线轴承同时使用，电机驱动滚珠丝杠转动最后转化为螺母（工作台负载）的直线运动，通过控制电机的正反转、启停控制负载的运动。

**4. 丝杠类型**

（1）按制造方法区分为磨制滚珠丝杠、轧制滚珠丝杠。图 12-7(a)为磨制丝杠，图 12-7(b)为轧制丝杠。

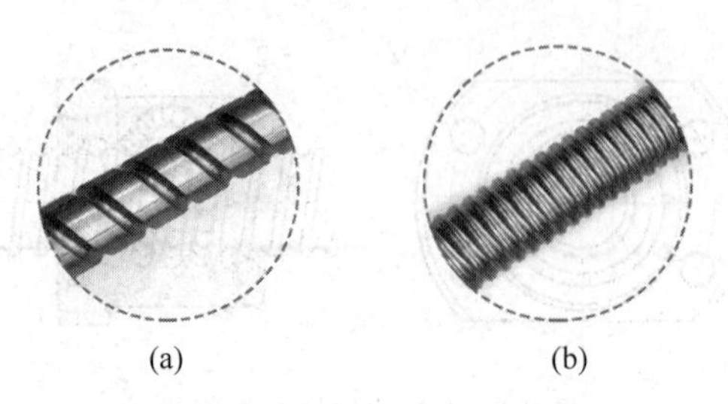


图 12-7 磨制丝杠与轧制丝杠
(a) 磨制丝杠；(b) 轧制丝杠

磨制滚珠丝杠精度更高,但制造成本较高,因而价格也更贵。轧制滚珠丝杠用精密滚轧成形方法加工,精度稍低,但成本较低,价格更便宜。在满足使用精度的前提下应尽可能选用轧制滚珠丝杠,以降低机器制造成本。

(2) 按滚珠循环方式区分为内循环式、外循环式。

图 12-8、图 12-9 分别为两种螺母的外形图,外循环式螺母的外部设计了一条金属管道(回流管),使滚珠通过此管道返回。内循环式螺母径向尺寸更小,结构更紧凑,刚性更好,但制造难度更大,因而价格也更高。

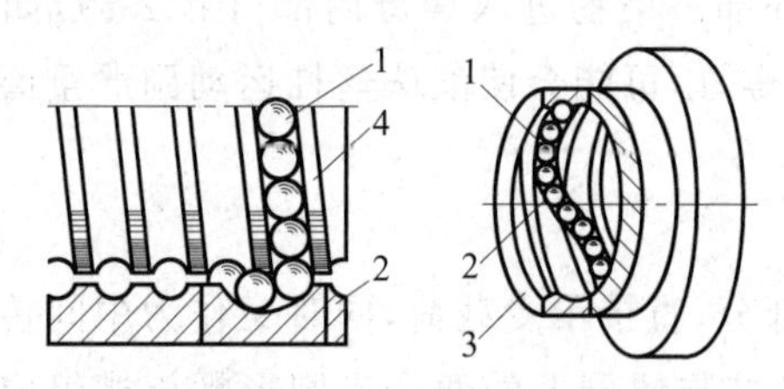


图 12-8 内循环式螺母
1—滚珠；2—反向器；3—螺母；4—丝杠

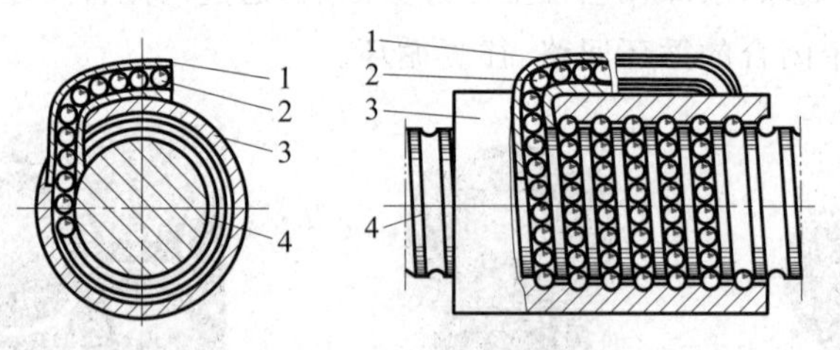


图 12-9 外循环式螺母
1—回流管；2—滚珠；3—螺母；4—丝杠

**5. 螺母结构类型**

滚珠螺母是滚珠丝杠的核心部件,螺母的品质决定了整个滚珠丝杠的运转特性,螺母的类型也直接决定螺母的安装方式,滚珠螺母按形状主要有法兰型、圆筒型两种基本类型,如图 12-10、图 12-11 所示。其中法兰型螺母有标准的圆法兰型螺母,也有为了减小螺母法兰安装高度的不规则法兰型,将法兰与移动滑块用螺钉连接即可。圆筒型螺母附有键槽,对移动滑块与螺母采用键连接。

实际使用时,由于经常需要通过预压的方式消除轴向间隙,所以经常采用由两个螺母组成的双螺母结构,是否预压及何种预压等级直接决定丝杠轴向间隙的大小及轴向刚性。

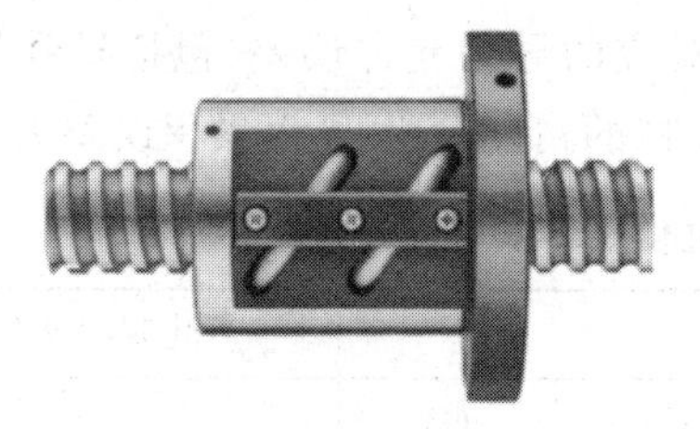

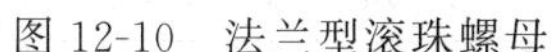

图 12-10　法兰型滚珠螺母

图 12-11　圆筒型滚珠螺母

螺母类型的选择方法：

选定螺母系列时，主要考虑精度、占用空间尺寸、负载大小、转速、制造成本、交货期等因素。

外循环式螺母制造成本低，最适合批量生产，适用于导程/丝杠外径比较大的场合。内循环式螺母外径尺寸小，结构紧凑，占用空间少，适用于导程/丝杠外径比较小的场合。端盖循环式螺母刚性好，适用于高载荷、高速进给的场合。

如果结构上有足够的空间，可以选用圆法兰，否则就选用不规则法兰或圆筒型，降低螺母的安装高度。

## 12.2　解析滚珠丝杠精度与预紧

滚珠丝杠精度与预紧

### 12.2.1　滚珠丝杠精度

#### 1. 精度等级

根据用途及要求，将滚珠丝杠分为定位滚珠丝杠（代号为 P）和传动滚珠丝杠（代号为 T），按中国国家标准 GB/T 17587.3—1998，滚珠丝杠的精度依次分为 7 个等级，即 1（精度最高）、2、3、4、5、7、10 级（精度最低）。定位滚珠丝杠的精度等级代号为 P1、P2、P3、P4、P5、P7、P10。本章主要介绍定位滚珠丝杠。

不同国家与地区所使用的精度等级代号有所不同，日本、德国所使用的精度标准及等级代号与我国国家标准就不同。表 12-2 为滚珠丝杠国内外精度标准及等级对照。

表 12-2　滚珠丝杠国内外精度标准及等级对照表

| 国家与组织 | 中国 | 日本 | 德国 | 国际标准化组织 |
|---|---|---|---|---|
| 标准代号 | GB/T 17587.3—1998 | JISB1191<br>JISB 1192 | DIN69051 | ISO3408—4 |
| 精度等级对照 | — | C0 | — | — |
| | P1 | C1 | P1 | P1 |
| | P2 | C2 | — | — |
| | P3 | C3 | P3 | P3 |
| | P4 | — | — | — |
| | P5 | C5 | P5 | P5 |
| | P7 | C7 | P7 | P7 |
| | — | C8 | P9 | P9 |
| | P10 | C10 | P10 | P10 |

不同的精度等级表示一定长度的滚珠丝杠所对应的导程允许误差(包括导程累积误差与变动量)。例如表12-3为日本THK公司滚珠丝杠的精度等级-导程累积误差表。

**表12-3　日本THK公司滚珠丝杠精度等级-导程误差表**　　μm

| 丝杠类别 | | 磨制滚珠丝杠 | | | | | | | | | | 轧制滚珠丝杠 | |
|---|---|---|---|---|---|---|---|---|---|---|---|---|---|
| 精度等级 | | C0 | | C1 | | C2 | | C3 | | C5 | | C7 | C8 |
| 螺纹长/mm | | ±$E$ | $e$ | ±$E$ | $e$ | ±$E$ | $e$ | ±$E$ | $e$ | ±$E$ | $e$ | ±$E$ | ±$E$ |
| — | 315 | 4 | 3.5 | 6 | 5 | 8 | 7 | 12 | 8 | 23 | 18 | | |
| 315 | 400 | 5 | 3.5 | 7 | 5 | 9 | 7 | 13 | 10 | 25 | 20 | | |
| 400 | 500 | 6 | 4 | 8 | 5 | 10 | 7 | 15 | 10 | 27 | 20 | | |
| 500 | 630 | 6 | 4 | 9 | 6 | 11 | 8 | 16 | 12 | 30 | 23 | | |
| 630 | 800 | 7 | 5 | 10 | 7 | 13 | 9 | 18 | 13 | 35 | 25 | | |
| 800 | 1000 | 8 | 6 | 11 | 8 | 15 | 10 | 21 | 15 | 40 | 27 | | |
| 1000 | 1250 | 9 | 6 | 13 | 9 | 18 | 11 | 24 | 16 | 46 | 30 | 每300 mm<br>±0.05 mm | 每300 mm<br>±0.1 mm |
| 1250 | 1600 | 11 | 7 | 15 | 10 | 21 | 13 | 29 | 18 | 54 | 35 | | |
| 1600 | 2000 | — | — | 18 | 11 | 25 | 15 | 35 | 21 | 65 | 40 | | |
| 2000 | 2500 | — | — | 22 | 13 | 30 | 18 | 41 | 24 | 77 | 46 | | |
| 2500 | 3150 | — | — | 26 | 15 | 36 | 21 | 50 | 19 | 93 | 54 | | |
| 3150 | 4000 | — | — | — | — | — | — | — | — | 115 | 65 | | |
| 4000 | 5000 | — | — | — | — | — | — | — | — | 140 | 77 | | |

注：±$E$表示导程累积误差，$e$表示变动量。

精度等级选定方法如下：

根据使用场合需要提供的定位精度(允许误差)，按照其具体长度，对照厂家不同等级滚珠丝杠所对应的导程累积误差表(见表12-3)，选择能满足定位精度的最低等级。精度等级越高，制造成本也越高，价格越贵，尽可能选用价格低廉的轧制滚珠丝杠，以降低设备制造成本。通常情况下各种典型设备所选用的精度参考等级如表12-4所示。

**表12-4　典型设备使用滚珠丝杠的精度等级**

| 机器类型 | | 推荐精度等级 | | | | | | |
|---|---|---|---|---|---|---|---|---|
| | | C0 | C1 | C2 | C3 | C5 | C7 | C10 |
| 加工中心、铣床 | $X$、$Y$ | | • | • | • | • | | |
| | $Z$ | | | • | • | • | | |
| 移载机械手 | | | | | • | • | • | |
| 半导体邦定机 | | | • | • | | | | |
| 半导体刻蚀机 | | | | | • | • | • | • |

续表

| 机器类型 | 推荐精度等级 | | | | | | |
| --- | --- | --- | --- | --- | --- | --- | --- |
| | C0 | C1 | C2 | C3 | C5 | C7 | C10 |
| 线路板贴片机 | | | • | • | • | | |
| 线路板开孔机 | | | • | • | • | | |
| 激光加工设备 | | | | • | • | | |
| 各种工装夹具 | | | • | • | • | • | • |
| 木工机械 | | | | | • | • | • |
| 通用机械 | | | | • | • | • | • |
| 三坐标测量仪 | • | • | • | | | | |
| 注塑机 | | | | | • | • | • |

**例 12-1**　某滚珠丝杠驱动的直线运动机构工作行程 1000 mm，要求从一个方向进行定位时机构的定位精度为±0.3 mm，以日本 THK 公司的滚珠丝杠为例，请选择丝杠导程精度。

**解**：查阅该公司产品样本精度资料(表 12-3)，在满足使用要求的情况下尽可能选择最低精度等级。

将 1000 mm 工作行程误差±0.3 mm 换算为每 300 mm 允许的误差如下：

$$\frac{\pm 0.3}{1000}=\frac{\pm 0.090}{300}$$

根据表 12-3，要满足±0.090 mm/300 mm 的精度，选择 THK 公司精度等级为 C7 的轧制滚珠丝杠就可以了，其导程误差为±0.05 mm/300 mm。

**2. 标准导程**

导程表示丝杠转动一周(360°)时螺母沿轴向移动的距离(mm)。

制造商设计了一系列的丝杠外径与导程标准组合，只要根据使用条件选用标准的丝杠外径与导程系列即可。如表 12-5 为日本 THK 公司磨制滚珠丝杠外径与导程的标准组合，符号“•”表示为标准产品。

**表 12-5　日本 THK 公司磨制滚珠丝杠外径与导程标准组合**　　mm

| 丝杠外径 | 导程 | | | | | | | | | | | | | | | | | | | | | |
| --- | --- | --- | --- | --- | --- | --- | --- | --- | --- | --- | --- | --- | --- | --- | --- | --- | --- | --- | --- | --- | --- | --- |
| | 1 | 2 | 4 | 5 | 6 | 8 | 10 | 12 | 15 | 16 | 20 | 24 | 25 | 30 | 32 | 36 | 40 | 50 | 60 | 80 | 90 | 100 |
| 4 | • | | | | | | | | | | | | | | | | | | | | | |
| 6 | • | | | | | | | | | | | | | | | | | | | | | |
| 8 | • | • | | | | | | • | | | | | | | | | | | | | | |
| 10 | | • | • | | | | • | | • | | | | | | | | | | | | | |
| 12 | | • | | • | | | | | | | | | | | | | | | | | | |

续表

| 丝杠外径 | 导程 | | | | | | | | | | | | | | | | | | | | | |
|---|---|---|---|---|---|---|---|---|---|---|---|---|---|---|---|---|---|---|---|---|---|---|
| | 1 | 2 | 4 | 5 | 6 | 8 | 10 | 12 | 15 | 16 | 20 | 24 | 25 | 30 | 32 | 36 | 40 | 50 | 60 | 80 | 90 | 100 |
| 13 | | | | | | | | | | | • | | | | | | | | | | | |
| 14 | | • | • | • | | • | | | | | | | | | | | | | | | | |
| 15 | | | | | | | • | | | | • | | | • | | | • | | | | | |
| 16 | | | • | • | • | | • | | | • | | | | | | | | | | | | |
| 18 | | | | | | | • | | | | | | | | | | | | | | | |
| 20 | | | • | • | • | • | • | • | | | • | | | | | | • | | • | | | |
| 25 | | | • | • | • | • | • | • | | • | • | | • | | | | | • | | | | |
| 28 | | | | • | • | • | • | | | | | | | | | | | | | | | |
| 30 | | | | | | | | | | | | | | | | | | | • | | • | |
| 32 | | | • | • | • | • | • | • | | | • | | | | • | | | | | | | |
| 36 | | | | | • | • | • | • | | • | • | • | | | | • | | | | | | |
| 40 | | | | • | • | • | • | • | | • | • | | | | | | • | | | • | | |
| 45 | | | | | • | • | • | • | | | • | | | | | | | | | | | |
| 50 | | | | • | | • | • | • | | • | • | | | | | | | • | | | | • |
| 55 | | | | | | | • | • | | • | • | | | | | | | | | | | |
| 63 | | | | | | | • | • | | • | • | | | | | | | | | | | |
| 70 | | | | | | | • | • | | | • | | | | | | | | | | | |
| 80 | | | | | | | | | | | • | | | | | | | | | | | |
| 100 | | | | | | | | | | | • | | | | | | | | | | | |

### 3. 导程方向

丝杠标准导程方向为右旋，制造商也可以提供左旋产品，但通常选择标准右旋方向。

### 4. 导程的计算与选定方法

导程的计算与电机是否带减速器有关，下面以典型的电机带减速器通过弹性联轴器与丝杠连接的情况为例，说明导程的具体计算方法。

根据导程的定义，电机所需要的转速 $N_M$ 与最大进给速度 $V_{max}$、丝杠导程 $P_B$、电机所带减速器减速比 $i$ 之间的关系为

$$N_M = \frac{V_{max} \times 10^3 \times 60}{P_B i} \tag{12-1}$$

式中，$N_M$ 为电机所需要的转速，r/min；$V_{max}$ 为最大进给速度，m/s；$P_B$ 为滚珠丝杠的导程，mm；$i$ 为电机至丝杠的减速比，当电机带减速器与丝杠直联时即为减速器的减速比。

使用时要求电机的额定转速 $N_R$ 必须大于上述计算值 $N_M$：

$$N_R \geqslant N_M \tag{12-2}$$

式中，$N_R$ 为电机额定转速，r/min。

根据式(12-1)、式(12-2)可以得出：

$$P_B \geqslant \frac{V_{max} \times 10^3 \times 60}{N_R i} \tag{12-3}$$

式 (12-3)表示为了满足最大进给速度要求丝杠必须具有的最小导程，实际设计计算过程中通常根据电机的额定转速 $N_R$、减速器减速比 $i$、最大进给速度 $V_{max}$ 计算丝杠所需要的最小导程 $P_B$，根据式(12-3)的计算结果，再从制造商样本资料（例如表 12-5）中选用比计算值大的标准导程值。

**例 12-2**　由某滚珠丝杠驱动的直线运动机构要求最高速度为 1 m/s，驱动电机的额定转速为 3000 r/min，电机与丝杠通过弹性联轴器直接连接，计算该机构至少需要选用多大导程的滚珠丝杠。

**解**：根据式(12-3)计算

$$P_B \geqslant \frac{V_{max} \times 10^3 \times 60}{N_R i} = \frac{1 \times 10^3 \times 60}{3000 \times 1} = 20(\text{mm})$$

根据计算结果，需要选用 20 mm 或更大导程的滚珠丝杠。

分析：根据式(12-3)，当电机的额定转速 $N_R$、丝杠导程 $P_B$、减速器减速比 $i$ 确定后，机构的最大运动速度 $V_{max}$ 也就确定了：

$$V_{max} \leqslant \frac{P_B N_R i \times 10^{-3}}{60} \tag{12-4}$$

式(12-4)中，$N_R \times i$ 实际上就是丝杠最后获得的转速，为了提高机器的生产效率，机器的运动速度（例如机床的进给速度）每年都在不断提高，因而机构的运动速度也越来越高，假设用 $N$ 表示丝杠最后获得的转速，根据式(12-4)可以看出，提高机构运动速度有两种途径：①提高丝杠的转速；②采用大导程丝杠。

在实际工程中，提高丝杠的转速也受到限制，丝杠转速接近导致其共振的临界转速时丝杠会发生共振，而且丝杠外径还受到 $DN$ 值（丝杠外径×转速）的限制。

增大丝杠导程 $P_B$ 也可以提高机构运动速度，但导程 $P_B$ 过大时，不仅增加了滚珠丝杠的制造难度，精度难以提高，而且丝杠的刚度也降低，更重要的是，增大丝杠导程会增加驱动电机的启动扭矩，对驱动电机的要求更高。

可见，设计高速滚珠丝杠运动副时合理选择丝杠副的转速 $N$、丝杠外径 $D_B$ 与导程 $P_B$ 非常重要。有关滚珠丝杠的详细计算、选型过程请读者进一步参阅相关制造商的样本资料和范例。

### 12.2.2　滚珠丝杠的预紧

#### 1. 滚珠丝杠的主要误差来源

(1) 丝杠导程精度。选择滚珠丝杠时，根据使用条件，所选定的型号规格必须具有足够的导程精度等级。

(2) 轴向间隙。轴向间隙是指丝杠与滚珠螺母之间存在的间隙。当沿着同一方向进给而且外部负载方向不变时，轴向间隙没有影响，但当进给方向相反或承受相反方向的轴向载荷时，轴向间隙就会发生作用，直接影响定位精度。制造商规定了不同的轴向间隙等级代号，如果选用了不必要的、过小的轴向间隙，会增加滚珠丝杠的成本。而要消除这种轴向间隙，需要采用后面要介绍的预压措施，但制造成本更高，所以需要合理选用轴向间隙等级或预压措施。

(3) 传动系统的轴向刚性。在轴向载荷的作用下，丝杠、滚珠与滚道接触处、支承轴承的滚珠与轴承内外圈之间、螺母座与轴承座都会在轴向产生弹性变形，最后都反映在负载滑块的轴向位移上，直接成为位移误差。

(4) 热变形对丝杠的影响。根据热胀冷缩的原理，丝杠轴向长度会因为工作升温热膨胀而伸长，从而造成定位误差，例如长度为1000 mm的丝杠，当温度上升1℃时，丝杠轴向长度则增大约12 μm。尤其当丝杠高速运转时，发热量也相应增大导致温度上升，降低定位精度。因此，当定位精度要求严格时，必须考虑热变形对丝杠的影响。

**2. 滚珠丝杠的预紧(消除误差)**

消除滚珠丝杠轴向间隙是减小误差最有效的方法，通常采用预压的方法来实现。这种预压与直线导轨机构、直线轴承的预紧原理是相同的。当承受轴向载荷时滚珠与滚道接触部位会产生弹性变形，预压使这种弹性变形在承受轴向载荷前就提前发生，使系统在有工作负载情况下的轴向工作间隙(弹性变形)减小为零或降低为最小。在需要高精度定位时都要施加预压。

施加预压的典型方法通常有：双螺母定位预压(伸张预压力、压缩预压力)、双螺母弹簧预压、错位预压、超尺寸滚珠预压。

双螺母定位预压属于最普通的预压方式，是指对一根丝杠同时使用两个滚珠螺母(双螺母)，在两个滚珠螺母之间插入合适厚度的垫片，对两个滚珠螺母施加预压力，达到消除间隙的目的，根据垫片的厚度区别又可以分为施加伸张预压力及压缩预压力，图12-12、图12-13分别为施加上述预压力时的工作原理示意图。

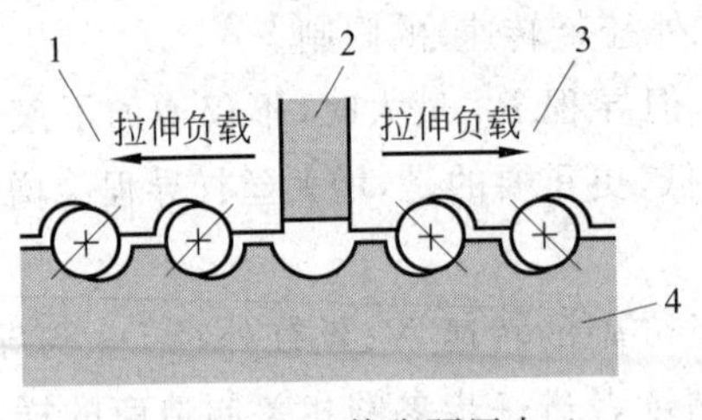


图12-12　伸张预压力

1—螺母A；2—厚垫片；3—螺母B；4—丝杠

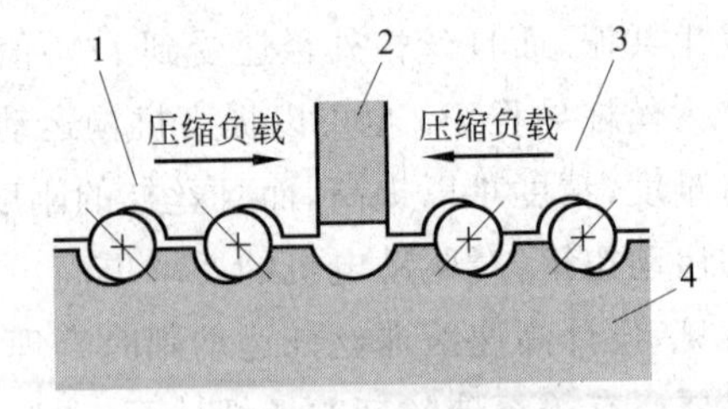


图12-13　压缩预压力

1—螺母A；2—薄垫片；3—螺母B；4—丝杠

在图12-12中，在两个螺母之间施加一个较厚的垫片，再将两个螺母压紧连接；在图12-13中，在两个螺母之间施加一个较薄的垫片，再将两个螺母压紧连接。两种方法都可以消除螺母与丝杠之间的间隙。根据上述原理，在工程上预压滚珠螺母常用以下三种组合方式：圆筒型双螺母组合(伸张预压力)、法兰型双螺母组合(压缩预压力)、法兰/圆筒型双螺母组合(伸张预压力)，分别如图12-14、图12-15、图12-16所示。

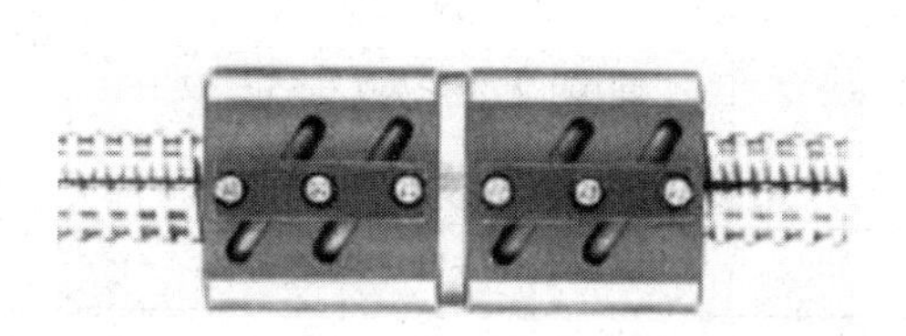

图 12-14　圆筒型双螺母组合(伸张预压力)

图 12-15　法兰型双螺母组合(压缩预压力)

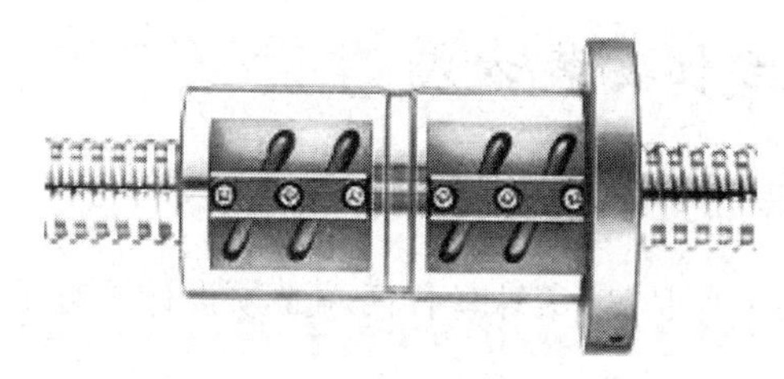

图 12-16　法兰/圆筒型双螺母组合(伸张预压力)

双螺母定位预压虽然结构简单,螺母刚性高,但是不方便调整,在滚道有磨损时不能随时消除间隙和进一步预压。

双螺母弹簧预压是指在两个螺母之间安装一个压缩弹簧,使弹簧始终对两侧的螺母施加一个推力,如图 12-17 所示。

错位预压是指在单螺母中央附近相邻的两个滚道之间适当加大距离,使两个滚道之间的距离在导程的基础上增加一个预压量大小,如图 12-18 所示。

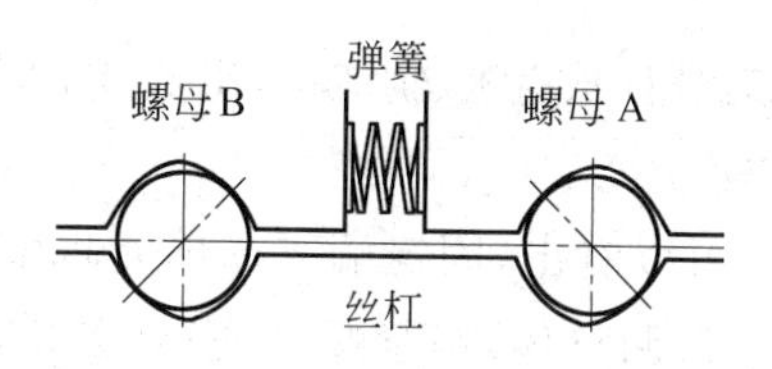


图 12-17　双螺母弹簧预压示意图

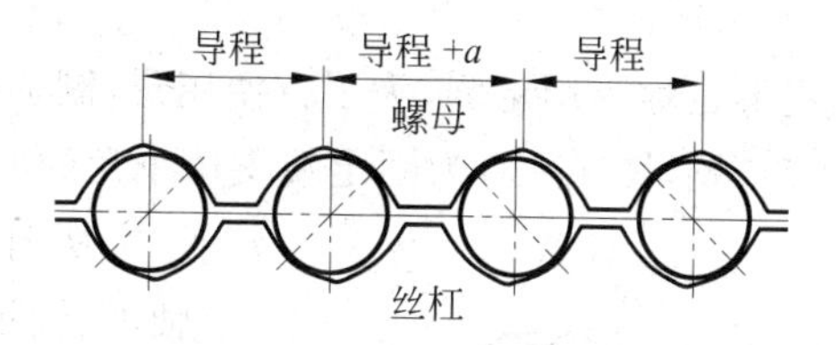


图 12-18　错位预压原理示意图

超尺寸滚珠预压指在螺母中插入比滚道空间尺寸略大的滚珠,使滚珠与滚道之间 4 点接触,如图 12-19 所示。

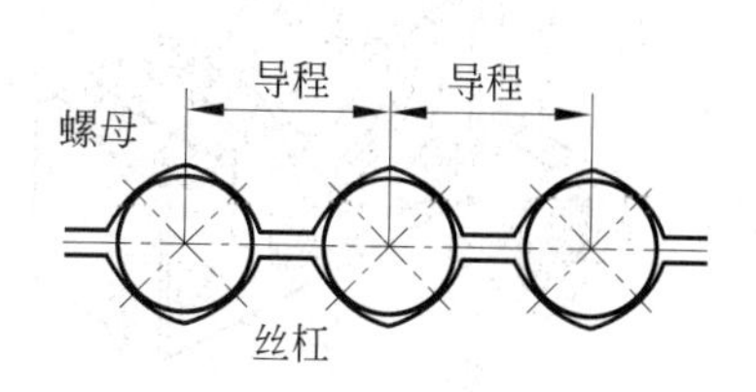


图 12-19　超尺寸滚珠预压原理示意图

对于上述不同的螺母类型(或双螺母组合)及预压等级,制造商都用规定的代号表示,并提供详细的图纸、结构尺寸、承载能力(额定动载荷 $C_a$、额定静载荷 $C_{0a}$),供用户直接选用,并在交货前就已经将上述间隙调整消除完毕。

随着预压负载的加大,螺母的刚性有所提高,但预压负载过大时不仅会缩短机构寿命,还会使发热量加大,产生不良影响,所以通常最大预压负载限定为额达动载荷 $C_a$ 的 0.1 倍。表 12-6 为滚珠丝杠用于不同用途机器设备时的预压量大小。

表 12-6 滚珠丝杠用于不同用途机器设备时的预压量大小

| 滚珠丝杠的使用场合 | 预 压 量 |
| --- | --- |
| 机器人、搬运设备等 | 间隙(无预压)或 $0\sim0.01C_a$ |
| 半导体设备等定位精度较高的场合 | $0.01C_a\sim0.04C_a$ |
| 中、高速类切削机床 | $0.035C_a\sim0.075C_a$ |
| 低、中速需要较高刚性的设备 | $0.07C_a\sim0.1C_a$ |

滚珠丝杠安装方式

## 12.3 解析滚珠丝杠安装方式

### 12.3.1 滚珠丝杠的端部支承方式

为了提高进给系统的工作精度,滚珠丝杠两端必须设计具有足够刚性的支撑结构,而且还要进行正确的安装。

**1. 滚珠丝杠的载荷与载荷方向**

滚珠螺母是滚珠丝杠的核心部件,运行时**螺母只能承受沿丝杠轴向方向的载荷**,而且轴向载荷也要通过丝杠轴心,**不能承受径向载荷或扭矩载荷**,否则会大大缩短滚珠丝杠的寿命或导致运行不良,丝杠承受的径向载荷主要是丝杠的自重。负载工作台及其承受的**各种径向载荷、扭矩载荷都由高刚性的直线导轨等导向部件来承受。**

**2. 丝杠端部支承结构**

1) 固定端

固定端也称为固定侧,为了方便用户,制造商将其设计成为标准结构,组成支撑单元供用户直接订购,图 12-20 为固定端支撑单元的典型结构。

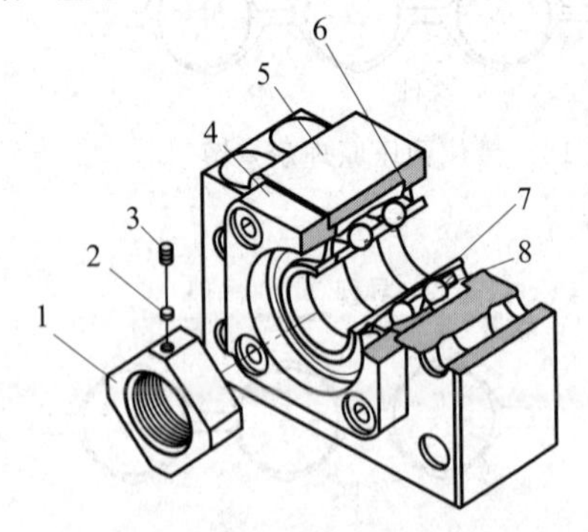


图 12-20 固定端支撑单元结构

1—锁紧螺母;2—保护垫片;3—锁紧螺钉;4—轴承外端盖;5—轴承座;6—密封圈;7—调整环;8—轴承

从图 12-20 可以看出,固定端支撑单元将轴承座、轴承、轴承外端盖、调整环、锁紧螺母、密封圈等零部件全部集成在一起,在轴承座内采用两只角接触球轴承支承丝杠端部,这种轴承使丝杠在固定端轴向、径向均受约束,装配时用锁紧螺母和轴承外端盖分别将轴承内圈和外圈压紧,并可以调整预压。

2) 支撑端

支撑端也称为支撑侧,为了方便用户,制造商同样将其设计成为标准结构,组成支撑单元供直接订购,图 12-21 为支撑端支撑单元的典型结构。

支撑端结构较简单,仅由轴承座、弹性挡圈、轴承组成,在支座内采用普通向心球轴承支承丝杠端部,这种轴承只在径向提供约束,而轴向则是自由的,当丝杠因为热变形而长度有微量伸长时,支撑端就可以作微量的轴向浮动,保证丝杠仍然处于直线状态。

为了方便用户，制造商根据各种情况设计制造了多种形状的丝杠端部支撑单元供用户选用，在制造过程中采用最佳的轴承匹配并对轴承进行了预压，还封入了润滑脂，保证装配具有较高的精度，订购后直接进行装配，交货迅速，价格低廉，简化了设计与制造。通常都设计为方形、圆形两种形式，如图12-22所示。

方形支撑单元既可以用螺钉在上下方向安装固定，也可以在端面安装固定；圆形支撑单元则只能在端面通过法兰固定。

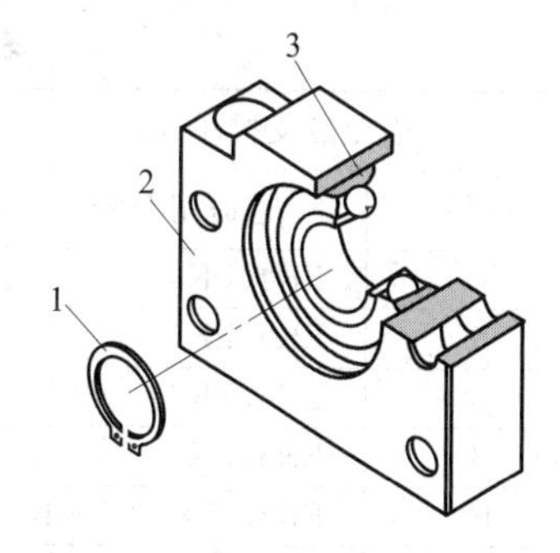


图12-21　支撑端支撑单元结构
1—弹性挡圈；2—轴承座；3—轴承

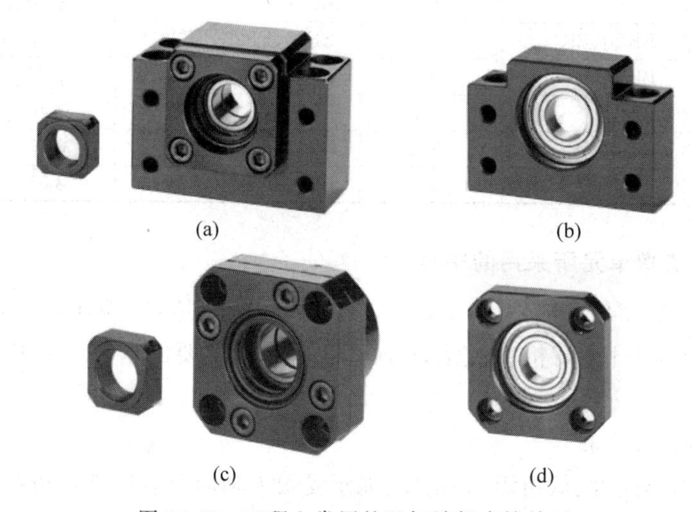


图12-22　工程上常用的丝杠端部支撑单元
(a) 方形固定端支撑单元；(b) 方形支撑端支撑单元；(c) 圆形固定端支撑单元；(d) 圆形支撑端支撑单元

3）支撑单元选型方法

下面以THK公司的产品为例，说明支撑单元的选型方法。

在THK公司的样本资料中，固定端支撑单元中，方形结构的系列代号为EK、BK(内径范围 $\phi$ 4～40 mm)，圆形结构的系列代号为FK(内径范围 $\phi$ 6～30 mm)；支撑端支撑单元中，方形结构的系列代号为EF、BF(内径范围 $\phi$ 6～40 mm)，圆形结构的系列代号为FF(内径范围 $\phi$ 6～30 mm)。每一种内径的支撑单元都与一定的丝杠外径范围相对应，只要按照制造商的资料直接选取即可。

选型方法及步骤为：先根据丝杠安装结构选定支撑单元的系列，然后根据丝杠外径选定合适的支撑单元型号。

表12-7为THK公司支撑单元选型表。根据丝杠的外径及安装结构可以从表12-7中直接选定合适的支撑单元型号，注意支撑单元型号与丝杠端部形状是对应的，不同的制造商其支撑单元尺寸有别，所以选定支撑单元型号时必须按照制造商推荐的形状设计丝杠端部形状。

表 12-7 THK公司支撑单元选型表 mm

| 固定端支撑单元 | | 支撑端支撑单元 | | 适用丝杠外径 |
|---|---|---|---|---|
| 内径 | 适用型号 | 内径 | 适用型号 | |
| 4 | EK4、FK4 | | | $\phi$4 |
| 5 | EK5、FK5 | | | $\phi$6 |
| 6 | EK6、FK6 | 6 | EF6、FF6 | $\phi$8 |
| 8 | EK8、FK8 | 8 | EF8、FF6 | $\phi$10 |
| 10 | EK10、FK10、BK10 | 10 | EF10、FF10、BF10 | $\phi$10、$\phi$12、$\phi$14 |
| 12 | EK12、FK12、BK12 | 12 | EF12、FF12、BF12 | $\phi$14、$\phi$15、$\phi$16 |
| 15 | EK15、FK15、BK15 | 15 | EF15、FF15、BF15 | $\phi$20 |
| 17 | BK17 | 17 | BF17 | $\phi$20、$\phi$25 |
| 20 | EK20、FK20、BK20 | 20 | EF20、FF20、BF20 | $\phi$25、$\phi$28、$\phi$32 |
| 25 | FK25、BK25 | 25 | FF25、BF25 | $\phi$36 |
| 30 | FK30、BK30 | 30 | FF30、BF30 | $\phi$40、$\phi$45 |
| 35 | BK35 | 35 | BF35 | $\phi$45 |
| 40 | BK40 | 40 | BF40 | $\phi$50 |

### 3. 丝杠端部支撑单元所采用的轴承

滚珠丝杠属于精密传动部件，为了提高支撑结构的轴向刚性，除轴承座本身必须具有良好的刚性外，选择高刚性、高精度的滚动轴承也是非常重要的措施。一般采用以下两类轴承：

1）轴向角接触球轴承

这是一种具有高刚度、低扭矩、高精度、能承受很大轴向负载的特殊角接触球轴承，用于丝杠固定端的支承。

如图 12-23 所示，轴承能够承受的轴向载荷 $F_a$ 与滚珠载荷、滚珠数目、接触角 $\alpha$ 之间的关系为

$$F_a = 滚珠载荷 \times 滚珠数目 \times \sin\alpha \tag{12-5}$$

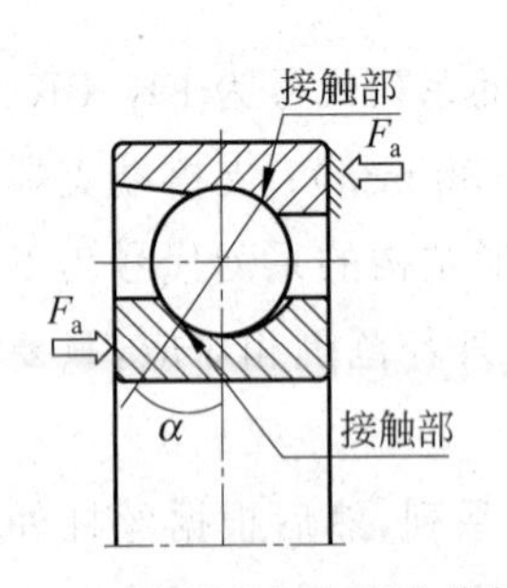


图 12-23 滚珠丝杠专用角接触球轴承的接触角

根据式(12-5)可以看出，当滚珠的额定载荷一定的前提下，滚珠数目越多、接触角 $\alpha$ 越大，则轴承够承受的轴向载荷也越大。轴向载荷一定的前提下，接触角 $\alpha$ 越大，则单个滚珠承受的载荷就越小，因而产生的弹性位移量也越小，即轴承的轴向刚性越高，寿命越长。相反，接触角 $\alpha$ 越小，则轴承径向载荷的承受能力就越大，越适合于高速转动。

通常的角接触球轴承其接触角为 15°～30°，而用于滚珠丝杠的角接触球轴承其接触角专门设计为 60°，使轴承的轴向刚性比普通角接触球轴承提高两倍以上，同时增加了滚珠的数目并相应减小了滚珠的直径，使轴承具有很低的启动扭矩，可以同时承受径向载荷和轴向载荷，能在较高的转速下工作，由于滚珠数量比深沟球轴承多，因而负荷容量在球轴承中最大。

因为单只角接触球轴承只能承受一个方向的轴向载荷，所以它必须与第二只角接触球轴承配对使用，为了避免在装配组合时发生错误，所以成对使用的轴承外表通常打有 V 形标记，如图 12-24 所示。

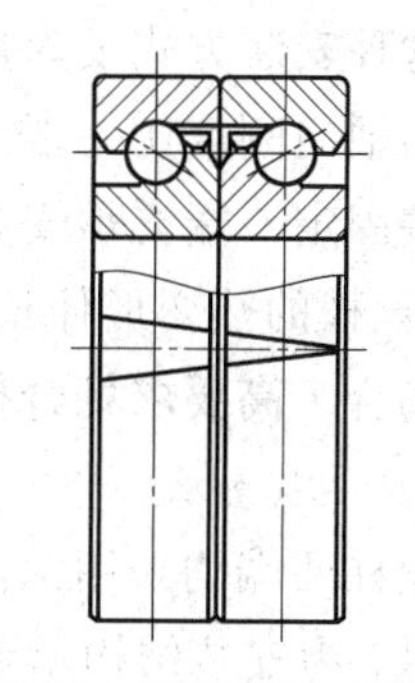

图 12-24　成对角接触球轴承外圈上的标记

角接触球轴承成对使用时，利用内外圈的相对位移可以调整轴向游隙，装配时只要用锁紧螺母和轴承端盖分别将轴承内环和外环压紧，即能获得需要的预压力。

2）深沟球轴承

除采用角接触球轴承外，还可以采用深沟球轴承，用于丝杠的支撑端支承，只承受径向载荷。该支撑端在轴向是自由的，以补偿丝杠热变形的影响。

**4. 滚珠丝杠的典型安装方式**

“固定”：就是指采用一对角接触球轴承支承，使丝杠端部在轴向、径向均受约束。

“支承”：也称为简支支承，就是采用深沟球轴轴承，只在径向提供约束，在轴向则是自由的而不施加限制，允许丝杠微量的轴向浮动。

“自由”：就是指丝杠端部没有支承结构，呈悬空状态。

根据使用场合的不同，滚珠丝杠两端的支撑结构有 4 种不同的安装方式。

1）一端固定一端支承

滚珠丝杠最典型、最常用的安装方式，也就是说丝杠一端采用固定端、另一端采用支撑端。图 12-25 为安装结构示意图，适用于中等速度，刚度及精度都较高的场合，也适用于长丝杠、卧式丝杠。**大多数场合推荐采用**。

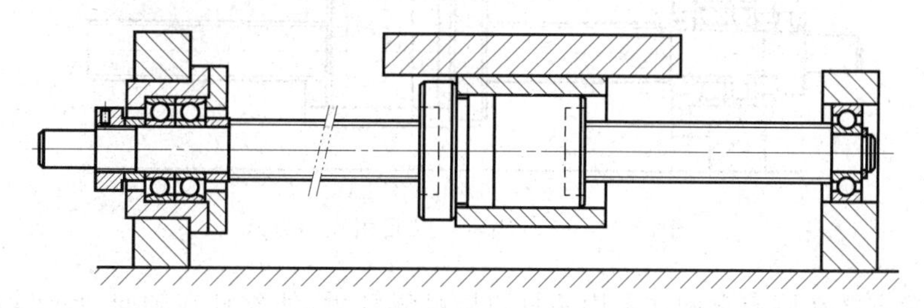

图 12-25　一端固定一端支承安装方式

2）两端固定

丝杠的两端均采用两只角接触球轴承支承，使丝杠在轴向、径向均受约束，分别用锁紧螺母和轴承端盖将轴承内环和外环压紧。图 12-26 为安装结构示意图。

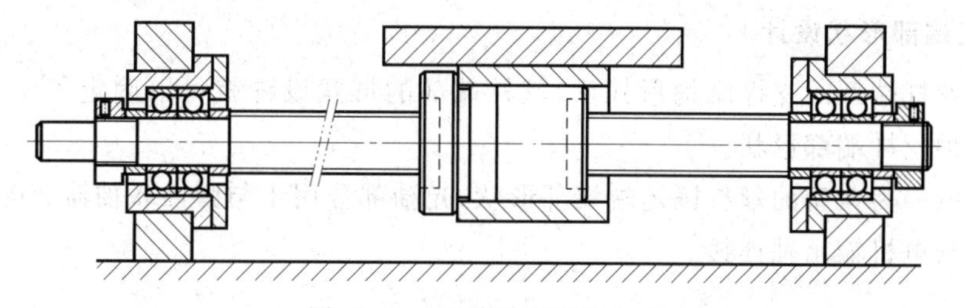

图 12-26　两端固定安装方式

这种安装方式下丝杠与轴承间无轴向间隙,两端轴承都能够施加预压,经预压调整后,丝杠的轴向刚度比一端固定一端支承安装方式约高4倍,且无压杆稳定性问题,固有频率也比一端固定一端支承安装方式高,因而丝杠的临界转速大幅提高。但这种安装方式结构复杂、对丝杠的热变形伸长较为敏感。这种安装方式适用于高速回转、高精度而且丝杠长度较大的场合。**高要求场合推荐采用**。

3) 两端支承

丝杠两端均采用深沟球轴承支承,两端轴承均只在径向对丝杠施加限制,轴向未限制。图12-27为安装结构示意图。这种安装方式适用于中等速度、刚度与精度都要求不高的一般场合。**一般要求场合采用**。

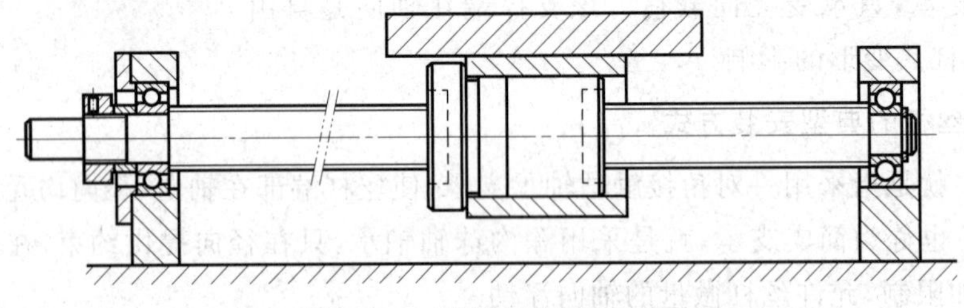

图12-27 两端支承安装方式

4) 一端固定一端自由

丝杠的一端采用固定端支撑单元,另一端则让其悬空,处于自由状态。图12-28为其安装结构示意图。

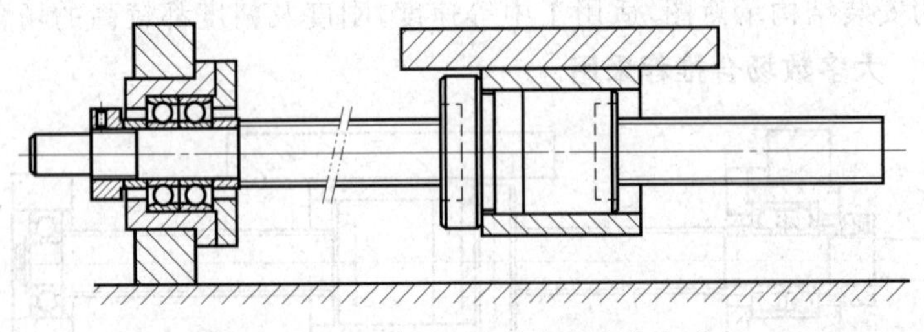

图12-28 一端固定一端自由安装方式

这种安装方式在固定端同样采用两只角接触球轴承,使丝杠在轴向、径向均受约束,分别用锁紧螺母和轴承端盖将轴承内环和外环压紧。丝杠另一端是完全悬空自由的。特点是结构简单,轴向刚度与临界转速低,丝杠稳定性差,一般只用于丝杠长度较短、转速较低的场合,如垂直布置的丝杠。设计时应尽可能使丝杠在垂直拉伸状态下工作,即使丝杠自由端在下方、固定端在上方,依靠丝杠及负载的重量使丝杠处于拉伸状态。**较少采用**。

**5. 丝杠端部形状设计**

当确定丝杠端部的支撑结构形式后,丝杠端部的形状设计就可以确定了。图12-29为最常用的几种丝杠端部形状。

图12-29(a)为典型的丝杠固定端端部形状,光轴部分用于与弹性联轴器装配在一起,再通过联轴器与电机输出轴连接。

图 12-29(b)为典型的丝杠支撑端端部形状，端部装入轴承孔后，用弹性挡圈将轴承轴向定位，丝杠端部与轴承一起可以在轴承座内作轴向移动。

图 12-29(c)也属于典型的丝杠固定端端部形状，端部带键槽部分用于连接装配同步带轮或齿轮。

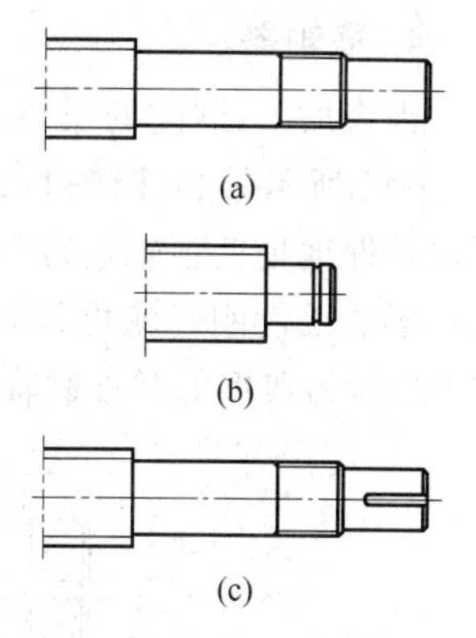

图 12-29　常用的丝杠端部形状

## 12.3.2　滚珠丝杠的装配附件及其选型

在使用滚珠丝杠时，除向制造商订购所需要的滚珠螺母及丝杠外，根据滚珠丝杠的安装方式，还需要订购丝杠支撑单元、锁紧螺母、螺母座、弹性联轴器等附件。

### 1. 支撑单元

通常情况下都采用直接订购的方式，简化设计与制造，如果自行设计加工，则需要订购轴承、锁紧螺母。

### 2. 锁紧螺母

锁紧螺母的作用为对丝杠与轴承进行轴向固定，为了保证锁紧螺母在滚珠丝杠运行过程中不致松动，在锁紧螺母上还设计了紧定螺钉及保护垫片，以获得完全没有松弛的固定。图 12-30 为典型的锁紧螺母结构示意图。

由于锁紧螺母在与丝杠端部螺纹配合的同时，在端面还必须与轴承端面紧密接触，所以锁紧螺母的端面是经过磨削加工的平面，保证端面具有较高的平面度、垂直度和较低的表面粗糙度。

### 3. 螺母座

螺母座用于连接滚珠螺母与负载滑块(即工作台)，如图 12-31 所示。滚珠螺母用螺钉连接在螺母座上，然后将负载滑块用螺钉直接固定在螺母座上方平面的螺纹孔中，安装简单，简化设计与制造，同时使机构具有较低的安装高度，结构非常紧凑。螺母座与滚珠螺母的装配孔通常都设计有约 0.4 mm 的间隙，供装配调试时调整滚珠螺母的位置用。

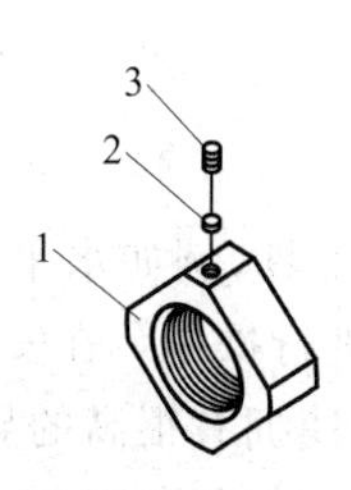

图 12-30　典型的锁紧螺母结构示意图

1—锁紧螺母；2—保护垫片；3—紧定螺钉

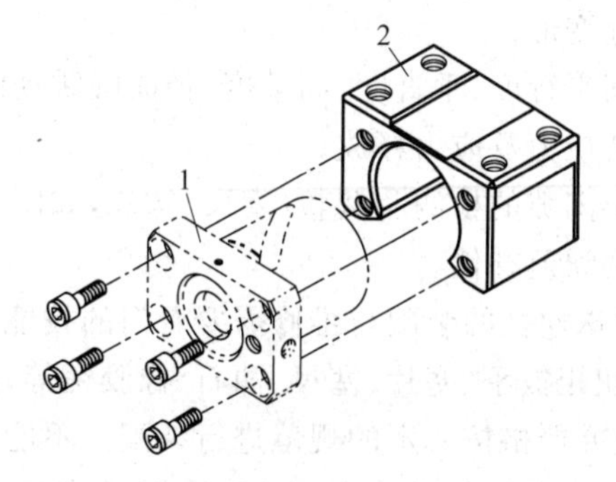

图 12-31　螺母座的结构及使用方法

1—滚珠螺母；2—螺母座

**4. 联轴器**

因为加工、装配的误差及轴的热膨胀，两根传动轴不可能位于一条直线上，可能存在如图12-32所示偏心(两轴心的平行误差)、偏角(两轴心的角度误差)、轴向偏移(径向跳动)。如果刚性地把两根轴连接在一起，那么两根轴上就会施加额外的负载，缩短机构寿命。弹性联轴器的柔性刚好就可以补偿上述误差，确保机构寿命，广泛应用于各种精密传动场合。图12-33为典型的弹性联轴器。

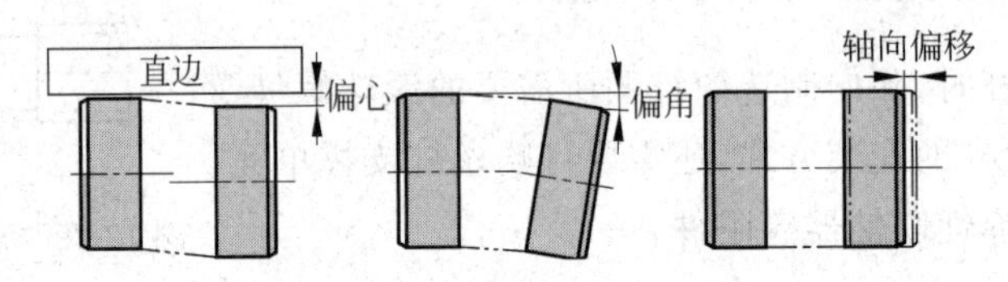


图12-32 两根传动轴之间可能存在的位置度偏差示意图

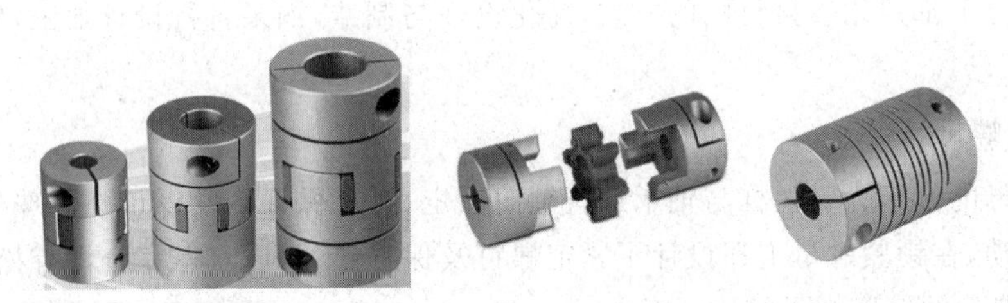

图12-33 典型的弹性联轴器

联轴器具有零间隙、高刚性、低惯量等特点，但其误差补偿能力是有限度的，超过一定的偏差范围，弹性联轴器在工作中就会产生振动、非正常摩擦磨损、噪声，加速疲劳甚至断裂，因此在调整与检测时应尽可能缩小两轴位置度误差并确保在联轴器允许的范围内。

滚珠丝杠安装调整

## 12.4 解析滚珠丝杠安装调整

滚珠丝杠是精密传动部件，需要与直线导轨、电机才能组成直线运动系统，其安装调整是一个非常复杂的过程，涉及以下机械、力学、检测等多学科知识：

- 弹性变形；
- 空间平行度、垂直度、同轴度、径向圆跳动的打表检测；
- 安装应力及应力释放；
- 微小间隙的检测及调整(塞尺、塞片，如图12-34)；
- 安装误差补偿。

因此滚珠丝杠的装配与维修需要专门的技能及必要的测量工具，例如水平仪、百分表、磁力表座、扭矩扳手、塞片、塞尺、油石、橡胶锤等，应由专业人员进行操作。在安装过程中需要轻拿轻放并严格按一定的规范进行装配。不能精密安装时，即使拥有很高的导程精度，也不能给机器带来任何精度的优势，错误的安装会带来噪声、振动、寿命减短，如图12-35所示。

下面以图12-36所示最典型的一端固定一端支承安装方式为例，说明具体的装配步骤。

先按照第10章要求完成两根直线导轨的平行安装，安装滚珠丝杠前用油石、清洁布对

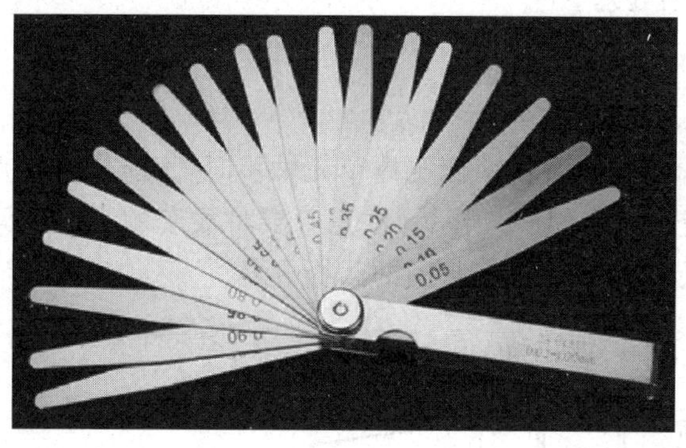

塞尺

精密间隙片(塞片)

图 12-34　典型的塞尺和塞片

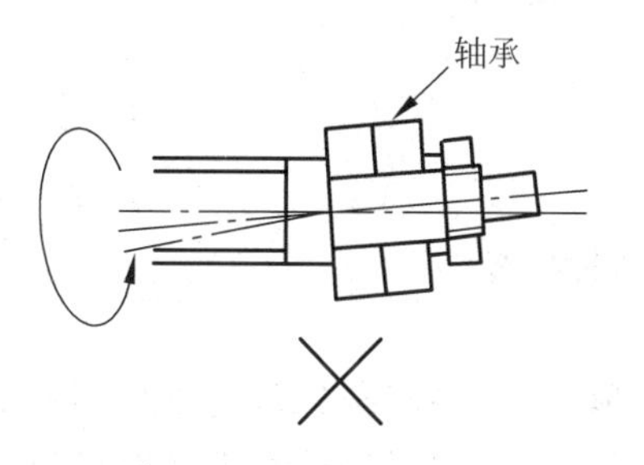


支撑单元安装不当产生应力、振动

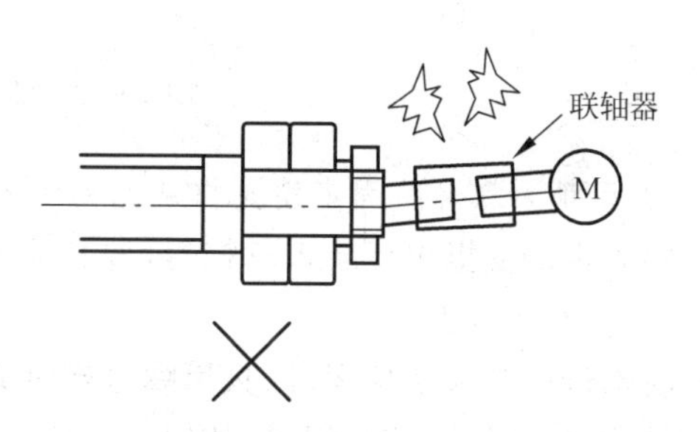


联轴器安装不当产生振动

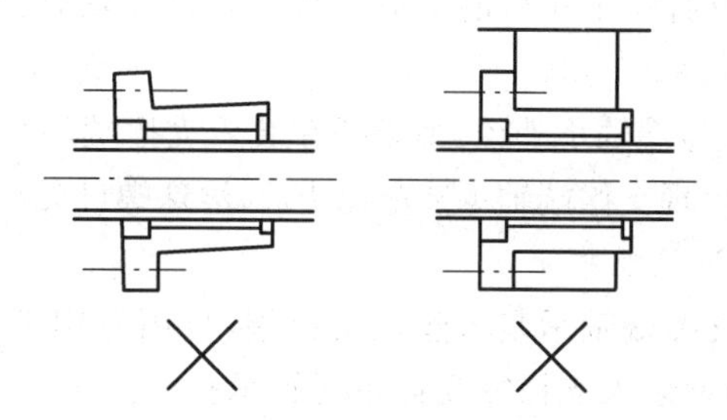

螺母座安装不当产生内应力

图 12-35　安装不当引起的问题

图 12-36　典型的精密工作台实例

轴承座、机台等所有安装面去除毛刺、清洁处理。

**1. 安装支撑单元**

1）将固定端支撑单元安装到丝杠上

由于轴承内圈与丝杠之间为过盈配合，因此装配两侧支撑单元轴承时，不能使轴承直接受到冲击，需要使用专用的轴承装配衬套，如图12-37所示。注意不要将成套的支撑单元拆开，以免损坏其精度，将丝杠装入支撑单元时，不要将密封圈的凸缘弄翻。

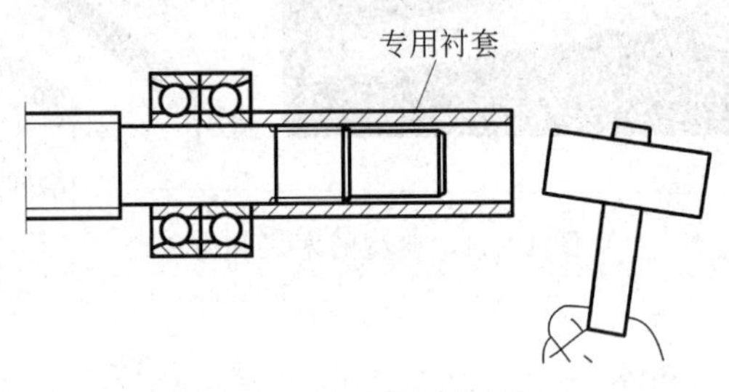


图12-37　轴承装配专用衬套

2）用锁紧螺母将固定端支撑单元初步固定

将固定端支撑单元装入丝杠后，拧紧锁紧螺母至**半紧状态**。

3）装入螺母座

将螺母座装入滚珠螺母，**只用螺钉暂时固定（不拧紧）**。如果滚珠螺母是带外循环回流管的结构，应该转动滚珠螺母，使回流管位于靠工作台的一侧，这样滚珠在循环时可以依靠滚珠的重力使运动更顺畅。也有在工作台的下方直接设计加工滚珠螺母安装孔，装配时将滚珠螺母直接装入工作台。

如果滚珠螺母外径小于支撑端轴承外径，则必须在装入支撑端轴承之前先将滚珠螺母装入螺母座并暂时固定，否则会出现支撑端轴承装配完毕后，滚珠螺母无法装入螺母座的情况。

4）将支撑端支撑单元安装到丝杠上

用轴承装配专用衬套将支撑端轴承装入丝杠支撑端，再用专用工具钳将弹性挡圈装入丝杠的定位沟槽内，最后将轴承装入支撑端支撑单元轴承孔内。

上述各步骤见图12-38所示装配示意图。

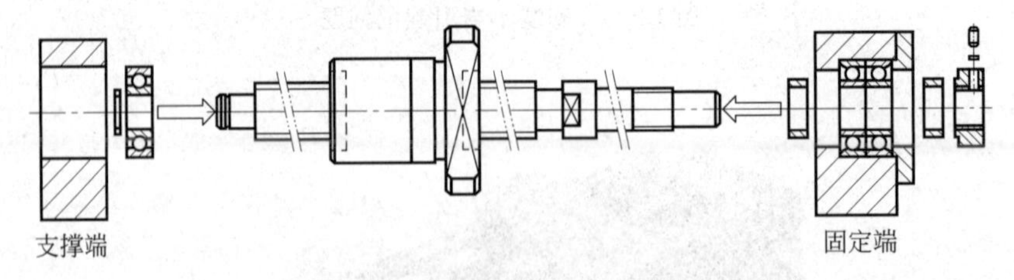


图12-38　两端支撑单元装配示意图

5）底座固定

将固定端、支撑端的支撑单元用螺钉初步安装到底座上，**螺钉为半紧状态，以便能够调整。**

**2. 支撑单元位置检测与调整**

丝杠的位置最终由两端的支撑单元确定，这种直线运动系统的安装调整最关键的目标就是必须使丝杠与两根直线导轨之间保持平行状态、丝杠两端等高。

1）打表检测调整保证丝杠与直线导轨在水平面内平行

图 12-39 所示为丝杠与导轨平行示意图，图 12-40 所示为百分表打表原理示意图。

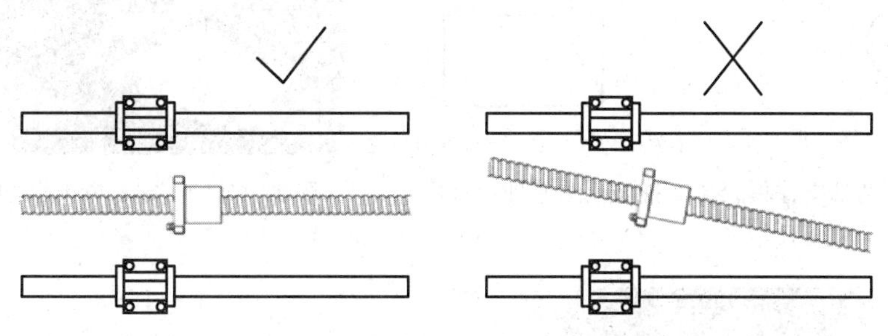

图 12-39　两端支撑单元位置调整示意图

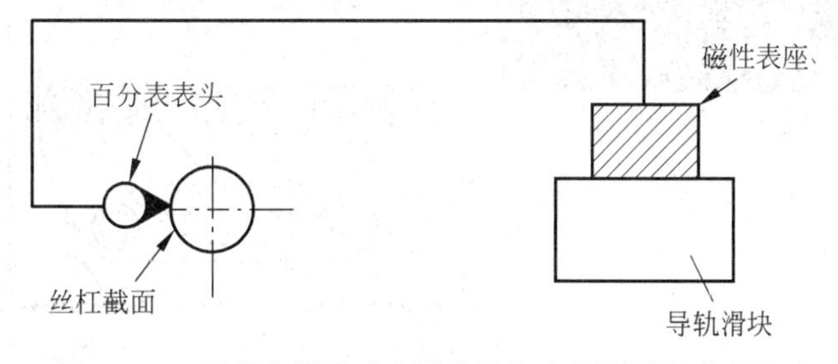


图 12-40　两端支撑单元水平位置打表检测原理示意图

如图 12-41 所示，将磁力表座固定在一条导轨的滑块上，百分表表头按压在丝杠**另一侧的最大半径处**，移动导轨滑块，检测表头在丝杠两端位置时的读数，根据读数用橡胶锤轻轻敲击一个支撑单元的位置，反复检测直到上述读数一致或误差在允许值内为止。

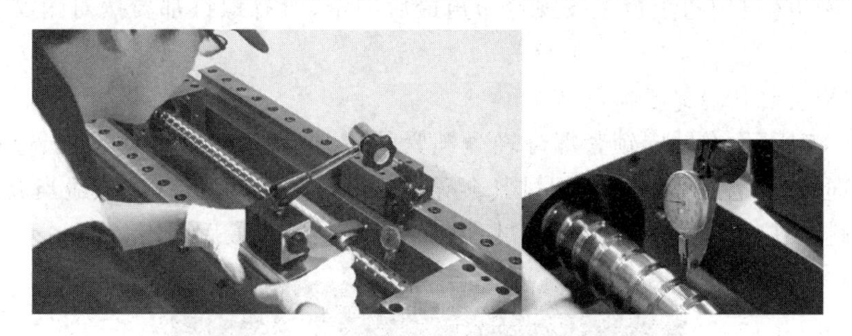

图 12-41　两端支撑单元位置调整打表检测

2）打表检测调整保证丝杠两端等高

图 12-42 所示为百分表打表原理示意图。

如图 12-43 所示，将磁力表座固定在一条导轨的滑块上，百分表表头按压在丝杠顶部的**最大高度处**，移动导轨滑块，检测表头在丝杠两端位置时的读数，根据读数就可以判断丝杠哪一端偏低了多少。根据高度差我们用相应厚度的塞片（可能需要多次调整试验）垫在偏低的支撑单元下方再重复进行检测，直到丝杠两端等高为止，如图 12-44 所示。

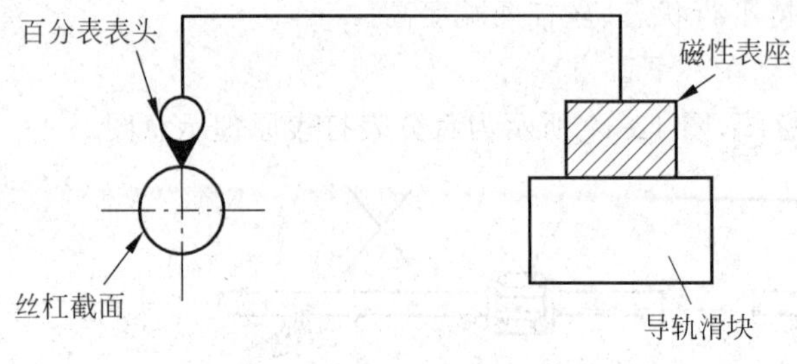

图 12-42　两端支撑单元高度打表检测原理示意图

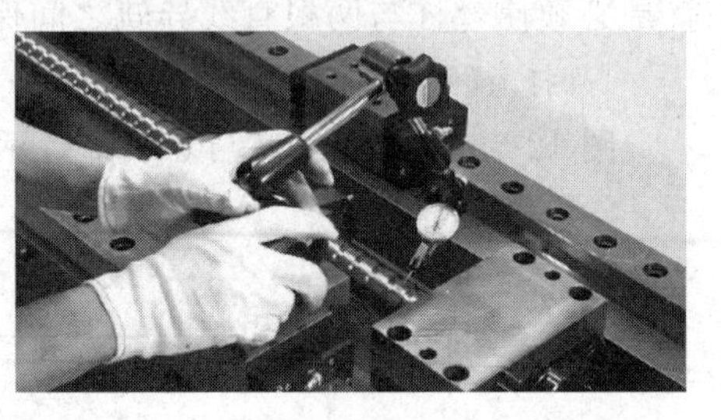
图 12-43　两端支撑单元高度打表检测

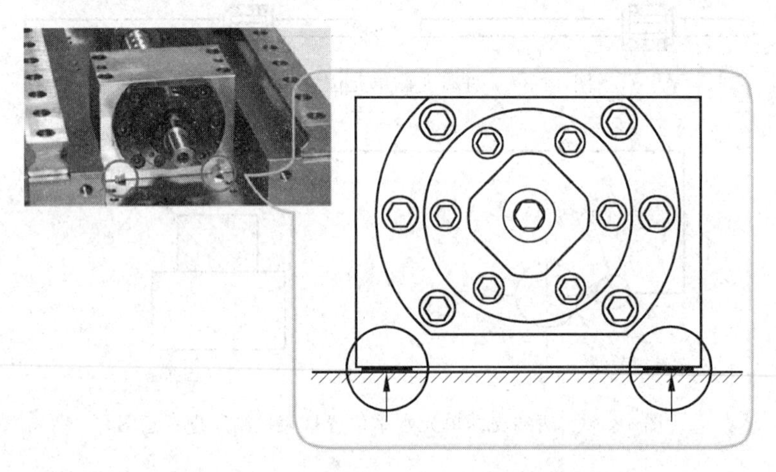
图 12-44　对偏低的支撑单元进行垫高示意图

只有当丝杠与直线导轨在水平面内平行、丝杠两端等高(调整到允许误差范围)后，才能将两端支撑座的螺钉用扭矩扳手按规定扭矩最后固定，所有螺钉都要按对角交叉次序分多次进行拧紧。

3) 打表检测丝杠端部径向跳动

如图 12-45 所示，在轴向锁紧螺母轻微锁紧的情况下，边慢慢转动丝杠、边检测确认丝杠轴端的径向跳动，若锁紧螺母紧固过紧会导致轴端径向跳动过大，应该适当放松。只有最后确认径向跳动在规定误差范围内后，才能将轴承锁紧螺母最后固定。

图 12-45　打表检测丝杠端部径向跳动

为了防止锁紧螺母在工作过程中松动，用垫片和无头六角螺钉将锁紧螺母固定时，一般要在螺钉螺纹上涂螺丝胶水后再固定。为了减少锁紧螺母与调整环、轴承接触面的变形，装配时首先用两倍的拧紧力矩将锁紧螺母锁紧，然后再放松，之后再用规定的扭矩将锁紧螺母重新锁紧。

**3. 与螺母座及工作台的安装**

前面根据直线导轨的方向调整安装好了丝杠，则丝杠的方向也与导轨保持一致了。最后螺母、螺母座、工作台要连接在一起形成一个封闭的尺寸链，其中螺母与螺母座之间的间隙就是用于位置的调整，如图 12-46 所示。

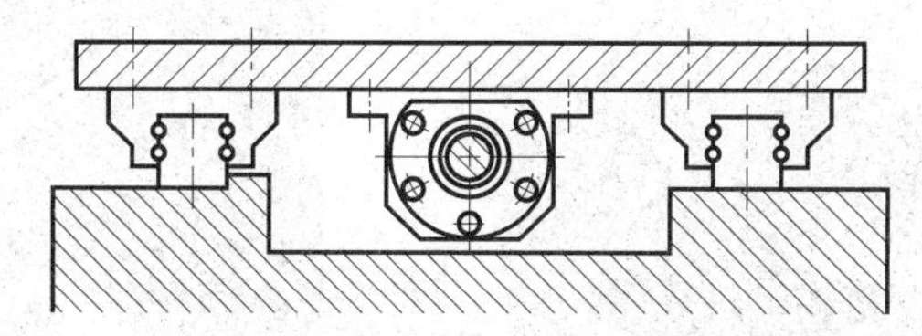

图 12-46　滚珠丝杠与直线导轨同时使用示意图

装配调整要点是：两端支撑单元的轴承座孔中心与螺母座的孔中心要精确调整到“三点同心”的最佳状态，即三个安装孔中心必须精确调整到位于一条直线上，装配时也不能施加过大的力，不能发生机械干涉和安装应力。因为丝杠的沟槽经过淬火和研磨加工，如果将丝杠与滚珠螺母在不正确的状态强行拧入会在丝杠的沟槽上产生压痕，降低机构的精度与寿命。

图 12-47　将螺母座固定到工作台上

(1) 将螺母座固定到工作台上，如图 12-47 所示。

(2) 再将螺母座与螺母进行连接，如图 12-48 所示。

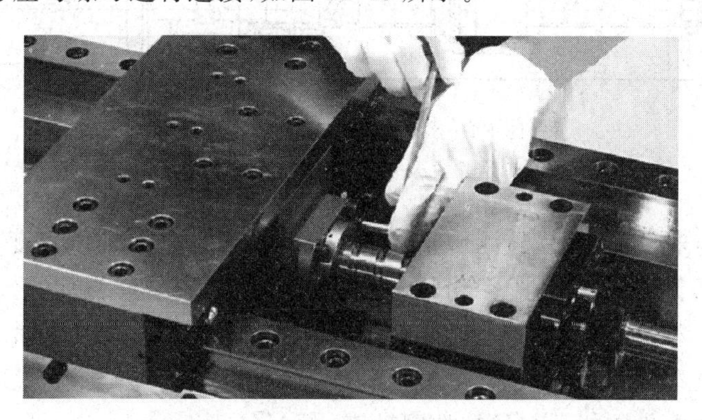

图 12-48　将螺母固定到螺母座上

(3) 释放可能的安装应力。

按上述步骤连接在一起的结构通常都会存在机械干涉，同时在螺母内产生安装应力，为了达到无干涉的自由状态，我们先松开工作台与螺母座的连接螺钉，再重新拧紧；然后松开螺母与螺母座的连接螺钉，再重新拧紧。反复进行 2～3 次后，最后用扭矩扳手完全固定螺母座与工作台、螺母与螺母座。

(4) 最后检测确认丝杠转动阻力。

往复转动丝杠使工作台左右移动，观察工作台运动是否顺畅，否则就重复前面的调整步骤。在工作台分别位于丝杠的左端、中间、右端三个位置时，用扭矩扳手反复正反转动丝杠，测试丝杠转动所需要的扭矩(回转阻力)是否在规定范围内，如图12-49所示。否则重复前一步安装调整。

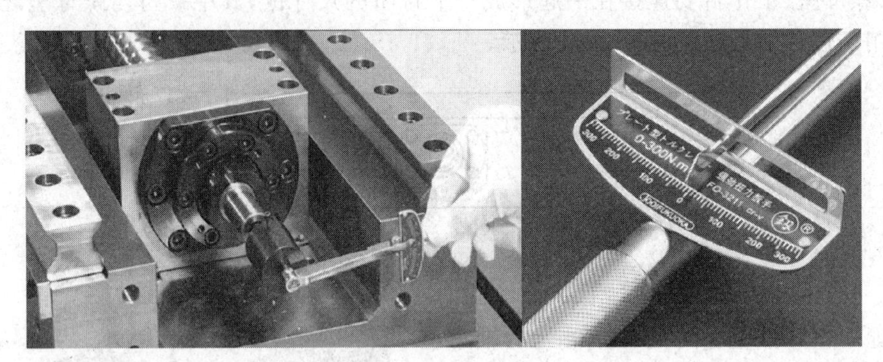


图12-49　用扭矩扳手测试丝杠转动阻力

**4. 电机安装座的安装、检测与调整**

导轨、丝杠安装完成后，最后电机轴需要调整到与丝杠同轴(最理想情况)的状态，才能将联轴器、丝杠、电机轴进行连接，确保丝杠、电机、联轴器可靠工作并确保工作寿命。主要通过保证电机安装座电机安装平面与丝杠轴线垂直、电机定位圆孔与丝杠同轴来实现。如图12-50所示。

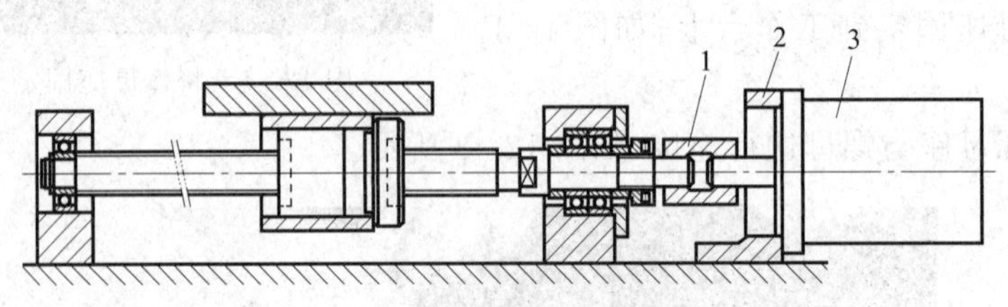


图12-50　滚珠丝杠与电机的装配连接

1—弹性联轴器；2—电机安装座；3—电机

(1) 初步固定电机安装座，检测调整电机安装座端面与丝杠的垂直度。

将磁力表座吸附在丝杠轴端，百分表表头按压在**电机安装座端面**，轻轻反复转动丝杠，观察百分表读数；根据检测结果对电机安装座端面**轴向的某一侧**用塞片进行调整，确保电机安装平面与丝杠轴线垂直，如图12-51所示。

(2) 检测调整电机定位孔与丝杠的同轴度。

将磁力表座吸附在丝杠轴端，百分表表头按压在**电机安装座定位孔圆柱面上**，轻轻反复转动丝杠，观察百分表读数；根据检测结果对电机安装座**左右方向**轻轻敲击调整，如果**高度方向**某一侧偏低就用前面图12-44类似的方法加塞片进行垫高，确保电机定位孔与丝杠轴线同轴。上述垂直度、同轴度都保证后才用扭矩扳手将电机安装座最后固定，如图12-52所示。

(3) 固定电机及联轴器。

先固定电机：直接将电机安装在电机安装板上，用扭矩扳手最后拧紧螺钉；

图 12-51　检测调整电机安装座端面与丝杠的垂直度

图 12-52　检测调整电机定位孔与丝杠的同轴度

再固定联轴器：联轴器在电机轴、丝杠轴上应可以灵活自由转动、移动；最后固定联轴器上的螺钉，将联轴器与丝杠、电机轴固定，如图 12-53 所示。

图 12-53　最后固定联轴器

**5. 试运行**

先手动转动丝杠观察是否运动顺畅，再启动电机试运行，仔细观察机构运转情况，如有异常情况及时停止运行并检查原因后重新进行调整，保证装配精度使系统能正常可靠运行。

## 12.5　了解滚珠丝杠保养维护

滚珠丝杠保养维护

**1. 滚珠丝杠型号编号规则**

滚珠丝杠的规格最后都由一组编号来表示，订购时直接用这种编号来表示。不同的制造商其编号规则稍有区别。许多情况下需要制造商对丝杠按用户特殊要求专门加工后再提供，因此订购时经常需要用户附加丝杠加工图纸。一般只对丝杠有效螺纹部分进行淬火热处理，丝杠其余部位用户仍可进行机械加工，既保证了滚珠丝杠的性能，又方便用户。

下面以 THK 公司的滚珠丝杠为例，说明其型号编号规则。

例如，某滚珠丝杠的代号为“BNFN2005L-5RRG0+610LC5”，各代号所表示的意义分别为：

BNFN2005 为公称型号，其中 BNFN 表示螺母型式，20 表示丝杠外径为 20 mm，05 表示导程为 5 mm；L 表示为左螺纹，无代号时表示为右螺纹；5 表示螺母滚珠回路数为 5；RR 表示密封圈代号；G0 表示轴向间隙等级代号；610L 表示丝杠全长为 610 mm；C5 表示精度等级。

**2. 滚珠丝杠使用维护**

滚珠丝杠为精密传动部件,在装配、使用及维护过程中应注意以下要点:

(1) 保护。轻拿轻放,禁止敲击、碰撞或打击丝杠及滚珠螺母,严禁敲击和拆卸回流管,以免造成钢球堵塞,运动不流畅。

(2) 禁止将滚珠螺母与丝杠分开。滚珠丝杠在出厂前已按用户要求调整至所需预压力,注意不要将螺母与丝杠分开,随意拆开螺母组件将会导致钢球散落,预压力消失,一旦滚珠散落,如再强行装上,会损坏返向器。重新组装容易因组装错误而使滚珠丝杠丧失功能,也容易导致灰尘的进入,使精度下降或导致故障。如确实必须分开,必须采用专用的工具,同时注意滚珠不要脱落,回流管不能碰撞、损伤。如发现滚珠散落,应及时与制造商联系,由制造商提供支持。

(3) 避免滚珠螺母因自重从丝杠上脱落。要注意避免将无预压的滚珠丝杠处于直立状态,防止滚珠螺母因自重而脱落,垂直使用时尤其要小心。不慎摔落可能会因损伤部件,这时建议由制造商进行检查。垂直使用滚珠丝杠时,建议通过设置安全螺母等防护结构来预防工作台的脱落。

(4) 禁止超越行程使用。如果超越行程使用,滚珠丝杠副受到撞击可能会出现滚珠脱落、循环零部件受损、沟槽轨道产生压痕等故障,从而导致运转不良、精度下降、缩短寿命甚至损坏。

(5) 保管及放置。因为滚珠丝杠从制造商的工厂出厂时都有专门的包装,直至装配前不要轻易打开或撕破内包装,否则容易发生灰尘进入或部件生锈的现象。建议采用以下摆放形式进行保管:

- 以制造商原始包装,水平摆放(图12-54);
- 在清洁的地方垫放枕木,然后水平摆放;
- 在清洁的地方,垂直悬吊保管。

(6) 装配前的清洗。安装前必须用溶剂对丝杠进行清洗,然后加以适当的润滑脂或润滑油,再进行装配。

(7) 防尘措施。应尽可能在清洁的环境中使用,避免灰尘和粉屑等进入滚珠丝杠内。如无法避免灰尘,就必须设置有效防尘装置,如采用伸缩套管、折叠式波纹保护套等,如图12-55所示。

(8) 润滑。使用前需确认润滑状态,当涂有润滑脂时可直接使用,但如润滑脂表面粘有灰尘时,需要用清洁的白煤油洗净,再重新涂上相同的新润滑脂后再使用,应避免不同性质润滑脂混合使用。定期进行润滑脂的检查和更换;根据使用环境设定适当的更换周期,当发现污染明显时及时将旧润滑脂擦净,重新涂上新的润滑脂。

(9) 使用温度。在正确的润滑条件下,滚珠丝杠的允许运行温度范围通常为$-30\sim+80$℃,注意不要在超越此温度条件下使用,在温度低于$-20$℃时,驱动力矩会增加。当需要在80℃以上的温度下使用时,建议与制造商协商。由于热变形对滚珠丝杠的定位精度有着重要的影响,温度升高使丝杠热膨胀而伸长,为此必须采取必要的措施,降低丝杠热变形的影响。

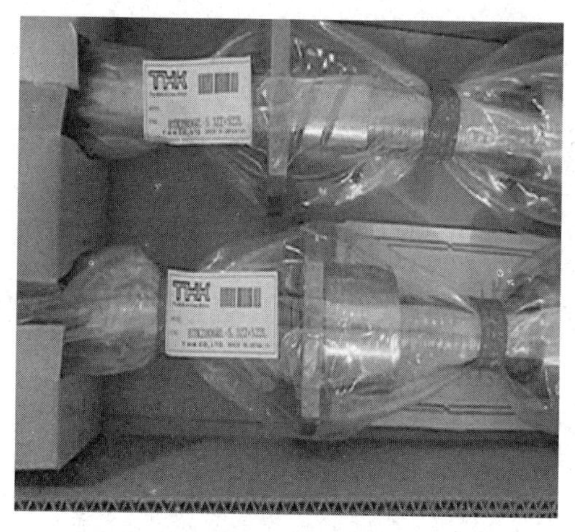


图 12-54　尽量以原始包装水平放置

图 12-55　防尘伸缩套管

**3. 滚珠丝杠的主要制造商**

滚珠丝杠作为一种重要的精密传动部件，由于制造技术类似，直线导轨、直线轴承制造商一般也同时生产滚珠丝杠。目前国外主要的制造商有日本 NSK、THK、TSK、德国 Bosch、韩国 TAIJING 等公司。

## 思　考　题

1. 哪些场合需要使用滚珠丝杠？
2. 简述滚珠丝杠的结构和工作原理。
3. 工程上的滚珠丝杠有哪些类型？
4. 滚珠丝杠有哪些优点？
5. 滚珠丝杠在工作时能够承受哪些载荷？不能承受哪些载荷？
6. 滚珠丝杠有哪些标准支撑单元？标准支撑单元由哪些零件组成？
7. 滚珠丝杠的端部有哪些支承方式？如何选用？
8. 在国家标准中滚珠丝杠的精度共分为多少个等级？等级代号是什么？
9. 如何根据使用条件选定导程？
10. 如何消除丝杠与滚珠螺母之间的轴向间隙？
11. 滚珠丝杠主要有哪些误差来源？
12. 装配滚珠丝杠时如何将两端的轴承装入丝杠？装入支撑单元时需要注意什么？
13. 滚珠丝杠通常都是与直线导轨或直线轴承同时使用，使用直线导轨机构导向时整个滚珠丝杠系统如何装配？
14. 如何保证丝杠与直线导轨空间平行？
15. 使用滚珠丝杠能否拆卸滚珠螺母？
16. 使用滚珠丝杠时需要注意哪些事项？

# 第13章 解析自动机器传动系统

在很多场合,电机无法直接与负载连接在一起,需要采用其他中间传动环节来实现,工程上最基本的传动方式有3类:齿轮传动、带传动和链传动。同步带传动和链传动具有众多的优越性,目前在自动机械中得到大量应用。

同步带传动结构原理

## 13.1 解析同步带传动结构原理

同步带是一种带齿的柔性环形皮带,同步带轮上加工有与同步带齿型相匹配的槽,依靠齿与槽的啮合来传递动力,同步带与同步带轮之间无相对滑动,所以保证了两同步带轮之间的同步(图13-1)。目前国内已经有大量厂家从事同步带/同步带轮的生产制造。

图13-1 同步带与同步带轮

### 1. 同步带传动主要应用场合

同步带传动目前除被大量应用在各种自动化装配专机、自动化装配生产线、机械手、工业机器人等自动机器外,还广泛应用在机床、汽车、包装机械、仪器仪表、办公设备、家用电器、农业等各行各业。图13-2～图13-5为同步带传动在自动机器中的部分应用实例。

图13-2 同步带传动在工业机器人上的应用

图 13-3　同步带传动在机械手中的应用

图 13-4　同步带传动在电动缸中的应用

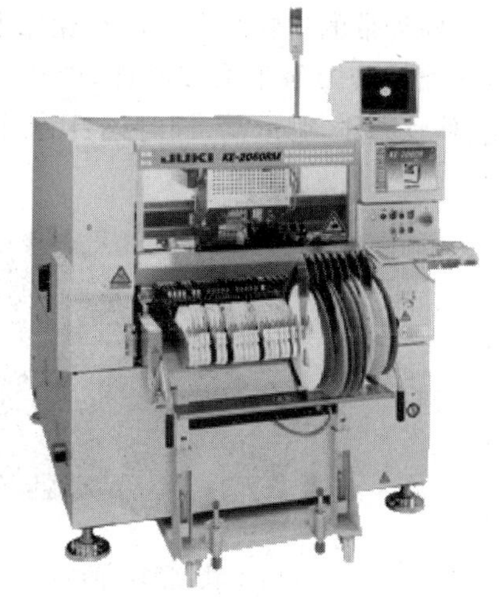

图 13-5　同步带传动在 SMT 高速贴片机中的应用

**2. 同步带传动特点**

同步带之所以在工程上获得大量使用，是因为它们具有以下突出的优点：

- 传动速比恒定，无通常平皮带传动的滑移现象；
- 同步带结构的柔性具有吸振作用，运动平稳，运行噪声小；
- 传动效率高，一般可达 98%～99%；
- 传动比范围大，一般可达 1∶10，可适应各种传动比场合；
- 允许的线速度比链传动及齿轮传动都高；
- 传递的功率大；
- 价格低廉，安装维护简单方便；
- 大幅简化设计制造过程，降低制造成本。

**3. 同步带结构**

1）齿形

工程上最常用的同步带主要有两种类型：梯形齿，如图 13-6 所示；圆弧齿，如图 13-7 所示。

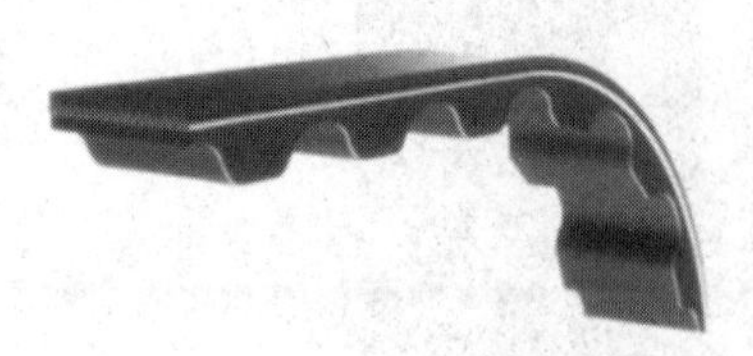

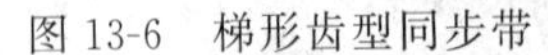

图 13-6　梯形齿型同步带

图 13-7　圆弧齿型同步带

2）同步带轮

同步带是一种环形的、内侧带齿的皮带，图 13-8 为各种形状的同步带轮。为了防止同步带偏离带轮，经常在同步带轮的两侧设置挡边。

3）同步带材料

同步带的材料结构与汽车轮胎非常类似，如图 13-9 所示。主要成分为橡胶，通常采用聚氨酯橡胶及氯丁橡胶两种，内含钢丝或玻璃纤维组成的骨架材料，具有优良的耐屈挠性能，伸长率小，强度高，同时还具有耐油、耐热、耐老化等特点。

图 13-8　典型形状的同步带轮

图 13-9　同步带材料结构

在工程上，同步带传动主要有连续传动、断续传动、往复传动三种不同方式。连续传动就是最通常的情况，例如皮带输送线；断续传动经常用于输送线的间歇传动；往复传动经常用于机械手的往复运动，如图 13-3 机械手实例。

**4. 同步带主要参数**

1）节距

节距是指在同步带轮或同步带中心节线上测得的相邻两齿之间的距离，一般用 $p$ 表示，单位为 mm。图 13-10、图 13-11 表示两种基本类型的同步带节距示意图。

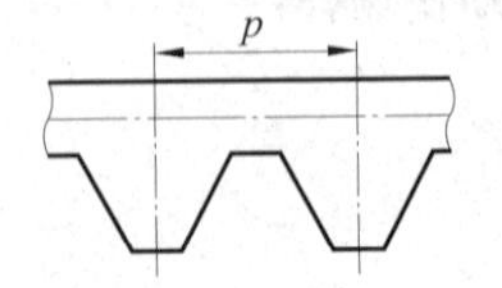


图 13-10　梯形齿型同步带节距

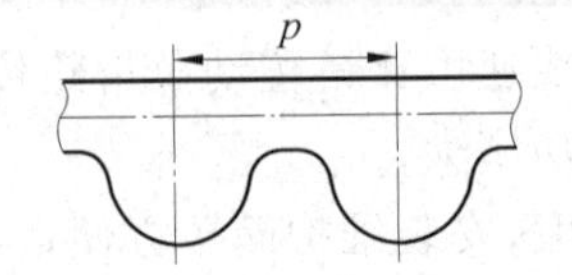


图 13-11　圆弧齿型同步带节距

常用的节距规格为 3 mm、5 mm、8 mm、14 mm、20 mm，一般分别用代号 3M、5M、8M、14M、20M 表示。同步带轮与配套的同步带必须具有相等的节距，否则将无法正常啮合工作。

2）齿数

齿数指同步带轮或同步带上齿的总数量，分同步带齿数、同步带轮齿数，一般用 $Z$ 表示。

3）节线、节线长度

同步带在内侧及外侧的长度不同，当同步带发生弯曲时长度也会发生变化，但当同步带在纵截面内弯曲时，皮带中始终有一条保持原长度不变的周线。为了方便度量同步带的长度，工程上将始终保持原长度不变的任意一条周线称为**节线**，该节线的长度称为**节线长度**，单位为 mm。大小等于同步带齿数与节距的乘积，如式(13-1)所示。

$$L = pZ \tag{13-1}$$

4）同步带轮节圆、节圆直径

与同步带节线相切的圆称为节圆。图 13-12、图 13-13 表示了两种基本类型的同步带轮节圆与节圆直径示意图。同步带轮的节圆直径比其外径大。

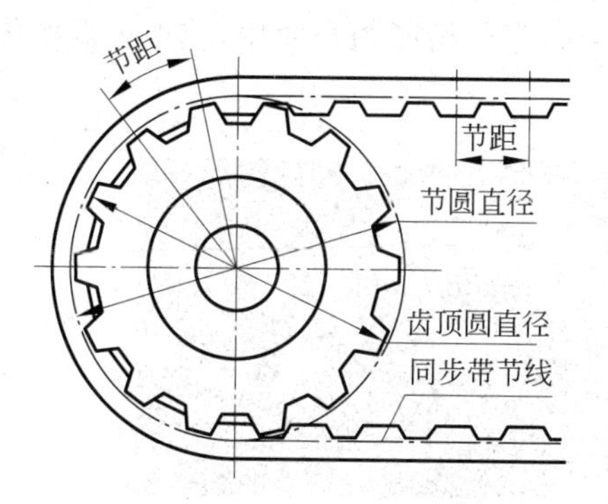


图 13-12　梯形齿型同步带轮节圆

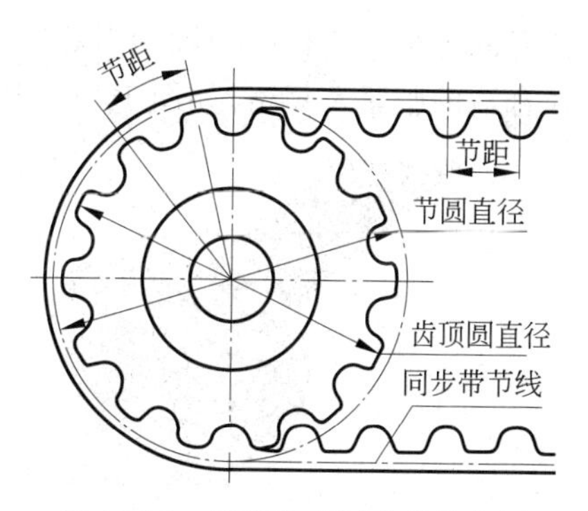


图 13-13　圆弧齿型同步带轮节圆

$$d = \frac{pZ}{\pi} \tag{13-2}$$

式中，$L$ 为同步带节线长度，mm；$d$ 为 同步带轮节圆直径，mm；$p$ 为同步带节距，mm；$Z$ 为同步带齿数或同步带轮齿数。

5）传动比

同步带传动的传动比一般用 $i$ 表示。

$$i = \frac{n_1}{n_2} = \frac{Z_2}{Z_1} \tag{13-3}$$

式中，$n_1$ 为主动轮转速，r/min；$n_2$ 为从动轮转速，r/min；$Z_1$ 为主动轮齿数；$Z_2$ 为从动轮齿数。

### 5. 同步带轮轴向固定方式

1）平键＋紧定螺钉固定

这种方式下平键传递扭矩，因为间隙配合会在正反转时产生冲击，损坏同步轮，所以键和键槽应紧配合。为了防止紧定螺钉松动，应加螺丝胶水防止脱落。紧定螺钉处应防止毛刺损伤同步带，如图 13-14 所示。

2）轴端抱紧固定

在端部设计夹紧套，不需要加工平键槽，抱紧力矩很大，可满足大部分使用场合，如图13-15所示。

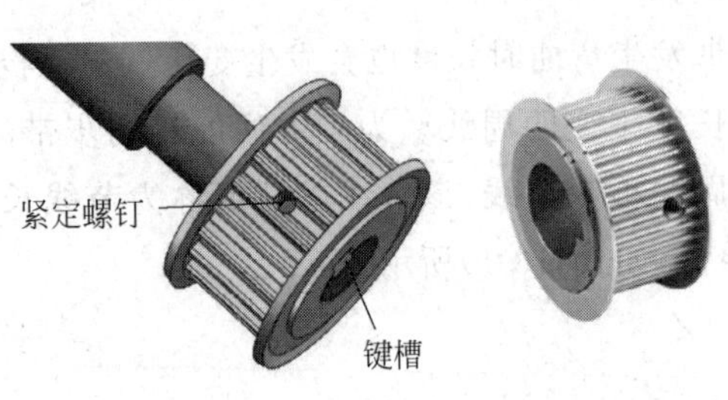

图13-14　平键＋紧定螺钉固定同步带轮

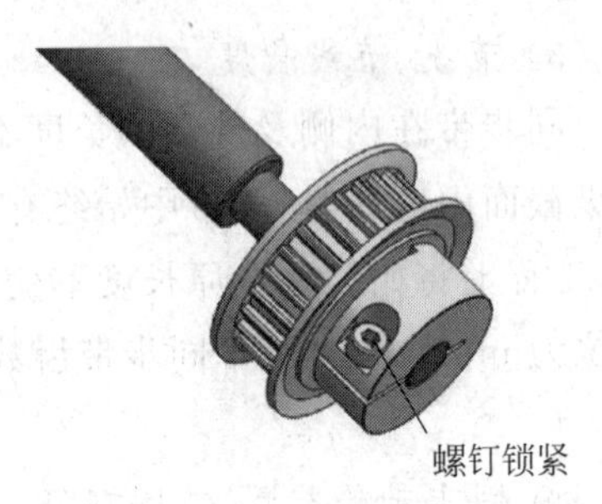

图13-15　轴端抱紧固定同步带轮

3）胀紧套固定

胀紧套固定是一种标准的轴端固定方式，适合高定位精度场合使用，应根据需要传递的扭矩选择合适的胀紧套规格，如图13-16所示。

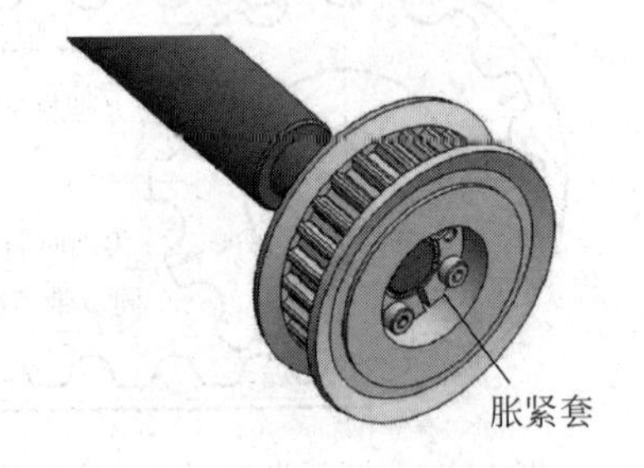

图13-16　胀紧套固定同步带轮

**6. 同步带、同步带轮的表示方法**

1）同步带的表示方法

同步带一般直接用一组代号表示，向制造商订购时直接采用这种代号。下面以某制造商的编号规则为例说明如下。如“HTD-720-8M-30”表示的意义为，HTD：同步带类型（HTD为圆弧齿型）；720：同步带长度（720 mm）；8M：同步带节距（8 mm）；30：同步带宽度（30 mm）。

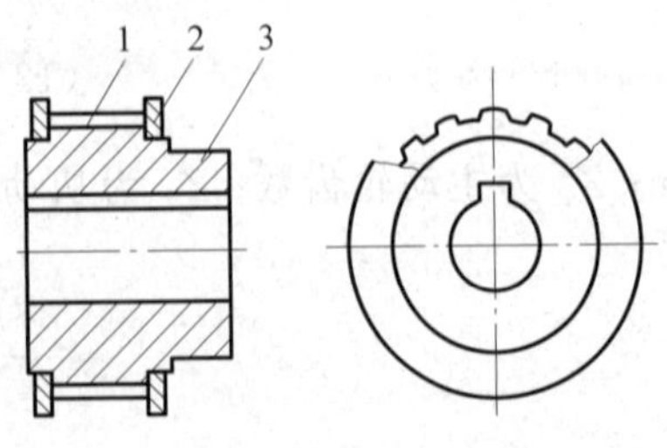

图13-17　同步带轮结构
1—轮齿；2—挡边；3—轮毂

2）同步带轮的表示方法

同步带轮一般由轮毂和挡边组成，如图13-17所示。

同步带轮也可以用一组代号来表示，同步带制造商一般也同时进行同步带轮的配套加工，由于同步带轮还包括安装尺寸，所以一般还需要向制造商另附同步带轮图纸，进一步明确以下内容：

（1）安装孔径尺寸及公差、键槽及其他结构尺寸；

(2) 同步带轮材料，一般用 $45^{\#}$ 钢、铝合金、铸铁；

(3) 其他技术要求，如形位公差等。

下面仅以某制造商的编号规则为例说明如下。如"P28-HTD-8M-30-F"表示的意义为，P28：齿数(28)；HTD：同步带轮齿型(HTD 为圆弧齿型)；8M：同步带轮节距(8 mm)；30：同步带轮宽度(30 mm)；F：同步带轮两侧带挡边。

## 13.2　解析同步带传动设计选型

同步带传动设计选型

### 1. 同步带传动选型设计步骤

1) 设计条件

在同步带传动设计中，通常都是在以下已知条件下进行的：

(1) 同步带需要传递的功率；

(2) 主动轮转速、从动轮转速或传动比；

(3) 同步带轮安装中心距离；

(4) 工作条件等。

需要计算选型确定的项目包括同步带节距、宽度、节线长度、实际中心距、同步带轮齿数等，并将各参数用符号表示再向制造商订购同步带、同步带轮。

2) 根据转速、功率选定同步带带型

不同节距齿型的同步带其单位宽度所能够传递的功率是不同的，同一规格的同步带在不同的转速下所能够传递的功率也不同，为了方便用户正确地选用同步带，制造商将不同类型、不同节距的同步带在不同转速下能够传递的功率制成图表，可以根据图表直接选用合适的规格。

图 13-18 为某制造商圆弧齿型同步带带型选型图，图中 3M、5M、8M、14M、20M 表示常用的节距规格，3M 表示同步带的节距为 3 mm(其余类似)，每一种节距都有其合适的工作范围，阴影部分表示相邻的两种节距的同步带使用范围重叠的部分，两种节距的同步带都可以使用。

同步带带型选型就是根据同步带所需要传动传递的负载功率及主动轮转速选择合适的同步带齿型及节距。

3) 选定同步带轮齿数

选择同步带轮的目的是根据条件选择合适的同步带轮直径，由于节距确定后，同步带轮直径就直接由齿数决定，所以这里实际上也是选择合适的同步带轮齿数，同时计算出同步带轮的直径，采用同步带轮的节圆直径最方便。

在传动比一定的情况下，同步带轮的齿数越小，同步带轮的直径也越小，传动机构结构也越紧凑，但同步带工作时同时啮合的齿数也越少，容易造成同步带带齿承载过大而剪断的现象。此外，同步带轮直径越小，同步带工作时的弯曲应力越大，容易造成疲劳破坏，所以带轮的直径不能过小，也就是说，在一定的主动轮转速、一定的节距前提下，同步带主动轮齿数 $Z_1$ 不能低于某一最低齿数 $Z_{\min}$，即

$$Z_1 \geqslant Z_{\min} \tag{13-4}$$

根据不同的带轮转速与节距，制造商将上述最低齿数 $Z_{\min}$ 编成表格，这就是表 13-1。

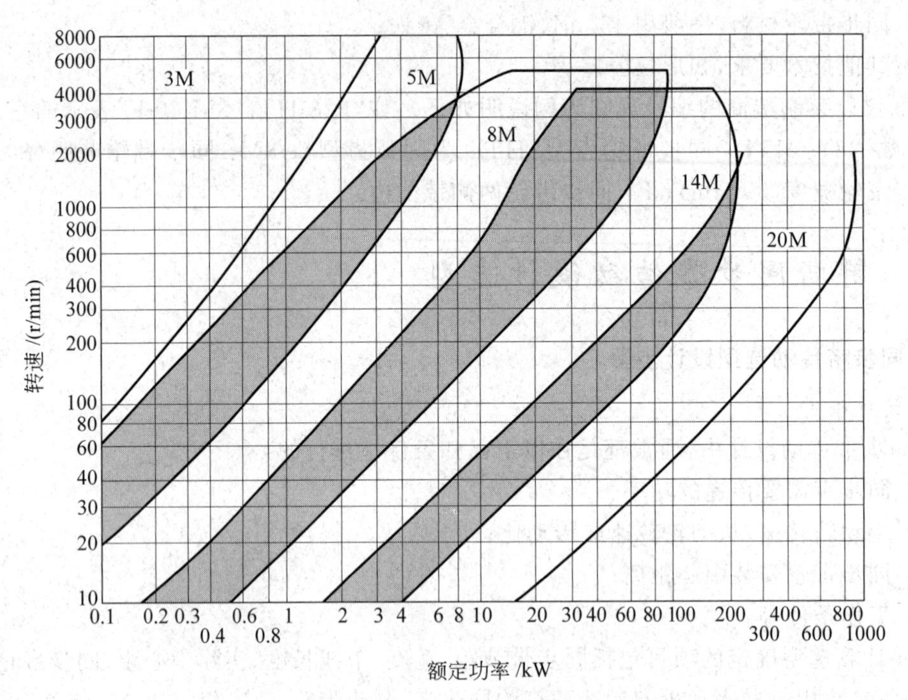


图 13-18 圆弧齿型同步带带型选型图

使用时直接根据节距及转速就可以查出主动轮需要的最小齿数。

**表 13-1 同步带轮最低齿数**

| 同步带轮转速 /(r/min) | 不同同步带型号下的最小齿数 $Z_{min}$ | | | | |
|---|---|---|---|---|---|
| | 3M | 5M | 8M | 14M | 20M |
| ≤900 | 10 | 14 | 22 | 28 | 34 |
| >900～1400 | 14 | 20 | 28 | 28 | 34 |
| >1400～1800 | 16 | 24 | 32 | 32 | 38 |
| >1800～3600 | 20 | 28 | 36 | — | — |
| >3600～4800 | 22 | 30 | — | — | — |

同步带轮也是对每种节距按一定的标准齿数、宽度设计成各种系列规格，根据上述主动轮最低齿数，可以根据制造商的样本选择标准的同步带轮。

主动轮齿数 $Z_1$ 确定后，根据式(13-3)就可以计算出从动轮的齿数 $Z_2$。同样可以直接根据制造商的样本选择与计算值最接近的从动轮标准齿数。例如某制造商节距为 8M 的同步带轮齿数系列为 22、23、24、…、56，齿数大小是连续排列的。

确定同步带轮的齿数后，就可以计算出同步带轮的节圆直径，初步估计传动系统所需要的空间尺寸。

4) 计算同步带理论节线长度

确定了同步带轮的齿数后，根据同步带轮安装中心距离要求，可以计算出满足上述条件的同步带理论节线长度，之所以称为理论节线长度，仅仅作为选型的参考依据。

计算同步带理论节线长度时，通常将同步带传动系统进行简化，同步带用节线表示，同步带轮用节圆表示，如图 13-19 所示。

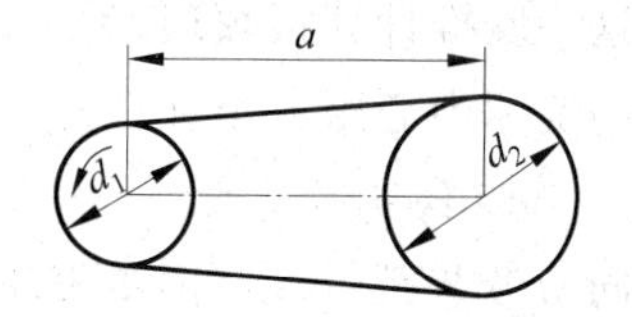


图 13-19　同步带传动系统示意图

同步带轮的节圆直径分别可以由式(13-2)计算得出，根据图 13-19 所示的几何关系，同步带的理论节线长度为

$$L = 2a + \frac{(d_1 + d_2)\pi}{2} + \frac{(d_1 - d_2)^2}{4a} \tag{13-5}$$

式中，$L$ 为同步带的理论节线长度，mm；$a$ 为同步带轮的初定中心距，mm；$d_1$ 为同步带轮主动轮节圆直径，mm；$d_2$ 为同步带轮从动轮节圆直径，mm。

实际工程设计中通常并非一定要根据式(13-5)计算同步带的理论节线长度，只要在 CAD 设计界面上直接量取图 13-19 中各段直线及圆弧的长度相加即可得出。

5）选定同步带标准节线长度

根据计算出的理论节线长度，从制造商的产品系列中选定与理论长度最接近的标准长度。表 13-2 为某公司节距为 8M 的圆弧齿型同步带标准长度系列。和气缸的行程类似。

**表 13-2　节距 8M 的圆弧齿型同步带标准长度系列**　mm

| 长度代号 | 节线长度 | 齿数 | 长度代号 | 节线长度 | 齿数 |
|---|---|---|---|---|---|
| 416 | 416 | 52 | 1248 | 1248 | 156 |
| 424 | 424 | 53 | 1280 | 1280 | 160 |
| 480 | 480 | 60 | 1393 | 1393 | 174 |
| 560 | 560 | 70 | 1400 | 1400 | 175 |
| 600 | 600 | 75 | 1424 | 1424 | 178 |
| 640 | 640 | 80 | 1440 | 1440 | 180 |
| 720 | 720 | 90 | 1600 | 1600 | 200 |
| 760 | 760 | 95 | 1760 | 1760 | 220 |
| 800 | 800 | 100 | 1800 | 1800 | 225 |
| 840 | 840 | 105 | 2000 | 2000 | 250 |
| 856 | 856 | 107 | 2240 | 2240 | 280 |
| 880 | 880 | 110 | 2272 | 2272 | 284 |
| 920 | 920 | 115 | 2400 | 2400 | 300 |
| 960 | 960 | 120 | 2600 | 2600 | 325 |
| 1000 | 1000 | 125 | 2800 | 2800 | 350 |
| 1040 | 1040 | 130 | 3048 | 3048 | 381 |
| 1056 | 1056 | 132 | 3200 | 3200 | 400 |
| 1080 | 1080 | 135 | 3280 | 3280 | 410 |
| 1120 | 1120 | 140 | 3600 | 3600 | 450 |
| 1200 | 1200 | 150 | 4400 | 4400 | 550 |

6）确定实际中心距

由于选定的同步带标准长度与初定的中心距有出入，选定同步带标准长度后，必须按同步带标准长度重新根据式(13-5)进行反推，计算出实际所需要的中心距。

这一反推计算很烦琐，为了简化计算，制造商将各种同步带标准长度、同步带轮齿数组合下的实际中心距大小计算好了并制成相应的表格，只需要查表就可得知实际的中心距。

7) 选定同步带宽度

同步带节距、长度、同步带轮齿数确定后，唯一未确定的参数就是同步带的宽度及同步带轮的宽度，其中同步带轮的宽度是与同步带的宽度相匹配的。同步带的宽度是决定同步带功率传递能力的重要参数，其他条件一定时同步带宽度越大，同步带能够传递的功率也越大。

选定原则为必须保证同步带宽度大于以下最小值：

$$b_S \geqslant b_{S0}\left(\frac{P}{K_L K_Z P_0}\right)^{\frac{1}{1.14}} \tag{13-6}$$

式中，$b_S$ 为同步带实际宽度，mm；$b_{S0}$ 为某种节距同步带系列的最小宽度，mm；$P$ 为设计负载功率，W；$P_0$ 为最小同步带宽度能传递的额定功率，W；$K_L$ 为同步带长度系数，根据实际同步带长度范围查表取值；$K_Z$ 为啮合齿数系数，根据同步带与同步带轮的实际啮合齿数确定，当啮合齿数 $Z_m \geqslant 6$ 时 $K_Z=1$，当啮合齿数 $Z_m<6$ 时 $K_Z=1-0.2(6-Z_m)$。以上参数可以从制造商的样本资料或有关同步带设计手册中查得。

同步带宽度也是按系列生产的，如表13-3为某制造商的圆弧齿型同步带标准宽度系列。

**表 13-3 某制造商圆弧齿型同步带标准宽度系列** mm

| 同步带节距 | 同步带标准宽度 |
|---|---|
| 3M | 6、9、15 |
| 5M | 9、15、20、25、30、40 |
| 8M | 20、25、30、40、50、60、70、85 |
| 14M | 30、40、55、85、100、115、130、150、170 |
| 20M | 70、85、100、115、130、150、170、230、290、340 |

最后，将同步带、同步带轮用制造商规定的标准代号表示，并向制造商订购。

**2. 同步带传动选型设计实例**

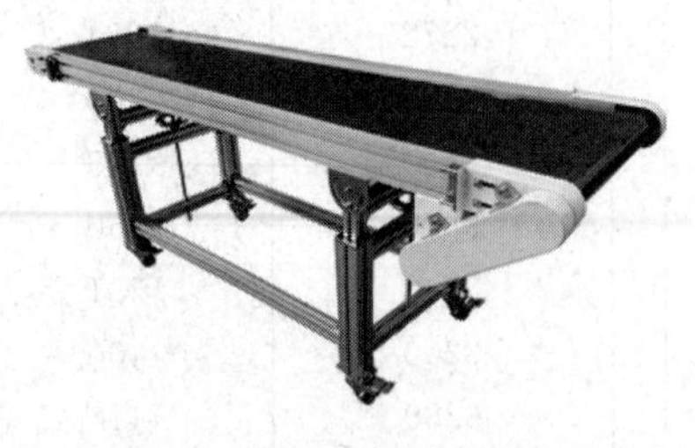

图 13-20 皮带输送线同步带传动实例

**例 13-1** 某沿水平方向输送的皮带输送系统(图13-20)，假设皮带主动轮采用电机通过同步带进行驱动，要求如下：皮带运行速度 $V=3\sim6$ m/min；皮带主动轮直径 $D=80$ mm；设计负载功率 $P=80$ W；同步带轮初定中心距 $a=250$ mm；同步带传动比 $i=1$。

根据上述使用要求，请设计同步带传动系统。

**解**：(1) 输送皮带速度计算。

根据希望的皮带运行速度选取合适的减速器减速比。

电机输出转速1350 r/min，电机首先通过减速器减速，然后通过同步带连接到皮带主动轮，由于同步带传动比 $i=1$，所以皮带主动轮的转速与电机减速器的输出转速相等。

设皮带轮主动轮转速 $n_1$，根据皮带速度 $V=n_1\pi D$，得

$$n_1=\frac{V}{\pi D}=\frac{(3\sim 6)\times 10^3}{\pi\times 80}=12\sim 24(\mathrm{r/min})$$

经过试算，发现选择减速器的减速比为 75 时为最佳选择，此时减速器输出转速为 1350/75=18 r/min，皮带主动轮的转速 $n_1$ 也为 18 r/min。

输送皮带速度验算：

$$V=n_1\pi D=18\times\pi\times 80\times 10^{-3}=4.5(\mathrm{m/min})$$

经过验算，实际皮带速度符合设计要求。

(2) 根据转速、功率选定同步带带型。

根据图 13-18，本例中主动轮转速 18 r/min 及负载功率 80 W 都属于节距为 8M 的圆弧齿型同步带工作范围，因此最后选定采用 8M 的圆弧齿型同步带，即节距为 8 mm。

(3) 选定同步带轮齿数。

根据本例的工作条件，同步带轮节距为 8M、同步带主动轮转速为 18 r/min 情况下，根据表 13-1 查表得知同步带主动轮齿数不能低于最低齿数 22，最后选定齿数 28。

(4) 计算同步带理论节线长度。

本例中初定的中心距 $a-250$ mm，根据式(13-2)得到同步带轮的节圆直径为

$$d_1=d_2=\frac{Zp}{\pi}\doteq\frac{28\times 8}{\pi}=71.3(\mathrm{mm})$$

根据式(13-5)得到需要的同步带理论节线长度为

$$L=2a+\frac{(d_1+d_2)\pi}{2}+\frac{(d_1-d_2)^2}{4a}=2\times 250+\frac{(71.3+71.3)\times\pi}{2}+0=724(\mathrm{mm})$$

在表 13-2 中查阅制造商同步带标准节线长度，最接近该计算值的标准长度为 720 mm，因此最后选定同步带实际节线长度 720 mm。

(5) 确定实际中心距。

按同步带实际节线长度 720 mm，同步带轮齿数 $Z_1=Z_2=28$，查阅制造商的相关表格资料可得满足上述条件的同步带轮实际中心距为 248 mm，与初定的中心距 250 mm 稍有差别。实际中心距也可以根据式(13-5)进行反向计算。

(6) 选定同步带宽度。

根据式(13-6)计算同步带宽度，其中所需要的参数分别为：

$b_{S0}$：节距为 8M 的同步带系列的最小宽度为 20 mm；$P$：设计负载功率 80 W；$P_0$：8M 系列同步带最小宽度为 20 mm 时能传递的额定功率为 60 W；$K_L$：同步带长度系数，实际同步带长度 720 mm 时查阅制造商资料数据取值 $K_L=0.9$；$K_Z$：啮合齿数系数，在传动比 $i=1$ 时，共有一半的齿参与啮合，所以啮合齿数 $Z_m=28/2=24$，啮合系数 $K_Z=1$。

$$b_S\geqslant b_{S0}\left(\frac{P}{K_L K_Z P_0}\right)^{\frac{1}{1.14}}=20\times\left(\frac{80}{0.9\times 1\times 60}\right)^{\frac{1}{1.14}}=28.2(\mathrm{mm})$$

查表 13-3，8M 节距的圆弧齿型同步带标准宽度为 20，25，30，40，50，60，70，85 mm。根据上述计算结果，最后选定同步带标准宽度 30 mm。

(7) 将同步带、同步带轮用制造商规定的标准代号表示,并向制造商订购。

本例中同步带可以表示为"HTD-720-8M-30",同步带轮也可以表示为"P28-HTD-8M-30-F",其中主动轮与从动轮规格相同。为了表示材料及键槽尺寸,订购时要附加同步带轮图纸(略)。

同步带张紧与使用维护

## 13.3 解析同步带张紧与使用维护

### 1. 张紧力标准

同步带传动时必须有适当的张紧力,张紧力过小,容易在频繁启动或有冲击负荷时,导致"爬齿"或"跳齿"现象;张紧力过大,则同步带工作应力过高,使同步带寿命降低,同时带来振动、噪声等问题。

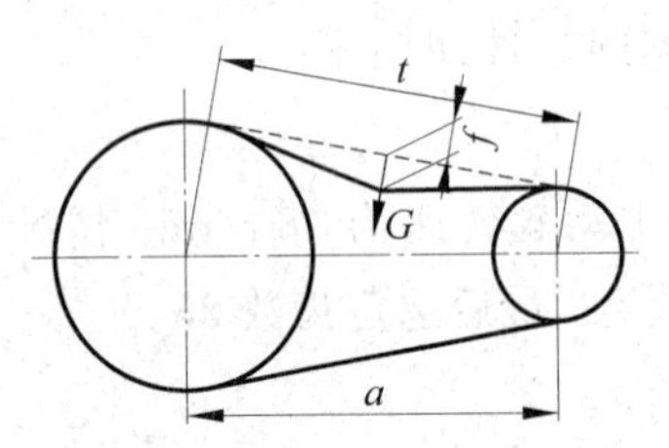


图 13-21 同步带张紧力的测定方法示意图

一般在两带轮之间的同步带跨度中点施加一个标准的垂直于皮带的检测力 $G$,如图 13-21 所示,合适的张紧力应该使每 100 mm 跨度长度产生的挠度 $f$ 为 1.6 mm,即皮带在带轮间切线长度为 $t$ 时,挠度 $f$ 应该等于 $0.016\times t$(mm)。

标准检测力 $G$ 根据带型、带宽、节距、张紧力的区别有不同的规定值,读者可以根据同步带制造商提供的设计数据进行选取,如表 13-4 为某同步带制造商提供的圆弧齿型同步带张紧力及垂直检测力部分设计数据。

表 13-4 圆弧齿型同步带张紧力及垂直检测力部分设计数据

| 节 距 | 带宽/mm | 张紧力 $F_0$/N | 垂直检测力 $G$/N |
|---|---|---|---|
| 3M | 6 | 29.4 | 2.0 |
| | 9 | 44.1 | 2.9 |
| | 15 | 73.5 | 4.9 |
| 5M | 9 | 54.9 | 3.9 |
| | 15 | 96.0 | 6.9 |
| | 20 | 137.2 | 9.8 |
| | 25 | 178.4 | 12.7 |
| | 30 | 219.5 | 15.7 |

### 2. 张紧方法

(1) 改变同步带轮之间的中心距。一般情况下,在设计时应尽可能将其中一个同步带轮的安装位置设计成可调整的,通过调节此同步带轮的位置实现同步带的张紧,这样结构最简单。

(2) 使用张紧轮。在同步带轮的位置无法设计成可调整的场合,可以增加使用张紧轮,但张紧轮的位置必须设计成可调整的,其位置既可以安装在同步带内侧,如图 13-22 所示,也可以安装在同步带外侧,如图 13-23 所示。

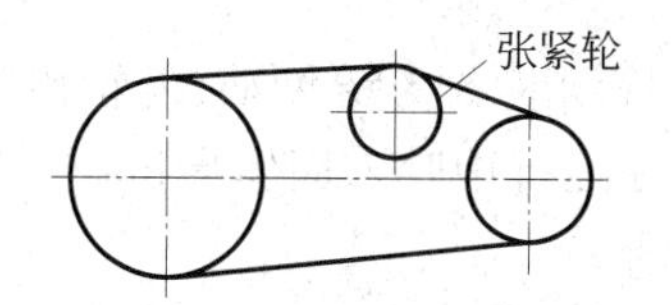


图 13-22　在同步带内侧使用张紧轮

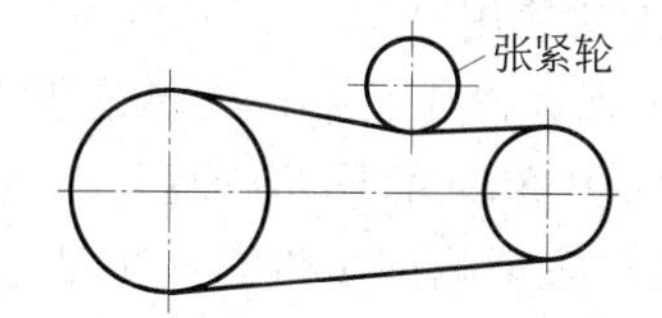


图 13-23　在同步带外侧使用张紧轮

张紧轮可以增大小直径同步带轮与同步带之间的包角(啮合齿数),当张紧轮布置在同步带内侧时,显然张紧轮必须是一个具有相同节距的同步带轮,而且**要安装在同步带的松边侧**。当张紧轮布置在同步带外侧时,张紧轮只需要一个光轮即可,其直径必须大于最少许用齿数的同步带轮直径,且**同样必须安装在同步带的松边侧**。工程上经常采用标准的滚动轴承来代替,简便实用。

**3. 同步带与同步带轮的使用维护**

除一般储存、运输过程中的注意事项外,主要注意以下要点:

(1) 同步带在储存、运输过程中要防止承受过大的重量而变形,不得折压堆放,不得将皮带直接放在地上,不得将皮带长期处于不正常的弯曲状态存放,而应将其悬挂在架上或平放在货架上。

(2) 储存、运输过程中,同步带不得折扭、急剧弯曲,否则可能会引起皮带抗拉层折断。

(3) 已经使用的同步带,如果传动装置要停用很长时间,应将同步带放松拆下保存,以免同步带在同步带轮上产生永久变形。

(4) 安装同步带时应该先缩短中心距,放松张紧轮,不得强行将同步带从同步带轮挡边上硬拉拖磨装入,拆卸时也按类似的方法。

(5) 安装使用过程中应避免过载、过紧、过松;同步带轮不平行、不等高;同步带轮宽度不够等现象,尤其应调整主动轮与从动轮之间的平行度,否则同步带沿宽度方向的张力不均匀,会降低同步带的使用寿命(图 13-24)。经验表明,很多情况下的异常振动噪声、同步带过度磨损、断裂等失效都与同步带张紧力过大、同步带轮不平行、不共面有关。

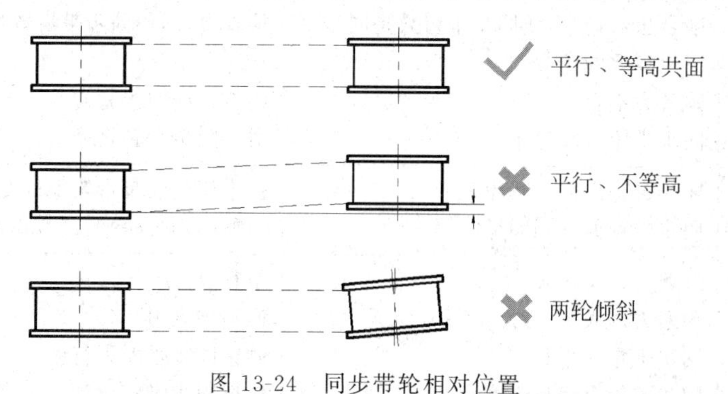


图 13-24　同步带轮相对位置

(6) 在启动时如果发生中心距改变、皮带松弛、爬齿等现象,应检查同步带轮的安装机架是否松动,同步带轮轴的定位是否准确,并加以调整紧固。

(7) 注意张紧轮一定要安装在同步带的松边一侧。

(8) 同步带轮(包括张紧轮)在储存、运输过程中不得碰撞而使齿槽、挡边等结构变形,否则将导致无法使用。

(9) 为了保证操作及维护人员的安全,同步带传动装置与链传动、齿轮传动装置一样,一般要加装防护罩,防止同步带运行时咬入异物。在运行中咬入固体异物,不仅会损坏同步带,而且还会严重影响同步带与同步带轮之间的啮合。

(10) 注意不要使油类物质粘附在同步带上,否则可能使同步带橡胶齿形发生膨胀而显著缩短同步带的寿命。

**4. 同步带传动机构的失效及预防措施**

同步带传动在安装及使用过程中会出现各种问题及故障,工程上将其统称为失效。了解各种常见失效现象产生的原因,对于同步带传动的装配调试及维护调整都是至关重要的。最常见的失效形式及其防止措施见表13-5。

**表13-5 同步带传动常见的失效形式及其防止措施**

| 失效形式 | 可能的原因 | 防止措施 |
|---|---|---|
| 同步带断裂 | 过载<br>预紧力过大<br>同步带轮直径过小<br>同步带爬上同步带轮挡圈 | 检查设计,选择正确的同步带宽度<br>调整合适的预紧力<br>选择合适的同步带轮<br>调整轴平行度,检查挡圈 |
| 带边过度磨损 | 同步带轮不平行<br>轴承部位刚度不够<br>挡圈弯曲或表面粗糙 | 调整同步带轮平行度<br>增加刚度<br>修正或更换挡圈 |
| 带齿过度磨损 | 过载<br>预紧力过大<br>轮齿表面粗糙<br>同步带轮严重径向跳动<br>粉尘或砂粒 | 检查设计,选择正确的同步带宽度<br>调整合适的预紧力<br>检查调整同步带轮表面粗糙度<br>检查调整同步带轮径向圆跳动<br>避免杂物进入 |
| 带齿剪断 | 过载或过大冲击载荷<br>啮合齿数过少,或同步带齿数是同步带轮齿数的倍数<br>预紧力不合理<br>同步带轮直径过小 | 检查设计<br>检查设计,使同步带齿数为奇数<br>调整合适的预紧力<br>增大同步带轮直径 |
| 同步带纵裂 | 同步带跑出同步带轮<br>同步带跑偏到挡圈上 | 检查调整同步带轮平行度<br>调整同步带轮平行度,检查挡圈 |
| 运行噪声过大 | 过载<br>预紧力过大<br>同步带轮不平行<br>同步带轮直径比带宽小<br>同步带与同步带轮啮合不良 | 检查设计<br>调整预紧力<br>调整同步带轮平行度<br>检查同步带宽设计<br>检查皮带与同步带轮 |
| 同步带伸长 | 轴固定松动,中心距变小<br>张紧轮松动<br>过载 | 改进设计,检查安装<br>检查张紧轮,安装时注意紧固张紧轮<br>检查设计,改变同步带宽度 |

# 13.4　解析链传动结构原理

**1. 链传动特点**

(1) 链条是中间挠性件，略具缓冲的作用，可用于中心距较大的场合；

(2) 与平皮带传动相比，链传动是啮合传动，没有弹性滑动和打滑，能保持准确的平均传动比，但瞬时传动比不恒定；

(3) 链传动的制造和安装精度要求较低；

(4) 链传动能在温度较高、有油污、粉尘等恶劣环境条件下工作。

链传动广泛应用于工况较为恶劣、传动比精度要求不是很高的场合（如矿业、冶金、起重、运输、石油、化工等）。在自动机器中主要应用在各种输送线（如皮带输送线、链输送线、滚筒输送线等）、各种输送线上的顶升旋转模块、顶升平移模块、大型移载机构的动力驱动系统等，如图 13-25 所示。

**2. 链传动结构原理**

通常情况下，链传动的技术参数为：

传动比 $i \leqslant 8$；中心距 $a \leqslant 5 \sim 6$ m；传递功率 $P \leqslant 100$ kW；圆周速度 $V \leqslant 15$ m/s；传动效率 $\eta$ 约为 0.89～0.95。

如图 13-26 所示，链传动系统由安装在两平行轴上的主动链轮 1、从动链轮 2 和绕在链轮上的环形链条 3 所组成，以链条作中间挠性件，靠链条与链轮轮齿的啮合来传递动力。

图 13-25　链条链轮

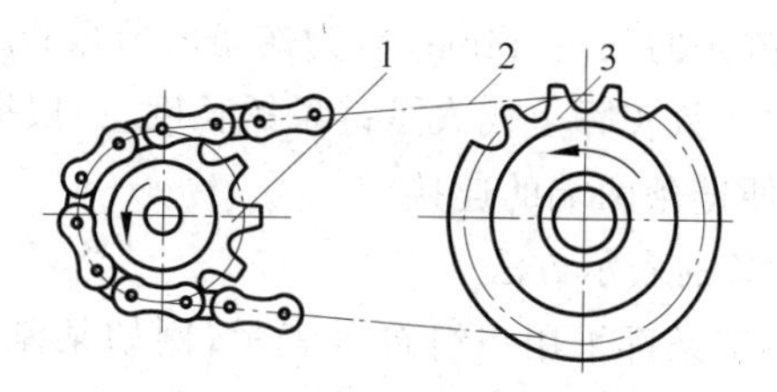


图 13-26　链传动系统组成示意图

1—主动链轮；2—链条；3—从动链轮

链传动系统的主要结构为链条与链轮。作为传递动力的链条，主要有套筒滚子链、齿形链。上述链条都已经形成标准化、系列化，我们可以直接从制造商那里进行订购。下面主要以应用最多的套筒滚子链（工程上简称滚子链）来介绍。

1) 链条

图 13-27 所示为滚子链的结构示意图。滚子链由内链板 1、外链板 2、销轴 3、套筒 4 和滚子 5 所组成，也称为套筒滚子链。

(1) 链条的主要结构

内链板紧压在套筒两端，销轴与外链板铆牢，分别称为内、外链节，这样内外链节就构成一个铰链。滚子与套筒、套筒与销轴之间均为间隙配合。当链条在链轮上啮入和啮出时，内外链节作相对转动，同时，滚子沿链轮轮齿滚动，减少链条与轮齿的磨损。

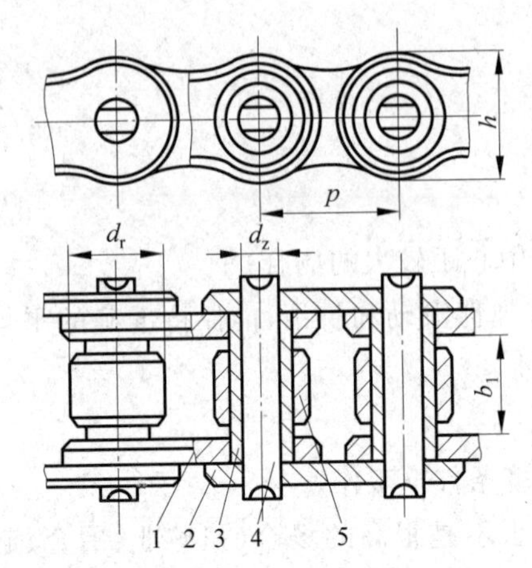

图 13-27　滚子链结构示意图
1—内链板；2—外链板；3—套筒；4—销轴；5—滚子

内链板、外链板均设计制造成“8”字形，以减轻材料重量并使链板各横截面的强度大致相等。链条各零件由碳素钢或合金钢制成，并经热处理，使其具有高强度和高耐磨性。

(2) 节距

链条的重要参数是节距，一般用 $p$ 表示。节距越大，链条各零件的尺寸越大，所能传递的功率也越大。为了减小链传动系统的空间尺寸，通常采用较小节距的多排链条。节距的选择是链条选型的重要参数之一。

为了方便设计使用并统一标准，根据节距的大小将链条设计为标准系列，一般以英寸为单位，表 13-6 为滚子链链条的常用标准节距系列尺寸。

表 13-6　滚子链链条的标准节距常用系列尺寸

| 毫米 | 6.35 | 9.525 | 12.7 | 15.875 | 19.05 | 25.4 | 31.75 | 38.1 |
|---|---|---|---|---|---|---|---|---|
| 英寸 | 1/4 | 3/8 | 1/2 | 5/8 | 3/4 | 1 | 1.25 | 1.5 |

(3) 链条节数与长度

链条的长度计算方法与同步带是类似的，链条长度等于节距与链条节数的乘积：

$$L = Np \tag{13-7}$$

式中，$L$ 为链条的长度，mm；$N$ 为链条的节数；$p$ 为链条的节距，mm。

链条的节数实际上代表了链条的长度，一般链条节数都取偶数，目的是为了避免使用过渡接头，方便链条两端的连接。

(4) 链条的表示方法

通常对链条都采用一组符号表示，例如某制造商代号为“CHE80—200”的滚子链链条表示的意义为：节距为 25.4 mm、长度为 200 节、材料为普通碳素钢的滚子链链条。

又如某制造商代号为“CHES50—300”的滚子链链条表示的意义为：节距为 15.875 mm、长度为 300 节、材料为不锈钢的滚子链链条。

2) 链轮

链传动的另一部分就是链轮。为了方便设计使用并统一标准，滚子链链轮的齿形尺寸已经标准化，有关尺寸见国家标准 GB 1244—1985，订购时不需要提供链轮齿形尺寸，只需要提出链轮的规格即可。典型的滚子链链轮结构参数如图 13-28 所示。

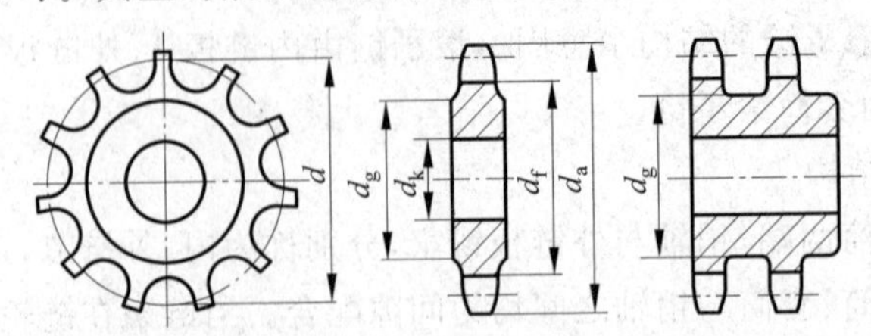

图 13-28　滚子链链轮结构参数示意图

（1）链轮结构参数

① 分度圆。链轮上被链条节距等分的圆称为分度圆，分度圆所在圆的直径称为分度圆直径，一般用 $d$ 表示，如图13-28所示。

② 齿数。链轮圆周上的总齿数，通常用 $Z$ 表示。一般将链轮齿数取奇数，目的是为了有利于链条、链轮的均匀磨损，提高寿命。

③ 齿根圆。链轮齿根部所在的圆称为齿根圆，该圆的直径称为齿根圆直径。

④ 齿顶圆。链轮外径所在的圆称为齿顶圆，该圆的直径称为齿顶圆直径。

如果链条的节距 $p$、链轮齿数 $Z$ 确定后，链轮分度圆直径大小为

$$d=\frac{p}{\sin\left(\frac{180^\circ}{Z}\right)} \tag{13-8}$$

式中，$d$ 为分度圆直径，mm；$p$ 为链条的节距，mm；$Z$ 为链轮的齿数。

分度圆是进行各种理论计算的基本圆，如计算链条长度、扭矩及功率使都需要用到分度圆直径。

⑤ 传动比。传动比是进行速度计算的重要参数，传动比的计算方法与同步带传动的传动比类似：

$$i=\frac{n_1}{n_2}=\frac{Z_2}{Z_1} \tag{13-9}$$

式中，$n_1$ 为小链轮（主动链轮）转速，r/min；$n_2$ 为大链轮转速（从动链轮），r/min；$Z_1$ 为小链轮齿数；$Z_2$ 为大链轮齿数。

在滚子链链传动中，传动比一般≤7，推荐使用2～3.5，最好为5左右。

由于链条是分段的，不像同步带那样具有柔性结构，所以链条的瞬时速度及瞬时传动比都是变化的，这是不同于同步带传动的地方。

（2）链轮的材料与热处理

链轮在工作过程中需要承受负载和冲击，尤其是链轮轮齿部位承受的冲击最大，因此链轮的轮齿应具有足够的接触强度和耐磨性，故齿面一般都经过热处理。由于小链轮的啮合次数比大链轮更多，所受冲击力也大，故小链轮所用材料应优于大链轮。

常用的链轮材料：碳素钢（如Q235、Q275、45、ZG310—570等）、灰铸铁（如HT200）、不锈钢等，重要的链轮可采用性能更优的合金钢。

（3）链轮的表示方法

与链条类似，链轮一般按标准尺寸设计制造成标准件专业化生产，链轮也都是采用一组符号表示。例如某制造商代号为“SP50B20—N—25”的滚子链链轮表示的意义：节距为15.875 mm、材料为普通碳素钢、齿数为20、采用带键槽且安装孔直径为25 mm。

又如某制造商代号为“SSP50B32—N—25”的滚子链链轮表示的意义：节距为15.875 mm、材料为不锈钢、齿数为32、采用带键槽且安装孔直径为25 mm。

## 13.5　解析链传动设计选型

### 1. 链传动设计选型步骤

下面以最常用的滚子链链传动为例，说明链传动系统设计的一般步骤。

1）一般情况下的设计选型步骤

一般情况指链条以中、高速运行(大于 50 m/min)，这种情况下链条的失效是疲劳或冲击疲劳破坏，通常按链条功率曲线进行选型。设计选型步骤如下。

(1) 设计条件。

在链传动系统设计过程中，通常都是在以下已知条件下进行的：链条需要传递的功率、主动链轮转速、从动链轮转速或传动比、初定的链条安装中心距离、负载类型及工作条件等。

需要计算选型确定的项目包括链条节距、链条长度、实际中心距、链轮齿数等，并将各参数用符号表示再向制造商订购链条、链轮。

(2) 根据小链轮转速、功率选定链条节距及小链轮齿数。

不同节距的链条能够传递的功率是不同的，为了方便用户正确地选用链条及链轮，制造商对不同节距的链条在不同转速下能够传递的功率制成滚子链条功率曲线图，可以根据功率曲线图直接选用合适规格的滚子链条及链轮。

图 13-29 为滚子链条功率曲线图，横坐标表示小链轮转速，纵坐标表示传递的功率(同时有单列、双列、3 列)，曲线表示链条的规格(节距)及小链轮的齿数，当使用条件中小链轮

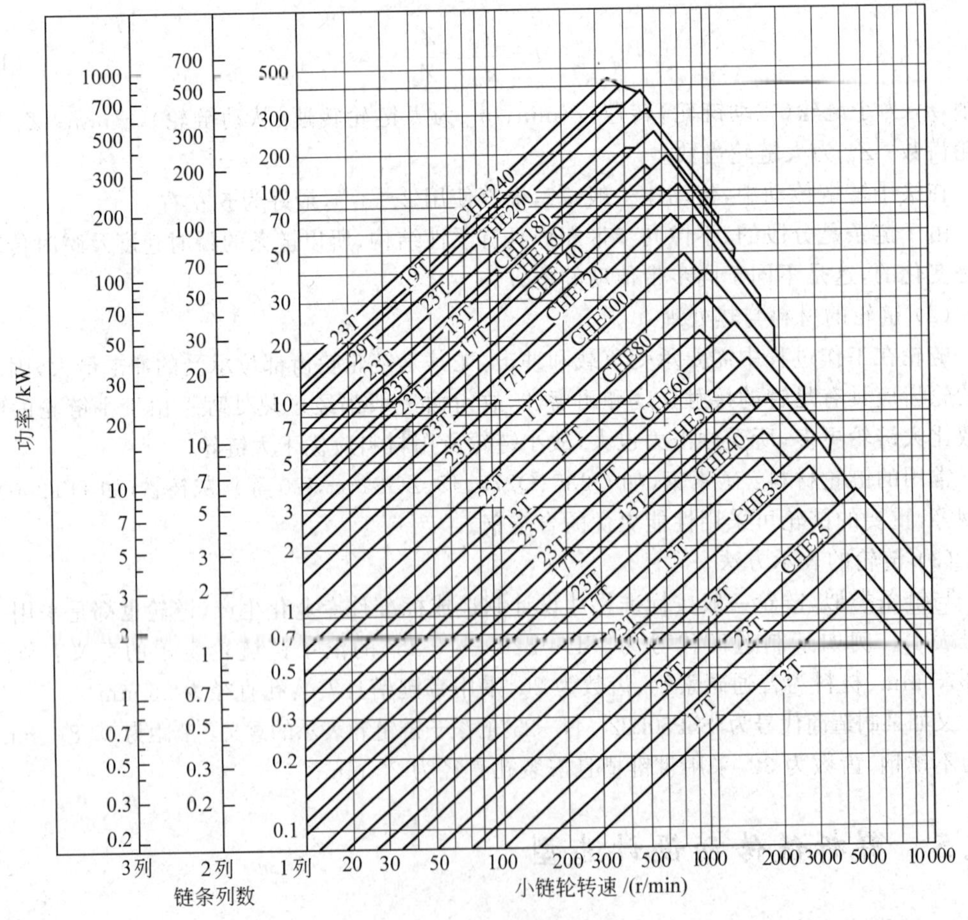


图 13-29 滚子链条功率曲线图

转速与修正功率的对应的交点位于某一链条规格曲线的下方时表示可以选用该规格链条，但为了使传递平滑而且具有最低的噪声，需要选择符合条件的最小节距链条。该交点所在的上下两条平行曲线表示小链轮所需要的齿数所在的范围(最大齿数、最低齿数)，这样就可以快速选定链条规格及小链轮所需要的齿数。

当安装空间受到限制、中心距较小，需要尽量减小链轮外径尺寸时，最好使用小节距多列链条。

为了考虑链条的列数、负载变化情况的影响，通常分别用多列修正系数、工作情况系数对实际传递功率进行修正，称之为功率修正值。其中链条列数的多列修正系数如表 13-7 所示，工作情况系数如表 13-8 所示。

**表 13-7　多列修正系数 $K_{pt}$**

| 链条列数 | 1 | 2 | 3 | 4 | 5 | 6 |
|---|---|---|---|---|---|---|
| $K_{pt}$ | 1.0 | 1.7 | 2.5 | 3.3 | 3.9 | 4.6 |

**表 13-8　工作情况系数 $K_A$**

<table>
<tr><th rowspan="2">原动机<br>冲击种类</th><th rowspan="2">马达<br>透平机</th><th colspan="2">内　燃　机</th><th rowspan="2">使 用 实 例</th></tr>
<tr><th>液力传动</th><th>机械传动</th></tr>
<tr><td>平稳传动</td><td>1.0</td><td>1.0</td><td>1.2</td><td>皮带输送线、链条输送线等负载稳定的一般机械</td></tr>
<tr><td>中等冲击</td><td>1.3</td><td>1.2</td><td>1.4</td><td>负载轻微变动的输送线、干燥机、一般机械</td></tr>
<tr><td>较大冲击</td><td>1.5</td><td>1.4</td><td>1.7</td><td>碎石机、矿山机械、搅拌机、振动机械等</td></tr>
</table>

功率修正值计算方法为

$$P_0 = \frac{PK_A}{K_{pt}} \tag{13-10}$$

式中，$P_0$ 为功率修正值，kW；$P$ 为链条传递的功率，kW；$K_{pt}$ 为多列修正系数；$K_A$ 为工作情况系数。

(3) 选定大链轮齿数。

确定了小链轮齿数，根据式(13-9)链传递的传动比就可以计算出大链轮的齿数：

$$Z_2 = iZ_1$$

计算出大链轮的齿数后，再从制造商的同节距链轮中选用标准的齿数，通常链轮齿数标准规格是一定范围内的连续整数。选用链轮齿数时，小链轮的齿数一般为 17 以上，高速时不宜超过 21，低速时为 12 即可，但大链轮齿数最好不要超过 120。

由于选用链轮齿数时与传动比有很大关系，所以通常将传动比设计为 7 以下，传动比等于 5 左右时为最佳。

(4) 计算链条理论节数。

链条长度及节数与同步带长度的计算是非常类似的，可以将图 13-19 所示示意图中同步带轮的节圆假想为链轮的分度圆，同步带的节线假想为链条的中心线，链条的长度等于节距与链条节数的乘积。则链条的长度可以用以下公式计算：

$$L = 2a + \frac{(d_1 + d_2)\pi}{2} + \frac{(d_1 - d_2)^2}{4a} \tag{13-11}$$

可以发现,式(13-11)与计算同步带节线长度的式(13-5)在形式上是完全一样的。

由于链轮分度圆直径 $d_1$、$d_2$ 计算公式内的三角函数中包括齿数,给计算带来不方便,因此通常用以下的简化公式直接计算出链条的理论节数:

$$N = \frac{2a}{p} + \frac{Z_1 + Z_2}{2} + \frac{p}{a}\left(\frac{Z_2 - Z_1}{2\pi}\right)^2 \tag{13-12}$$

式中,$N$ 为链条理论长度对应的节数;$a$ 为链轮的初定中心距,mm;$Z_1$ 为链轮主动轮齿数;$Z_2$ 为链轮从动轮齿数。

为了简化计算,通常将链轮的中心距设计为链条节距的倍数,较为理想的距离为链条节距的30～50倍,变化负载场合选择在20倍以下。

(5) 确定链条节数。

根据式(13-12)计算出的理论节数极可能是一个小数,因此必须采用四舍五入的方法将计算值圆整为一个整数,而且尽可能圆整为一个偶数。如果因为链轮中心距的限制无法将其确定为一个偶数节数,则必须使用偏置链节。所以最好的方法是尽可能改变链轮中心距得到偶数节数,这与同步带的长度确定方法稍有区别。

(6) 计算实际中心距。

由于在确定链条节数时都对理论节数进行了调整,所以最后确定的链条节数与链轮的初定中心距是不吻合的,因此需要根据式(13-12)按实际的链条节数或链条实际长度对链轮中心距进行反向计算,计算出链轮中心距的精确尺寸。

$$a = \frac{p}{4}\left[\left(N - \frac{Z_1 + Z_2}{2}\right) + \sqrt{\left(N - \frac{Z_1 + Z_2}{2}\right)^2 - 8\left(\frac{Z_2 - Z_1}{2\pi}\right)^2}\right] \tag{13-13}$$

(7) 确定型号规格。

根据选定的链条链轮参数,按制造商的命名方法确定链条链轮的具体型号规格。

上述选型过程与同步带传动系统的计算选型过程是非常类似的,读者可以将两部分内容进行对比,找出各自的异同点。

2) 低速情况下的设计选型步骤

链条在低速(低于50 m/min)条件下,几乎不必考虑因链条的磨损造成的延伸率,主要由疲劳强度决定链条的寿命,因此这种情况下需要对链条的静强度进行校核,同时选用链条链轮时可以比中、高速情况下选用节距略小的链条及链轮。

这种情况下链条链轮的选型计算方法与前面所介绍的方法稍有区别,具体步骤如下。

(1) 根据小链轮转速、功率选定链条节距及小链轮齿数。

链条节距及小链轮齿数的选型方法与一般情况下相同,只是选择时可以适当降低链条节距及小链轮齿数。

(2) 计算链条速度。

链条速度可以通过下式得出:

$$V = \frac{pZn}{60} \times 10^{-3} \tag{13-14}$$

式中,$V$ 为链条的运行速度,m/s; $p$ 为链条的节距,mm; $n$ 为链轮转速,r/min; $Z$ 为链轮齿数。

(3) 计算链条的实际最大张力。

为了校核链条的静强度,需要根据链条传递的功率及运行速度计算出链条的实际最大张力,考虑到实际工作时冲击的影响及运行速度的区别,需要按不同的负载冲击情况及运行速度进行修正。

$$F = K_A K_V \times \frac{P}{V} \times 10^{-3} \tag{13-15}$$

式中,$F$ 为链条的实际最大张力,N; $P$ 为链条传递的功率,kW; $V$ 为链条的运行速度,m/s; $K_A$ 为工作情况系数,见表13-7; $K_V$ 为速度系数,见表13-9。

**表13-9　速度系数表**

| 链条速度/(m/min) | 0～15 | 15～30 | 30～50 | 50～70 |
|---|---|---|---|---|
| 速度系数 | 1.0 | 1.2 | 1.4 | 1.6 |

(4) 链条最大允许张力校核。

在制造商的样本资料中,每种规格的链条都给出了允许最大张力,将按步骤(1)所选定的链条允许最大张力与根据式(13-15)计算出的链条实际最大张力进行比较,确认链条实际最大张力是否小于链条允许最大张力,如果满足条件则所选定的链条能够使用,否则就需要重新选定链条及链轮。

(5) 选定大链轮齿数。

(6) 计算链条理论节数。

(7) 确定链条节数。

(8) 计算实际中心距。

(9) 根据选定的链条链轮参数,按制造商的命名方法确定链条链轮的具体型号规格。

步骤(5)～步骤(9)与一般情况下的选型方法完全相同。

**2. 链传动设计选型实例**

**例13-2**　假设一条水平方向输送的倍速链输送线由单列滚子链传动系统进行驱动,小链轮转速 $n_1=1000$ r/min,大链轮转速 $n_2=350$ r/min,链条需要传递的功率为2.5 kW,平稳传动,初定链轮中心距 $a=250$ mm,中心距可以调整。设计该链传动系统,以日本MISUMI公司的产品为例,选择合适型号的链条、链轮。

**解:** (1) 选定链条节距及小链轮齿数。

根据负载类型按表13-8确认工作情况系数 $K_A=1$,根据单列链条按表13-7确认多列修正系数 $K_{pt}=1$。根据式(13-10)得功率修正值为

$$P_0 = \frac{PK_A}{K_{pt}} = \frac{2.5 \times 1}{1} = 2.5(\text{kW})$$

根据小链轮转速、功率修正值查阅图13-21所示的滚子链条功率曲线图,确认应选定CHE40链条,小链轮齿数应为13T～17T,选择14T,即小链轮齿数 $Z_1=14$。根据链条样本

资料得出链条节距 $p=12.7\text{ mm}$。

(2) 计算链条速度。

根据式(13-14):

$$V=\frac{pZn}{60}\times10^{-3}=\frac{12.7\times14\times1000}{60}\times10^{-3}=2.96(\text{m/s})$$

根据链条速度,所以按一般情况下的设计选型步骤进行选型。

(3) 确定大链轮齿数 $Z_2$。

根据式(13-9):

$$Z_2=iZ_1=\frac{n_1}{n_2}\times Z_1=\frac{1000}{350}\times14=40$$

(4) 计算链条理论节数。

根据式(13-12),链条的理论节数为

$$N=\frac{2a}{p}+\frac{Z_1+Z_2}{2}+\frac{p}{a}\left(\frac{Z_2-Z_1}{2\pi}\right)^2=\frac{2\times250}{12.7}+\frac{14+40}{2}+\frac{12.7}{250}\left(\frac{40-14}{2\pi}\right)^2=67.2$$

(5) 确定链条节数。

将计算出的理论节数圆整为一个偶数,所以确定链条节数为68节。

(6) 计算实际中心距。

根据式(13-13),链条实际节数对应的实际中心距为

$$a=\frac{p}{4}\left[\left(N-\frac{Z_1+Z_2}{2}\right)+\sqrt{\left(N-\frac{Z_1+Z_2}{2}\right)^2-8\left(\frac{Z_2-Z_1}{2\pi}\right)^2}\right]$$

$$=\frac{12.7}{4}\left[\left(68-\frac{14+40}{2}\right)+\sqrt{\left(68-\frac{14+40}{2}\right)^2-8\left(\frac{40-14}{2\pi}\right)^2}\right]=254.9(\text{mm})$$

(7) 确定链条链轮型号。

查阅MISUMI公司的样本资料,选择材料为普通碳素钢的链条链轮,根据安装结构,小链轮安装轴孔径为16,大链轮安装轴孔径为30。根据选定的链条链轮参数,按制造商的命名方法确定链条链轮的具体型号规格如下:

①链条:CHE40—68;②小链轮:SP40B13—N—16;③大链轮:SP40B40—N—30。

## 13.6 解析链传动张紧与使用维护

### 1. 链传动系统的空间布置

与同步带传动系统不同的是,因为同步带的重量很轻,所以同步带传动系统的安装不受方向的限制,各个方向都可以安装使用,但链传动系统的安装是有方向上的限制的,它的空间布置有一定的要求,其原则为:

(1) 链条因自重会下垂,因此两链轮的回转平面应布置在同一竖直平面内,不允许布置在水平面或倾斜面内。

(2) 与同步带传动类似,通常要将链条的紧边布置在上方,将链条的松边布置在下方,因为当紧边在下方时上方的链条与链轮之间脱离不顺畅并有可能出现链条咬入的情况,因

此考虑电机的转向及安装方位时应考虑这种情况，如图 13-30 所示，其中图 13-30(a)为合理设计，图 13-30(b)为不合理设计。

(3) 当两只链轮分别位于上下位置时，必须考虑可能的链条松脱现象。

当如图 13-31(b)所示上下布置时，下方的链轮有时会出现链条松脱或啮合不良现象，建议要么将链轮设计在两只链轮中心线与水平方向的夹角 $\alpha$ 小于 60°的方向，如图 13-31(a)所示，要么在链条的松边内侧或外侧使用张紧链轮，如图 13-31(c)所示。由于机构或空间关系必须上下设计链轮时，也建议将大链轮设计在下方。

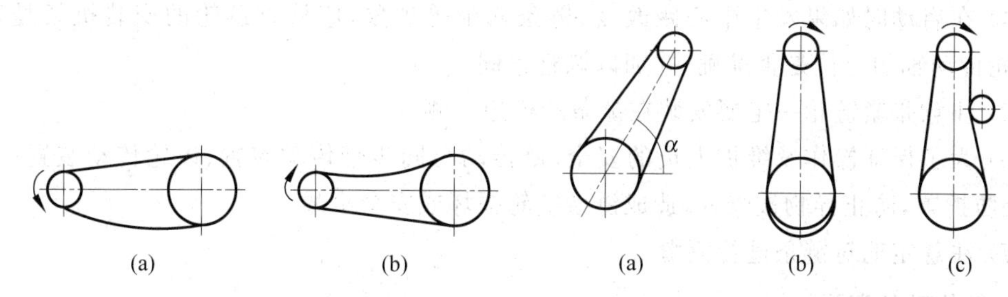


图 13-30　链条的紧边应位于上方

(a) 合理设计；(b) 不合理设计

图 13-31　防止链条脱离的设计

**2. 链条的张紧**

为了避免链条的下垂过大引起啮合不良和振动，需要在链传动系统中设计张紧装置，张紧装置的原理与同步带的张紧是类似的。张紧的原则为：

(1) 一般尽可能将两链轮设计为中心距可调节形式，即将其中一个链轮设计为安装中心可调整的结构，这是最简单的设计。

(2) 当无法将两链轮设计为中心距可调整形式时，可以采用张紧轮对链条进行张紧。**张紧轮要安装在链条的松边一侧**，因为如果将张紧轮安装在链条紧边一侧时会额外增加链条的载荷，加剧链条的磨损。张紧轮既可以安装在链条外侧，如图 13-32(a)所示，也可以安装在链条内侧，如图 13-32(b)所示。张紧轮一般采用与小链轮相同或相近的链轮。

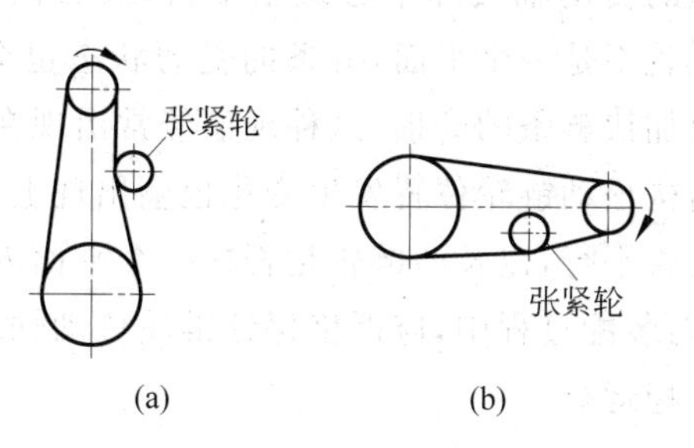


图 13-32　链传动张紧轮位置示意图

(a) 外侧；(b) 内侧

**3. 链传动的维护**

除一般储存、运输过程中的注意事项外，主要注意以下要点：

(1) 链条在储存、运输过程中要防止承受过大的重压而变形，应将其悬挂在架上或平放在货架上。

(2) 安装链条时应该缩短中心距，放松张紧轮，不得强行将链条压入链轮，拆卸时也按类似的方法。

(3) 安装使用过程中应避免过载、过紧、过松、链轮不平行等现象，尤其应调整链轮传动轴之间的平行度以及链轮的位置，确保链条的运动在一个平面内进行，类似图13-24，否则链条的运动将会发生不正常的摩擦磨损，同时产生异常的振动和噪声，降低链条链轮的使用寿命或导致链条链轮的失效。

(4) 在启动时如果发生中心距改变、链条松弛等现象，应检查链轮的安装机架是否松动，链轮传动轴的定位是否准确，并加以调整紧固。

(5) 注意张紧链轮一定要安装在链条的松边一侧。

(6) 为了保证操作及维护人员的安全，链传动与同步带传动装置、齿轮传动装置一样，要加装防护罩，防止异物被咬入，造成链条链轮损坏或安全事故。

(7) 注意定期对链条进行润滑。

**4. 链传动的润滑**

良好的润滑可以在链条链轮表面形成油膜，有利于减少磨损并起到减缓冲击的作用，延长链条的使用寿命。工程实践证明，在很多情况下，缺乏合理的润滑往往是降低链条使用寿命的重要原因之一，所以对链传动系统要进行合理的润滑。

一般采用人工定期用油壶或油刷给油，或将链条定期拆下后，先用煤油清洗干净，干燥后放入78～80℃的热润滑油中片刻，待油吸满后取出冷却，擦去表面润滑油后安装继续使用。

一般采用优质矿物油进行润滑，环境温度较高或载荷较大时宜取黏度高者；反之黏度宜低。

**5. 链传动的失效**

(1) 链传动系统的振动与噪声。

当主动链轮、从动链轮的传动轴实际中心线不平行，或者两链轮不在一个平面内工作时，链条的运动平面实际上就不是一个平面，链条的受力状态也会发生变化，此时会引起异常的振动与噪声，同时还会加快链条的磨损，这种现象经常出现在链传动系统的装配调试过程中，在使用过程中如果结构松动链轮位置发生变化也会出现上述现象，此时应检验主动链轮、从动链轮的实际轴线是否平行，以及两链轮是否在一个平面内。

在链传动系统的设计与装配过程中，应严格保证链轮传动轴之间的平行度，并使两链轮在一个平面内，保证链条平稳运行。

(2) 链板疲劳破坏。

链条在松边拉力和紧边拉力的反复作用下，经过一定的循环次数，链板会发生疲劳破坏。正常润滑条件下，链板疲劳强度是限定链传动承载能力的主要因素。

(3) 滚子、套筒的冲击疲劳破坏。

链传动的啮入冲击首先由滚子和套筒承受。在反复多次的冲击下，经过一定循环次数，滚子、套筒可能会发生冲击疲劳破坏。这种失效形式多发生于中、高速闭式链传动中。

（4）销轴与套筒的胶合。

润滑不当或速度过高时，销轴和套筒的工作表面温度会升高，当得不到良好的润滑冷却时就会因高温而发生胶合，胶合现象限定了链传动的极限转速。

（5）链条铰链磨损。

铰链磨损后链节就变长，这样容易引起跳齿或脱链。在开放式传动、环境条件恶劣或润滑密封不良时，极易引起铰链磨损，从而急剧降低链条的使用寿命。

（6）过载拉断。

这种拉断常发生于低速重载的传动中。

## 思考题

1. 齿轮传动、链传动、同步带传动三种传动方式各有哪些优点及缺点？

2. 在同步带轮的齿数、节距、两轮中心距已知的情况下，同步带的长度如何计算？同步带的长度最终是如何确定的？

3. 订购同步带时需明确哪些参数？代号“HTD—1000—5M—40”表示什么意义？

4. 为什么需要对同步带进行张紧？张紧力过小或过大分别会导致什么问题？

5. 张紧轮一般安装在同步带的什么部位？

6. 如何判断同步带的张紧力是否合适？

7. 在使用同步带的过程中主要需要注意哪些事项？

8. 同步带的使用过程中经常出现的失效现象有哪些？如何预防？

9. 一般在哪些场合选用链传动？

10. 在链轮的齿数、节距、链轮中心距已知的情况下，链条的长度如何计算？链条的长度最终是如何确定的？

11. 设计链传动时其空间布置有何要求？链条的松边与紧边在空间上一般如何排布？

12. 链传动在设计与安装过程中对两链轮传动轴的空间位置有何特殊要求？如何减小链传动运行过程中的振动与噪声？

# 第14章　解析自动机器节拍时间

所谓自动化专机或自动化生产线的节拍时间就是专机或生产线每生产一件产品或半成品所需要的时间间隔，而生产效率就是专机或生产线在单位时间内能够生产出来的成品或半成品的数量。这些在总体方案设计阶段就必须确定，读者需要了解节拍时间与哪些因素有关？如何使自动机器的生产效率最高？

## 14.1　由单个装配工作站组成的自动化专机节拍时间

### 1. 专机结构原理

这类自动化专机是自动机器最基本的结构形式，通常在一个工位进行上料、装配或加工、卸料等全部操作。图14-1为这种类型自动化专机的结构原理图。

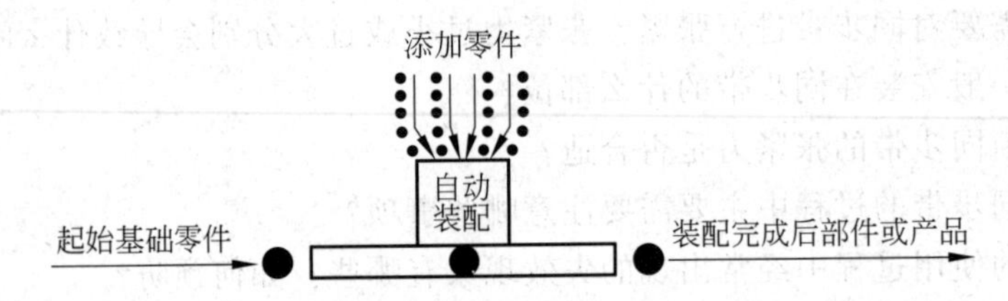


图14-1　由单个装配工作站组成的自动化专机结构原理图

### 2. 由单个装配工作站组成的自动化专机节拍分析

1）理论节拍时间 $T_C$

这类自动化专机的理论节拍时间都由以下部分组成：

（1）工艺操作时间：直接完成机器的核心功能（例如各种装配、检测、灌装、标示、包装等工序动作）占用的时间。工艺操作时间往往在机器节拍时间中占有较大的比重。

（2）辅助作业时间：一个循环周期内完成工件的上料、换向、夹紧、卸料等辅助动作所需要的时间。

$$T_C = T_s + T_r \tag{14-1}$$

式中，$T_C$ 为专机的理论节拍时间，min/件、s/件；$T_s$ 为专机工艺操作时间的总和，min/件、s/件；$T_r$ 为专机辅助作业时间的总和，min/件、s/件。

辅助作业时间在机器的节拍时间中也是必不可少的，在某些半自动专机中采用人工上料或卸料操作，替代某些复杂、昂贵的自动上下料机构，这时人工上料或卸料操作时间也属于辅助作业时间，需要通过实际人工操作来进行测试确定。

2）理论生产效率 $R_C$

专机的生产效率表示专机在单位时间内能够完成加工或装配的产品数量，单位通常用件/h表示，在理论节拍时间的基础上就可以计算出机器的理论生产效率：

$$R_C=\frac{60}{T_C}=\frac{60}{T_s+T_r} \tag{14-2}$$

3）实际节拍时间 $T_P$

式(14-1)、式(14-2)是以机器的理想状态为前提进行计算的，实际上，在自动化装配生产中经常会因为零件尺寸不一致而造成供料堵塞、机器自动暂停的现象，实际的节拍时间应该考虑零件送料堵塞停机带来的时间损失，专机实际的生产效率也会因此而降低。

考虑每次会发生停机的概率，每次装配循环有可能带来的平均停机时间及实际节拍时间分别为

$$p_i=q_i m_i \tag{14-3}$$

$$F=\sum_{i=1}^{n}p_i=\sum_{i=1}^{n}q_i m_i \tag{14-4}$$

$$T_P=T_C+FT_d \tag{14-5}$$

式中，$p_i$ 为每个零件在每次装配循环中会产生堵塞停机的平均概率，或不添加零件动作的平均概率($i=1,2,3,\cdots,n$)；$m_i$ 为零件的质量缺陷率($i=1,2,3,\cdots,n$)，%；$q_i$ 为每个缺陷零件在装配时会造成送料堵塞停机的平均概率($i=1,2,3,\cdots,n$)，%；$n$ 为专机上具体的装配动作数量；$F$ 为专机每个节拍循环的平均停机概率，次/循环；$T_d$ 为专机每次送料堵塞停机及清除缺陷零件所需要的平均时间，min/次；$T_C$ 为专机的理论节拍时间，min/件；$T_P$ 为专机的实际平均节拍时间，min/件。

4）实际生产效率 $R_P$

实际的生产效率为

$$R_P=\frac{60}{T_P} \tag{14-6}$$

考虑上述送料堵塞停机的时间损失后，专机的实际使用效率为

$$\eta=\frac{T_C}{T_P}\times 100\% \tag{14-7}$$

式中，$R_P$ 为专机的实际生产效率，件/h；$\eta$ 为专机的使用效率，%。

下面以一个实际的例子来说明。

**例 14-1**　某电器开关的部分装配在一台由单个工作站组成的自动化装配专机上进行，专机一次装配循环共需要装配 3 个不同的零件，然后再加上 1 个连接动作，各个零件的缺陷率及每个缺陷零件在装配时会造成送料堵塞停机的平均概率如表 14-1 所示。

**表 14-1　专机工艺参数**

| 动作序号 | 操作内容 | 需要时间/s | 零件缺陷率 | 每个缺陷零件造成停机的平均概率 | 每次节拍循环造成停机的平均概率 |
|---|---|---|---|---|---|
| 1 | 添加接线端子 | 4 | 2% | 100% | |
| 2 | 添加弹簧片 | 3 | 1% | 70% | |
| 3 | 添加铆钉 | 3.5 | 2% | 80% | |
| 4 | 铆钉铆接 | 5 | | | 1.5% |

添加基础零件的时间为 3 s，完成装配后卸料所需要时间为 4 s，每次发生零件堵塞停机及清除缺陷零件所需要的平均时间为 1.6 min，试计算：(1)专机的理论节拍时间；(2)理论

生产效率；(3)专机的实际节拍时间；(4)实际生产效率；(5)专机的使用效率。

**解**：(1) 专机的理论节拍时间。

根据式(14-1)得专机理论节拍时间为

$$T_C = T_s + T_r = (4+3+3.5+5)+(3+4) = 22.5(\text{s/件})$$

(2) 理论生产效率。

根据式(14-2)得专机理论生产效率为

$$R_C = \frac{60}{T_C} = \frac{60}{22.5} = 2.67(\text{件/min}) = 160(\text{件/h})$$

(3) 专机的实际节拍时间。

根据式(14-5)得专机实际节拍时间为

$$T_P = T_C + FT_d = 22.5 + (0.02\times1.0+0.01\times0.7+0.02\times0.8+0.015)\times1.6\times60$$
$$= 28.1(\text{s/件})$$

(4) 实际生产效率。

根据式(14-6)得专机实际生产效率为

$$R_P = \frac{60}{T_P} = \frac{60}{28.1} = 2.14(\text{件/min}) = 128(\text{件/h})$$

(5) 专机的使用效率。

根据式(14-7)得专机的使用效率为

$$\eta = \frac{T_C}{T_P}\times100\% = \frac{22.5}{28.1}\times100\% = 80.1\%$$

通过本例的计算可知，由于零件的质量缺陷导致送料堵塞停机，使机器的实际节拍时间比理论节拍时间更长，机器的使用效率也随之降低，因此保证零件的质量在自动化装配生产中非常重要。

**3. 节拍分析实例**

下面再以一个简单的工程实例分析来说明这种自动化装配专机的节拍时间是如何确定的，如何通过优化设计来缩短机器的节拍时间，提高机器的生产效率。

**例 14-2**　某自动化钻孔专机如图14-2所示，工件采用料仓自动送料，假设机构的速度

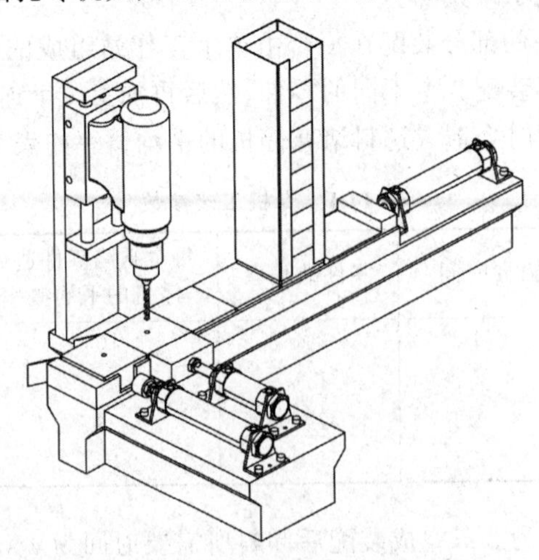

图14-2　自动化钻孔专机实例

经过仔细调整后，各气缸的动作时间分别如下：送料气缸伸出所需时间为 $t_1=0.5$ s、缩回时间为 $t_2=0.3$ s；夹紧气缸伸出所需时间为 $t_3=0.3$ s、缩回时间为 $t_4=0.3$ s；电钻驱动气缸伸出所需时间为 $t_5=1.2$ s、缩回时间为 $t_6=0.8$ s；卸料气缸伸出所需时间为 $t_7=0.6$ s、缩回时间为 $t_8-0.4$ s。试设计机构中各气缸的动作次序，并计算分析专机的节拍时间。

**解**：(1) 机器工作过程。

各部分的动作过程为：送料气缸伸出送料—夹紧气缸伸出夹紧工件—钻孔气缸伸出钻孔—钻孔气缸缩回—夹紧气缸缩回松开工件—卸料气缸伸出卸料—卸料气缸返回。将各气缸的动作次序用位移-步骤图表示如图 14-3 所示。

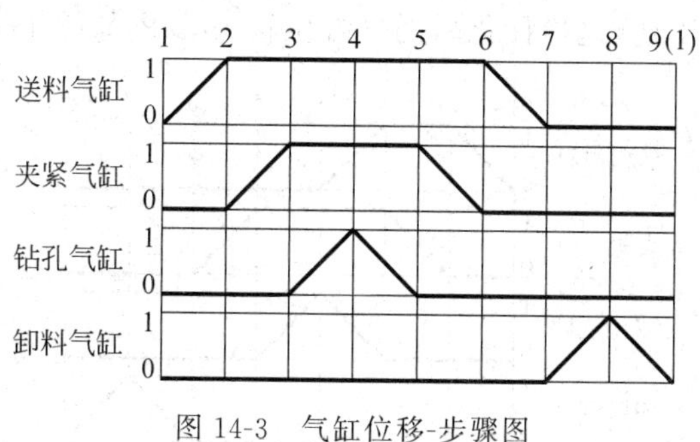


图 14-3　气缸位移-步骤图

(2) 节拍时间计算。

为了分析机器的节拍时间组成原理，下面将每一只气缸的动作分别用位移-时间图来表示，如图 14-4 所示。

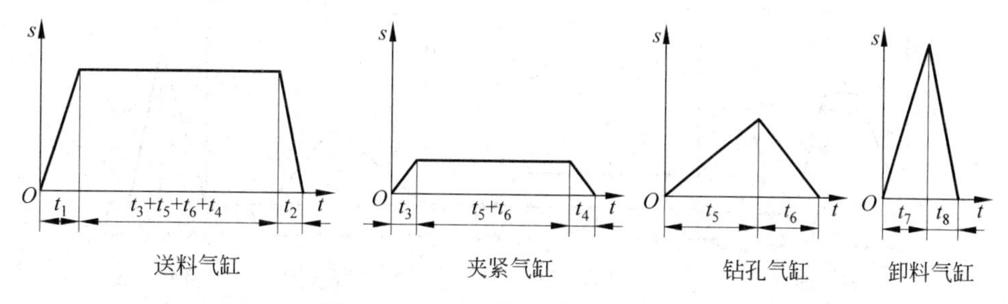


图 14-4　各气缸位移-时间图示意图

根据图 14-3、图 14-4，如果将各气缸的位移-时间图按实际时间关系合成在一起，则如图 14-5 所示。

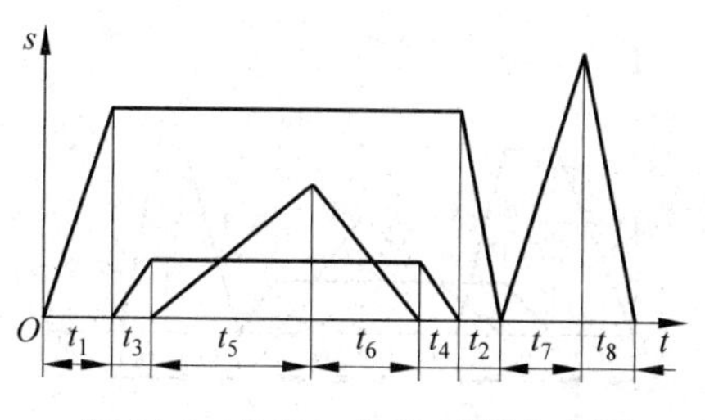


图 14-5　各气缸位移-时间合成图

根据图 14-5 可以看出，全部 4 只气缸的 8 个动作都是分步连续进行的，各动作之间没有重叠的动作，整台机器完成一个工作循环的时间为各气缸全部动作时间之和：

$$T_C = t_1 + t_3 + t_5 + t_6 + t_4 + t_2 + t_7 + t_8 = 0.5 + 0.3 + 1.2 + 0.8 + 0.3 + 0.3 + 0.6 + 0.4 = 4.4(\text{s/件})$$

(3) 节拍时间优化。

有没有可能进一步缩短机器的节拍时间呢？通常情况下，降低工艺作业时间的难度是很大的，降低辅助作业时间则要容易得多，例如将气缸非工作行程的运动速度提高、将辅助作业时间在允许的情况下重叠，等等，例如送料气缸的缩回动作完全可以与其他动作同时进行而不影响机器的加工工艺，这样优化后的气缸位移-步骤图如图 14-6 所示。

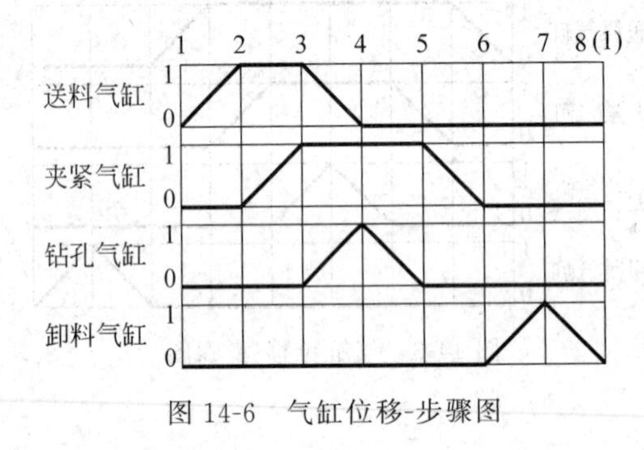

图 14-6　气缸位移-步骤图

为了计算机器的节拍时间，采用类似前面的方法将各气缸的位移-时间图示意图表示为图 14-7。

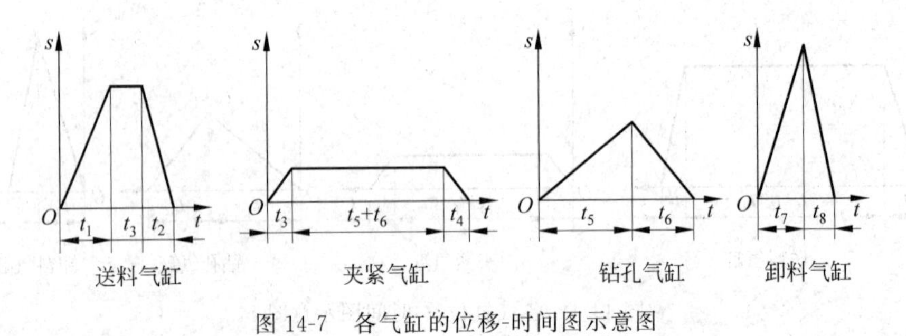

图 14-7　各气缸的位移-时间图示意图

根据图 14-6、图 14-7，如果将各气缸的位移-时间图按实际时间关系合成在一起，则如图 14-8 所示。

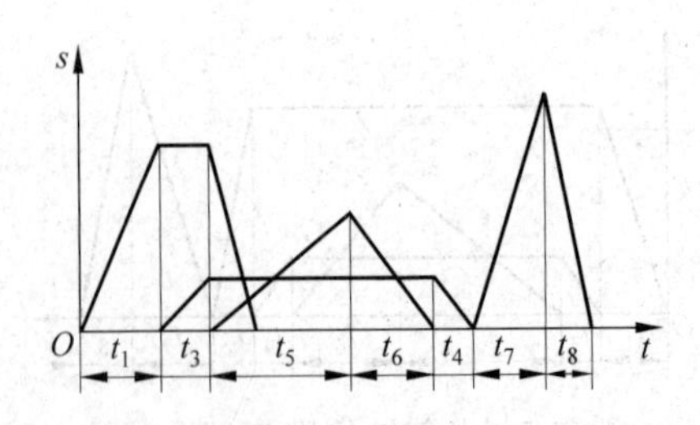

图 14-8　各气缸位移-时间合成图

根据图 14-8 可以看出，送料气缸的缩回动作是与电钻驱动气缸伸出时间重叠在一起的，整台机器完成一个工作循环的时间或节拍时间为

$$T_C = t_1 + t_3 + t_5 + t_6 + t_4 + t_7 + t_8 = 0.5 + 0.3 + 1.2 + 0.8 + 0.3 + 0.6 + 0.4 = 4.1(\mathrm{s})$$

与前面的方法相比，这种方法将机器的节拍时间缩短了 0.3 s。

**4. 分析总结**

即使机器的机械结构完全一样也可能得到不同的节拍时间及生产效率，影响机器的使用效果。因此机器节拍时间是需要进行优化设计的。常用方法如下：

(1) 时间同步优化：不影响工艺的情况下将运动轨迹不相关的部分动作同时进行。

(2) 空间重叠优化：如果机构的运动轨迹有重叠，只要不发生机械干涉，将这些动作空间错位重叠。

除此之外，还可以尽可能减少机构不必要的运动行程，尽可能提高机构的运动速度尤其是气缸非工作行程的速度。

## 14.2　间歇回转分度式自动化专机节拍时间

第 9 章讲述分度器时已经详细介绍了此类自动化专机的结构原理。这是目前结构最紧凑、占用空间最小、效率最高的自动化专机形式之一。图 14-9 为这种自动化专机的结构原理示意图，图 14-10 为典型自动化装配专机实例。

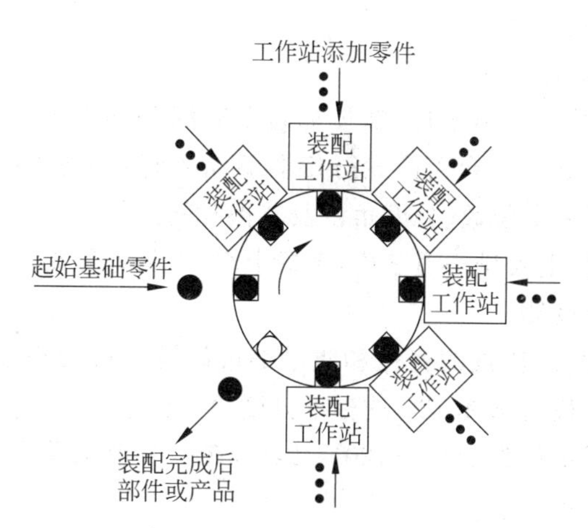


图 14-9　间歇回转分度式自动化装配专机结构原理示意图

图 14-10　典型的间歇回转分度式自动化装配专机实例

**1. 节拍时间**

此类机器转位时间用于各工位工件的位置交换，停顿时间就用于各工位进行不同的工序操作。其节拍时间实际上就是设备完成一个转位动作、一个停顿时间的总周期时间：

$$T_C = T_h + T_0 \tag{14-8}$$

式中，$T_C$ 为节拍时间，s/件；$T_h$ 为转位时间，s；$T_0$ 为停顿时间，s。

$$T_0 \geqslant \max\{T_{si}\} \tag{14-9}$$

式中,$T_{si}$ 为各工位的全部工艺操作时间($i=1,2,3,\cdots,n$),s/件;$n$ 为专机的工位数。

式(14-9)表示转盘每次的停顿时间必须大于工艺操作时间最长的工位的全部工艺操作时间,后面的分析将会发现,上述计算的节拍时间只是通常期望的理论节拍时间,实际的节拍时间还需要根据凸轮分度器的输入转速稍作调整。

凸轮分度器输入轴、输出轴的工作周期是相同的,所以节拍时间也等于输入轴转动一周的时间,或者说节拍时间是由输入轴的转速实现的:

$$T_C=\frac{60}{n} \tag{14-10}$$

式中,$n$ 为凸轮分度器输入轴的转速,r/min。

当根据装配工艺的需要确定节拍时间 $T_C$ 后,还要再设计合适的电机驱动系统,使凸轮分度器输入轴的转速刚好等于以下值,即可实现所要求的节拍时间:

$$n=\frac{60}{T_C} \tag{14-11}$$

但凸轮分度器输入轴的转速是通过传动系统获得的,最后获得的转速受到减速器的传动比、皮带传动传动比等限制,调整的范围是有限的,肯定与期望的理论转速有出入,所以实际的节拍时间与期望的理论节拍时间稍有差异,下面通过实例进行说明。

**2. 生产效率**

根据生产效率的定义,可知这种自动化专机的生产效率为

$$R_P=\frac{60}{T_C} \tag{14-12}$$

式中,$R_P$ 为平均生产效率,件/min;$T_C$ 为节拍时间,s/件。

**例 14-3** 假设某小型电器部件产品的装配共有6道工序,需要的装配时间分别为1 s、1.2 s、1.5 s、1.1 s、1.4 s、1.8 s,上述装配工序计划由一台由凸轮分度器驱动的间歇回转分度类自动化专机来完成,试确定配套凸轮分度器的工位数、分度角以及节拍时间。

**解**:(1) 由于共有6道工序,确定在每个工位上安排一道工序,考虑上料、下料各需要占用一个工位,所以选择标准工位数为8的凸轮分度器。

(2) 产品为小型电器部件,零件质量较小,所以转盘的直径和质量都可以设计得较小,因而可以选择较小的分度角,以提高转位速度。最后选择120°的标准分度角。

(3) 凸轮分度器的分度角为120°,即表明停止角为360°−120°=240°,在一个节拍循环中,转位时间与停顿时间的比例为120∶240=1∶2。

最长的工序工艺操作时间位为1.8 s。所以凸轮分度器的停顿时间应≥1.8 s。

取凸轮分度器的停顿时间为2 s,则转位时间为1秒(与此类似,若停顿时间为2.5 s,则转位时间为1.25 s),总节拍时间为3 s/件。

总节拍时间为3 s/件的意义为:凸轮分度器的输入轴在3 s内旋转1周360°,凸轮分度器的输出轴(连同机器转盘)在1 s内完成变位45°(360°/8=45°),然后再停顿2 s,完成一个循环,如此往复循环。

**例 14-4** 某间歇回转分度式自动化专机用凸轮分度器来驱动,电机经过减速器后直接与凸轮分度器输入轴连接,根据实际装配工序的工艺操作时间,初步确定节拍时间为3 s,试确定电机减速器的减速比及实际的节拍时间。

**解**：首先计算凸轮分度器输入轴的转速，初定节拍时间为 3 s/件，即表示输入轴旋转 1 周需要时间为 3 s，因此输入轴转速为 60/3＝20 r/min。

采用标准感应电机，电机输出转速为 1450 r/min，需要经过减速器减速，将电机输出转速改变为输入轴所需要的 20 r/min，需要选用具有合适减速比的减速器，对照减速器制造商的资料，在齿轮减速器的各种减速比系列中只有 75 比较合适。如选用减速比为 75 的减速器，则减速器实际输出转速为

$$1450/75 = 19.3(\text{r/min})$$

该转速实际上也就是凸轮分度器输入轴的转速，由于与期望的理论输入轴转速有一定差异，所以实际的节拍时间也有一定差异，根据式(14-11)得出实际的节拍时间为

$$T_C = \frac{60}{n} = \frac{60}{19.3} = 3.1(\text{s/件})$$

分析：这种机器的生产效率与转盘工位数量、转盘直径无直接关系，只与转位时间、停顿时间有关。因为同样存在因为零件送料堵塞、停机的情况，因此上述关于节拍时间及生产效率的分析都是基于最理想的情况。此外，这种机器包含了普通自动化专机及自动化生产线的工作原理，只不过它采用的是同步的输送系统。

由于分度器价格昂贵，某些小负载、小转盘的情况下也可以采用步进电机或伺服电机驱动转盘来降低制造成本，节拍时间很方便进行调整，但可靠性低于凸轮分度器，如图 14-11 所示。

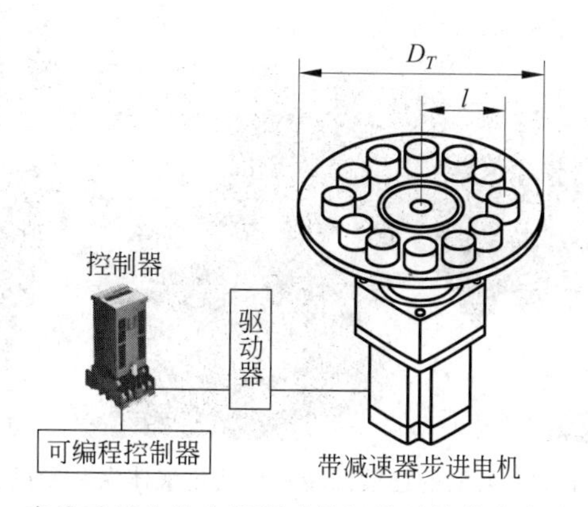


图 14-11　直接采用步进电机驱动的间歇回转分度式自动化专机

**3. 提高生产效率的途径**

(1) 尽可能缩短转位时间：在负载不大的情况下尽可能选择较小的凸轮分度器分度角。

(2) 设计时注意工序的平衡：尽量减小各工位作业时间的差距，不要将过多的工序集中在一个工位上。

**4. 节拍时间的调整**

有时候可能还需要对现有机器的节拍时间进行调整，如何实现呢？主要有两种方法：

(1) 调整减速器的减速比；

(2) 调整控制系统。

输入轴转速一定的情况下，转位时间也是一定的，如果希望增加停顿时间，可以通过控

制系统在转位结束后(设置相应的传感器进行状态确认)将电机的电源切断,经过一定的延时,然后再接通电机电源开始下一个转位动作循环,这样就在转位时间不变的情况下增加了停顿时间。

**例 14-5** 假设某采用凸轮分度器驱动的间歇回转式自动化装配专机整个节拍时间为 3 s,其中转位时间为 1 s,停顿时间为 2 s,现需要使转位时间保持不变,将停顿时间增加至 2.5 s,请通过控制系统来实现。

**解**:在每次转位结束后,通过控制系统将电机的电源切断,再延时 0.5 s,然后再接通电机电源,构成一个新的工作周期,则实际的节拍时间由 3 s 增加至 3.5 s。依次循环。

## 14.3 连续回转式自动化专机节拍时间

### 1. 连续回转式自动化专机结构原理

连续回转式自动化专机与间歇回转分度式自动化专机非常相似,唯一的区别是转盘以恒定速度连续回转,各工位的工艺操作是在转盘转动的过程中连续进行并最后完成的,这类专机只适合少数特定的操作工艺,如液体定量灌装、电器部件的热风软钎焊等。

图 14-12 为典型的连续回转式化妆品自动化灌装专机实例,在专机上除完成液体的自动灌装外,还完成瓶盖自动上料及拧紧动作。

图 14-12 典型的连续回转式自动化液体灌装专机实例

### 2. 生产效率

根据生产效率的定义可知:

$$R_P = nS \tag{14-13}$$

式中,$R_P$ 为平均生产效率,件/min; $n$ 为转盘转速,r/min; $S$ 为转盘工位数(工程上也称为设备的头数)。

这种自动化专机的生产效率与工位数及转盘转速成正比,转盘转速越高、转盘上工位数越多,专机的生产效率也越高,所以目前高效率的此类自动化专机工位数越来越多。

### 3. 节拍时间

根据节拍时间的定义可知:

$$T_C = \frac{60}{nS} \tag{14-14}$$

式中，$T_C$ 为节拍时间，s/件。

**4. 典型实例——啤酒灌装自动化专机节拍分析**

啤酒灌装（饮料灌装也与此类似）自动化专机是此类专机的典型实例之一，啤酒通过转盘上方的灌装头与转盘同步旋转，玻璃瓶或塑料瓶放置在转盘上各工位的定位夹具上，转盘上方的灌装头对玻璃瓶完成定量灌装过程。图 14-13 为液体灌装设备工作示意图。

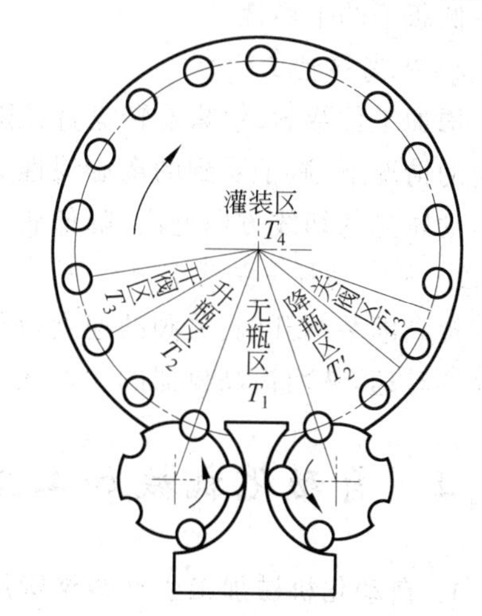

图 14-13　啤酒灌装设备工作示意图

转盘旋转一周的工程中，共分为 6 个工作区域：由进瓶出瓶拨轮机构尺寸决定的无瓶区、瓶子上升及下降的区域、灌装阀门打开及关闭的区域、对瓶子灌装的区域，各区域占用的回转时间分别如图 14-13 所示。除灌装区所占用的时间属于工艺操作时间外，其他区域占用的时间属于辅助操作时间。

工件（瓶子）经过灌装区的时间 $T_4$ 为

$$T_4=\frac{1}{n}\times\frac{\alpha}{360^\circ} \tag{14-15}$$

式中，$T_4$ 为工件（瓶子）经过灌装区的时间，min；$n$ 为转盘的转速，r/min；$\alpha$ 为灌装区的对应的角度（通常也称为灌装角），(°)。

为了保证灌装工艺要求，上述时间 $T_4$ 必须大于实际灌装操作所需要的时间 $t$，所以转盘的转速必须满足以下要求：

$$\frac{1}{n}\times\frac{\alpha}{360^\circ}\geqslant t$$

即

$$n\leqslant\frac{\alpha}{360^\circ\times t} \tag{14-16}$$

**例 14-6**　设某啤酒灌装自动化专机灌装速度为 2500 件/min，转盘工位数为 180 头，灌装角度 $\alpha$ 为 280°，试计算：(1)转盘的转速 $n$；(2)每灌装一罐啤酒所需要的最大工艺操作时间 $t$。

**解**：(1) 转盘的转速 $n$。

根据式(14-13)得出：

$$n=\frac{R_P}{S}=\frac{2500}{180}=13.9(\text{r/min})$$

(2) 每灌装一罐啤酒所需要的工艺操作时间 $t$。

根据式(14-16)得出：

$$t\leqslant\frac{\alpha}{360^\circ\times n}=\frac{280^\circ}{360^\circ\times 13.9}=0.056(\text{min})=3.36(\text{s})$$

上述结果表示每灌装一罐啤酒所需要的最大工艺操作时间不能超过 3.36 s。

**5. 提高生产效率的途径**

式(14-14)表明，连续回转式自动化专机的节拍时间 $T_C$ 与工位数 $S$、转盘转速 $n$ 成反比，转盘转速越高、工位数越多，自动化专机的节拍时间就越短，也就是说自动化专机的生产效率越高。

1）提高转盘转速

转盘转速提高，瓶子经过灌装区的时间就缩短，也就是瓶子允许的灌装工艺操作时间缩短，必须保证该时间能够完成所需要的灌装量。但提高转盘转速后瓶子受到的离心力增加，也降低瓶子的平稳性。

2）提高转盘工位数

增加工位数 S，意味着转盘直径随之增大，这不仅会使机器庞大笨重，而且在转盘转速一定的情况下，瓶子受到的离心惯性力必须小于瓶子与转盘之间的摩擦力，否则瓶子就会沿其运动轨迹的切线方向抛出，降低瓶子的平稳。

3）采用高性能的灌装阀

提高灌装阀开阀、关阀的速度，那么灌装区角度就可以增大，相应也就可以进一步提高转盘的转速，从而提高机器的生产效率。

## 14.4 自动化机械加工生产线节拍时间

### 1. 自动化机械加工生产线结构形式

自动化机械加工生产线主要从事零件的铣削、钻孔及其他类似的回转切削加工工序，主要应用于零件设计成熟、大批量、长期生产、需要多种加工工序的场合，从而获得很低的制造成本、最短制造周期、最少占用场地等。

1）未设置内部零件存储缓冲区的自动化机械加工生产线

这种生产线的基本结构原理如图 14-14 所示。主要由零件自动输送系统、单个的机械加工工作站（如自动机床）、控制系统组成。

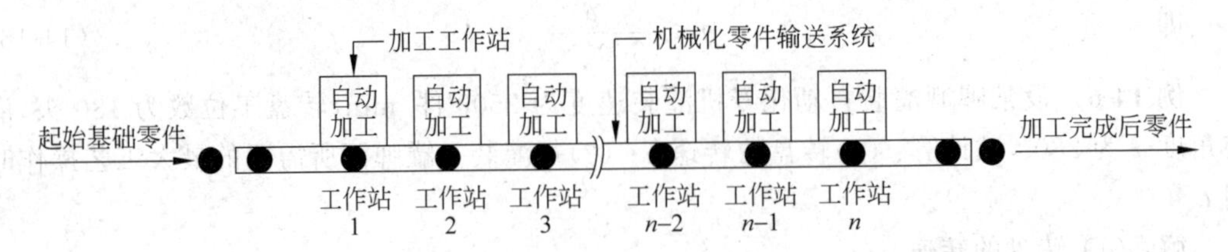


图 14-14 典型的自动化机械加工生产线结构原理示意图

由于零件的机械加工经常都要求较高的加工精度，对零件的定位精度自然要求极高，因此零件的自动输送采用一种专用的夹具——随行夹具来输送，不仅对待加工零件进行精确的定位，还可以移动及在加工工作站上夹紧，由于零件在随行夹具上精确定位，而随行夹具又在具体的加工工作站上准确定位，因而可以确保零件的准确定位。又由于随行夹具需要循环使用，所以这种自动化加工生产线通常都是首尾封闭的。

根据场地情况，为了最大限度利用场地，通常可以按 L 形、U 形设计，如图 14-15、图 14-16 所示。

为了避免随行夹具运输上的麻烦，生产线按矩形设计就可以很方便地实现随行夹具的自动循环，同时还可以设计专门的清洗工作站对随行夹具进行清洗，保证重复使用的随行夹具符合使用要求，如图 14-17 所示。

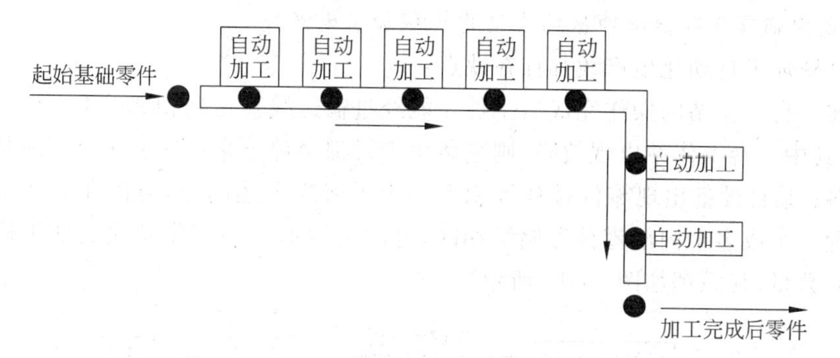


图 14-15　L 形自动化加工生产线

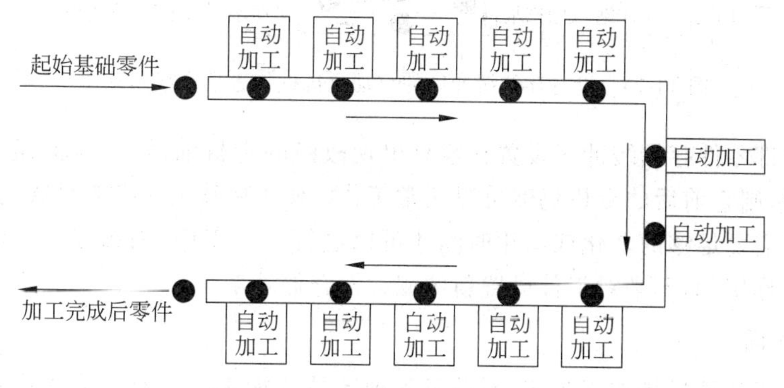


图 14-16　U 形自动化加工生产线

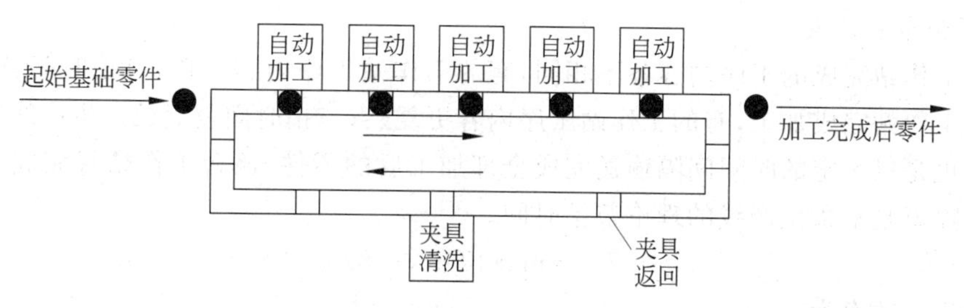


图 14-17　矩形自动化加工生产线

还有另外一种特殊情况，直接将随行夹具固定连接在输送线上（例如链条输送线的链条上），随行夹具始终与链条一起在输送线的上下两部分之间循环，在上半部分进行零件的加工，下半部分则将随行夹具送回到上方供反复循环使用，如图 14-18 所示。

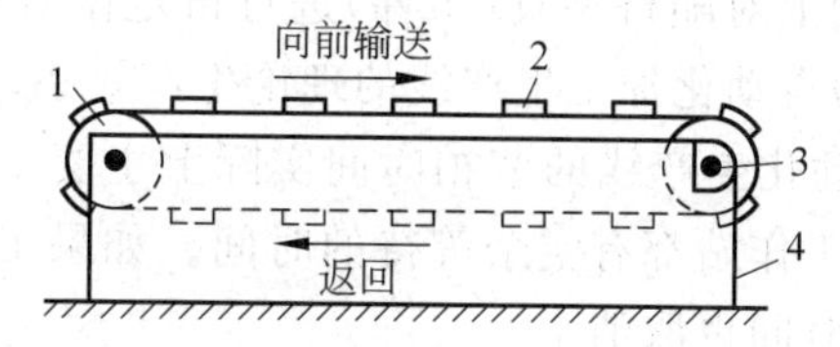


图 14-18　上下输送型加工或装配生产线

1—张紧轮；2—定位夹具；3—分度机构；4—机架

2) 设置内部零件存储缓冲区的自动化机械加工生产线

上述机械加工自动化生产线都存在缺点：

只有前一台工作站的操作完成后工件才能经过输送线输送到相邻的下一台工作站进行操作，一旦其中一台工作站出现故障，则整条生产线都会停下来；有时候会出现某台设备缺料停机待料；某台设备出现零件排列堆积等。为了解决上述问题，可以在上述生产线的输送线上设置一个或多个内部零件存储缓冲区，也就是增加某一工作站完成加工操作后零件临时储存的数量，其原理如图14-19所示。

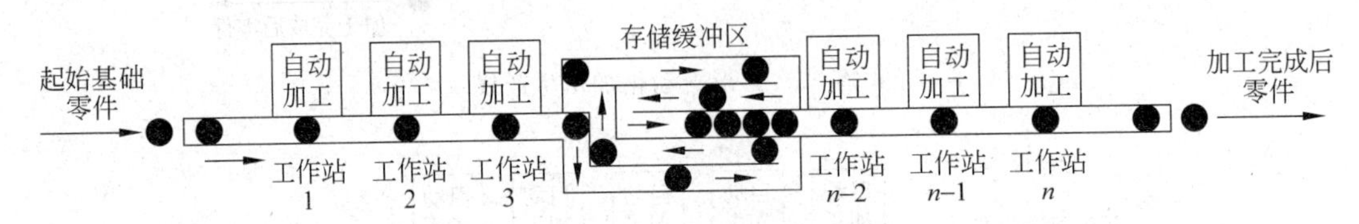


图 14-19 设有存储缓冲区的自动化机械加工生产线示意图

通常将内部零件存储缓冲区设置在容易出现故障的专机前后，一旦上述专机出现故障需要停机检修，则它前后的专机仍然可以正常工作；某些特殊工序需要足够的时间，例如在喷涂及粘结后需要足够的老化或固化时间才可以进行下一工序，内部零件存储缓冲区刚好可以起到这种作用，而不必对工件设置新的搬运及存储环节。

**2. 节拍时间**

假设仅限于各种机械加工工艺(不针对各种产品装配工艺)、且不采用内部零件存储缓冲区，一台工作站完成加工后的零件直接输送到下一台工作站。

1) 理论节拍时间

每台工作站完成的工序内容各不相同，有的工作站工序内容简单，节拍时间就短，需要等待其他工作站完成加工，有的工作站工序内容更复杂，节拍时间就更长。生产线末端的一台工作站也是以一定的时间间隔输送完成全部加工后的零件，该台工作站每完成一件产品的时间间隔就是整条生产线的理论节拍时间。

$$T_C = \max\{T_{si}\} + T_r \tag{14-17}$$

理论生产效率为

$$R_C = \frac{60}{T_C} \tag{14-18}$$

式中，$T_C$ 为生产线的理论节拍时间，min/件；$T_{si}$ 为生产线中各工作站的节拍时间($i=1,2,3,\cdots,n$，$n$ 为工作站数量)，min/件；$\max\{T_{si}\}$ 为生产线中工序时间最长的工作站节拍时间，min/件；$T_r$ 为在输送线上对随行夹具(工件)进行再定位所需要的时间，假设各工作站该时间相等，min/件；$R_C$ 为自动化加工生产线的理论生产效率，件/h。

式(14-17)表明这种自动化生产线的节拍时间实际上主要是由整条生产线中节拍时间最长的工作站决定的，其余工作站都有空余等待的时间。如果工件在输送线上不通过工装板输送并再定位，则再定位时间也取消了。

**例 14-7** 某零件的自动化加工生产线由10台自动化工作站组成，各工作站各自完成不同的加工工序，其节拍时间分别为：20、22、25、21、26、5、10、18、9、12，单位：s/件。生产线上未设置内部零件存储缓冲区，零件在输送线上不需要再定位，试确定该自动化生产线的节拍时间。

**解**：生产线上各工作站中有一台工作站所需要的工序时间最长，根据式(14-17)，该工作站的节拍时间 26 s/件即为整条自动化加工生线的节拍时间。

2）实际平均节拍时间

实际情况是生产线不可能不出现因为故障而需要停机检修的情况，例如：加工工具的失效与更换、工装夹具的调整、电气及机械元件失效与更换、第一台专机就缺料、设备定期保养等。这些情况下生产线都需要全部停止运行，所以实际的生产效率都要低于理论生产效率，实际平均节拍时间为

$$T_P = T_C + FT_d \tag{14-19}$$

实际的生产效率为

$$R_P = \frac{60}{T_P} \tag{14-20}$$

式中，$T_P$ 为生产线的实际平均节拍时间，min/件；$T_C$ 为生产线的理论节拍时间，min/件；$F$ 为生产线中每个节拍的平均停机检修频率，次/循环；$T_d$ 为生产线每次检修所需要的平均时间，min/次；$R_P$ 为生产线的实际生产效率，件/h。

通过理论节拍时间及实际平均节拍时间就可以得到生产线的使用效率：

$$\eta = \frac{T_C}{T_P} \times 100\% \tag{14-21}$$

所以**对于自动化生产线而言，设备的可靠性远比生产线的生产效率显得更为重要**，这也是在生产线的设计及使用管理过程中需要对此仔细领会并高度重视的原因。下面通过一个实例进行说明。

**例 14-8**　某零件的自动化加工生产线由 10 台自动化工作站组成，生产线的理论节拍时间为 0.5 min/件，每个节拍的平均停机检修频率为 0.075 次/循环，每次停机检修的平均时间为 4.0 min/次，生产线上未设置内部零件存储缓冲区，试确定：(1)该生产线的实际平均节拍时间；(2)该生产线的使用效率。

**解**：(1) 生产线的平均生产效率。

根据式(14-19)，生产线的实际平均节拍时间为

$$T_P = T_C + FT_d = 0.5 + 0.075 \times 4.0 = 0.8(\text{min/件})$$

(2) 生产线的使用效率。

根据式(14-21)，生产线的使用效率为

$$\eta = \frac{T_C}{T_P} \times 100\% = \frac{0.5}{0.8} \times 100\% = 62.5\%$$

可见，因为设备的故障停机检修使自动化生产线的实际使用效率仅达到 62.5%，远低于理想情况下的 100%，说明自动化生产线的可靠性非常重要。

# 14.5　自动化装配生产线节拍时间

### 1. 自动化装配生产线结构形式

自动化装配生产线的结构原理与自动化机械加工生产线、手工装配流水线是非常相似

的,生产线由各种自动化装配专机完成各种装配工序。典型的结构形式就是如图14-20所示的直线形式,这样输送系统最简单,制造也更容易。

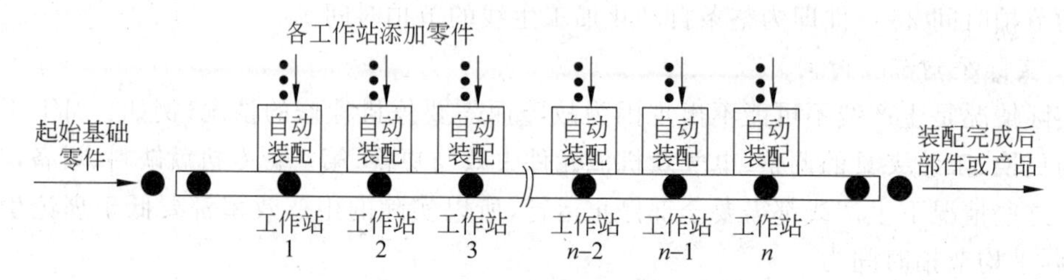


图14-20 典型的自动化装配生产线结构原理示意图

自动化装配生产线主要是在自动化装配专机的基础上搭建而成的。

首先需要输送线,输送线上需要设置各种挡停、分隔、换向机构,还需要机械手将输送线上的工件送到专机定位夹具上,完成装配后又需要机械手送回到输送线上。对于某些简单的工艺操作,例如喷码打标、条码贴标操作,可以在输送线上直接进行,简化机器设计。然后是各种自动化装配专机,最后加上传感器与控制系统。

通常采用顺序控制系统协调控制各专机的工序操作,前一台专机的工序完成后才进行下一台专机的工序操作,当前一台专机尚未完成工艺操作时相邻的下一台专机就必须处于等待状态,直到工件经过最后一台专机后完成生产线上全部的工艺操作,这与手工装配流水线的过程是非常相似的。

也可以采用一种更节省场地的环形形式,如图14-21所示,由于平顶链输送线能够自由转弯,所以非常适合作为环形生产线的输送系统。

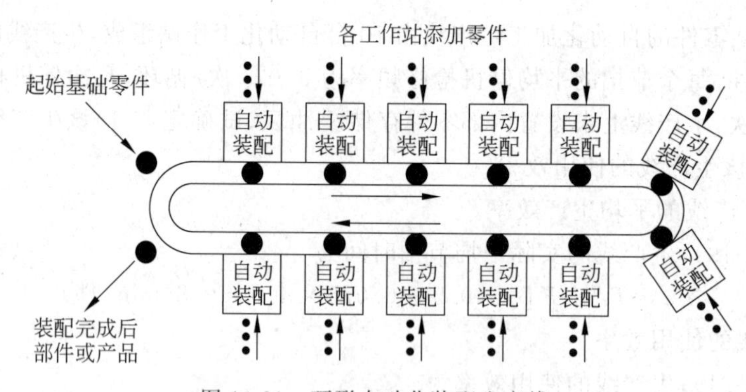


图14-21 环形自动化装配生产线

**2. 理论节拍时间**

假设各专机的节拍时间是固定的,输送线连续运行,只要工件没有被阻挡就继续向前运动,则这种自动化装配生产线的节拍时间就等于节拍时间最长的专机的节拍时间,即:

$$T_C = \max\{T_{si}\} \tag{14-22}$$

式中,$T_C$为自动化装配生产线的理论节拍时间,min/件;$T_{si}$为自动化装配生产线中各专机的节拍时间($i=1,2,3,\cdots,n$,$n$为专机的台数,如果含有人工操作工位则同时包括人工操作工位数量),min/件。

### 3. 理论生产效率

自动化装配生产线的理论生产效率为

$$R_C = \frac{60}{T_C} = \frac{60}{\max\{T_{si}\}} \tag{14-23}$$

式中，$R_C$ 为自动化装配生产的理论生产效率，件/h。

### 4. 实际节拍时间与实际生产效率

在评估生产线的实际节拍时间及生产效率时需要考虑上述送料堵塞停机、机械或电气故障导致停机两种因素，并根据使用经验统计出现零件堵塞的平均概率及平均处理时间、机器出现故障的平均概率及平均处理时间，然后分摊到每一个工作循环。

实际平均节拍时间为

$$T_P = T_C + npT_d \tag{14-24}$$

实际平均生产效率为

$$R_P = \frac{60}{T_P} \tag{14-25}$$

式中，$T_P$ 为自动化装配生产线的实际平均节拍时间，min/件；$T_C$ 为自动化装配生产线上耗时最长专机的节拍时间，min/件；$n$ 为自动化装配生产线中专机的数量；$p$ 为自动化装配生产线中每台专机每个节拍的平均停机频率，次/循环；$T_d$ 为自动化装配生产线每次平均停机时间，min/次；$R_P$ 为自动化装配生产线的实际平均生产效率，件/h。

**例 14-9**　某产品的装配由一条包含人工操作的混合型自动化装配生产线完成，目前生产线由 7 台专机及 4 个人工操作工位组成，在所有的自动化专机及人工操作工位中，需要节拍时间最长的位置发生在一个人工操作工位上，该节拍时间为 35 s/件。现计划用一台新的自动化专机替代该人工操作工位，替代后可以将生产线的节拍时间降低为 25 s/件。每台专机每个节拍的平均停机频率为 0.01，每次平均停机时间为 4.0 min。

计算：(1)目前的理论节拍时间、实际平均节拍时间、实际平均生产效率；(2)用专机替代该人工操作工位后的理论节拍时间、实际平均节拍时间、实际平均生产效率。

**解**：(1) 目前的理论节拍时间、实际平均节拍时间、实际平均生产效率。

根据式(14-22)可知，目前的理论节拍时间为：$T_C = 35$ s/件。

根据式(14-24)可知，目前的实际平均节拍时间为

$$T_P = T_C + npT_d = 35 + 7 \times 0.01 \times 4.0 = 35.28(\text{s/件})$$

根据式(14-25)可知，目前的实际平均生产效率为

$$R_P = \frac{60}{T_P} = \frac{60}{35.28} = 1.68(\text{件/min}) = 100.6(\text{件/h})$$

(2) 替代该人工操作工位后的理论节拍时间、实际平均节拍时间、实际平均生产效率。

根据式(14-22)可知，替代后的理论节拍时间为：$T_C = 25$ s/件。

根据式(14-24)可知，替代后的实际平均节拍时间为

$$T_P = T_C + npT_d = 25 + 8 \times 0.01 \times 4.0 = 28.2(\text{s/件})$$

根据式(14-25)可知，替代后的实际平均生产效率为

$$R_P = \frac{60}{T_P} = \frac{60}{28.2} = 2.13(\text{件/min}) = 127.7(\text{件/h})$$

**5. 提高自动化装配生产线生产效率的途径**

(1) 提高整条生产线中节拍时间最长的专机的生产速度。

(2) 提高装配零件的质量水平,减少工件堵塞、停机现象。

(3) 尽量平衡各专机的节拍时间。

(4) 提高专机的可靠性。生产线上任何一台专机出现故障会使整条生产线停机,造成更大的损失,因此**提高专机的可靠性比生产线的生产效率更为重要**。机器设计越简单可靠性越高。

(5) 在专机的设计过程中要考虑设备的可维修性,方便维修。

**6. 自动化生产线工序设计**

总体方案设计是整个设计制造流程中最重要的环节,总体方案设计是否正确与合理,对生产线的节拍时间(或生产效率)、运行可靠性、设备复杂程度、成本造价、设计制造周期等直接起着决定性的作用,因而也决定了整条生产线工程项目的成功与否,一旦总体方案设计考虑不周,直至工程后期才发现,将可能造成巨大的经济损失。例如如果工序次序安排不合理就有可能增加重复的换向等辅助操作,专机的节拍时间过于悬殊就会导致部分专机的时间浪费,如果某台专机的工序安排不合理导致可靠性较低,将可能直接导致整条生产线的使用效率大幅降低等。因此工序设计是极为重要的环节。

工序设计的主要内容如下:

(1) 确定工序的合理先后次序;

(2) 对每台专机的工序内容进行合理分配和优化;

(3) 分析优化工件在全生产线上的姿态方向。需要全盘考虑工件在生产线上的分隔、换向、挡停,尽可能使这些机构的数量与种类最少,简化生产线设计制造。

(4) 尽可能使各专机的节拍时间均衡。

(5) 提高整条生产线的可靠性。简化专机的结构、提高专机可靠性,使整条生产线结构简单、故障停机次数少、维修快捷。

**7. 工序设计实例**

以下以编者参与设计的某塑壳断路器自动化装配检测生产线项目为例,说明自动化生产线的总体方案设计过程。

1) 产品外形尺寸

HSM1-125、HSM1-160系列塑壳断路器(以下简称断路器)是国内某大型开关制造企业设计开发的新型断路器之一,其中HSM1-125系列产品外形尺寸为120 mm×76 mm×70 mm,质量为900 g;HSM1-160系列产品外形尺寸为120 mm×90 mm×70 mm,质量为1100 g。图14-22为上述系列产品的外形图。

图14-22 HSM1-125、HSM1-160塑壳断路器

2）节拍要求

该企业提出的生产能力为单班产量 500 件。根据该生产能力，考虑设备按 90％的实际利用率计算有效工作时间，每条线的节拍时间计算如下：

$$每天有效工作时间 = 8 \times 0.9 \times 3600 = 25920(s)$$

$$节拍时间 = \frac{25920}{500} \approx 52(s/件)$$

表明在该生产线上各专机的节拍时间必须都不能超过 52 s，为达到这一节拍要求，在设计过程中进行了以下工作：

（1）在不影响产品制造的前提下根据用户提出的工艺方案重新调整设计了生产工艺流程；

（2）对少数初步估计专机占用时间超过 52 s 的工序进行分解，将耗时长的复杂工序分解为两个或多个工序由多台专机进行。

经过上述工作，最后确定生产线整体设计方案，工程完成后将整条生产线的节拍时间降低到 45 s/件，满足了企业提出的节拍要求。

3）详细工艺流程

最后确定的自动生产线详细工艺流程如下：

条码打印及贴标→触头开距超程检测→脱扣力检测→瞬时测试→触头及螺钉装配→触头压力检测→条码阅读与产品翻转→单相延时调试①→缓存冷却降温→单相延时调试②→缓存冷却降温→单相延时调试③→缓存冷却降温→螺帽装配→自动点漆→三相串联延时校验→可靠性检测→耐压测试。

4）总体设计方案

（1）自动输送系统

采用平行设置的三条皮带输送线，总长 25 m，用于产品的自动输送。其中两条输送线输送方向相同，由各台专机的机械手交替在这两条输送线上取料和卸料，第三条输送线专门用于不合格品反方向输送。图 14-23 为制造完成后的皮带输送系统。

图 14-23　皮带输送系统

（2）输送系统与各专机的连接及控制

工件在通过输送线进入每台专机区域后先设置活动挡块或固定挡块，供各专机的取料机械手抓取工件。当抓取工件和卸下工件在同一条输送线上时，该挡块必须采用活动挡块；

当抓取工件和卸下工件分别在两条输送线上进行时，该挡块就采用简单的固定挡块。

(3) 工件的姿态方向控制

在生产线的总体设计时，全盘考虑各专机取料及卸料时工件的姿态方向，尽可能将工件在输送时姿态方向一致的工序连续安排在一起，使整体生产线上工件的换向次数及换向机构最少，以简化生产线设计与制造。共采用了三种机构改变工件姿态：在工件上方设置挡杆实现工件自动90°翻转；气动机构对专机夹具翻转90°；在机械手末端的手指上设计轴承回转机构，使工件在重力作用下实现180°自动翻转。

(4) 工件的暂停与分隔控制

在输送线上设计了专用的分隔机构、活动阻挡机构重复使用；还设计了固定挡块。最后在输送线上采用19处固定挡块、8处活动挡块、11处分料机构，有关工件在输送线上的分料、阻挡、上下料及输送方法示意图如图14-24所示。

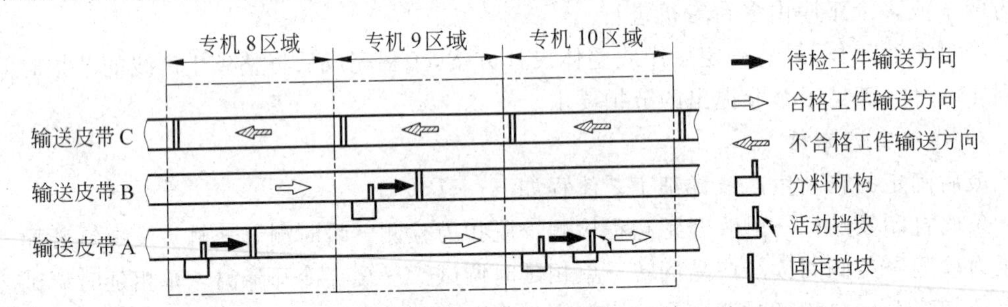


图14-24　工件的分料、阻挡、上下料、输送方案示意图

图14-25为最后制造完成的自动化生产线，除自动打标贴标机外，其余结构均由公司技术人员自行设计、加工、装配、调试完成，该项目自2002年交付客户使用至今。

图14-25　HSM1-125、HSM1-160系列塑壳断路器自动化装配检测生产线

## 思 考 题

1. 什么叫自动化专机或自动化生产线的节拍时间？自动化专机的节拍时间是否等于全部机构动作时间相加？

2. 什么叫自动化专机或自动化生产线的生产效率？

3. 如何确定由直线运动机构组成的单工作站自动化装配专机的节拍时间？如何对这类专机的节拍时间进行优化？

4. 如何计算间歇回转分度式自动化专机的节拍时间及生产效率？

5. 在进行凸轮分度器的选型时，如何根据实际工序情况确定间歇回转分度式自动化专机的节拍时间？

6. 简述自动化装配生产线的结构及工作过程。

7. 简述自动化装配生产线、手工装配流水线、自动化机械加工生产线三者的区别。

8. 什么叫生产线的使用效率？

9. 如果提高自动化装配生产线的生产效率？

10. 为什么工序设计在自动化生产线的设计过程中具有非常重要的意义？

11. 在自动化生产线的设计过程中如何设计工件在生产线上的姿态方向？

12. 在自动化生产线的设计过程中如何进行工序的平衡？

# 第 15 章　气动设备保养维护与典型故障排除

由于气动元件价格低廉、可靠，所以目前的自动化机器大部分采用各种各样的气动机构。但气动设备使用压缩空气，是需要定期维护保养的，即使这样仍然会出现各种故障，提前预防性保养维护、预防故障、及时排除故障恢复生产、减少机器停机维修时间，对企业设备管理人员而言是首要的任务。

气动自动化设备常见故障分析与排除

## 15.1　气动设备典型故障分析排除

### 1. 与气缸有关的故障

1）气缸漏气（有漏气声）

（1）外部漏气

漏气部位：活塞杆与端盖接触处，如图 15-1 所示。

现象：有漏气声。

处理方法：检查密封圈是否破损？有破损及时更换；检查活塞杆表面是否损伤？如有损伤则更换气缸；清除灰尘杂质。

（2）内部漏气

漏气部位：活塞密封部位，如图 15-2 所示。

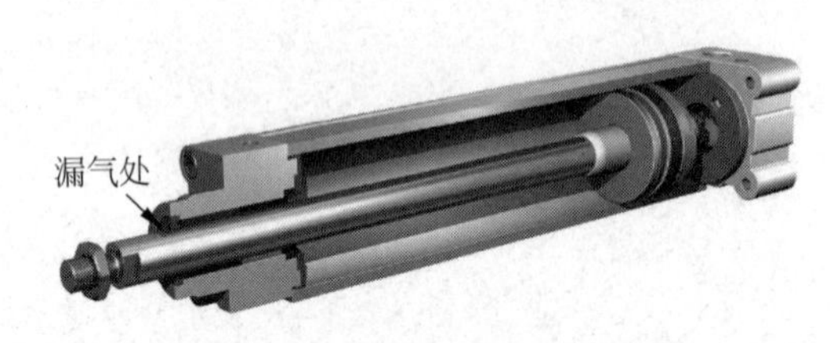


图 15-1　气缸外部漏气

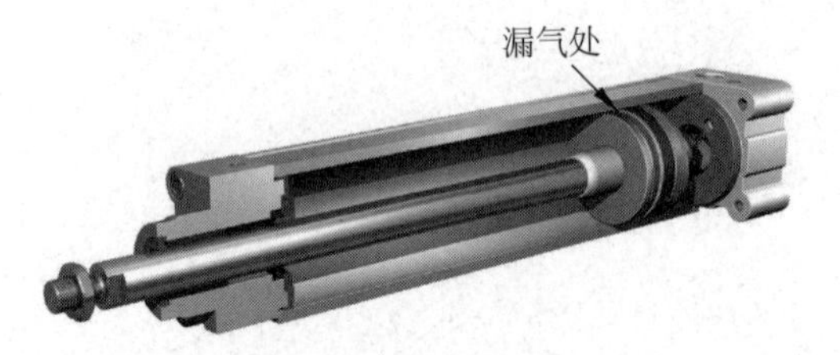


图 15-2　气缸内部漏气

现象：听不到漏气声。

处理方法：检查密封圈是否破损？有破损及时更换密封圈；检查缸筒表面是否有损伤？有损伤则更换气缸；端盖油泥堵塞则及时清洗；检查气缸是否存在径向负载？检查安装方式是否正确，如图 15-3 所示。

2）气缸不动

首先检查是否有压缩空气进入气缸？空气压力是否正常？如果没有压缩空气进入气缸则与气缸无关。

有压缩空气进入气缸而且压力正常，则可能为气缸活塞杆变形卡住。

如果传感器故障也会导致 PLC 无输入信号，导致换向阀不动作。

3）气缸输出力变小

首先检查气缸负载阻力是否正常（活塞杆是否被卡住）？再检查排除压缩空气压力是否

(a)

(b)

(c)

图 15-3　活塞内部状态

(a) 活塞正常状态；(b) 油泥、密封圈过度磨损；(c) 端盖油泥堵塞

正确？

如果空气压力也正确则可能为气缸内漏。检查活塞密封圈如果有损伤则更换，缸筒表面有损伤则更换气缸。

4）气缸运动爬行

气缸运动爬行是指气缸出现时走时停、运动不连续现象。

检查处理方法：气缸负载是否变大？压缩空气压力是否过低？气缸自身摩擦力是否正常？拔出气管手动检查。气缸是否内漏？

5）气缸运动速度失灵

检查处理方法：调速阀是否被污染？清洗或更换。调速阀规格是否过大与气缸不匹配？检查更换。调速阀是否安装离气缸过远导致反应慢？检查，靠近气缸安装。气缸缸径是否过小？检查更换。

**2. 与换向阀有关的故障**

图 15-4 为某气动换向阀实例。

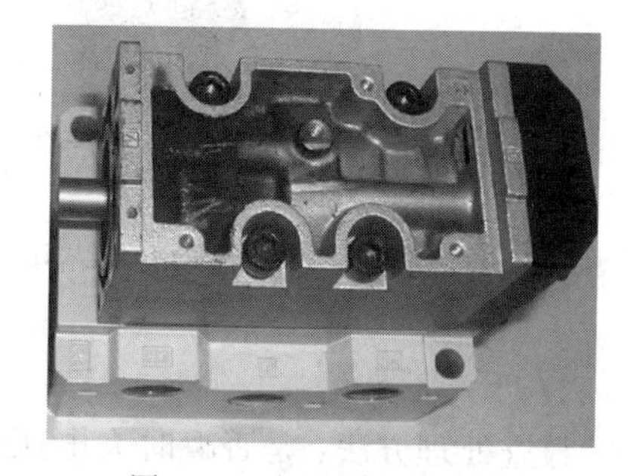
图 15-4　气动换向阀实例

1）换向阀不动作

检查处理方法：线圈是否有电、短路、漏电、线圈故障？气压是否低于换向阀规定动作压力？阀芯密封圈吸水、膨胀导致阻力过大？内部灰尘污染失灵？排气口灰尘堵塞？如图 15-5、图 15-6 所示。

图 15-5　换向阀阀芯密封圈处油泥堵塞

图 15-6　换向阀阀芯密封圈处油泥堵塞(局部)

2) 排气口漏气

检查处理方法：是否污染物卡住换向不到位？清洗处理。是否气压不足导致密封不良，或者气压过高导致密封件变形过大？检查气源。是否润滑不良造成换向不到位？检查润滑状况。

**3. 与调速阀有关的故障**

图15-7为典型的调速阀(单向节流阀)结构。

调速失灵的检查处理方法：阀芯是否被污染？检查清洗或更换。单向阀阀芯是否安装不正？重新安装或更换。

**4. 与磁感应开关有关的故障**

图15-8为典型的磁感应开关。

1) 开关不接通

检查处理方法：开关位置是否被移动？检查调整。电源故障或接线不通？重新检查、接线。周围是否有强磁场？检查确认，隔离磁场。开关本身是否损坏？检查更换开关。

图15-7 调速阀内部结构

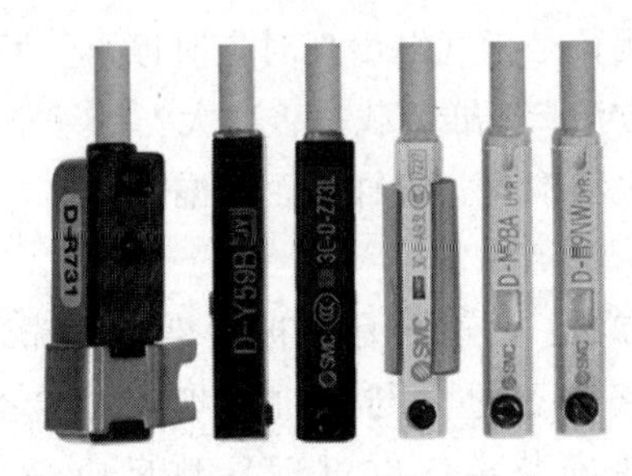


图15-8 磁感应开关

2) 开关不断开

检查处理方法：是否瞬时大电压或大电流导致接触部位温度过高，导致触头粘结(熔焊)？确认后更换开关。是否内部簧片机械故障？确认后更换开关。注意：熔焊是开关、继电器行业最典型的失效方式。

**5. 与三联件中过滤器有关的故障**

图15-9为典型的过滤器内部结构。

1) 压力损失大

检查处理方法：滤芯是否被污染而严重堵塞？清洗或更换滤芯。滤芯规格是否太小？检查更换。是否滤芯过滤精度太高？更换合适精度的滤芯。如图15-9中B处。

2) 输出口流冷凝水

检查处理方法：是否杯体存水过多未及时排放？检查并排水。是否自动排水器故障？修理或更换。输出口是否堵塞？特别是冬天油泥过浓很容易导致堵塞，检查并清洗。是否过滤器流量不合适？更换合适流量过滤器。如图15-9中D处。

3) 排水器漏水

检查处理方法：是否过滤器安装状态不正？检查并纠正。是否有灰尘、油泥堵塞？检查清洗。如图15-9中C处。

4）水杯密封处漏气

检查处理方法：是否紧固环安装松动？检查并拧紧。是否紧固环内的密封圈损伤？检查更换。如图 15-9 中 A 处。

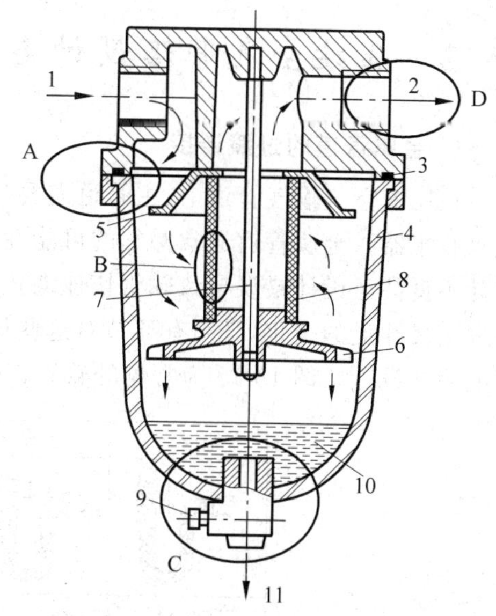


图 15-9　过滤器

1—输入口；2—输出口；3—密封圈；4—壳体；5—分离器；6—分料盖；7—螺钉；8—滤芯；9—冷凝水手动排放按钮；10—冷凝水；11—冷凝水排放口

**6. 与三联件中减压阀有关的故障**

图 15-10 为典型的气动减压阀内部结构。

1）压力无法调整

检查处理方法：进出口是否方向装反？检查并重装。是否内部弹簧损坏？检查更换减压阀。是否内部膜片损坏？检查更换减压阀。

2）输出压力不稳定

检查处理方法：减压阀规格（通径）是否太小？检查确认，加大流量重选。是否阀芯导向不良？检查清洗、更换阀芯。是否反馈控制气孔油泥堵塞？检查清洗。

**7. 与三联件中油雾器有关的故障**

图 15-11 为典型的油雾器内部结构。

液态油滴不能雾化的检查处理方法：是否调节针的调节量太小、油路堵塞、管路漏气？及时处理堵塞和漏气处，调整滴油量，使其达到 5 滴/min 左右。正常使用时，油杯内的油面要保持在上限、下限范围之间。对油杯底部沉积的水分，应及时排除。

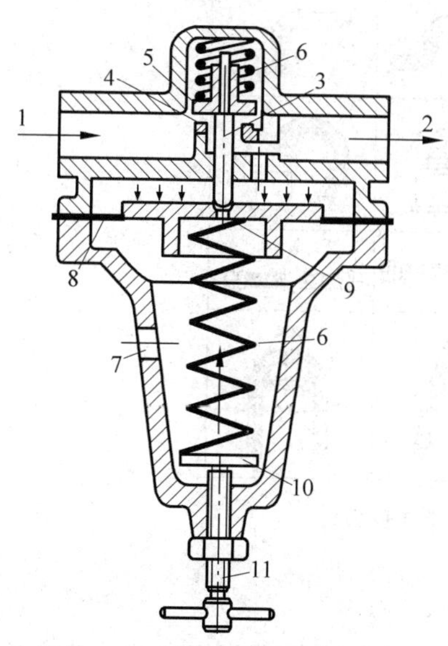


图 15-10　减压阀典型内部结构

1—进口；2—出口；3—很多阀芯；4—环形间隙；5—弹簧座；6—压缩弹簧；7—排气孔；8—金属膜片；9—泄压孔；10—弹簧盘；11—调整螺栓

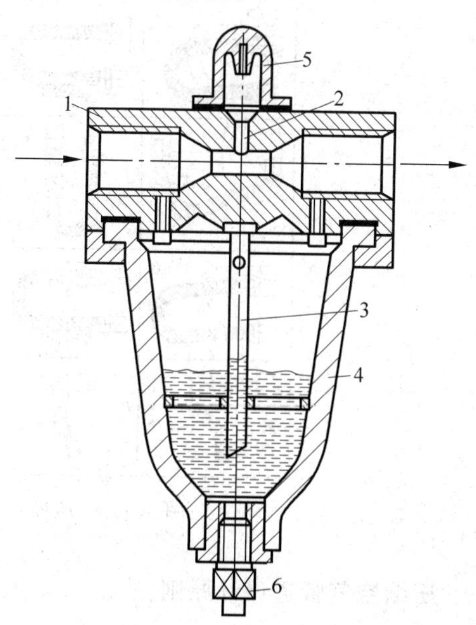


图 15-11　油雾器内部结构

1—油雾器头；2—吸入口；3—立管；4—壳体；5—油雾器室；6—排水螺钉

# 15.2 压缩空气管路设计与装配

### 1. 金属管道的过渡连接

在压缩空气输气管道中,主管道需要按一定的斜度由高向低布置,并沿途设置足够的冷凝水收集器。金属管道通常漏气的可能性非常小,主要是金属管道之间的过渡连接软管因设计不良甚至设计错误导致软管快速老化、应力集中、裂纹漏气。金属管道受热胀冷缩影响会发生尺寸上的变化,必须有环节对这些尺寸变化进行补偿。所以软管的连接需要进行良好的力学设计。图15-12为常见的软管正确的、错误的连接方法对比。

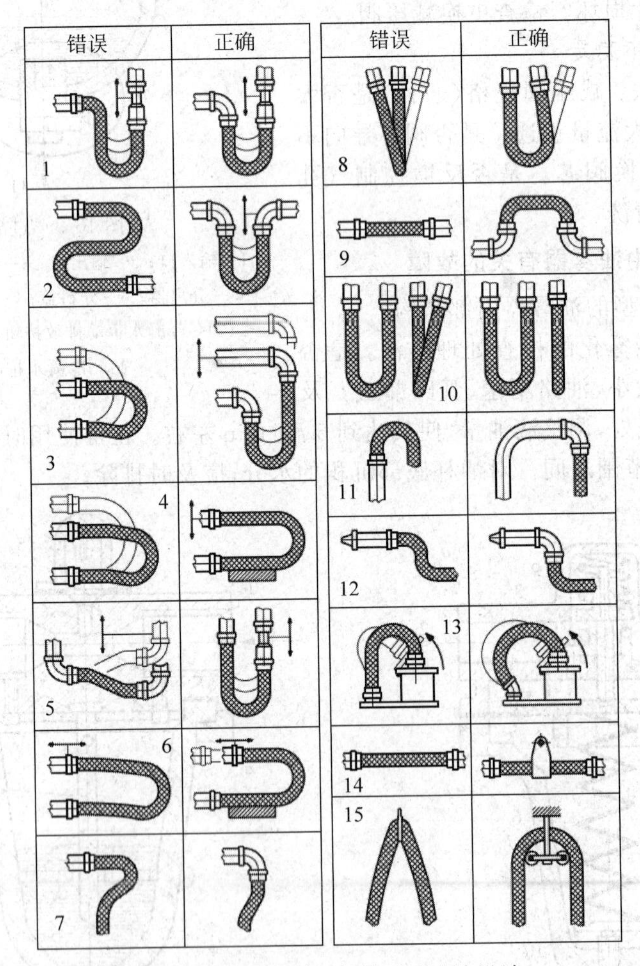


图15-12 压缩空气软管过渡连接设计

### 2. 压缩空气管道设计原则

不正确的管道设计会导致管路泄漏水平过高、压力损失过大,需要额外提高空压机储气罐压力导致能源损失。优化管路设计的目的是方便安装、方便维修与检测、容易保证不接错、减少漏气和管道破损、降低使用成本。设计原则如下:

(1) 输气管道应尽可能短、管道直径尽可能小;

(2) 空气输送管路应尽可能接近用气设备；

(3) 尽可能降低压缩空气压力工作，以显著节省电费，见表 15-1；

**表 15-1　压缩空气压力下能源消耗量对比**

| 压缩空气压力/bar | 可节省电费/% | 压缩空气压力/bar | 可节省电费/% |
| --- | --- | --- | --- |
| 6 降为 5 | 17 | 6 降为 3 | 50 |
| 6 降为 4 | 33 | | |

(4) 用于吹洗的气枪需要消耗大量的压缩空气，例如用 2 bar 的气压代替 6 bar 的气压可以节省大约 50%的压缩空气；

(5) 连接到换向阀的输气管路压力损失应为最小，管径越大压力损失越大；

(6) 过滤网堵塞、管道的各种接头孔径太小、管道急弯太多会导致压力损失过大，应尽量避免；

(7) 在活动幅度较大的情况下，气管(含电线)应采用拖链或波纹管进行保护；

(8) 在机器的各种运动情况下，都应该保证所有气管是自由的，不能承受额外的负载，特殊情况下还应该在气管包括电线的外表涂上润滑脂，减小管线之间因摩擦而导致的破损；

(9) 在保证安装和气管能自由活动的前提下，气管长度应尽可能短；

(10) 忌采用多余的接头，接头越少越好；

(11) 采用专用的软管切刀，保证切口为圆形(不变形)，断面与轴线垂直，如图 15-13 所示；

(12) 气管在切断前应用压缩空气将管道内的灰尘吹净！气管的切断、安装过程应该在无尘环境下进行，操作人员应穿防尘服、戴防尘手套，杜绝灰尘进入管道系统；

(13) 为保证接头处的良好密封，气管与软管接头之间的连接段应保证在足够的范围内为直状，插入段软管忌弯曲；

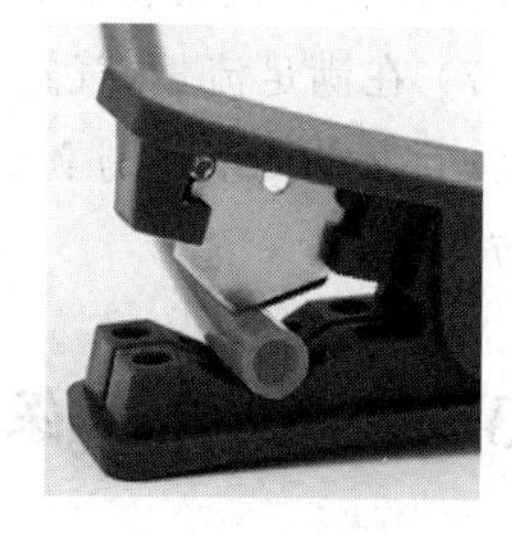

图 15-13　压缩空气软管专用切刀

(14) 在设计气路时，应对每根气管进行编码，并在气管两端安装编码套管，严格按编码顺序进行安装，便于检修；

(15) 螺纹接头上的单组分材料密封圈在使用数周后即会导致可听见声音的漏孔，采用双组分材料密封圈，可以有效防止此类漏气；

(16) 三通接头会因为空气湍流的影响造成相当大的压力损失，这就导致需要采用更高的系统压力，因此尽量不使用三通接头(见图 15-14(a))，最好的解决方法是采用汇流板(见图 15-14(b))，汇流板的输出口要尽可能粗大；

(17) 换向阀必须安装在尽可能接近用气元件(如气缸)的地方，阀与气缸之间的管道会消耗更多的压缩空气，有可能的话可以采用气缸与换向阀一体的设计，但必须有足够的安装空间和合适的工作环境(避免灰尘、粉尘)；

(18) 气管忌缠绕、扭曲、起皱、损伤；

(19) 气管接头的安装应按规定的扭矩，扭矩过大会导致密封垫变形漏气；

(20) 气管弯曲部位不得压扁或皱起，保证大于最小弯曲半径；

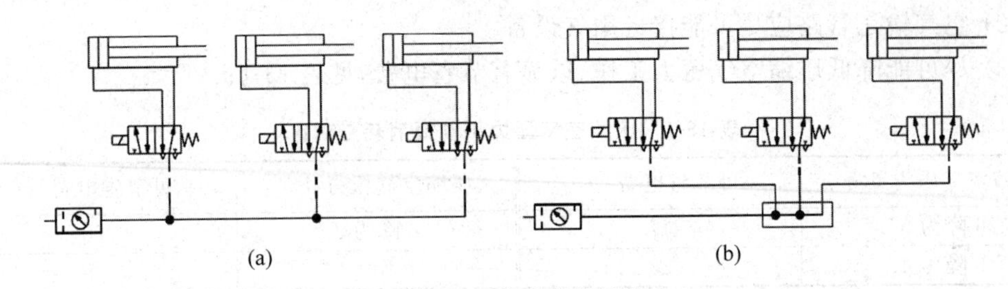


图 15-14　优化管路连接

(21) 气管安装完毕后,应采用塑料绑带对管线进行固定,固定时不能过紧致使气管变形,影响流量;

(22) 气管接头螺纹部位应有密封材料,拆下的气管接头可以再使用 2～3 次,但须将挤出的密封材料清除掉;

(23) 选用合适缸径和行程的气缸,避免无必要地放大缸径和行程;

(24) 尽可能采用单作用缸代替双作用缸,因为双作用缸的回程需要消耗压缩空气;

(25) 如果双作用缸的回程不需要全部的输出力,而且返回速度也无严格要求,可以通过组合采用减压阀与单向阀,在回程中采用更低的供气压力(如用 3 bar 代替 6 bar);

(26) 气缸活塞杆的导向套与活塞杆之间间隙过小,会导致活塞杆密封圈过度磨损,这将导致泄漏而且极难检测;

(27) 在满足流量(气缸速度)的前提下,气管直径应尽可能小,管径越大压力损失越大;

(28) 真空发生器与真空吸盘之间的气管应短而直,直径应尽可能小(缩短抽气时间、提高响应速度)。

## 15.3 气动设备保养与维护

### 1. 压缩空气漏气的检查与处理

由于空压机的功率非常大,通常都是数十千瓦,压缩空气漏气导致空压机启动频率加快,最终浪费大量能源。根据国外相关资料的统计,很多情况下,气动设备因漏气有高达50%的电费被浪费。很多公司每年因为压缩空气漏气造成的电费损失经常高达数十万元。当管路压力为 6 bar 时,一个直接 3 mm 的漏气小孔造成的压缩空气损失约 36 $m^3/h$,空压机需要消耗 2 kW 的功率来弥补这个损失。因此压缩空气管理是公司非常有潜力的节能渠道,气动设备管理的核心任务除降低设备故障率外,日常管理中的减少、消除漏气,减少压力损失尤为重要。图 15-15 为气动设备压缩空气漏气概率分布。

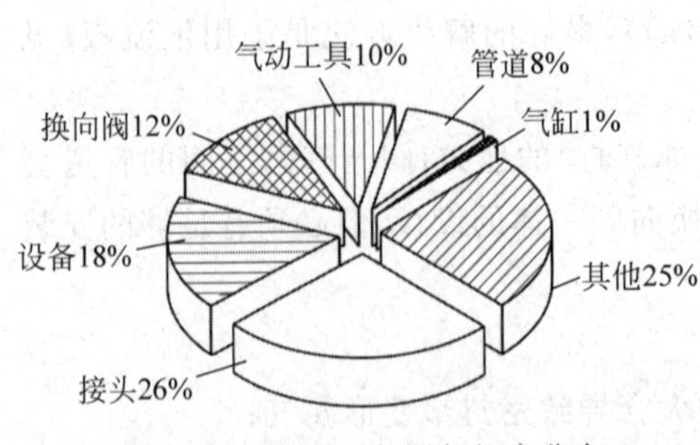


图 15-15　压缩空气漏气概率分布

检查压缩空气漏气首先根据漏气声音判断大致位置,然后采用肥皂泡方法确认漏气的准确位置,最后进行堵漏处理(例如更换密封材料、更换接头等),如图 15-16 所示。这和煤气管道、汽车轮胎的检漏方法是一样的。除此之外，还可以采用超声波检测工具快速定位有泄漏的管道、接头、阀门等部位。漏气检查通常在白天休息时间或下班后进行，这时车间噪声较小，容易根据声音判断漏气部位。

图 15-16　用肥皂泡法检查确认漏气位置

**2. 压缩空气除水不良导致的问题**

压缩空气除过滤质量外，最重要的要求就是低含水量。除压缩空气动力部分有冷冻机除湿外，压缩空气从储气罐到输送管道的各个环节都设置有大量的水分离器、冷凝水储水罐、排水阀，设备管理人员每天都要在设备使用前进行压缩空气的排水工作，确保压缩空气的质量。

这是因为气动元件中大量使用了各种橡胶密封圈，如气缸、换向阀、调速阀等，压缩空气含水量超标准后，各种橡胶密封圈长时间在含水量超标的环境里运行，橡胶密封圈吸收水分后会膨胀变大、变粗，这样活塞或换向阀阀芯在运动中摩擦阻力会变大，加剧密封圈的磨损，导致漏气、元件提早失效。经验表明，气动设备大量的失效、故障都是因为压缩空气含水量超标造成的，所以通过各种环节确保压缩空气质量非常重要。

**3. 日常保养方法**

1) 每天

(1) 冷凝水排放：从空压机、后冷却器、储气罐、管道系统至各处空气过滤器、干燥器和自动排水器处；

(2) 检查油雾器：油雾器油滴量要符合说明书，油色要正常，不要混入灰尘和水分，必要时重新加注；

(3) 空压机系统：启动前检查润滑油油位是否正常。空压机是否有异常声音和异常发热，周围空气必须清洁、粉尘少、湿度小、通风好，保证吸入空气质量。

2) 每周

(1) 检查管道接头是否有漏气，漏气检查在白天休息时间或下班后进行；

(2) 清除金属碎屑；

(3) 检查管道是否有扭结；

(4) 检查减压阀的压力表(关闭减压阀，然后重新设置为 6 bar)；

(5) 检查油雾器功能。

3）每月

（1）检查所有管道连接部位；

（2）修复管道和管道接头的损坏；

（3）检查自动冷凝水排放；

（4）拧紧或重新密封松动的连接到气缸的管道；

（5）清洁过滤器，冲洗或更换滤芯；

（6）检查阀门是否有泄漏损失，检查排气口是否畅通。

4）每季度

检查所有连接和阀门是否泄漏。清洁、吹扫或更换滤芯。

5）每半年

检查气缸活塞杆上的导向套是否已经磨损，检查该处是否有泄漏，更换被污染的消声器。

为保证安全，所有的检修必须在断气、断电、残压释放后进行，如需拆解元件，必须先仔细阅读产品样本和操作说明书，弄清楚产品的结构；拆卸后，需清洗的元件用清洗液或优质煤油洗净后吹干，勿使用棉丝、化纤品擦拭，因为这些纤维混入元件内部后最容易形成堵塞、油泥、运动受阻。组装时，保证各密封件、零件正确安装，防止带入灰尘、密封件碎屑等杂质。

自动化设备管理岗位职责

## 15.4 自动化设备管理工程师岗位职责

为什么要了解设备管理工程师岗位职责？根据前面的学习我们已经知道，生产线上一台机器故障经常会导致整条生产线停机，造成巨大的损失。通过提高设备管理水平，减小自动机器的停机时间和停机次数远远比机器本身的生产效率更重要。因此企业设备管理部门的管理效率、管理水平与公司的正常批量生产、盈利能力直接相关。

由于企业管理水平参差不齐，很多中小公司即使是设备管理负责人，对于如何管理好自动化设备、提前将设备故障消除在萌芽状态、降低设备故障率、降低能耗、降低设备使用成本、提高机器效率、提高工序合格率等都认识有限。因此，对于自动化设备管理人员而言，全面认识岗位职责，对于创造性地开展岗位工作，提升职业素养、职业能力，快速积累经验，具有非常重要的意义。下面是编者多年从事自动化装配生产线设备管理的经验总结。

（1）编写设备安全操作规程等技术文件；

（2）制订设备定期检修、润滑、维护保养计划，按计划实施并进行书面记录；

（3）设备每天开工前的检查调整（特别是确认、调整各种工装夹具状态）、开工期间巡检、交接班记录；

（4）设备日常维护；

（5）快速解决设备故障，尽快恢复设备，保证设备开工率；

（6）设备维修故障分析及总结，减少重复故障；

（7）机器模具、夹具、治具的测绘、设计或改进（包括加工装配调试）；

（8）研究改善设备工作效率、工序合格率、安全性、适用性，降低能耗水平，对相关数据进行统计分析；

(9) 建立、完善设备技术资料档案，完善机器图纸、工装夹具改进图纸、维修记录等；
(10) 制订公司安全、文明生产相关制度并督促检查；
(11) 水、电、气的统一管理，优化气动回路，每天随时进行漏气检查与堵漏处理；
(12) 建立设备、备件的台账及出入库管理；
(13) 备件管理，用最低库存满足设备维修需要(能自行修复的气动元件尽量自行修复)；
(14) 对设备使用人员、维修人员进行设备安全操作及日常维护保养、维修的技术培训；
(15) 对供应商资质进行调研评审，制订设备采购制度及采购计划。

在上述各项工作中，各种资料档案的完善与管理非常重要，这样一方面设备管理不会受人员流动的影响，使工作具有继承性，另一方面对于技术人员的学习与进步尤为重要。

明确岗位职责、降低设备故障率、降低能耗、降低设备使用成本、提高机器效率、提高工序合格率是设备管理员持久追求的目标。

编者期望每一位读者充分发挥自己的聪明才智，终身学习，创造性地开展工作，提升职业素养和职业能力，不断总结，快速积累经验，为提高我国自动化装备设计开发、管理水平贡献力量。

## 思　考　题

1. 什么叫气缸的内漏、外漏？会造成什么后果？如何处理？
2. 气缸输出力变小可能与哪些因素有关？
3. 气缸活塞杆出现变形可能与哪些因素有关？如何处理？
4. 压缩空气除水不良对气缸、换向阀会有什么不良后果？
5. 气动设备中哪些元件什么部位最容易受到油泥的影响？如何处理？
6. 如何发现、检查气动设备在生产使用中出现的漏气现象？
7. 压缩空气有哪些布管优化原则？
8. 压缩空气过滤不干净会造成什么后果？
9. 为什么压缩空气管路连接要使用汇流板？

# 参考文献

[1] 李绍炎. 自动机与自动线[M]. 3版. 北京：清华大学出版社，2020.
[2] Mikell Groover. 自动化、生产系统与计算机集成制造 [M]. 4版. 北京：清华大学出版社，2016.
[3] 苏州特种链条厂. 输送链与特种链工程应用手册[M]. 北京：机械工业出版社，2003.
[4] 慈溪恒力同步带轮有限公司. 带传动设计与应用[Z]. 2005.
[5] THK公司. 综合产品目录[Z]. 2021.
[6] NSK公司. 精机产品[Z]. 2021.
[7] NSK公司. 直线导轨安装说明书[Z]. 2020.
[8] IKO公司. Linear Motion Rolling Guide Series[Z]. 2019.
[9] SMC公司. Best Pneumatics[Z]. 2018.
[10] FESTO公司. 气动产品样本[Z]. 2018.